高温岩石动力学

尹土兵　陈永俊　著

彩图资源

北　京
冶 金 工 业 出 版 社
2025

内 容 提 要

本书全面探讨高温岩石动力学，涵盖原理、方法、实验、模型及应用。从高温、静态和动态、温压耦合与热冲击等复杂条件，深入分析了岩石力学特性。结合多种加热方式及实验技术，揭示高温岩石热物理、静态与动态力学性能及损伤机制。总结的研究成果对地热开发、核废料处置等高温地下工程具有一定的指导意义。

本书可供地质工程、采矿工程及岩石力学等领域学者及工程师阅读和参考。

图书在版编目（CIP）数据

高温岩石动力学 / 尹土兵，陈永俊著. -- 北京 ：冶金工业出版社，2025. 5. -- ISBN 978-7-5240-0111-9

Ⅰ. TU45

中国国家版本馆 CIP 数据核字第 2025KQ8852 号

高温岩石动力学

出版发行	冶金工业出版社	**电　　话**	(010)64027926
地　　址	北京市东城区嵩祝院北巷 39 号	**邮　　编**	100009
网　　址	www. mip1953. com	**电子信箱**	service@ mip1953. com

责任编辑　卢　敏　美术编辑　吕欣童　版式设计　郑小利
责任校对　郑　娟　责任印制　窦　唯

三河市双峰印刷装订有限公司印刷

2025 年 5 月第 1 版，2025 年 5 月第 1 次印刷

710mm×1000mm　1/16；20. 5 印张；401 千字；318 页

定价 168. 00 元

投稿电话　(010)64027932　投稿信箱　tougao@cnmip. com. cn
营销中心电话　(010)64044283
冶金工业出版社天猫旗舰店　yjgycbs. tmall. com

（本书如有印装质量问题，本社营销中心负责退换）

前　言

在当今科学技术迅速发展的时代，人类对自然界的探索和利用已经达到了前所未有的深度和广度。特别是在采矿工程、能源开发等领域，对地球深部资源的开发利用，对高温环境下岩石的动力学性能研究提出了更高的要求。本书正是在这一背景下而作，旨在满足学术界和工程领域对高温岩石动力学研究的需求，为相关领域的研究生、学者和工程师们提供一部全面、系统、前沿的教材和参考工具书。

本书共分为 10 章，内容涵盖了高温岩石动力学领域的基础理论、实验方法、物理特性、力学性能、损伤演化、温压耦合效应以及未来应用前景等多个方面。从基础理论的阐述到实验技术的介绍，再到实际应用的分析，全书系统地展现了高温岩石动力学的核心内容和最新研究成果。

对于岩石的动力学性能，不仅需要关注其在常规温度下的性质，而且更要深入理解其在高温、高压环境下的行为。这不仅对于保证工程安全性至关重要，而且也是我们深入理解地球深部环境的重要科学数据。本书可为读者提供一种系统性的视角，帮助读者全面理解高温岩石动力学的基本原理和应用实践。本书详细介绍了 SHPB 装置、温压耦合岩石冲击实验系统等先进的实验技术和方法，为读者呈现了准确测量和分析高温岩石性能的科学手段。同时，书中还重点探讨了高温岩石的物理特性、力学性能、损伤演化规律以及在特殊条件下的动力学响应，这些内容对于理解和预测高温岩石在实际工程中的表现至关重要。

本书的编写不仅基于作者的研究经验和学术积累，更是融入了对未来高温岩石动力学研究方向和应用前景的洞察，可为解决与高温岩石相关的多领域工程和科学问题提供理论基础和实践支持，推动高温岩石动力学研究与应用领域的拓展。我们期待，本书能够为广大读者提供有价值的知识和指导，促进学术界和工程领域在高温岩石动力学方面的研究与交流，为人类对地球深部环境的探索和利用做出更大的贡献。

本书由尹土兵、陈永俊撰写，有几位同志和团队成员积极参与了部分数据整理及图表的绘制。在此向帮助完成本书的同志们表示衷心的感谢！由于水平有限，书中不足和欠妥之处，衷心希望读者予以批评指正。

尹土兵

2024年6月

目　　录

1 绪 论

1.1 高温工程岩体力学研究的背景和意义

岩石是矿物或岩屑经历地质作用后形成的一种应用广泛的准脆性材料，主要由多种矿物晶粒、胶结物等共同组成。岩石内部含有大量节理、裂隙、孔隙、微裂纹、孔洞等，这些缺陷都使得岩石物理及力学特性容易受到外部因素的影响而发生改变。随着经济建设的发展，岩石材料的应用范围不断扩大，深入开展岩石在各种复杂工况下特别是高温的力学性质研究十分必要。基于此，一直以来人们采用多种实验手段对岩石力学基本问题展开了广泛的研究，并且逐渐明确了岩石在静态和准静态外载作用下的力学特征。

岩石力学的发展进程可以划分为 4 个阶段：19 世纪末至 20 世纪初的初始发展阶段，为岩石力学的萌芽时期；20 世纪初至 30 年代的经验发展阶段；20 世纪 30 年代至 60 年代的经典理论发展阶段；20 世纪 60 年代至现在的现代发展阶段。其中，岩石静力学所研究的对象是处于静力平衡条件下的岩石对周围物理环境中的力场反应，它忽略了介质单元体的惯性作用。现有的大量研究已经趋于饱和，相关静态和准静态的力学实验、理论模型和测试技术已经有了巨大的发展。岩石动力学是研究冲击载荷对岩石的作用及其在岩石中引起的效应，冲击指外载随时间而迅速变化的爆炸和高速碰撞载荷。以应变率的大小为参考基准，岩石力学问题可以划分为多个阶段，如图 1-1 所示。岩石类材料的动力特性研究中，主要涉及三个方面动力输入，如地震波的输入、冲击波的输入、冲击波加载方法等材料的动态力学特性分析岩石类结构的动态响应分析。

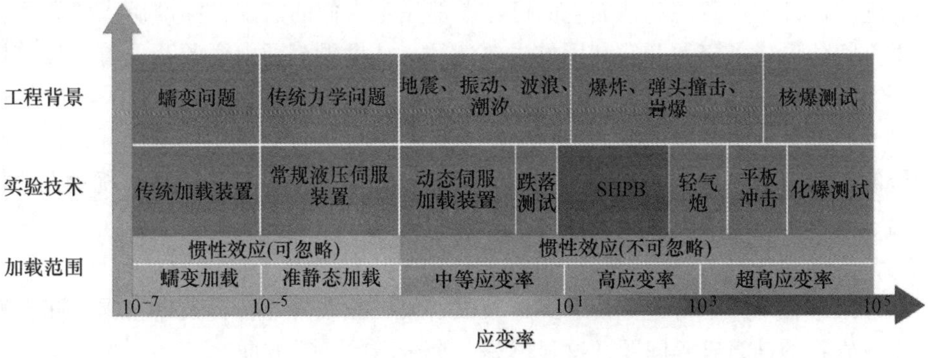

图 1-1 应变率相关实验技术和岩石力学问题的分类

国外关于岩石动态压缩力学特性实验研究始于20世纪60年代，许多学者应用SHPB（分离式霍普金森压杆）等实验装置研究了岩石等脆性材料的动态破坏[1-24]。我国岩石动力学的研究最早可以追溯到湖北大冶铁矿边坡稳定性研究中的爆破动力效应实验。比较全面地开展岩石动力学研究，应该始于1965年国家科委与国防科委同意成立防护工程组，并将“防护工程问题的研究”增列为十年规划中的国家重点项目。我国直到20世纪80年代才引入SHPB实验技术，寇绍全[25]、陆岳屏[26]、李夕兵[27-33]、于亚伦[34-36]、单仁亮[37-39]等学者在那一时期开始了岩石动力学研究并对岩石SHPB实验技术进行了大量革新，随后大量学者包括卢芳云、鞠杨、夏昌敬、许金余、司子龙、洪亮、叶洲元、翟越等也利用SHPB实验装置进行了大量岩石动力学的研究[40-59]。整体来看，目前岩石动力学的研究还处于发展阶段。

随着国家大型能源工程如水电、核电工程和国家铁路、公路等交通建设的迅猛发展，爆破开挖施工、定点爆破等工程的实施将显著增加。与此同时，国际形势的恶化使得重点构筑物的防爆、抗爆工程以及弹体对装甲和建筑物的侵彻、爆炸及防护等成为热点课题。另外，日常生活中循环动荷载对建筑物的长期破坏作用十分明显。例如，高层建筑及桥梁要承受风荷载作用，飞机起飞与着陆而使机场跑道经受循环动荷载作用，水坝要承受动水压力作用，海洋平台要承受海浪的冲击，各种结构物都有可能要遭遇到地震荷载的作用，这些都涉及岩石类材料在中高应变荷载作用下的动态力学性能。特别是在岩土工程的爆破开挖施工中，爆炸应力波从爆炸源向周围岩土介质中传播，将对围岩造成不同程度的损伤。为了确保在爆炸荷载作用下邻近岩体如围岩的稳定性，必须对爆破开挖进行必要的控制，确定出爆破荷载作用下围岩的损伤范围，从而选择合理的支护结构。这些问题的研究依赖于对岩石类材料的动态力学特性，包括动态强度、变形特性及机理的研究。

近年来，随着全球经济飞速发展，人们对矿产资源和活动空间的需求日渐增多，地球浅部矿产资源和地面空间已经不能满足人们的需求，深部矿床的开采和地下空间建设成了资源开发利用的主要途径。从世界范围内资源开采看，目前煤炭开采深度已达1500 m，地热开采深度超过3000 m，有色金属矿开采深度超过4350 m，油气资源开采深度达7500 m，1000~2000 m深井的深部资源开采逐渐成为资源开发新常态[60-61]。如图1-2所示，在深部岩石所处的“三高一扰动”（高地温、高地压、高渗透水压及动力扰动）特殊地质力学环境下，原岩应力达数十兆帕，温度可达到几百摄氏度，岩石表现出与浅部截然不同的力学特性。同时，深部开采过程中，不可避免会遇到爆破破岩或机械破岩等岩石破碎问题，即高温高压下岩石的动载破碎问题，这显然是一个全新的研究方向。

此外，除深井矿山采掘工程之外，诸如煤炭地下气化、油页岩以及低阶煤原

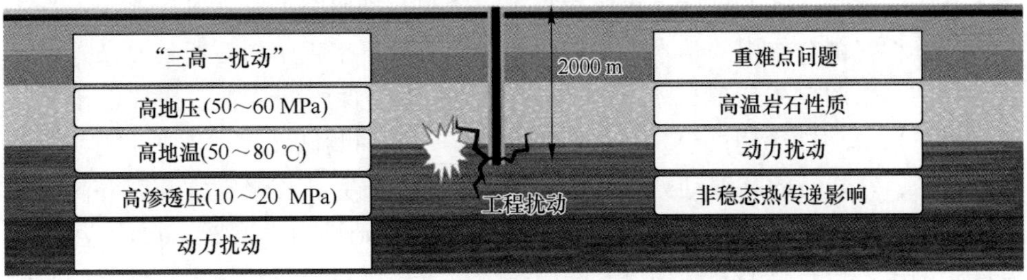

图 1-2 典型深部岩体环境

位注热开采、核废料的深部处置、地热资源的开发利用、火山活动、地下硐室、深地钻探、矿井建设及隧道火灾等高温岩石工程，都要面临高温极端环境的考验，如图 1-3 所示。因此，研究高温岩石的力学性质具有重要的理论和工程意义。

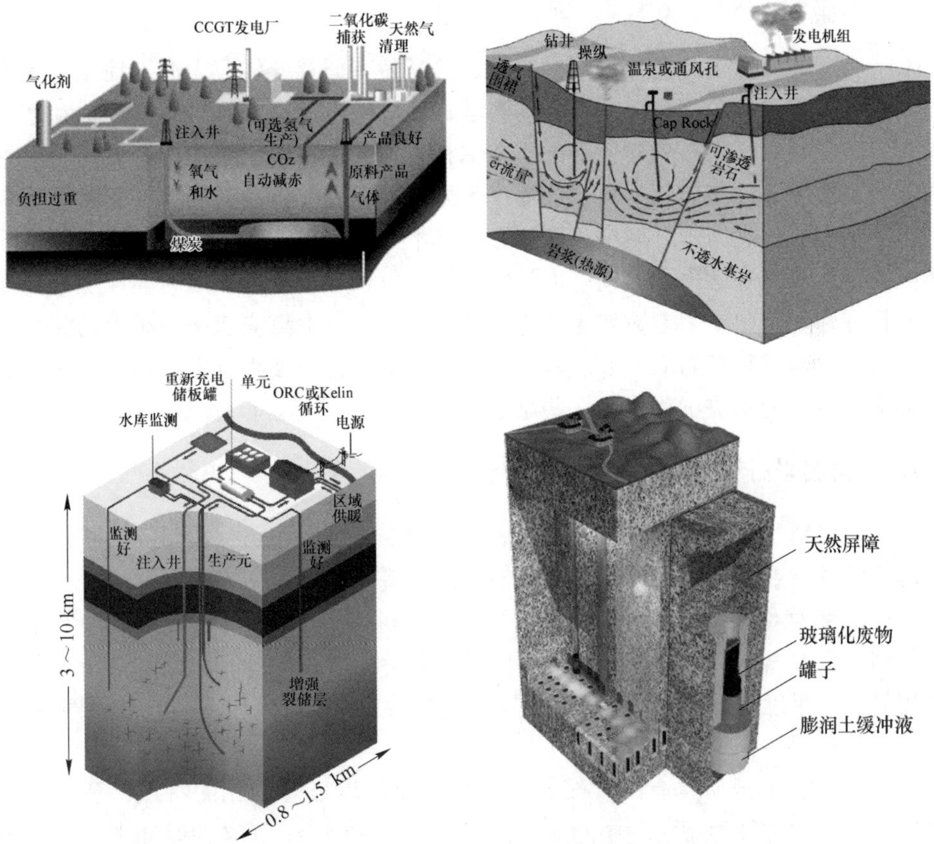

图 1-3 典型地下高温岩石工程
（扫描书前二维码看彩图）

基于此背景，笔者把握工程应用需求，紧跟基础研究前沿，基于高温、冲击荷载及其相互耦合作用的学术思想，以实现模拟地下工程中岩石所处复杂地质环境为目的，采用自主研制的温压耦合分离式霍普金森压杆装置、扫描电子显微镜（SEM）、X 射线衍射（XRD）、三维激光等一系列测试装置，依托室内实验和数值模拟，对岩石的高温动力学行为开展系统性的研究，积极探索高温和高压环境中的岩石在冲击荷载作用下的动态力学响应等基础性力学问题，揭示应变率、温度、围压、岩石类型和结构以及非稳态传热方式等对岩石动态力学性能的影响机理。本书阐述了一系列岩石动力学行为并对其内在驱动机制展开了详细的研究和分析。相关的研究成果不仅在学术研究上具有很高的理论价值，而且在工程应用上具有重大的实用价值，可为深部高温岩体资源开采、地下工程安全设计以及灾后重建等一系列实际工程问题提供重要的理论与技术支撑，对我国资源发展、民用工程和国防工程安全建设具有重要的指导意义和现实意义。

1.2　高温岩石动力学的研究现状

应力脉冲或冲击载荷作用下的岩石破碎断裂特征及各种应力波、地震波等在岩石中的传播特性等都属于岩石的动力学特性范畴。根据现有岩石的静、动态力学实验研究结果，岩石力学性能的应变率相关性已得到大量验证。岩石作为一种典型的率敏感非连续脆性材料，应变率是岩石动态力学特性与静态力学特性区别的主要依据。静态力学领域中，固体介质基本处于静力平衡之中，所以介质微元体的惯性可以不予考虑。在动态力学领域中，由于冲击荷载作用时间极短，介质微元体在短时间内动力参数发生急剧变化，因此产生中高应变率。矿山的深部开采、岩爆、地震等都与应力波或者动荷载作用下岩石的破碎有很大的关系。岩石的动力学研究能解决工程上的一些难题。

1.2.1　常温岩石动态力学特性研究现状

岩石材料受到冲击荷载作用时所表现的力学性能即动态特性与静荷载作用下的静力特性存在显著差异。产生差异的原因主要体现在两个方面：

（1）静载作用下，固体介质处于静力平衡状态，介质微元体的惯性作用可以忽略。而冲击荷载以荷载作用的短历时为其特征，在以毫秒、微秒甚至纳秒计的短暂时间尺度上发生运动参量的显著变化。在这样动载荷条件下，必须考虑介质微元体的惯性作用。

（2）冲击荷载所具有的在短暂时间尺度上发生显著变化的特点，意味着应变速率较高。常规静态实验中的应变速率为 $10^{-5} \sim 10^{-1}/s$ 量级，而冲击实验中的应变率一般为 $10^{1} \sim 10^{4}/s$，比静态实验高出多个量级。

大量实验表明，在不同应变率下，岩石材料的力学行为往往是不同的。从变形机理来看，除了理想弹性变形可看为瞬态响应外，其他各类型的非弹性变形和断裂，如位错的运动过程、应力引起的扩散过程、损伤的演化过程、裂纹的扩展和传播过程等，都是以有限速率发展进行的非瞬态响应，因此岩石材料的力学性能本质上是与应变率相关的。

Kumar[62]在1968年第一次采用SHPB系统对常温下岩石的动态强度进行研究，其研究在该领域得到广泛认可。1970年，Friedman[63]利用液压伺服机及SHPB装置对花岗岩及石灰岩进行了动态力学性能测试，结果表明，随着应变率的增加，两种岩石的基本力学性能参数，如弹性模量、抗压强度等都随之增加。1976年，Janach[64]通过实验证明了高应变率下花岗岩和石灰岩的抗压强度要远大于静载作用下抗压强度，并且破碎程度随应变率增加而提高。1980年，Grady[65]为解决油页岩矿开采过程中岩矿爆破实际问题，对不同含油量的油页岩进行了动态力学性能测试，证明了随应变率的增加，油页岩的抗压强度逐渐增大，并且动态破坏方式有劈裂、剪切以及两种方式的混合破坏。1992年，于亚伦[34]利用SHPB实验系统对各种金属矿石进行了动态力学实验，实验结果表明，高应变率下岩石抗压强度要远大于静态下岩石抗压强度，岩石破碎吸收能随应变率的增加而逐渐升高。朱瑞庚等人[66]研究了花岗岩在加载率范围为10^{-4}~10^{2} MPa/s内的破坏特性，获得了动态强度随加载率变化的关系以及动力破坏准则。王武林等人[67]进行了岩石在加载速率分别为10^{4} MPa/s、10^{3} MPa/s、10 MPa/s的动三轴实验，得到了强度和加载速率的变化规律。杨春和等人[68]对大理岩和泥岩进行了动态冲击实验，实验结果表明，两种岩石的动态抗压强度都随着应变率的增加而比静态抗压强度大。李海波等人[69]也曾进行了花岗岩动态压缩性能实验，实验结果表明，单轴动载荷作用下花岗岩试样的破坏模式呈锥型，而三轴动载荷作用下试样破坏模式呈剪切状；当应变速率从10^{-4} s^{-1}增加到100 s^{-1}时，抗压强度升高了15%，而泊松比和弹性模量并未随着应变速率的增加发生明显的改变。此外，还有许多学者采用SHPB装置对不同岩石进行了大量的高应变率岩石压缩力学性能的研究[70-76]。许多研究定量地分析了随应变率增加，岩石基本力学参数的变化规律及能量耗散的应变率依赖性，为岩石动态力学性能的研究提供了大量的科学依据[77-86]。目前，国内外各种实验规范以及有关工程实践中，岩石的变形特性和变形参数都是由压缩实验来确定的[87-93]。

传统观点通常是把拉伸与压缩两种受力状态下的变形行为等同起来，或者假定岩石不能承受拉应力，或者采用将在压应力区获得的直线型强度包络线向拉应力区延伸的简单作法，而拉伸变形特性并非出于实验结果。然而，大量研究表明岩石的单轴抗压强度远大于其单轴抗拉强度，两者之比可以在6~80倍变化，平均值多在20~30倍之间。抗压和抗拉强度的这种差别，导致了岩石的各向异性行为，这早已被载入岩石力学的理论之中。由于拉伸强度与压缩强度有如此大的差别，因此两种受力状态下的变形行为不能被认为是相同的。一些研究者对两种状态下的变形行为进行了对比研究，发现岩石在拉伸和压缩两种状态下的变形有很大的差异，压缩弹性模量通常大于拉伸弹性模量。但国内外学者针对该方面开展的研究太少，缺乏实验数据，因此对岩石拉伸变形特性的研究亟待加强。

在地下工程设计和施工中，岩石的抗拉强度是一个非常重要的力学指标。地下工程围岩体常处于复杂的应力状态，有的部位处于压缩应力状态，有的部位处于拉伸应力状态，由于岩石的抗拉强度远低于抗压强度，因此围岩破坏总是从拉应力区域开始。另外，地震荷载以及爆破荷载产生的拉伸波（由压缩波在界面或自由面反射形成）对基岩施加动态拉伸载荷作用，所以研究岩石材料的动态抗拉强度及变形特性有着非常重要的意义。抗拉强度作为岩石类材料的基本力学性质参数，在岩石力学研究和岩体工程实际应用中都有着不可替代的作用[94-112]。

国外关于岩石动态拉伸实验研究始于 20 世纪 60 年代。Birkimer D L[113]指出岩石的动态抗拉强度不是常数，并且随着应变率的变化而变化。Price 和 Knill[114]采用玄武岩和石灰岩材料进行了动态拉伸实验，结果表明，对于玄武岩和石灰岩，其抗拉强度都随着应变速率的增加而增加；在较高加载速率下，玄武岩的抗拉强度比在低加载速率下的值增加 17%，而石灰岩增加 44%。Rinehardt[115]测出岩石的动态抗拉强度为静态抗拉强度的 6~10 倍，他认为这是由于岩石中最薄弱面的应力高度集中造成的。应力高度集中会造成岩石的剥落，而所测的动态抗拉强度就是位于应力高度集中区的数值。Hino[116]使用冲击波爆破理论提出岩石破裂的基本原则，并开发出一种方法，从炸药爆炸产生的岩石碎片的速度来确定岩石材料的动态抗拉强度。Sang Ho Cho[117]应用 SHPB 设备研究了 Inada 花岗岩以及 Tage 凝灰岩的动态抗拉强度随应变速率的变化规律并绘制了相应的抗拉强度-应变速率曲线。实验结果表明：Inada 花岗岩以及 Tage 凝灰岩的抗拉强度都随着应变速率的增加而增加，表现出很强的率相关性。对于 Inada 花岗岩，应变速率每增加一个数量级，其抗拉强度大约增加 10%；对于 Tage 凝灰岩，应变速率每增加一个数量级，其抗拉强度大约增加 8%。

我国学者对岩石动态抗拉力学性能的研究较晚，直到 20 世纪末才有学者陆续地开展岩石动态拉伸实验的研究。吴绵拔[118]采用加载机和动力三轴仪，系统地研究了洛阳龙门石灰岩在加载速率从 10^{-3} MPa/s 增加到 10^{4} MPa/s 范围内的动态拉伸力学特性。喻勇[119]应用 SHPB 设备对大理岩和辉绿岩进行了岩石动态拉伸断裂特性的实验研究。实验结果表明：无论是大理岩还是辉绿岩，在拉伸断裂条件下，加载速率对其断裂韧度均有明显影响。岩石的动态断裂韧度大于静态断裂韧度；岩石的动态断裂韧度随着加载速率的增加呈近似线性增加的趋势。闫东明等人[120]在 MTS 实验机上对混凝土在应变速率 10^{-5} ~ 10^{-3}/s 范围内进行动态单轴直接拉伸实验研究。实验结果表明：混凝土单轴抗拉强度随着应变速率的提高而提高，与应变速率的对数近似为直线关系。宋小林和谢和平等人[121]利用SHPB实验技术对大理岩巴西圆盘和平台巴西圆盘进行了不同应变率下的动态劈裂实验，研究了不同类型的试样在不同应变率下的破坏应变，讨论了试样尺寸、弹速、应变率对破坏应变的影响。李伟等人[122]通过分析岩石试件在动态劈裂过程中的应变率效应、破坏时间、破坏模式、应力应变关系等，得到了关于大理岩在高应变率下抗拉强度与弹性模量的一些结论。这些研究成果表明利用SHPB装置进行劈裂拉伸实验已成为研究岩石材料动态拉伸力学性能的有效手段，初步揭示了岩石动态拉伸强度随应变率的变化规律。类似地，代高飞和夏才初等人[123]在CSS-44000电子万能实验机上对龙滩工程岩石试件进行了拉伸变形特性实验；宋玉普[124]进行了侧压作用下的混凝土变速率动态劈裂实验；尤明庆等人[125]进行了围压作用下的岩石直接拉伸实验。陈荣和卢芳云等人[42]对一种带预制裂纹的半圆三点弯试样进行SHPB实验，研究了Stanstead花岗岩的传播韧度、断裂能、起裂韧度和裂纹传播速度。实验结果显示，这种花岗岩的传播韧度和起裂韧度都与加载速率有关，且起裂韧度小于传播韧度，传播韧度随着裂纹传播速度的增大而增大。

随着大型分析软件的日趋成熟，人们逐渐开始利用数值模拟技术分析岩石动态破坏的过程。随着计算机硬件水平的高速发展，数值模拟方法已成为理论分析方法和实验方法外的第三种科学研究手段。近年来，各种数值分析方法不断涌现，并用于分析各类岩石力学问题。常用的数值方法有：有限单元法（FEM）、有限差分法（FDM）、边界元法（BEM）和离散元法（DEM）。通过数值模拟技术对SHPB实验过程进行定性分析，改进优化SHPB实验技术成为常用的一种方法。国内许多学者利用数值模拟深化了对实验过程与结果的认识，建立准确的模型，利用数值模拟对实验过程进行修正，减少人为因素对实验的影响。

其中朱万成[126]利用RFPA数值模拟软件对比研究了岩石试样在静态和动态载荷作用下的劈裂破坏过程，通过数值模拟观察其破坏过程中应力云图的分布情况，直观地再现了不同加载条件下破裂模式的差异，为以后研究岩石动态拉伸实验扩展了思路。Tang[127]提出的RFPA方法则是将满足强度准则的单元进行相应的刚度弱化处理，并在判定单元属性由基质基元变为空气基元后，该破坏单元取消可见，从而实现裂纹扩展过程的数值模拟。RFPA方法通过弱化单元刚度来模拟裂纹扩展，没有改变初始的网格信息，运用数学连续的方法来分析物理不连续的力学问题。这类方法被用于各类岩石动力学数值模拟中，如Zhu等人[128-129]基于RFPA方法模拟了SHPB实验下岩石材料的动态破坏过程；Yang等人[130-131]通过数值模拟分析了Ⅰ型和Ⅱ型裂纹在动力荷载作用下的扩展、弯曲和分叉的力学过程。值得注意的是，这种方法虽然实现简单，但是受到网格尺寸的影响。

DEM方法虽然在处理材料破坏、大位移和接触等方面具有明显的优势，但在分析材料破坏之前，其内部的应力应变状态特征方面存在不足。而连续分析方法虽然在处理完全断裂分离和大位移方面存在不足，但能够准确地获取材料破坏前其内部的应力应变特征。因此，不少学者选择连续和非连续分析相结合方法研究岩石力学问题。耦合连续与非连续分析方法能够相互取长补短，分析材料由变形直至破坏的全过程。FEM-DEM 法将离散元中的每个块体细分为有限元单元，离散元块体在其内部有限元单元破坏后继而断裂为若干更小的块体。近些年，这种方法被大量学者用来分析岩石材料的变形、破坏、断裂和破碎问题。Morris 等人[132]采用 FEM-DEM 方法分析地质材料在爆炸和冲击作用下的力学响应。Karami 和 Stead[133]运用 FEM-DEM 方法模拟混合载荷作用下的裂纹扩展问题。吕海洋[134]将 FEM 与 DDA 相结合，分析采矿工程和煤炭开采过程中引发的上覆岩层移动和地表沉降的问题。Ariffin[135]采用 FEM-DEM 方法讨论了岩石节理面的损伤演化过程和附近岩石的拉伸破坏。

1.2.2 高温岩石静态力学特性研究现状

岩石在应力场和温度场的耦合条件下的物理学响应是十分复杂的，因此 THM（Thermal-Hydraulic-Mechanic） 理论是矿产资源开采、油气藏开发、核废料处理等领域都要处理的重点和难点问题，目前 THM 耦合理论目前主要是数值模拟等方面的学者取得一系列的成果，在物理实验上模拟岩石的真实赋存条件有着巨大的难度，所取得的发现还未能和实际情况有全面的关联，因此在实际物理实验中仍需逐渐改善，模拟更加真实的岩石热力学状态。

高温高压状态下花岗岩的热破裂多发生在微米尺度，在实验室条件下实时观测目前几乎是不可实现的，所以目前宏观条件下多通过岩石的渗透率来反映出岩石内部的气体通道，并且岩石的破裂必然会产生声发射事件，在高温后岩石会产生不可逆的破坏，可以通过扫描电镜和 CT 来进行观测和分析。因此为探究温度和应力对花岗岩热破裂的影响机制，常采用高温高压下的渗透率实验，并在实验中同步记录发射数据、以及岩石样本进行扫描 CT 和电子显微镜观测等。

国内外学者对岩石渗透率研究更加重视。Somerton W H 等人[136]将砂岩岩芯加热到 400~800 ℃，发现岩样渗透率至少增加了 50%。Heard H C[137]在不同围压下将石英二长石加热到 300 ℃，渗透率增加了数倍，相同条件下渗透率随着围压的增大而减小。陈颙等人[138]发现碳酸岩的渗透率在 110~120 ℃的阈值温度之后，渗透率会增加近 10 倍。陈占清等人[139]指出岩石的渗透率具有十分明显的离散性，同一岩芯所取的试件渗透率可能会相差 2~3 个数量级。刘均荣等人[140]发现储层粉砂岩、灰岩、变质岩和砾岩四种岩石的渗透率随温度的升高而有增大，不同岩石的渗透率发生突变的阈值温度也不同。梁冰等人[141]从理论上证明了岩石渗透率的温度门槛值的存在，得出岩石渗透率和温度之间的数学关系式。高红梅[142-143]研究表明岩石在温度相对较低时，温度对渗透率影响不大，压力和渗透率呈指数变化；在门槛值温度附近渗透率发生剧变，此时温度起决定作用。左建平等人[144]实验发现砂岩在150~300 ℃发生大量的热开裂，150 ℃之前几乎不发生热破裂。

由于当时实验的复杂性和设备的不完善，在研究岩石高温下的渗透率时，多是把试样进行高温处理再冷却至室温后进行测量，无法实时体现其在高温状态下的渗透率。随着赵阳升等人[145]对高温高压实验机的成功研制，国内在岩石渗透率领域的研究有了新的突破，可以更加真实地模拟出地底岩石的高温状态，并且可以实时测量计算岩石的渗透率。张渊等人[146-147]发现长石细砂岩渗透率存在门槛值温度，渗透率在阈值温度附近大幅度增加，在门槛值温度区域也具有孔隙压力门槛值，温度门槛值和孔隙压力门槛值具有相关性。赵阳升[148]对花岗岩和砂岩在高温下进行了渗透率的测量和声发射实验，发现两种岩石都存在一个清晰的热破裂门槛值。热破裂在常温到600 ℃存在两个以上的峰值区间，既不是单调增也不是单调减，渗透率也有同样规律。冯子军等人[149]发现鲁灰花岗岩的渗透率在300 ℃发生突变。

由于模拟真三轴应力状态下的岩石在高温状态下的规律对设备要求较高，因此目前大多学者主要研究常温阶段下应力对岩石渗透率的影响规律，并用渗透率来反演岩石的破裂信息。尹光志等人[150]发现常温下σ_1、σ_2和σ_3的升高，都会导致砂岩渗透率降低，但仍处于同一数量级，且σ_3的影响最大，σ_1影响最小。蒋长宝等人[151]指出中间主应力对页岩渗透率的影响在σ_2垂直于层理面时影响最大，但其垂直或是平行层理都对渗透率有抑制作用。俞缙等人[152]发现不同渗透压和围压下的砂岩渗透率随其脆性和延性特性的变化规律。庞义辉等人[153]探究三维应力状态下砂岩和灰岩孔隙裂隙对渗透率的影响关系。声发射技术多适用于探究岩石力学性质的实验，而在涉及高温对岩石影响的相关实验中所用甚少。武晋文等人[154]对200 mm×200 mm×400 mm的大尺度的鲁灰花岗岩进行了升温过程中的声发射信息采集，以分析其热破裂信息，探究每个温度段花岗岩的热破裂规律和热破裂特征，发现在轴压和围压均为25 MPa的条件下门槛值为120 ℃左右。赵阳升等人[155]用CT扫描加热至500 ℃的花岗岩，发现在200 ℃时少数微裂纹开始出现；300 ℃左右产生大裂纹，同时裂纹长度增加10倍左右；500 ℃时花岗岩晶体颗粒多边形裂纹形成，裂纹主要是在花岗岩内颗粒胶结面处。孟巧荣等人[156]用CT扫描技术研究了褐煤热破裂随温度变化的规律，发现在100 ℃时800 μm以上的裂纹占多数；在200 ℃左右，100~400 μm尺度裂纹占多数；小于100 μm的裂纹在300 ℃以后占主导地位。同时发现热破裂阈值在300 ℃，300 ℃以后裂纹的产生主要源于煤体的热解反应。冯子军等人[157]用CT扫描技术研究了褐煤和气煤的微观结构随温度变化的规律，发现在300 ℃之前，煤体内裂纹的产生主要是由于水分和自由气体的散失，在300 ℃以上，煤体内的裂纹主要是由于热解反应。而花岗岩等无机岩石的热破裂与煤的热破裂差异很大。张渊等人[158]采用显微光度计和 XRD 对细砂岩的微观结构进行分析，发现随着温度的升高，岩石内部小裂纹消失，而大裂纹逐渐发育，这个过程受晶粒形状的影响。同时细砂岩的热破裂存在阈值，并且裂缝数量在长度和宽度的发展变化各有一个阈值，其中宽度变化的阈值高于长度变化的阈值。由于实验条件的复杂性，很多学者用数值模拟的方法来分析岩石内部的热破裂规律。唐世斌等人[159]建立了具有热-固耦合作用的岩石热破裂分析模型，再现岩石的热破裂过程，并反映岩石热破裂的规律。研究结果表明：在温度升高过程中，如果内嵌颗粒的线膨胀系数大于基质的线膨胀系数，在基质内产生径向裂纹；如果内嵌颗粒的线膨胀系数小于基质线膨胀系数，便在基质内产生环向裂纹，模拟结果和实验结果有良好的一致性。

1.2.3　高温岩石动态力学特性研究现状

随着开采深度的增加，岩层温度也逐渐提高，其温度能达到几十甚至数百摄氏度。在深部岩层高温环境下进行相关工程活动往往避免不了爆炸、高速冲击等动力问题，其威胁矿产资源的安全开采。20 世纪 60 年代初，国内外众多学者开始对温度影响下岩石介质材料的动态力学性质展开研究。20 世纪 60 年代，Chiddister 等人[160]就采用 SHPB 实验系统研究分析了高温下材料的动态力学性质，这为之后越来越多的学者研究应用 SHPB 实验技术奠定了基础。Price 等人[161]对青砂岩和花岗岩两种岩石进行了动态劈裂实验，分析发现，与静态状态相比，青砂岩与花岗岩的动态抗拉强度明显提高，且随着应变率的增加而增大。Kumar 等人[162]采用 SHPB 系统对岩石的动态强度进行研究，使得 SHPB 实验技术在岩石力学研究领域得到广泛认可。Friedman 等人[163]采用 SHPB 装置对花岗岩进行了单轴压缩实验，得出了随着压载速率的增大，花岗岩动态抗压能力不断提高的结论。Rosenberg Z 等人[164]提出了一种在 SHPB 劈裂杆实验中加热金属试样的新技术，通过样品周围的感应线圈加热样品，并得出了几种金属在高温下的高应变率应力-应变曲线的实验结果。夏开文等人[165]利用附有恒温加热炉的 SHPB 装置，对某种钢材进行了冲击荷载实验，定义了温度对试样动态力学特性的影响，得出了在相同应变率条件下试样动态力学特性随温度升高而加剧的结论。Mardoukhi 等人[166]使用巴西圆盘实验和霍普金森压力杆对两种花岗岩的动态拉伸力学行为进行研究，指出具有不同微观结构的岩石对循环加热的反应不同。在国内，张蓉蓉等人[167]对-15～1000 ℃温度处理后的砂岩进行了动态破坏实验，实验结果表明：温度对岩石的破坏程度和能量耗散具有显著影响，400 ℃以下能量吸收随温度升高而逐渐增大，400 ℃以上能量吸收随温度升高逐渐减小。尹土兵等人[168]采用 SHPB 装置对 100～400 ℃高温处理后的粉砂岩进行动力冲击研究后发现：粉砂岩的各项动态力学指数随着温度的升高都有不同程度的降低，这与高温作用使岩石内部发生劣化有关。吴刚等人[169]对经历不同高温处理的焦作砂岩进行动态力学特性实验，分析了焦作砂岩在100~1200 ℃温度范围内形态的变化规律。400 ℃是高温作用的拐点温度，当温度小于400 ℃时，焦作砂岩的力学特性随温度变化不明显；当温度大于400 ℃时，焦作砂岩的峰值应力和弹性模量均有不同幅度的降低。引起焦作砂岩力学特性改变的根本原因是热应力作用造成的矿物成分和微结构改变。许金余等人[170]利用SHPB实验系统对经过25~1000 ℃加热后的砂岩进行了冲击破坏实验，采用不同等级的标准筛对高温后砂岩的动态破碎块度进行了分析和统计，得出了砂岩的破碎块度与温度和冲击荷载的大小有关的结论。尹土兵等人[171]通过对高温作用后的砂岩进行静、动载荷加载实验后指出：温度对岩石的动态力学特性影响相比于静态力学特性更加显著，两者峰值强度均随温度的升高而降低，峰值应变均随温度升高而增大。

李夕兵等人[172]采用温-压耦合及动态扰动实验系统，对20~300 ℃下粉砂岩进行室内实验研究，结果表明：在20~100 ℃范围内粉砂岩动态峰值强度随温度升高而增大，但超过100 ℃后，随温度升高而减小。尹土兵等人[173]利用SHPB对经历常温至800 ℃高温作用冷却后的砂岩进行单轴动态压缩实验，分析岩石的密度、纵波波速、强度随温度的变化规律，同时从试样的破坏形式和碎块分形方面分析了高温后砂岩的动态破碎特性。研究表明：随着温度的升高，试样的密度、纵波波速、峰值强度等力学参数均逐渐减小，200 ℃后纵波波速降幅增大，400~600 ℃之间峰值应力降幅较小，800 ℃后峰值应力急剧下降；砂岩的破碎表现为拉伸破坏，且随温度上升，破碎程度越大，破碎岩块趋细粒化。尹土兵等人[174]还通过研究花岗岩温-压耦合作用下的动态力学性能，发现花岗岩的动态强度随着温度上升呈现出下降的趋势，而峰值应变随温度升高而增大。许金余等人[175]开展了大理岩在不同温度、不同加载速率下的冲击压缩实验，研究表明，大理岩在不同温度下的峰值强度以及峰值应变随着加载速率的增大而增大。然而，当温度升高到800 ℃时，大理岩的峰值强度随着加载速率的变化改变不那么明显，反而弹性模量随着温度的升高而逐渐减小；当温度升高到1000 ℃时，弹性模量随着加载速率的增大基本保持不变。刘石等人[176]通过对高温处理后的大理岩进行动态劈裂拉伸实验发现，大理岩经过高温处理后的拉伸强度明显高于静态下的拉伸强度。在相同的冲击气压下，大理岩抗拉强度随着温度上升表现出先增后减的变化规律。宋小林等人[177]对高温冷却后的大理岩进行动态劈裂实验，研究表明，经过50 ℃的温度冷却处理后，大理岩的应变率变化特征与未经冷却处理的变化特征是一样的，大理岩的抗压强度基本上保持不变；然而大理岩经过100 ℃处理后，破坏应变率变化特征明显高于未经温度处理的大理岩；大理岩应变率变化随着加载速率的增大而增大。

1.2.4　岩石高温微观破坏机理研究现状

众所周知，当岩石发生破坏时，岩石介质材料的宏观断裂和破坏特征往往与内部微裂纹、孔洞的产生、分布和扩展有着密切的联系。然而，以往的研究由于研究条件和测试手段的限制，往往从外部宏观的角度来分析岩石的破裂机制，难以从微观角度对岩石表面及断口进行更深层次的分析，致使岩石在各种环境条件下的力学行为特性难以被深入揭示。因此，为深入了解岩石的力学行为本质，需对岩石微观结构信息（如颗粒形态、节理、微裂纹、孔隙等缺陷）进行研究[178]。

扫描电镜技术具有放大倍数高、景深大、成像直观、立体感强的优势，能在一个微米或亚微米范围内解释已发生的现象，是观察岩石微观结构信息的一种行之有效的办法。因此，目前扫描电镜技术已被广泛应用于观察和检测岩石在不同环境条件下的微观形貌特征。在国外，Wong 等人[179]研究了初始裂纹密度和晶粒尺寸对细、粗粒晶格大理岩单轴抗压强度的影响，提出了峰值强度随平均晶粒尺寸的平方根倒数增加而降低的结论。Hatzor Y H 等人[180]通过对三轴压缩实验结果的分析，研究了微观结构对裂纹萌生应力和极限强度的影响，结果发现，微观结构的影响使得基于经验拟合参数（如黏聚力和内摩擦角）或力学性能（如无侧限抗压强度）的传统极限强度标准的预测能力非常差。此外，微观结构对力学性能（如无侧限抗压强度）变化的影响可能超过两个因素，且存在两种不同的微观结构模式。Wu 等人[181]利用光学显微镜和扫描电子显微镜对初始孔隙度为13%的 Darley-Dale 砂岩中各向异性损伤的空间演化过程进行了定量表征，研究了其压缩破坏的微观机理，得出砂岩的强度随着其孔隙度的增大而减小的结论。他们建立了滑动翼裂纹模型，利用剪胀效应初始的应力状态推断出摩擦系数和断裂韧度，并分析了各向异性损伤的演化过程。

在国内，刘小明等人[182]利用扫描电镜对花岗岩破坏断口进行扫描，从微观的角度分析了岩石发生岩爆的机理，为进一步分析高地应力地区围岩岩爆提供了实验依据。尚嘉兰等人[183]对白岗岩在单轴压缩状态下进行细观结构观察，分析了白岗岩细观破坏机制和其动态力学特性的关系，从微观的角度对岩石发生受力破坏的成因进行了探讨。赵永红等人[184]基于数字照相技术开展了岩石微裂纹的演化规律研究，得出了砂岩的扫描电镜灰度分布图，提出了岩石微观测试的新方法、新技术，且用该方法分析处理灰度分布图获得位移分量，为实际工程领域提供了理论支持。朱珍德等人[185]利用扫描电镜对大理岩进行观测，利用统计学理论对岩石微裂隙进行分析，基于数字图像处理理论对岩石损伤量进行模拟实验，解释了岩石宏观损伤和细观结构初始损伤张量之间的关系。葛绍坤等人[186]系统总结了煤系常见岩石在烧变作用下的微观结构演化特征，指出岩石力学特性改变与微观结构变化同步，在 25~400 ℃，泥岩原生裂纹受热膨胀闭合，力学强度增加，温度高于 600 ℃之后，原生裂纹扩展并产生穿晶裂纹，两种裂纹扩展贯通，形成宏观裂隙网，力学强度大幅降低。黄达等人[187]基于颗粒流数值模拟方法，构建了考虑晶粒大小及其不均匀性的岩石微观晶粒数值模型，从微观角度研究了晶粒尺寸及其不均匀性对强度和破裂特征的影响规律，得出结论：随着晶粒尺寸的增大，岩石拉伸强度增大，微裂纹分布更为分散，更不易形成贯通性破裂面，易发生雁行破坏带；随着晶粒尺寸不均匀性的增大，岩石拉伸强度降低，微裂纹分布由分散变为集中，更易形成贯通性破裂面。

1.3 本书主要内容

本书是一部可供广大学术界和工程领域的研究生、学者和工程师们参考的专业工具书。全书共分为 10 个章节。第 1 章介绍了高温工程岩体力学研究的背景和意义，以及高温岩石动力学研究的现状。高温岩石在地下工程、岩石爆炸和能源开发等领域具有重要意义，因此需要深入研究其动力学性能，以确保工程的安全性和可行性。第 2 章详细介绍了用于测试高温岩石动力学参数的方法和装置，包括 SHPB 装置的实验原理和温压耦合作用下岩石冲击实验系统和技术。这些实验装置可使研究人员能准确测量高温岩石性能，解决高温条件下的技术难题。第 3 章探讨了高温岩石的物理特性，包括热传导、比热容、热扩散率、波速等。了解这些基本物理特性对于理解高温岩石在不同条件下的行为至关重要，因为它们直接影响岩石的热力学响应。第 4 章分析了高温岩石在静态压缩和拉伸条件下的力学性能，包括应力应变关系、弹性模量、破坏模式等。这些研究为高温岩石的工程应用提供了重要的基础数据。第 5 章研究了高温岩石在动态压缩和拉伸条件下的性能，包括完整岩石和含充填裂隙岩石的动力响应。这些实验结果有助于了解高温岩石的抗冲击性能和损伤特性。第 6 章关注了高温岩石在循环冲击压缩条件下的力学性能和损伤演化。通过研究累积损伤和本构模型，可以更好地预测高温岩石在复杂工程条件下的行为。第 7 章分析了温压耦合作用下高温岩石的单轴冲击性能，包括应力-应变曲线、破坏模式和损伤本构关系。这些研究有助于理解高温和高压条件下岩石的动态响应。第 8 章研究了热冲击对岩石材料特性的影响，包括物理特性、动态压缩和拉伸性质。这些实验结果有助于评估高温岩石在火灾等极端条件下的性能。第 9 章关注了非常规升温作用下高温岩石的动态响应，包括氧气、明火和微波等作用下的实验研究。这些研究有助于深入理解高温岩石在不同环境下的动力学行为。第 10 章总结了本书的研究成果，并展望了高温岩石动力学未来的应用和研究方向。

本书以深入研究高温岩石的动力学性能和行为为核心，为解决与高温岩石相关的多领域工程和科学问题提供了坚实的理论基础和实践支持；强调实验方法的科学严谨性，旨在培养学生和研究人员的实验技能和分析能力。通过详细介绍 SHPB 装置和温压耦合岩石冲击实验系统等测试装置的原理和方法，读者可以学习如何准确测量高温岩石的动态参数。这种实验方法的严密性不仅对于学术研究至关重要，还为工程领域提供了可靠的数据基础，确保高温岩石工程项目的可行性和安全性。由于高温岩石的性质和行为涉及地质学、地下工程、材料科学等多个领域，因此本书也注重跨学科研究和综合应用。书中提到的温压耦合、热冲击等特殊条件下的实验研究，为未来的高温岩石研究提供了新的方向。这有助于培养研究生们的综合素养，使他们能够更好地应对复杂的工程和科学挑战。此外，本书还关注了未来研究的方向，强调了高温岩石动力学领域的潜在挑战和应用前景。高温岩石在核能、地下储存、岩石爆炸等众多领域有着广泛的应用，而这些应用需要深刻理解高温岩石的特性。本书深入研究高温岩石的动力学性能，为高温岩石的可行性和安全性提供了有价值的指导。

参 考 文 献

[1] 蔡美峰，何满潮，刘东燕．岩石力学与工程［M］．北京：科学出版社，2002.

[2] 谢和平，陈忠辉．岩石力学［M］．北京：科学出版社，2004.

[3] Zhao J，Li H B. Experimental determination of dynamic tensile properties of a granite [J]. Int J Rock Mech. Min. Sci，2000（37）：861-866.

[4] Lambert D E，Ross C A. Strain rate effect on dynamic fracture and strength [J]. International Journal of Impact Engineering，2000（24）：985-998.

[5] Lifshitz J M，Leber H. Date processing in the split Hopkinson Pressure bar test [J]. Int. J. Impact Eng，1994，15（6）：723-733.

[6] Zhoa H，Gary Q. On the use of SHPB techniques to determine the dynamic behavior of materials in the range of small strains [J]. Int. J. Solids Structures，1996，33（23）：3363-3375.

[7] Frew D J，Forrestal M J，Chen W. A split Hopkinson Pressure bar techniques to determine compressive stress- strain date of rock materials [J]. Experimental Mechanics，2001，41（1）：40-46.

[8] Tedesco J W，Ross C A，Brunair R M. Numerical analysis of dynamic split cylinder tests [J]. Computers and Structures，1989，32（3/4）：609-624.

[9] Tedesco J W，Huhges M L，Ross C A. Numerical simulation of high strain rate concrete compression tests [J]. Computers and Structures，1994，51（1）：65-77.

[10] Huhges M L，Tedesco J W，Ross C A. Numerical analysis of high strain rate splitting-tensile tests [J]. Computers & Structures，1993，47（4/5）：653-671.

[11] Rodrigue J，Navarro C. Splitting test：an alternative to determine the dynamic tensile strength of ceramic materials [J]. Journal de Physique，1994，4：8101-8106.

[12] Hao Y，Hao H. Numerical investigation of the dynamic compressive behavior of rock materials at

high strain rate [J]. Rock Mech Rock Eng, 2013 (46): 373-388.

[13] Hao Y, Hao H. Numerical evaluation of the influence of aggregates on concrete compressive strength at high strain rate [J]. Int J Protective Struct, 2011, 2 (2): 177-206.

[14] Hao Y, Hao H. Numerical analysis of concrete material properties at high strain rate under direct tension [J]. Int J Impact Eng, 2012 (39): 51-62.

[15] Yousef Al-Salloum, Tarek Almusallam, S M Ibrahim, et al. Rate dependent behavior and modeling of concrete based on SHPB experiments [J]. Cement and Composites, 2015 (55): 34-44.

[16] Zhou Zilong, Li Xibing, Ye Zhouyuan. Obtaining constitutive relationship for rate-dependent rock in SHPB tests [J]. Rock Mech Rock Eng, 2010 (43): 697-706.

[17] Yang Chunhe, Li Tingjie. An experimental study on the dynamic characteristic behavior of soft rock under a high strain-rate [C]. Proceeding of the International Symposium on Intense Dynamic Loading and Its Effects, Chengdu, 1992: 9-12.

[18] Zhao J, Zhou Y X, Hefny A M, et al. Rock dynamics research related to cavern development for Ammunition storage [J]. Tunnelling and Underground Spate Technology, 1999, 14 (4): 513-526.

[19] Frew D J, Forrestal M J, Chen W. Pulse shaping techniques for testing brittle materials with a split Hopkinson Pressure bar [J]. Experimental Mechanics, 2002, 42 (1): 93-106.

[20] Lok T S, Li X B, Liu D, et al. Testing and response of large diameter brittle materials subjected to high strain rate [J]. Journal of Materials in Civil Engineering ASCE, 2002, 14 (3): 262-269.

[21] Li X B, Lok T S, Zhao J, et al. Oscillation elimination in the Hopkinson bar apparatus and resultant complete dynamic stress-strain curves for rocks [J]. International Journal of Rock Mechanics and Mining Sciences, 2000, 37 (7): 1055-1060.

[22] Li X B, Lok T S, Zhao J. Dynamic characteristics of granite subjected to intermediate loading rate [J]. Rock Mechanics and Rock Engineering, 2005, 38 (1): 21-39.

[23] Bbosa L, Powell M S, Cloete T J. An investigation of impact breakage of rocks using the split Hopkinson bar [J]. The Journal of The South African Institute of Mining and Metallurgy, 2006, 106 (1): 291-296.

[24] Xia K, Nasseria MHB, Mohanty B. Effects of microstructures on dynamic compression of Barre granite [J]. International Journal of Rock Mechanics and Mining Sciences, 2008, 45 (6): 879-887.

[25] 寇绍全，虞吉林，杨根宏. 石灰岩中应力波衰减机制的实验研究 [J]. 力学学报，1982，14 (6): 583-588.

[26] 陆岳屏，杨业敏，寇绍全，等. 霍布金森压力杆法测定砂岩、石灰岩动态破碎应力和杨氏模量 [J]. 岩石工程学报，1983 (03): 28-38.

[27] 李夕兵. 冲击荷载下岩石能耗及破碎力学性质的研究 [D]. 长沙：中南工业大学，1986.

[28] 李夕兵，赖海辉，朱成忠. 研究矿岩冲击破碎及动态特性的水平冲击实验法 [J]. 南矿

冶学院学报，1988，19（5）：492-499.
［29］李夕兵．矿岩中应力波的传输效应和能量耗散规律的研究［D］．长沙：中南工业大学，1992.
［30］李夕兵，古德生，赖海辉．冲击载荷下岩石动态应力-应变全图测试的合理加载波形［J］．爆炸与冲击，1993，13（2）：125-130.
［31］李夕兵，陈寿如，古德生．岩石在不同加载波下的动载强度［J］．中南矿冶学院学报，1994，25（3）：301-304.
［32］李夕兵，古德生．岩石冲击动力学［M］．长沙：中南工业大学出版社，1994.
［33］李夕兵，宫凤强，高科，等．一维动静组合加载下岩石冲击破坏实验研究［J］．岩石力学与工程学报，2010，29（2）：251-260.
［34］于亚伦．用三轴 SHPB 装置研究岩石的动载特性［J］．岩土工程学报，1992，14（3）：76-79.
［35］于亚伦．高应变率下的岩石动载特性对爆破效果的影响［J］．岩石力学与工程学报，1993，12（4）：345-352.
［36］蒋德全，陈庆寿，于亚伦．高应变率作用下岩石的微观损伤特征［J］．现代地质，1996，10（4）：566-569.
［37］单仁亮．岩石冲击破坏力学模型及其随机性研究［D］．北京：中国矿业大学，1998.
［38］Shan R L，Jiang Y S，Li B Q. Obtaining dynamic complete stress- strain curves for rock using the Split Hopkinson Pressure Bar technique［J］. International Journal of Rock Mechanics and Mining Sciences，2000，37（6）：983-992.
［39］单仁亮，薛友松，张倩．岩石动态破坏的时效损伤本构模型［J］．岩石力学与工程学报，2003，22（11）：1771-1776.
［40］卢芳云，Chen W，Frew D J. 软材料的 SHPB 实验设计［J］．爆炸与冲击，2002，22（1）：15-20.
［41］陈荣，林玉亮，卢芳云，等．Barre 花岗岩动态压缩破坏特性研究［J］．岩石力学与工程学报，2009，28（51）：2743-2748.
［42］陈荣，郭弦，卢芳云，等．Stanstead 花岗岩动态断裂性能［J］．岩石力学与工程学报，2010，29（2）：375-380.
［43］鞠杨，李业学，谢和平，等．节理岩石的应力波动与能量耗散［J］．岩石力学与工程学报，2006，12（25）：2426-2634.
［44］Ju Yang，Les Sudak，Xie HePing. Study on stress wave propagation in fractured rocks with fractal joint surfaces［J］. International Journal of Solids and Structures，2007，44（13）：4256-4271.
［45］夏昌敬，谢和平，鞠杨，等．冲击载荷下孔隙岩石能量耗散的实验研究［J］．工程力学，2006，23（9）：1-5.
［46］夏昌敬，谢和平，鞠杨．孔隙岩石的 SHPB 实验研究［J］．岩石力学与工程学报，2006，25（5）：896-900.
［47］许金余，李为民，范飞林，等．地质聚合物混凝土的冲击力学性能研究［J］．振动与冲击，2009，28（1）：46-50.

[48] 刘军忠，许金余，吕晓聪，等．冲击压缩荷载下角闪岩的动态力学性能实验研究［J］．岩石力学与工程学报，2009，28（10）：211-212.
[49] 吕晓聪，许金余，葛洪海，等．围压对砂岩动态冲击力学性能的影响［J］．岩石力学与工程学报，2010，29（1）：193-200.
[50] 周子龙，李夕兵，赵国彦，等．岩石类 SHPB 实验理想加载波形的三维数值分析［J］．矿冶工程，2005，25（3）：18-21.
[51] 平琦．煤矿深部岩石动态力学特性实验研究及其应用［D］．淮南：安徽理工大学，2013.
[52] Zhou Zilong，Li Xibing，Zou Yujun，et al. Fractal characteristics of rock fragmentation at strain rate of 100-102 s-1［J］. Journal or Central South University of Technology，2006，13（3）：290-295.
[53] 李明．高温及冲击载荷作用下煤系砂岩损伤破裂机理研究［D］．徐州：中国矿业大学，2014.
[54] Li Xibing，Hong Liang，Yin Tubing，et al. Relationship between diameter of split Hopkinson Pressure bar and minimum loading rate under rock failure［J］. Journal of Central South University of Technology，2008，15（2）：218-223.
[55] 叶洲元，李夕兵，周子龙，等．三轴压缩岩石动静组合强度及变形特征的研究［J］．岩土力学，2009，30（7）.
[56] Ye Zhouyuan，Li Xibing，Liu Xiling，et al. Testing studies on rock failure modes of statically loads under dynamic loading［J］. Transactions of Tianjin University，2008，14（51）：530-535.
[57] 翟越，马国伟，赵均海，等．花岗岩在单轴冲击压缩荷载下的动态断裂分析［J］．岩土工程学报，2007，29（3）：355-390.
[58] 翟越，马国伟，赵均海，等．花岗岩和混凝土在冲击荷载下的动态性能比较研究［J］．岩石力学与工程学报，2007，26（4）：762-776.
[59] 翟越．岩石类材料的动态性能研究［D］．西安：长安大学，2008.
[60] 王德余，李根生，史怀忠，等．高效破岩新方法进展与应用［J］．石油机械，2012，40（6）：1-6.
[61] 谢和平，高峰，鞠杨．深部岩体力学研究与探索［J］．岩石力学与工程学报，2015，34（11）：2161-2178.
[62] Kumar A. The effect of stress rate and temperature on the strength of basalt and granite［J］. Geophysics，1968，（3）：501-510.
[63] Friedman M，Perkins R D，Green S J. Observation of brittle-deformation features at the maximum stress of westerly granite and solenhofen limestone［J］. International Journal of Rock Mechanics and Mining Sciences and Geomechanics Abstracts，1970，7（3）：297-302.
[64] Janach W. The role of bulking in brittle failure of rocks under rapid compression［J］. International Journal of Rock Mechanics and Mining Sciences and Geomechanics Abstracts，1976，13（6）：177-186.
[65] Grady D E，Kipp M E. Continuum modelling of explosive fracture in oil shale［J］. International

Journal of Rock Mechanics & Mining Sciences & Geomechanics Abstracts, 1980, 17 (3): 147-157.
[66] 朱瑞庚. 不同加载速率条件下花岗岩的破坏判据 [J]. 爆炸与冲击, 1984 (1): 1-8.
[67] 王武林, 刘远惠, 陆以璐, 等. RDT-10000 型高压三轴仪的研制 [J]. 岩土力学, 1989, 10 (2): 69-82.
[68] 杨春和, 李廷芥. 地质材料率相关内变量本构理论的研究 [J]. 岩土力学, 1992, 13 (1): 12-17.
[69] 李海波, 赵坚, 李俊如, 等. 三轴情况下花岗岩动态力学特性的实验研究 [J]. 爆炸与冲击, 2004, 24 (5): 470-474.
[70] Yuan P, Ma QinYong, Ma DongDong. Influence of Non-parallel End-face in Rock SHPB Test [J]. Blasting, 2018.
[71] Gong F, Xibing L I, Zhao J. Experimental research progress of dynamic characteristics for rock materials on triaxial SHPB Apparatus [J]. Science and Technology Review, 2009, 27 (18): 106-111.
[72] Du H B, Dai F, Xu Y, et al. Numerical investigation on the dynamic strength and failure behavior of rocks under hydrostatic confinement in SHPB testing [J]. International Journal of Rock Mechanics and Mining Sciences, 2018, 108: 43-57.
[73] Yong M T, Tsao P F. Preparation and mechanical properties of artificial transversely isotropic rock [J]. International Journal of Rock Mechanics and Mining Sciences, 2000, 37 (6): 1001-1012.
[74] 金解放, 李夕兵, 王观石, 等. 循环冲击载荷作用下砂岩破坏模式及其机理 [J]. 中南大学学报, 2012, 43 (4): 254-262.
[75] Yin Zhiqiang, Li Xibing, Jin Jiefang, et al. Failure characteristics of high stress rock induced by impact disturbance under confining pressure unloading [J]. Transactions of Nonferrous Metals Society of China, 2012, 22 (1): 175-184.
[76] Wang Q Z, Zhang S, Xie H P. Rock Dynamic Fracture Toughness Tested with Holed-Cracked Flattened Brazilian Discs Diametrically Impacted by SHPB and its Size Effect [J]. Experimental Mechanics, 2010, 50 (7): 877-885.
[77] 杨阳. 低温作用下岩石动态力学性能实验研究 [D]. 北京: 中国矿业大学, 2016.
[78] 尹土兵, 舒荣华, 李夕兵, 等. 温度和轴压对花岗岩动态力学性能的影响 [J]. Transactions of Nonferrous Metals Society of China, 2016, 26 (8).
[79] 宗琦, 柏杨, 朱玉飞. 煤矿泥岩和砂岩冲击破碎与耗能特性实验 [J]. 科学技术与工程, 2018 (11).
[80] 谢理想, 赵光明, 孟祥瑞. 岩石在冲击载荷下的过应力本构模型研究 [J]. 岩石力学与工程学报, 2013, 31 (a01): 2772-2781.
[81] Yamazaki Y, Koyanagi J, Sawamura Y, et al. Numerical simulation of dynamic failure behavior for cylindrical carbon fiber reinforced polymer [J]. Composite Structures, 2018.
[82] 李明, 茅献彪, 曹丽丽, 等. 高温后砂岩动力特性应变率效应的实验研究 [J]. 岩土力学, 2014, 35 (12): 3479-3488.

[83] Wang Q Z, Li W, Xie H P. Dynamic split tensile test of Flattened Brazilian Disc of rock with SHPB setup [J]. Mechanics of Materials, 2009, 41 (3): 252-260.

[84] Li X, Zou Y, Zhou Z. Numerical simulation of the rock SHPB test with a special shape striker based on the discrete element method [J]. Rock Mechanics & Rock Engineering, 2014, 47 (5): 1693-1709.

[85] 李明,茅献彪,曹丽丽,等. 高应变率下煤力学特性实验研究 [J]. 采矿与安全工程学报,2015,32 (2): 317-324.

[86] 曹丽丽,浦海,李明,等. 煤系砂岩动态拉伸破坏及能量耗散特征的实验研究 [J]. 煤炭学报,2017,42 (2): 492-499.

[87] 杜彬,白海波,马占国,等. 干湿循环作用下红砂岩动态拉伸力学性能实验研究 [J]. 岩石力学与工程学报,2018,37 (7): 1671-1979.

[88] Dong Y, Zhao T, Feng S, et al. Experimental analysis on dynamic behavior of porous rock by SHPB apparatus [R]. Geological Engineering: Proceedings of the 1st International Conference, 2009.

[89] Liu X, Guo L J, Zhang D N, et al. Experimental study for stress uniformity of rock specimen in SHPB test [J]. Engineering Blasting, 2016.

[90] 郭中华,朱珍德,杨志祥,等. 岩石强度特性的单轴压缩实验研究 [J]. 河海大学学报,2002,30 (2): 93-96.

[91] 王芝银,段品佳. 基于岩体三轴压缩实验的节理力学参数确定方法 [J]. 岩土力学,2011,32 (11): 3219-3224.

[92] 高美奔,李天斌,孟陆波,等. 岩石变形破坏各阶段强度特征值确定方法 [J]. 岩石力学与工程学报,2016 (a02): 3577-3588.

[93] 李正川. 岩石各向异性的单轴压缩实验研究 [J]. 铁道科学与工程学报,2008,5 (3): 69-72.

[94] 李云鹏,王芝银. 岩石低温单轴压缩力学特性 [J]. 工程科学学报,2011,33 (6): 671-675.

[95] 张骞,李术才,李利平,等. 岩石三轴压缩峰后曲线与抗剪强度参数关系探讨 [J]. 地下空间与工程学报,2015,11 (3): 642-646.

[96] 王嵩,左双英,曲传奇,等. 基于单轴压缩实验的岩石损伤力学参数修正及数值模拟 [J]. 贵州大学学报,2017,34 (2): 109-114.

[97] 刘运思. 横观各向同性岩体巴西劈裂实验理论及工程应用研究 [D]. 长沙: 中南大学,2013.

[98] 陈津民. 弯曲法测岩石抗拉强度 [C]. 全国工程地质大会. 2008: 317-319.

[99] 魏炯,朱万成,李如飞,等. 岩石抗拉强度和断裂韧度的三点弯曲实验研究 [J]. 水利与建筑工程学报,2016,14 (3): 128-132.

[100] 吴绵拔. 加载速率对岩石抗压和抗拉强度的影响 [J]. 岩土工程学报,1982,4 (2): 97-106.

[101] 张少华,缪协兴. 实验方法对岩石抗拉强度测定的影响 [J]. 中国矿业大学学报,1999,28 (3): 243-246.

[102] 徐根，陈枫，肖建清．中等应变速率下岩石抗拉强度实验研究［J］．土工基础，2005，19（4）：52-54.

[103] 许学良．脆性岩石抗拉特性及其破裂机制的实验与细观模拟研究［D］．北京：北京科技大学，2017.

[104] 张慧梅，杨更社．水分及冻融环境下岩石抗拉力学特性［J］．湖南科技大学学报，2013，28（3）：35-40.

[105] 何满潮，胡江春，熊伟，等．岩石抗拉强度特性的劈裂实验分析［J］．矿业研究与开发，2005，25（2）：15-19.

[106] 徐宁．不同加载率下两种岩石抗拉和抗压特性对比研究［D］．南京：南京大学，2015.

[107] 张慧梅，杨更社．岩石冻融循环及抗拉特性实验研究［J］．西安科技大学学报，2012，32（6）：691-695.

[108] 吴基文，闫立宏．煤岩抗拉强度两种室内间接测定方法比较与成果分析［C］．岩石特性、模型与设计方法国际岩石力学学术研讨会，2004：1643-1647.

[109] 孙钧，胡玉银．三峡工程饱水花岗岩抗拉强度时效特性研究［C］．盛世岁月——祝贺孙钧院士八秩华诞论文选集，2006.

[110] 李地元，王涛，成腾蛟，等．基于圆环劈裂实验的岩石静态和动态拉伸破坏特性［J］．Transactions of Nonferrous Metals Society of China，2016，26（7）：1912-1918.

[111] 林英松，葛洪魁，王顺昌．岩石动静力学参数的实验研究［J］．岩石力学与工程学报，1998，17（2）.

[112] 单钰铭，刘维国．地层条件下岩石动静力学参数的实验研究［J］．成都理工大学学报，2000，27（3）：249-254.

[113] Birkimer D L. A possible fracture criterion for the dynamic tensile strength of rock［J］. Proceedings of the 12th Symposium on Rock Mechanics，Rolla，Missouri，1970.

[114] Price D G，Knill J L. A study of the tensile strength of isotropic rocks［J］. Proc 1st Congr Int Soci Rock Mech，Lisbon，1966：439-442.

[115] Rinehardt J S. Dynamic fracture strength of rocks［J］. Proceedings of the Seventh Symposium on Rock Mechanics，University Park，Pennsylvania，1965.

[116] Hino K. Velocity of rock fragmentation and shape of shock wave［J］. J Ind Explos Soc，1956，17（4）：236-410.

[117] Sang Ho Cho，Yuji Ogata，Katsuhiko Kaneko. Strain-rate dependency of the dynamic tensile strength of rock［J］. International Journal of Rock Mechanics & Mining Sciences 40，2003：763-777.

[118] 吴绵拔，刘远惠．龙门石灰岩动态力学特性实验研究［J］．岩石力学与工程学报，1996（15）：422-427.

[119] 喻勇，张宗贤，俞洁，等．岩石动态拉伸断裂特性的实验研究［J］．长江科学院院报，1998，15（2）：4-6.

[120] 闫东明，林皋，王哲，等．不同应变速率下混凝土直接拉伸实验研究［J］．土木工程学报，2005，38（6）：97-103.

[121] 宋小林，谢和平，王启智．大理岩动态劈裂试样的破坏应变［J］．岩石力学与工程学

报，2005，24（16）：2953-2959.

[122] 李伟，谢和平，王启智．大理岩动态劈裂拉伸的 SHPB 实验研究［J］．爆炸与冲击，2006，26（1）：12-20.

[123] 代高飞，夏才初，晏成．龙滩工程岩石试件在拉伸条件下的变形特性实验研究［J］．岩石力学与工程学报，2005，24（3）：384-388.

[124] 宋玉普，吕培侯，侯景鹏．有侧压混凝土的变速率劈拉强度实验及其破坏准则研究［J］．水利学报，2002（3）：1-5.

[125] 尤明庆，周少统，苏承东．岩石试样围压下直接拉伸实验［J］．河南理工大学学报，2006，8，25（4）.

[126] 朱万成，唐春安，黄志平，等．静态和动态载荷作用下岩石劈裂破坏模式的数值模拟［J］．岩石力学与工程学报，2005，24（1）：1-7.

[127] Tang C. Numerical simulation of progressive rock failure and associated seismicity［J］. International Journal of Rock Mechanics and Mining Sciences，1997，34（2）：249-261.

[128] Zhu W C，Niu L L，Li S H，et al. Dynamic Brazilian test of rock under intermediate strain rate：pendulum hammer-driven SHPB test and numerical simulation［J］. Rock Mechanics and Rock Engineering，2015，48（5）：1867-1881.

[129] Zhu W C，Bai Y，Li X B，et al. Numerical simulation on rock failure under combined static and dynamic loading during SHPB tests［J］. International Journal of Impact Engineering，2012，49：142-157.

[130] Yang Y F，Li G，Liang Z Z，et al. Numerical investigation on crack branching during collision for rock-like material［J］. Theoretical & Applied Fracture Mechanics，2015，76：35-49.

[131] Yang Y F，Tang C A，Xia K W. Study on crack curving and branching mechanism in quasi-brittle materials under dynamic biaxial loading［J］. International Journal of Fracture，2012，177（1）：53-72.

[132] Morris J P，Rubin M B，Block G I，et al. Simulations of fracture and fragmentation of geologic materials using combined FEM/DEM analysis［J］. International Journal of Impact Engineering，2006，33（1/12）：463-473.

[133] Karami A，Stead D. Asperity degradation and damage in the direct shear test：a hybrid FEM/DEM approach［J］. Rock Mechanics and Rock Engineering，2008，41（2）：229-266.

[134] 吕海洋．基于 RFPA 与 DDA 耦合的岩石破裂过程分析方法研究［D］．大连：大连理工大学，2014.

[135] Ariffin A K，Huzni S，Nor M J M，et al. Hybrid finite-discrete element simulation of crack propagation under mixed mode loading condition［J］. Key Engineering Materials，2006，306-308（Pt1）：495-500.

[136] Somerton W H，Gupta V S. Role of fluxing agents in thermal alteration of sandstone［J］. Journal of Petroleum Technology，1965，17（5）：585-588.

[137] HEARD H C. Thermal expansion and inferred permeability of climax quarts monzonite to 300

and 27.6 ℃ MPa [J]. Inand Geomechanics Abstracts, 1980, 17 (5): 289-296.
[138] 陈颙，吴晓东，张福勤．岩石热开裂的实验研究 [J]. 科学通报，1999 (8)：880-883.
[139] 陈占清，缪协兴．影响岩石渗透率的因素分析 [J]. 矿山压力与顶板管理，2001 (2)：83-84，86.
[140] 刘均荣，秦积舜，吴晓东．温度对岩石渗透率影响的实验研究 [J]. 石油大学学报（自然科学版），2001 (4)：51-53，5.
[141] 梁冰，高红梅，兰永伟．岩石渗透率与温度关系的理论分析和实验研究 [J]. 岩石力学与工程学报，2005 (12)：2009-2012.
[142] 高红梅，梁学彬，兰永伟，等．热应力作用下缺陷花岗岩的渗流规律 [J]. 黑龙江科技大学学报，2016，26 (6)：691-694.
[143] 高红梅．温度和应力耦合条件下岩石渗透规律实验研究 [C]. 中国力学学会，中国石油学会，中国煤炭学会，等．渗流力学与工程的创新与实践——第十一届全国渗流力学学术大会论文集，2011：5.
[144] 左建平，谢和平，周宏伟，等．不同温度作用下砂岩热开裂的实验研究 [J]. 地球物理学报，2007 (4)：1150-1155.
[145] 赵阳升，万志军，张渊，等．20MN 伺服控制高温高压岩体三轴实验机的研制 [J]. 岩石力学与工程学报，2008 (1)：1-8.
[146] 张渊，赵阳升，万志军，等．不同温度条件下孔隙压力对长石细砂岩渗透率影响实验研究 [J]. 岩石力学与工程学报，2008 (1)：53-58.
[147] 张渊，万志军，康建荣，等．温度、三轴应力条件下砂岩渗透率阶段特征分析 [J]. 岩土力学，2011，32 (3)：677-683.
[148] 赵阳升，万志军，张渊，等．岩石热破裂与渗透性相关规律的实验研究 [J]. 岩石力学与工程学报，2010，29 (10)：1970-1976.
[149] 冯子军，赵阳升，张渊，等．热破裂花岗岩渗透率变化的临界温度 [J]. 煤炭学报，2014，39 (10)：1987-1992.
[150] 尹光志，李文璞，许江，等．多场多相耦合下多孔介质压裂-渗流实验系统的研制与应用 [J]. 岩石力学与工程学报，2016，35 (S1)：2853-2861.
[151] 蒋长宝，陈昱霏，尹光志，等．中间主应力与层理方向对页岩力学和渗透特性影响的实验研究 [J]. 岩石力学与工程学报，2017，36 (7)：1570-1578.
[152] 俞缙，李宏，陈旭，蔡燕燕，等．渗透压-应力耦合作用下砂岩渗透率与变形关联性三轴实验研究 [J]. 岩石力学与工程学报，2013，32 (6)：1203-1213.
[153] 庞义辉，张勇．三维应力下岩石渗透率实验研究 [J]. 采矿与安全工程学报，2009，26 (3)：367-371.
[154] 武晋文，赵阳升，万志军，等．高温均匀压力花岗岩热破裂声发射特性实验研究 [J]. 煤炭学报，2012，37 (7)：1111-1117.
[155] 赵阳升，孟巧荣，康天合，等．显微 CT 实验技术与花岗岩热破裂特征的细观研究 [J]. 岩石力学与工程学报，2008 (1)：28-34.
[156] 孟巧荣，赵阳升，胡耀青，等．褐煤热破裂的显微 CT 实验 [J]. 煤炭学报，2011，36 (5)：855-860.

[157] 冯子军，赵阳升．煤的热解破裂过程——孔裂隙演化的显微 CT 细观特征［J］. 煤炭学报，2015，40（1）：103-108.

[158] 张渊，万志军，赵阳升．细砂岩热破裂规律的细观实验研究［J］. 辽宁工程技术大学学报，2007（4）：529-531.

[159] 唐世斌，唐春安，朱万成，等．热应力作用下的岩石破裂过程分析［J］. 岩石力学与工程学报，2006（10）：2071-2078.

[160] Chiddister J L, Malvern L E. Compression-impact testing of aluminum at elevated temperatures [J]. Exp. Mech., 1963, 3: 81-90.

[161] Price D G, Knill J L. A study of the tensile strenghth of isotropic rocks [C]. Proc. 1st Congr. Int. Soci. Rock Mech. Lisbon, 1966: 439-442.

[162] Kumar A. The effect of stress rate and temperature on the strength of basalt and granite [J]. Geo physics, 1968, 33 (3): 501-510.

[163] Friedman M, Perkins R D, Green S J. Observation of brittle-deformation features atmaximum stress of weslty granite and solenhofen limestone [J]. Int J Rock Mech MinSci, 1976, 33 (3): 177-186.

[164] Rosenberg Z, Dawicke D, St Rander E, et al. A new technique for heating specimens in splithopkinson bar experiments using induction-coil heaters [J]. Exp. Mech., 1986, 26 (3): 275-278.

[165] 夏开文，刘文彦，唐志平．30CrMnsiA 钢高温动态力学性质的实验研究［J］. 爆炸与冲击，1998，18（4）：310-316.

[166] Mardoukhi Ahmad, Mardoukhi Yousof, Hokka Mikko, et al. Effects of test temperature and low temperature thermal cycling on the dynamic tensile strength of granitic rocks [J]. Rock Mechanics and Rock Engineering, 2021, 54 (1): 443-454.

[167] 张蓉蓉，经来旺．SHPB 实验中高低温作用后深部砂岩破碎程度与能量耗散关系分析［J］. 煤炭学报，2018，43（7）：1884-1892.

[168] 尹土兵，李夕兵，周子龙，等．粉砂岩高温后动态力学特性研究［J］. 地下空间与工程学报，2007，3（6）：1060-1063.

[169] 吴刚，刑爱国，张磊．砂岩高温后的力学特性［J］. 岩石力学与工程学报，2007，26（10）：2110-2116.

[170] 许金余，刘石，孙蕙香．加热处理后砂岩的冲击加载实验研究［J］. 地下空间与工程学报，2013，9（5）：996-999，1018.

[171] 尹土兵，李夕兵，殷志强，等．高温后砂岩静、动态力学特性研究与比较［J］. 岩石力学与工程学报，2012，31（2）：273-279.

[172] 李夕兵，尹土兵，周子龙，等．温压耦合作用下的粉砂岩动态力学特性实验研究［J］. 岩石力学与工程学报，2010，29（12）：2377-2384.

[173] 尹土兵．考虑温度效应的岩石动力学行为研究［D］. 长沙：中南大学，2012.

[174] 尹土兵，李夕兵，叶洲元，等．温-压耦合及动力扰动下岩石破碎的能量耗散［J］. 岩石力学与工程学报，2013，32（6）：1197-1202.

[175] 许金余，刘石．加载速率对高温后大理岩动态力学性能的影响研究［J］. 岩土工程学

报，2013，35（5）：879-883.
[176] 刘石，许金余，支乐鹏，等. 高温后大理岩的冲击力学特性实验研究［J］. 岩石力学与工程学报，2013，32（2）：273-280.
[177] 宋小林，王启智，谢和平. 高温后大理岩动态劈裂试样的破坏应变［J］. 四川大学学报（工程科学版），2008（1）：38-43.
[178] 李博南，曲寿利，沈珲. 基于岩石物理模型的碳酸盐岩储层微观孔隙特征分析方法［J］. 吉林大学学报（地球科学版），2020，50（1）：285-293.
[179] Wong R H C, Chau K T, Wang P. Microcracking and grain size effect in Yuen Long marbles [J]. Internation Journal of Rock Mechanics and Mining Sciences and Geomechanics Abstracts, 1996, 33 (5): 479-485.
[180] Hatzor Y H, Zur A, Mimran Y. Microstructure effects on microcracking and brittle failure of dolomites [J]. Tectonophysics, 1997, 281 (3): 141-161.
[181] Wu X Y, Baud P, Wong T F. Micromechanics of compressive failure and spatial evolution of anisotropic damage in Darley Dale sandstone [J]. International Journal of Rock Mechanics and Minging Sciences, 2000, 37 (1): 143-160.
[182] 刘小明，李焯芬. 岩石断口微观断裂机理分析与实验研究［J］. 岩石力学与工程学报，1997，（6）：509-513.
[183] 尚嘉兰，孔常静，李廷芥，等. 岩石细观损伤破坏的观测研究［J］. 实验力学，1999（3）：373-383.
[184] 赵永红，梁海华，熊春阳，等. 用数字图像相关技术进行岩石损伤的变形分析［J］. 岩石力学与工程学报，2002，21（1）：73-76.
[185] 朱珍德，渠文平，蒋志坚. 岩石细观结构量化实验研究［J］. 岩石力学与工程学报，2007，26（7）：1313-1324.
[186] 葛绍坤，史波波. 煤火烧变作用下岩石微观结构与力学特性的变化［J］. 矿业研究与开发，2020，40（12）：63-70.
[187] 黄达，李悦，岑夺丰，等. 压-拉应力状态下大理岩强度及破裂性质的微观晶粒影响［J］. 岩土力学，2020（S2）：1-12.

2 高温岩石动力学原理与方法

2.1 引言

近年来，随着全球经济飞速发展，人们对矿产资源的需求日渐增多，地球浅部矿产资源已经不能满足人们的需求，深部矿床的开采成了资源开发利用的主要途径。据不完全统计，目前国内外已有上百座矿山开采深度达到1000 m以下，而且以每年8~12 m的速度向下延伸，南非一些金矿开采深度更是达到了4000 m之深。在数千米的深井中，原岩应力达数十兆帕，温度高达60~70 ℃。在这种高温高压环境下，岩石表现出与浅部截然不同的力学特性，同时受爆破、机械凿岩和高阶段落矿等动载荷扰动，岩石工程常发生损伤甚至破坏。另外，在地热资源开发利用、地下工程火灾后重建以及核废料储存等岩石工程中，高温、高压作用下岩石的力学特性研究已成为岩石力学的主要研究方向之一，因此很有必要发展高温SHPB实验技术。高温和动力扰动作用之下岩体工程的安全性、可靠性、耐久性日益成为关注的焦点，这需要我们了解实时高温状态下岩石的动态力学性质。

关于动态力学性质的研究，在1914年B. Hopkinson[1]提出了一种能用来测试应力波形的实验技术，建立了Hopkinson杆的雏形。1948年，Davies[2]对这一技术进行了改进，对压缩波在弹性杆中的传播进行了研究，并提出一种用放大器和电容装置测试杆中质点位移的方案。次年，Kolsky[3]把弹性杆分成两段，将试样置于两杆之间来测材料在冲击载荷下的应力-应变曲线，并提出了数据方案。这种Kolsky改进后的Davies装置与现代的SHPB装置已经很相似，故SHPB又被称为Kolsky杆或Davies杆。1963年，Lindholm[4]又对Hopkinson杆测试方法进行改进，通过粘贴在两根杆上的应变片来获得信号。同时，Harding[5]和Baker[6]等人发展了SHPB拉杆和扭杆。到20世纪70年代，SHPB实验技术已经成为一种测试材料动态力学性能的主要技术。针对上述一系列由高温高应力引发的问题，本章简单介绍常规岩石动力学参数测试原理与方法，主要介绍高温岩石动力学参数测试原理与方法。针对高温岩石动力学参数，采用现有的动静组合加载装置，在试样安放处安置一个高温加热炉，实现高温作用下及温压耦合作用下岩石试样的动态力学性能测试。该系统结构简单易操作，避免了数据处理困难的问题，利用该系统可以进行温压耦合下岩石类材料的动态力学性能研究。

2.2　SHPB 装置的实验原理

2.2.1　霍普金森杆装置实验原理

SHPB 实验装置主要由弹性杆、吸收杆、动载荷发生装置及数据采集系统组成，如图 2-1 所示，试样置于入射杆和透射杆之间，冲头在气压作用下撞击入射杆产生一维应力波。下面通过一维应力波在杆中的传播进行分析。

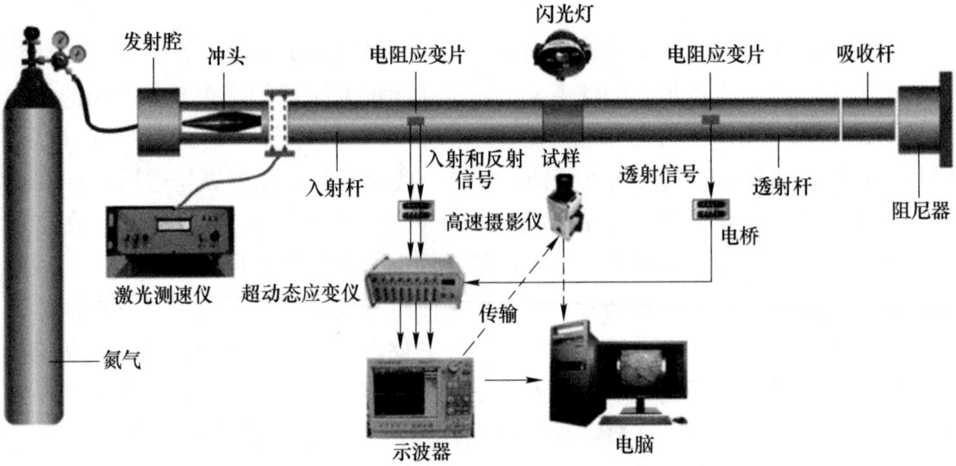

图 2-1　SHPB 实验装置与测试系统

圆杆中一长度为 dx 的微元体，其横截面积为 A、密度为 ρ、杨氏模量为 E。圆杆受一维纵波加载，如图 2-2 所示。假设圆杆由线弹性材料组成且服从胡克定律，用 u 表示位移，ε 表示应变，著名的波动方程由牛顿第二定律得到：

$$\frac{\partial^2 u}{\partial x^2} = \frac{1}{c_0^2}\frac{\partial^2 u}{\partial t^2} \tag{2-1}$$

式中，$c_0 = \sqrt{E/\rho_0}$ 为纵波波速。

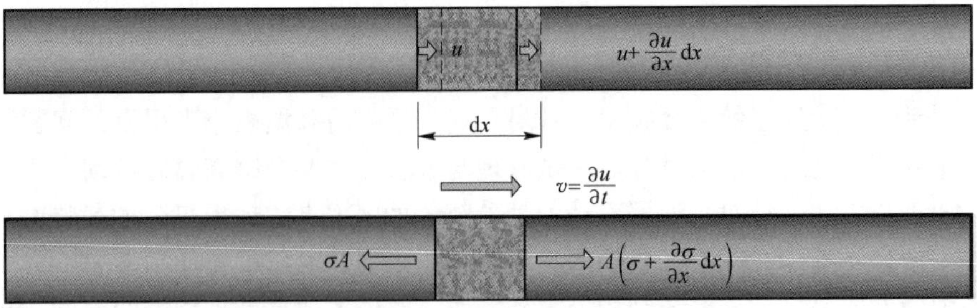

图 2-2　弹性波的传播

对式(2-1)进行微分求解得出：

$$u = f(x - c_0 t) + g(x + c_0 t) \tag{2-2}$$

考虑波向 x 正方向移动，即

$$u = f(x - c_0 t)$$

分别对 x 和 t 进行求导，有：

$$\begin{cases} v = \dfrac{du}{dt} = -c_0 f'(x - c_0 t) \\ \varepsilon = \dfrac{du}{dx} = f'(x - c_0 t) \end{cases} \tag{2-3}$$

所以：

$$\partial u/\partial t = -c_0 \frac{du}{dx} \tag{2-4}$$

即

$$v = -c_0 \varepsilon$$

将 $\sigma = E\varepsilon$ 和 $E = c_0^2\rho_0$ 代入式（2-3）可得：

$$v = -c_0 \frac{\sigma}{E} = -\frac{\sigma}{\rho_0 c_0} \tag{2-5}$$

负号表示 X 正方向的拉伸波，在波动理论中压缩应力通常用正号表示，由此可得：

$$\sigma = \rho_0 c_0 v \tag{2-6}$$

如图 2-1 所示，在一定的压气压力或爆轰作用下，冲头将以一定的速率与输入杆对心碰撞，在输入杆端即产生一应力脉冲，在一维应力传播的条件下，应力脉冲即弹性入射波在输入杆中以波速 $c_0 = \sqrt{E/\rho_0}$ 向前传播，经过 L_0/c_0 的时间（L_0 为输入杆的长度）传至杆件与岩样的界面 A_1 处，由于两者波阻不同，因而波在界面产生反射和透射，透射部分随即进入岩样与杆的界面 A_2，同时也产生透反射。由于岩样较薄，其脉冲在岩样中来回一次的时间只需 $2L_s/c_s$（L_s、C_s 分别为岩样长度和岩样中的杆波速度），一般只有几微秒，经过几次透反射后，岩样及两端面的应力应变达到基本一致，通过瞬态波形存储器把入射波、反射波和透射波 $\sigma_I(t)$、$\sigma_R(t)$、$\sigma_T(t)$ 记录下来，即可获得岩样中的 $\sigma - \varepsilon - \dot{\varepsilon}$ 关系和试件的能耗值。

如图 2-3 所示，根据界面 A_1 上的速度和应力连续条件，并考虑到岩样的波阻抗小于钢弹性杆的波阻抗，反射波为拉伸波，有：

$$v_{sI} = v_I + v_R \tag{2-7}$$

$$\sigma_{sI} A_S = (\sigma_I + \sigma_R) A_0 \tag{2-8}$$

又因为

$$\sigma = \rho_0 c_0 v$$

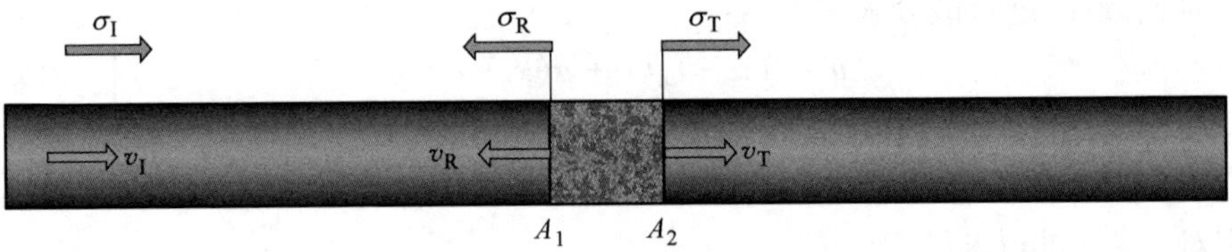

图 2-3　SHPB 应力波在试件与弹性杆交界面上的作用

故有：

$$v_{sI} = (\sigma_I + \sigma_R)/(\rho_0 c_0) \tag{2-9}$$

$$\sigma_{sI} = (\sigma_I + \sigma_R)A_0/A_S \tag{2-10}$$

根据 SHPB 装置的均匀化条件，即经多次反射后，两界面的应力应变趋于平衡，可以求得试样的平均应力、应变和应变率随时间的变化，即

$$\begin{cases} \sigma(t) = [\sigma_I(t) - \sigma_R(t) + \sigma_T(t)]A_0/(2A_S) \\ \varepsilon(t) = \dfrac{1}{\rho_0 c_0 L_s}\displaystyle\int_0^t [\sigma_I(t) + \sigma_R(t) - \sigma_T(t)]\,\mathrm{d}t \\ \dot{\varepsilon}(t) = \dfrac{1}{\rho_0 c_0 L_s}[\sigma_I(t) + \sigma_R(t) - \sigma_T(t)] \end{cases} \tag{2-11}$$

试样的耗能值 E_s 为：

$$E_s = E_I - E_R - E_T \tag{2-12}$$

其中，入射能 E_I、反射能 E_R、透射能 E_T 分别为：

$$\begin{cases} E_I = \dfrac{A_0}{\rho_0 c_0}\displaystyle\int_0^t \sigma_I^2(t)\,\mathrm{d}t \\ E_R = \dfrac{A_0}{\rho_0 c_0}\displaystyle\int_0^t \sigma_R^2(t)\,\mathrm{d}t \\ E_T = \dfrac{A_0}{\rho_0 c_0}\displaystyle\int_0^t \sigma_T^2(t)\,\mathrm{d}t \end{cases} \tag{2-13}$$

式中，$\sigma_I(t)$、$\sigma_R(t)$ 和 $\sigma_T(t)$ 分别为某一时刻 t 的入射、反射和透射应力，入射和透射应力取压应力为正，反射应力取拉应力为正；$\rho_0 c_0$ 分别为弹性杆和试样的波阻抗；L_s 为试样的长度；t 为应力波延续时间；A_0、A_S 分别为弹性杆和试样的截面积。

2.2.2　动静组合加载实验原理

众所周知，在深部开采等工程领域，岩体不但承受自身地应力作用，而且还承受开挖过程中因应力调整、爆破加载和开挖卸载等产生的动力扰动作用。动静组合加载模式为探索深部岩体特征提供了一种新的实验方法和思维模式。为了实现试样的动静组合加载，对普通 SHPB 装置，可以考虑在入射杆、试样与透射杆这一局部施加工程实际的轴向静压力，同时保留端部冲击作用面。这样，试样的组合加载在理论上讲是可以实现的，但此时，较高轴压下杆件与试样是否满足赖以存在的应力波传输理论，仍然需要加以探讨。图 2-4 给出了弹性杆中微元体在轴向静应力和冲击动载组合作用下的受力与变形情况[7]。

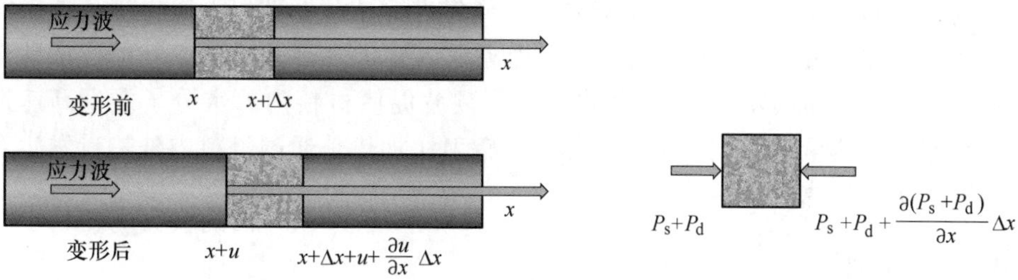

图 2-4 动静组合加载杆中微元体在应力波的作用下的形变

在系统轴向静压小于弹性杆的屈服极限的情况下，对于圆柱杆，其密度和弹性模量可以认为不发生改变。假定弹性杆的长径比足够大，则杆在加载过程中横截面保持为平面，从而可以得到微元体在静压 P_s 和动载 P_d 组合作用下的受力和变形关系，即

$$-\frac{\partial(P_s+P_d)}{\partial x}\Delta x=\rho A\Delta x\frac{\partial^2 u}{\partial t^2} \tag{2-14}$$

式中，A 为杆的横截面积；ρ 为杆的密度；u 是微元受力后在 x 处的位移；P_s 和 P_d 分别为静载荷和动载荷。

根据应力、应变定义及胡克定律，可得：

$$\sigma=\frac{P_s+P_d}{A} \tag{2-15}$$

$$\varepsilon=-\frac{\mathrm{d}u}{\mathrm{d}x} \tag{2-16}$$

$$\sigma=E\varepsilon \tag{2-17}$$

轴向静压在整个长度方向不随时间改变，即

$$\frac{\partial P_s}{\partial x}=\frac{\partial P_s}{\partial t}=0 \tag{2-18}$$

综合以上各式，得：

$$\rho\frac{\partial^2 u}{\partial t^2}=E\frac{\partial^2 u}{\partial x^2} \tag{2-19}$$

式（2-18）与经典一维波动方程一致，这说明弹性杆与试样在承受动静组合加载时，应力波理论同样适用。

2.3　高温后岩石动力学实验原理

目前，高温岩石动力学的研究主要分为两大类，一类是高温后的岩石动力学测试，另一类是实时高温下的岩石动力学测试。本节主要讨论高温后的岩石动力学测试。

高温后的岩石动力学测试是对岩石试样先进行高温处理，然后再进行冲击实验。实验的加热方式有多种，包括电炉加热法、微波加热法[9]和红外加热法即热辐射法[10]。微波加热法是通过微波这种高频波促使材料内部水分子发生高速运动而摩擦产生热量来实现；电炉加热和热辐射法加热是通过材料内外热量发生对流的方式实现加热。

2.3.1　电炉加热

实验所用的电炉加热仪器主要为可控智能升温炉。可控智能升温炉的型号为SX-12-13，如图 2-5 所示，主要包括加热炉体和智能温度控制器，炉膛长350 mm、宽 260 mm、高 170 mm，智能温度控制器的控制精度为±1 ℃。加热元件为直径 14mm、长 200 mm 的双排硅碳棒。可控智能升温炉的额定温度、功率和电压分别为 1300 ℃、12 kW 和 380 V，其最大升温速率可达 40 ℃/min。

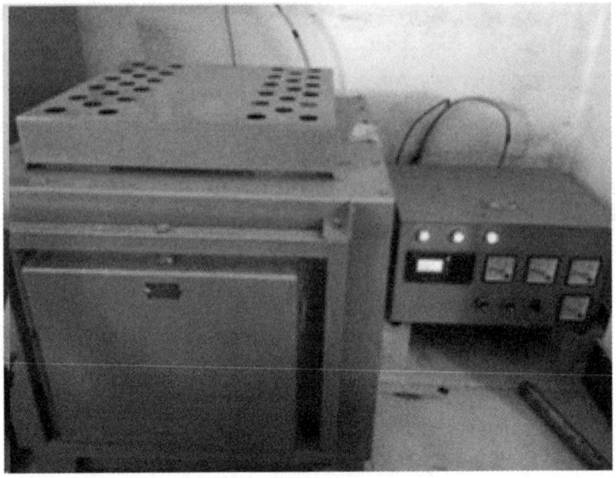

图 2-5　SX-12-13 工业加热炉
（扫描书前二维码看彩图）

2.3.2　微波加热

微波加热方法因具有操作方便、环境友好等优点，近年来受到广泛关注。一般来说，岩石由多种矿物组成，其内部的温度梯度是由于不同矿物对微波能的吸收程度不同所致，导致岩石内部产生热应力。当热应力足够大且超过晶粒间的抗拉强度时，岩石内部产生微裂纹。因此，微波引起的矿物高温效应是岩石弱化的重要因素。图 2-6 所示为实验所用的工业微波炉（华冶 HY-QS6016，长沙），工业微波炉共有 4 个 1.5 kW 的微波发生频率为 2.45 GHz 水冷型磁控管（松下 2M259G03U，日本），微波反射后可被流速为 2 m^3/h 的循环水吸收，微波输出功率由 PLC 控制器调节。球形谐振腔为不锈钢材质，加热台可水平旋转使试样均匀加热。谐振腔内配备有热电偶。为减小加热的试样表面与空气的热对流导致的温度场不均匀，用热导率极低的二氧化硅隔热毡保温。

图 2-6 HY-QS6016 型实验微波马弗炉
（扫描书前二维码看彩图）

2.3.3 明火加热

岩石结构和岩石建筑，如地下道路、房屋和古代城堡，会受到火灾引起的高温的影响。在实际工程中，火灾后的岩石可能会迅速冷却，例如地下火灾的灭火过程。过去已经做了许多关于高温对岩石的物理和机械性质的影响的实验。然而，它们大多是用电炉加热的，电炉加热速度慢，加热岩石均匀。在实际工程火灾中，岩石的加热是迅速且不均匀的，因此可以采用明火加热的方式对岩石试样进行即热。明火加热的装置如图 2-7 所示。

2.3.4 非常规加热

地下煤气化或煤矿火灾发生在好氧环境中，而地热开采和核废料处理发生在真空中。温度对这些岩石的影响已经得到了深入的研究，然而氧气在这些岩石加热过程中的作用一直被忽视。了解氧对受热岩石损伤机制和力学性能的影响，对于准确评价上述工程的安全性和稳定性具有重要意义。为了研究氧气对动态载荷条件下热处理砂岩力学性能的影响，在传统加热炉的基础上，作者团队自主研制了可在真空或有氧环境下加热岩石的膨胀管式加热炉，如图 2-8 所示。

(a)　(b)

图 2-7　火加热装置

（a）设备整体图片；（b）样品俯视图

（扫描书前二维码看彩图）

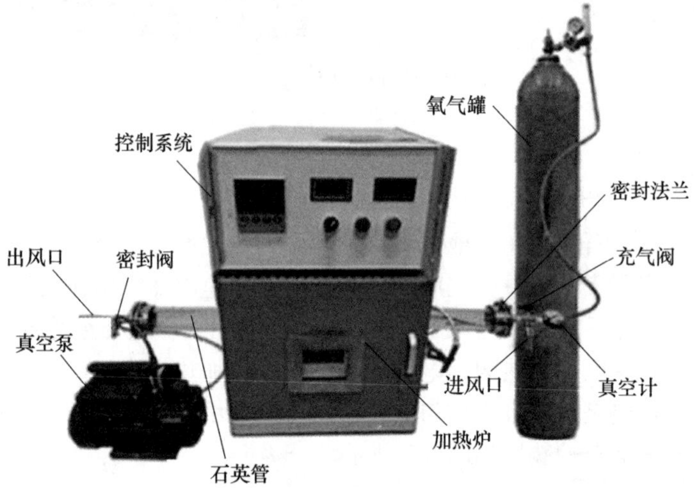

图 2-8　可燃管式炉原理

（扫描书前二维码看彩图）

该设备主要包括一个两侧都有预留孔的炉体、一个石英管、一个氧气罐、一个真空泵和一个控制系统。石英管可沿预留孔插入炉体加热，炉体两侧分别为封口、密封阀、充气阀、进风口、出风口、真空表。如图 2-8 所示，先将试样置于石英管中，再组装管式炉的各部件。当样品在真空环境中加热时，首先打开密封阀并关闭充气阀；然后打开真空泵，直到真空表压力降至-0.1 MPa，并继续工作 10 min；最后，关闭密封阀，打开加热炉。试样在有氧环境下加热时，先开启密封阀，然后开启充气阀，氧气罐中的氧气沿着进风口流入石英管，通过试样后，从出风口排出，最后打开加热炉，在好氧环境下对岩样进行加热。

2.4 实时高温下岩石冲击动力学参数测试技术

近些年来，随着科技的进步和发展的需要，众多的岩石工程活动都处在高温状态下，如地热开发、核废料储存、深部矿产资源的开采以及机械凿岩等。因此研究岩石在实时高温状态下的动态力学性质具有十分重要的意义。目前，岩石在应变率为 $10 \sim 10^3\ s^{-1}$ 下的动态实验主要是利用 SHPB 实验系统进行，而已经开展的温度对岩石动态力学性质影响的研究主要局限在高温后的状态，这与高温下研究的主要区别在于不能还原岩石在当时的一个实时高温状态。

2.4.1 实时高温下动力学实验技术

运用 SHPB 研究材料在高温状态下动态力学性质的实验方法主要有直接法、隔离法和修正法三种。

2.4.1.1 直接法

直接法是先单独对试样加热，然后快速对接杆和试样完成冲击。空军工程大学刘石教授[8]于 2015 年设计了用于测定实时高温状态下岩石动态压缩特性的 SHPB 系统，如图 2-9 所示。该 SHPB 系统杆径为 100 mm，通过空压机产生的压缩空气驱动弹头撞击入射杆，使用波形整型器进行入射波波形整形，在进行实时高温下岩石试样的动态压缩实验时，试样通过外置的高温炉进行热处理。热处理完成后，将试样转移至安装在 SHPB 装置上的管式加热炉进行一定时间的温度补偿，温度补偿完成后，迅速装配入射杆及透射杆进行冲击实验。实验完成后，移

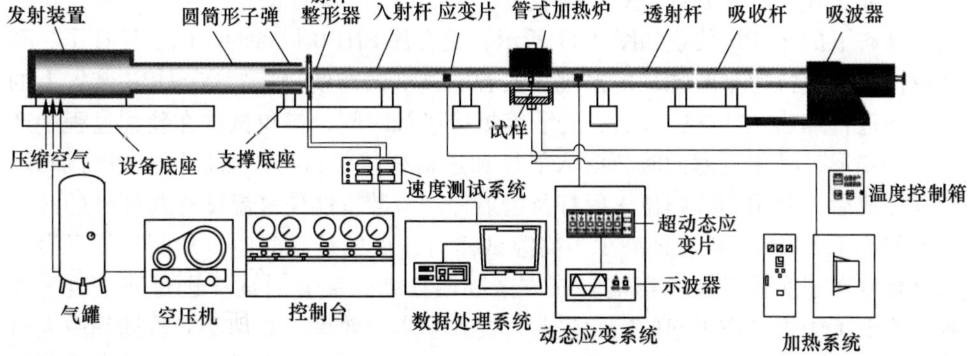

图 2-9 高温状态下岩石动态压缩特性的 SHPB 系统[8]

出入射杆以及透射杆并对其进行冷却处理。该方案通过对高温试件的实时控制，大大缩短了高温试件与外界低温环境的接触时间，减少了高温试件的散热，同时减小了实验误差，延长了实验设备的使用寿命，提高了实验效率，避免了实验过程中人员操作的风险。

东南大学陈力教授[9]于 2015 年设计的用于测定实时高温状态下混凝土试样的动态压缩特性的 SHPB 系统，是在原 SHPB 装置的基础上，重新设计的一套用于试样加热的微波加热系统，如图 2-10 所示。实验时，试样在外置的微波炉中进行加热，加热完成后试样可从预定滑道进入 SHPB 的入射杆与透射杆之间，然后同步组装试样与杆迅速完成冲击，实验完成后，归位入射杆及透射杆。该方案避免了人直接与高温试样进行交互，降低了实验过程中人员操作的风险，减小了温度梯度对于杆弹性参数的潜在影响，提高了实验结果的可靠性。

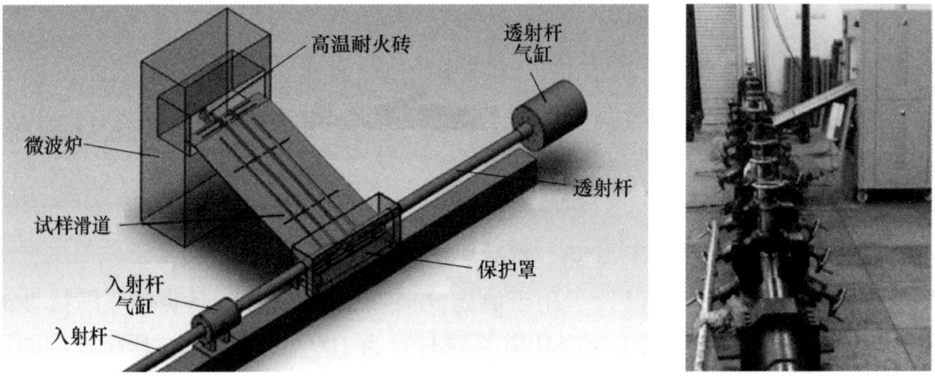

(a)　(b)

图 2-10　高温状态下混凝土试样的动态压缩特性的 SHPB 系统[9]
(a) 原理图；(b) 现场图
(扫描书前二维码看彩图)

西北工业大学张超教授和索涛教授[10]于 2017 年设计的用于测定材料在实时高温状态下的 SHPB 装置如图 2-11 所示，是在原 SHPB 设备的基础上设计了一套能够同步加热快速组装加载的系统。实验中，将试样使用安置在 SHPB 装置上的高温炉进行加热，加热完成后，为了缩短冷接触时间，避免试件在装配过程中产生塑性变形，采用活塞同时装配入射杆和透射杆接触试样，然后同步进行加载，实验完成后，利用钢线归位入射杆及透射杆。该装置能使高温试样与杆件的冷接触时间小于 10 ms，极大地减少了高温试样与杆件的接触时间，从而降低了潜在温度梯度对于实验结果的影响。该方案利用自动化装置对试样进行同步装配加载，降低了人为操作引起的实验误差，提高了实验效率，避免了实验过程中人员操作的风险。张超教授和索涛教授表示，当实验温度为 800 ℃时，冷接触时间需小于 50 ms，才能忽略热量从试样传递至杆件时温度对实验结果的影响。

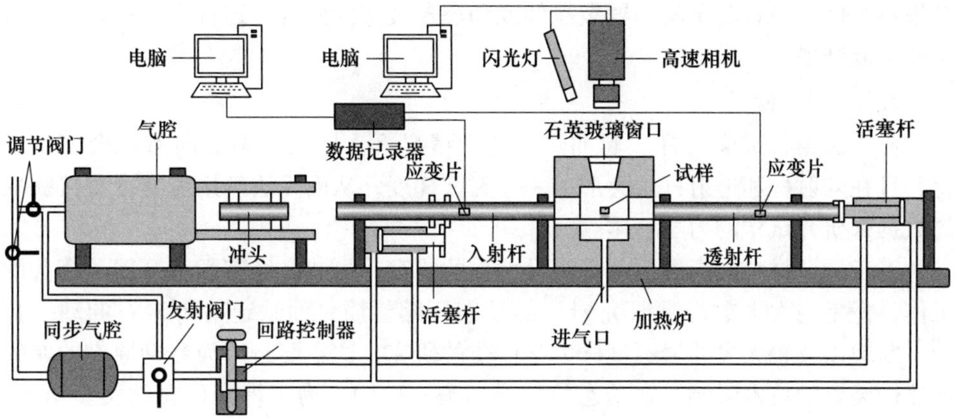

图 2-11 实时高温状态下的 SHPB 装置[10]

2.4.1.2 隔离法

隔离法是通过在试样两端放置低热导率的隔离块防止波导杆受到温度的影响。俄亥俄州立大学 Gilat 和 Wu X 于 1997 年设计的高温下霍普金森扭杆装置如图 2-12 所示。该装置用于测量金属材料在动态扭转下的力学响应，实验时试样两端连接法兰盘，然后通过钛金属制成的适配器连接法兰盘和波导杆，采用环绕式乙炔燃烧器加热试样，由于钛金属导热系数较小，起到隔热作用，因此可以防止热量传递至杆件从而影响杆件的力学参数。但由于温度会影响适配器的力学参数，实验需考虑适配器的存在对实验结果的影响。

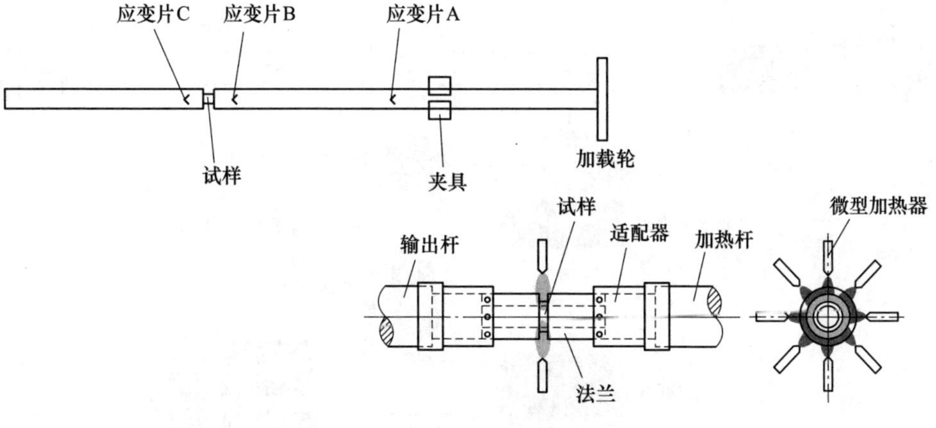

图 2-12 实时高温状态下的 SHPB 装置

直接法和隔离法虽然不需要考虑温度对杆的影响，直接使用应变片记录的数据来进行计算，但是会使得实验系统结构复杂，难以实现对接和冲击同步进行以及保证短暂的操作时间，当冷接触时间较长时，试样损失的热量很大，使得实验结果不准确，而且对于动态劈裂拉伸或动态断裂实验而言，这种方法难以得出可靠的实验结果。

2.4.1.3　修正法

修正法是将试样与杆一起加热，这种情况下，杆在高温下的参数会发生变化，且在入射杆和透射杆中会形成一个温度梯度，从而无法利用应变片直接获取的数据来研究试样的力学性质。

对于岩石材料在高温下动态力学性质的研究，虽然已经有学者开展了相关的工作，但是绝大多数都是研究岩石的动态压缩性质，而缺乏对于岩石的动态拉伸、断裂以及较大尺寸岩石试样力学性质的研究，这主要是因为受到原有的实时加热炉装置的技术限制。在动态拉伸或断裂实验中，为了得到可靠的实验结果，杆和试样必须同时进行加热。

因此，在原有装置上安装一套加热装置，以实现高温作用下及温压耦合作用下岩石试样的动态力学性能测试。该系统结构简单易操作，可以实现岩石试样不离开热源，保证试样与入射杆、透射杆精确对齐，有效防止破碎岩块击坏加热炉内罩，主要由应力波发生装置、轴向静压加载装置、加温炉及温控装置、弹性杆及数据采集等几部分组成，如图 2-13 所示。

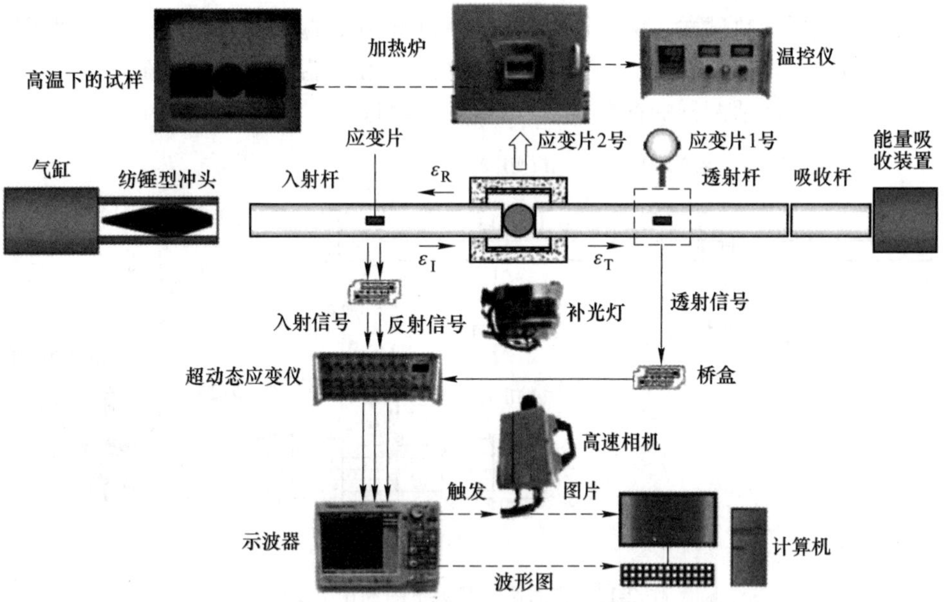

图 2-13　中南大学 SHPB 实验图

配置的 NZ-2-1200 型工业高温炉，极限加热温度为 1200 ℃，如图 2-14、图 2-15 所示。加热炉炉壳用不锈钢板制成，加热炉膛采用耐火材料碳化硅制成

ϕ100 mm×150 mm 的圆柱形，四周绕有加热元件 OCr27Al7Mo2 高电阻电炉丝，炉膛与炉壳之间用高铝泡沫砖、保温棉砌筑成保温层。高温炉前端配置观察窗，用于观察试样位置，以及拍摄实时高温条件下试样的破坏过程。

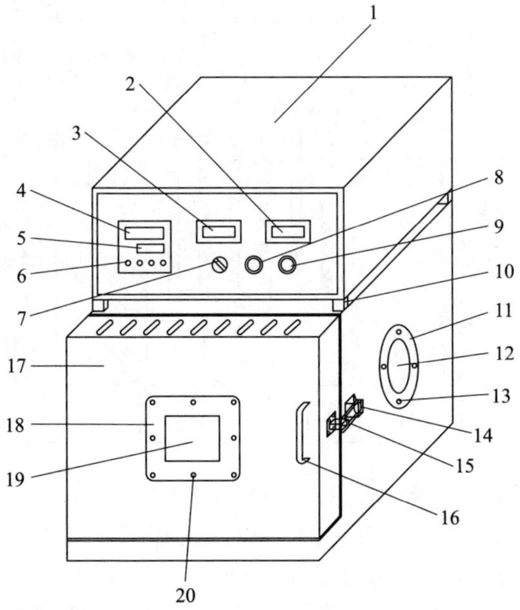

图 2-14 加热炉结构

1—温度控制仪；2—电流显示屏；3—电压显示屏；4—PV 显示屏；5—SV 显示屏；6—温度设置按键；7—电源开关；8—加热停止按钮；9—加热启动按钮；10—支架；11—密封盖；12—通孔；13—螺丝；14—锁扣钩；15—锁扣；16—把手；17—炉门；18—窗口固定器；19—可视窗口；20—螺丝

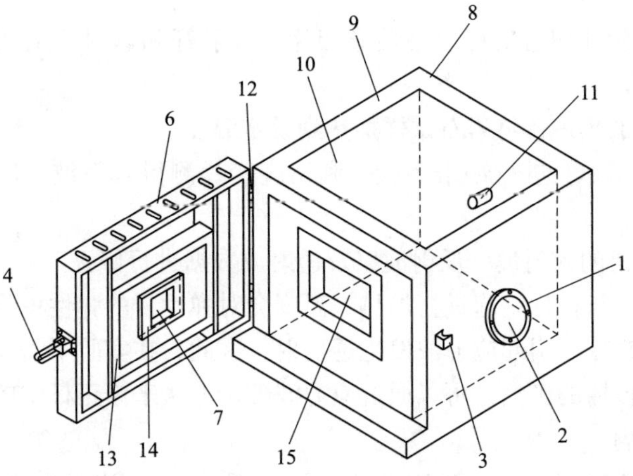

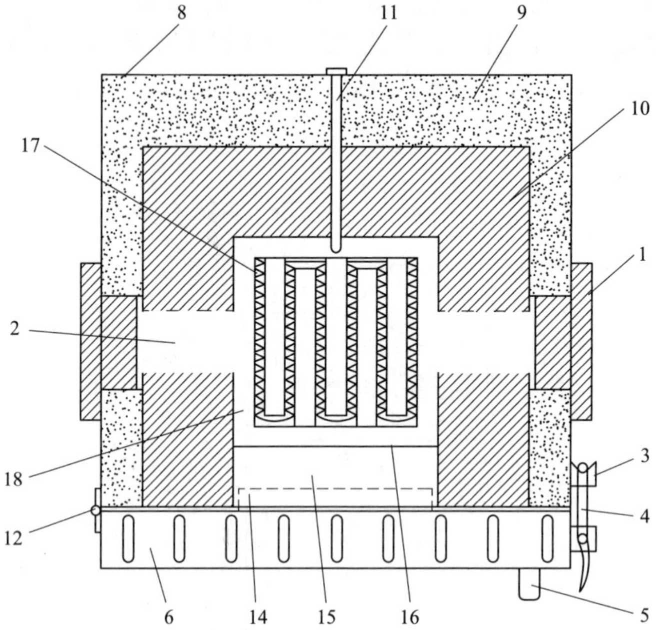

图 2-15　炉门开启图

1—密封盖；2—通孔；3—锁扣钩；4—锁扣；5—把手；6—炉门；7—可视窗口；8—金属外壳；9—外保温层；10—内保温层；11—温度传感器；12—铰链；13—窗口支架；14—超深封口；15—炉口；16—炉底板；17—电炉丝；18—炉膛

具体实验步骤为：

（1）将 SHPB 实验系统的入射杆和透射杆分别同轴安装在加热炉两侧的通孔上，并延伸至加热炉内将试样夹紧，保持试样处于炉膛中心位置，如图 2-16 所示。

（2）在入射杆和透射杆上粘贴应变片，入射杆和透射杆上的应变片对称布置在试样的两侧。

（3）启动加热炉，将岩石试样加热到设定温度。

（4）发射子弹，进行冲击实验，利用应变片测得入射波、反射波以及透射波数据。

（5）对测得的入射波、反射波以及透射波数据进行修正。

直接将试样与杆件一起进行加热，温度会对弹性杆的弹性模量产生影响进而导致波阻抗的改变，引起应力波发生透反射。因此，在实验中需要考虑杆中温度梯度对应力波传播的影响，可以通过应力波理论方法来修正杆中的温度梯度场对实验结果的影响。

Chiddister 和 Malvern[11] 于 1963 年设计的高温下 SHPB 实验设备如图 2-17 所

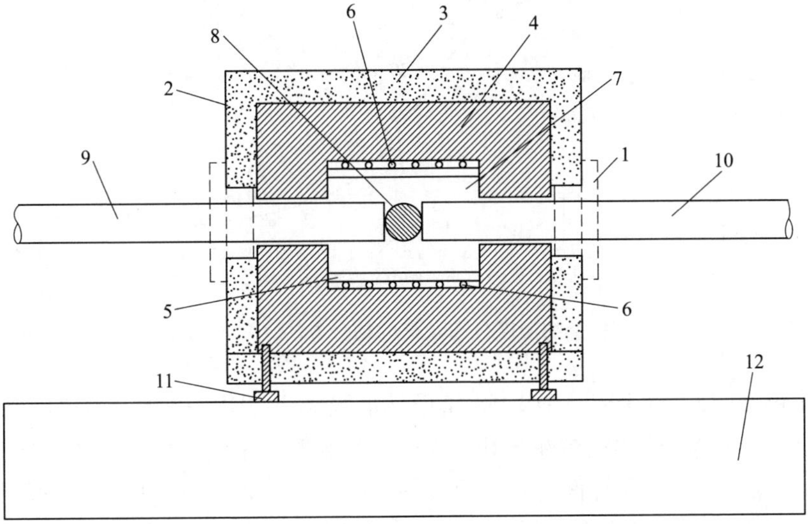

图 2-16　加热炉与 SHPB 实验系统组合

1—密封盖；2—金属外壳；3—外保温层；4—内保温层；5—炉底板；6—电炉丝；7—炉膛；8—试样；9—入射杆；10—投射杆；11—微调螺旋；12—冲击平台

示。该设备直接将试样夹持在 SHPB 入射杆和透射杆两端，然后使用电炉进行热处理，待试样热处理完成且入射杆和透射杆与环境热交换达到平衡时，测量出杆件上的温度分布，再依据温度分布将杆件粗略地划分为多个部分（见图 2-18），每个部分求得其平均温度，由于各温度条件下杆件的弹性模量等参数已知，则可认为应力波在杆件的高温区域传播时等效于在多层介质中传播，由此可对应应变片处记录的应力波信号进行修正，以获得实时高温条件下试样的动力学参数。

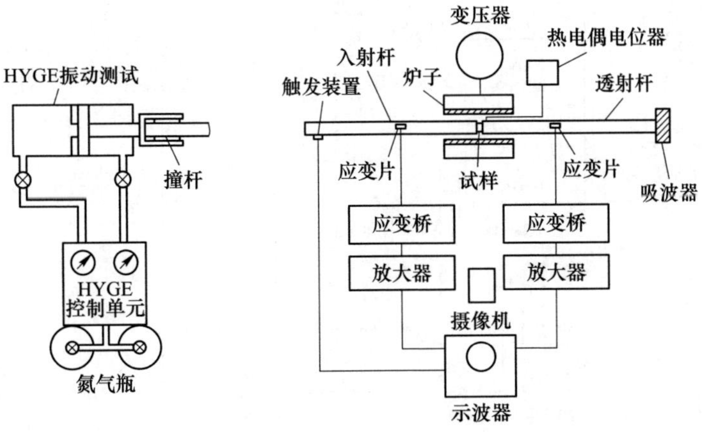

图 2-17　Chiddister 和 Malvern 设计的高温下 SHPB 装置[11]

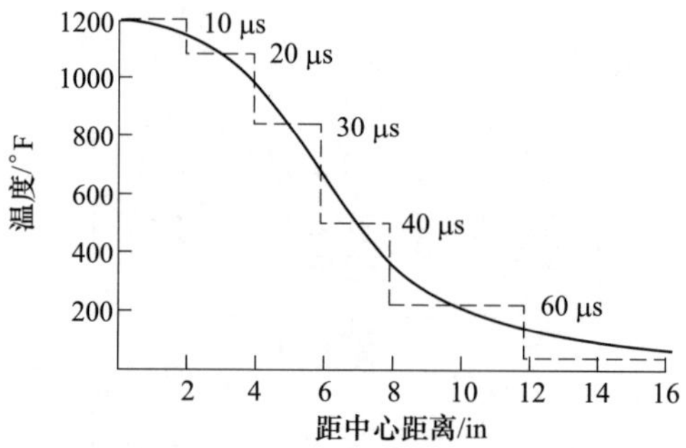

图 2-18　杆上的温度分布及杆的划分方法（1 in = 0. 254 m）

Lindholm 和 Yeakley[12] 于 1968 年设计的高温下 SHPB 实验设备如图 2-19 所示，该方法直接将试样夹持在 SHPB 入射杆和透射杆中间，使用电炉进行加热处理。该方式会在 SHPB 杆件上产生温度梯度，为了修正温度梯度对应变波传播的影响，他们采用统一的修正系数对应力波进行了修正。应变波的修正公式见式（2-20），其中 ε_T 为实际应变信号，ε_0 为测量型号，T_0 为环境温度，T 为实验温度，这里的 C_a 与系数 a_1 与 a_2 相关。图 2-20 所示为修正结果与理论值的比较，可见修正结果实验值与理论值吻合较好。

$$
\frac{\varepsilon_0}{\varepsilon_T} = (1 + C_a^{3/4})
$$

$$
C_a = \frac{a_2(T - T_0)}{a_1} \tag{2-20}
$$

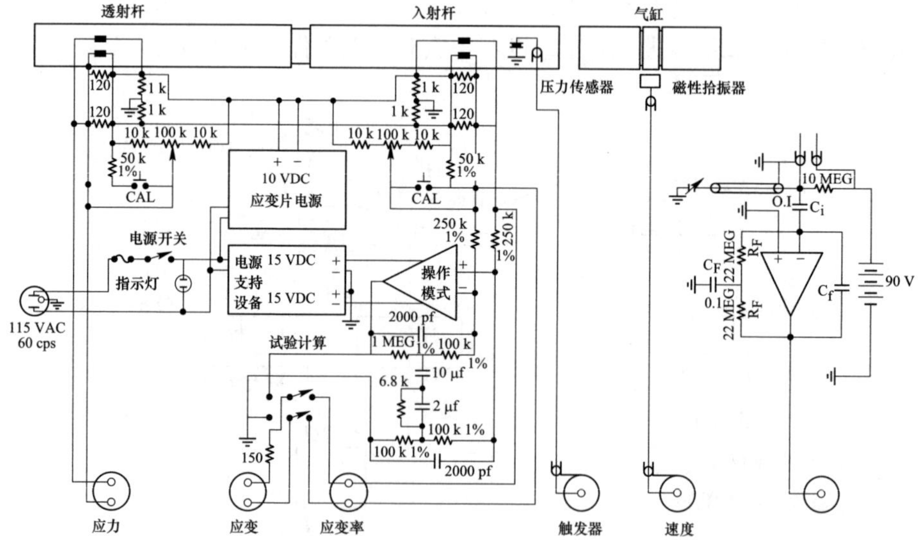

图 2-19　Lindholm 和 Yeakley 设计的高温下 SHPB 装置[12]

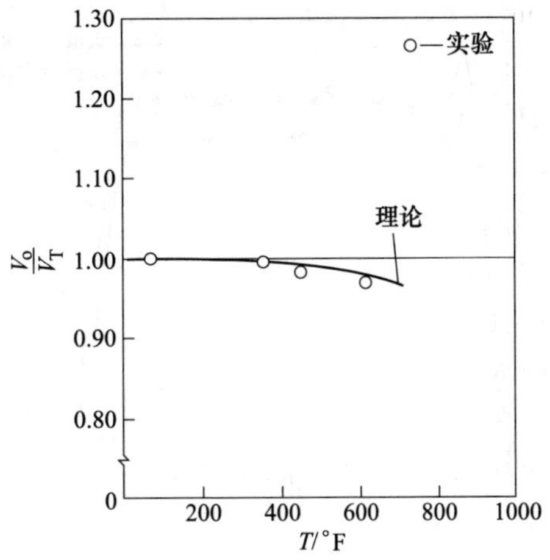

图 2-20 修正结果实验值与理论值的比较

夏开文教授[13]于 1998 年设计的高温下 SHPB 实验装置如图 2-21 所示，该方法也是直接将试样夹持在 SHPB 装置上进行热处理，待 SHPB 装置与环境热交换达到平衡时，根据热力学原理求解出杆上的温度分布，然后利用一维应力波理论及传热学原理根据杆上的温度梯度场利用显式差分法对应变片记录的实验结果进行修正，导出试样两端实际的时间-应力（应变）关系。图 2-22 所示为炉温 400 ℃应力波修正结果。夏开文教授表示：应力波经过温度梯度场，或从温度梯度场区域传播至常温区域，其形状基本不变，仅存在幅值上的变化。

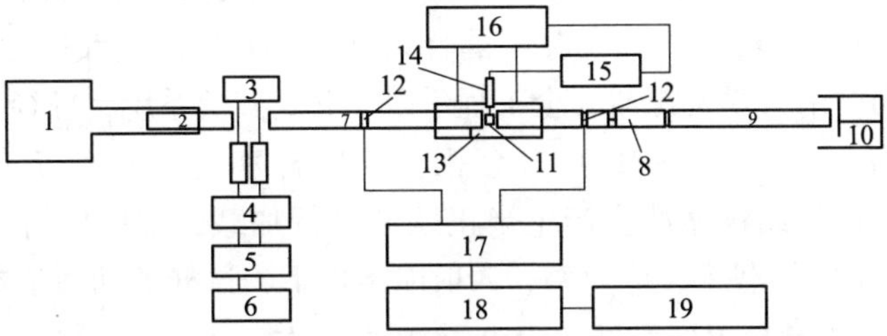

图 2-21 夏开文设计的高温下 SHPB 装置[13]

1—气室；2—子弹；3—平行光源；4—光电转换器；5—测速器；6—计时器；7，8—输入杆；9—吸收杆；10—阻尼器；11—试件；12—应变片；13—加热炉；14—热电偶探头；15—继电器；16—电源；17—超导态应变仪；18—波形存储器；19—数据采集装置（微机）

对比三种方法，直接法对高温试样与杆件接触时间有严格要求，研究表明当试样温度达到 800 ℃时，只有当试样与杆件接触时间小于 50 ms，才能忽略温度对实验结果的影响，否则应予以修正，这对人员和设备都提出了很高的要求，此外直接法很难应用于进行复杂构型试样的实验，如动态断裂实验、动态拉伸实

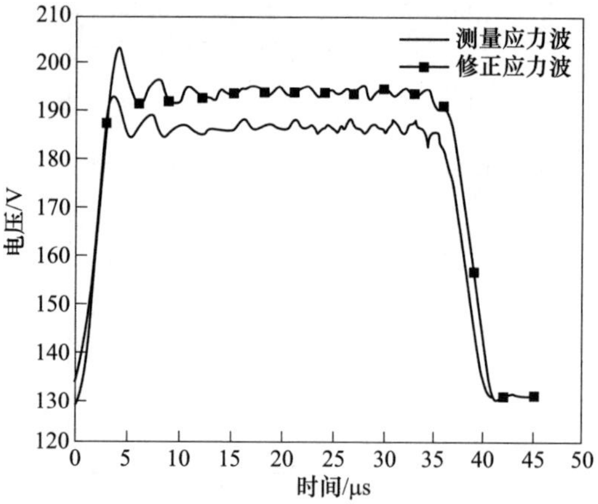

图 2-22　炉温 400 ℃时应力波修正结果

验，以及动静组合实验等。隔离法虽然使用低热导率垫块避免了温度传递至波导杆，但垫块会对应力波传播造成一定影响。此外，高温会对垫块的物理力学性质参数产生影响，这反而增加了数据处理的难度。相比之下，修正法不仅适用于复杂构型试样，且适用于动静组合加载，但修正法需要对波形进行修正才能得到可靠的实验结果。

2.4.2　实时高温条件下应力波修正方法

作者自读博以来，一直致力解决高温 SHPB 实验过程中高温对于杆件性质影响这一棘手难题，提出了一种在温压耦合条件下 SHPB 装置及应力波修正方法。图 2-23 所示为中南大学资源与安全工程学院 SHPB 实验系统，杆径 50 mm，所有杆件材质均为 40Cr（40CrNiMo）合金钢，入射杆和透射杆长 2 m，吸收杆长 0.5 m，使用特制的纺锤型冲头产生半正弦波进行加载，实验中可以通过调节气压的方式得到不同加载率、应力率、入射能条件下，试样的动力学参数。

2.4.2.1　不同炉温条件下 SHPB 杆温度分布

为了对应力波波形进行修正，这里测量了入射杆在不同炉温条件下的温度分布。当炉膛内温度达到 600 ℃且杆件与外界热交换达到平衡时，用热电偶测得杆件上的温度数据。温度从炉膛与保温层处开始变化，以炉腔和内保温层的交界处为坐标轴原点，杆件中温度呈现指数函数分布，距离 0 点 60 cm 处的温度接近于常温状态，由于杆长为 2.0 m，因此应变片不会受到炉内温度的影响。这里的最高实验温度为 600 ℃，当温度超过 600 ℃时，40CrNiMo 合金钢会有潜在的退火风险。

在实时高温实验中，应变片处于常温状态，其记录的应变信号不会受到温度的影响。将测量的温度数据进行拟合，得到入射杆上温度与距离之间的函数关系：

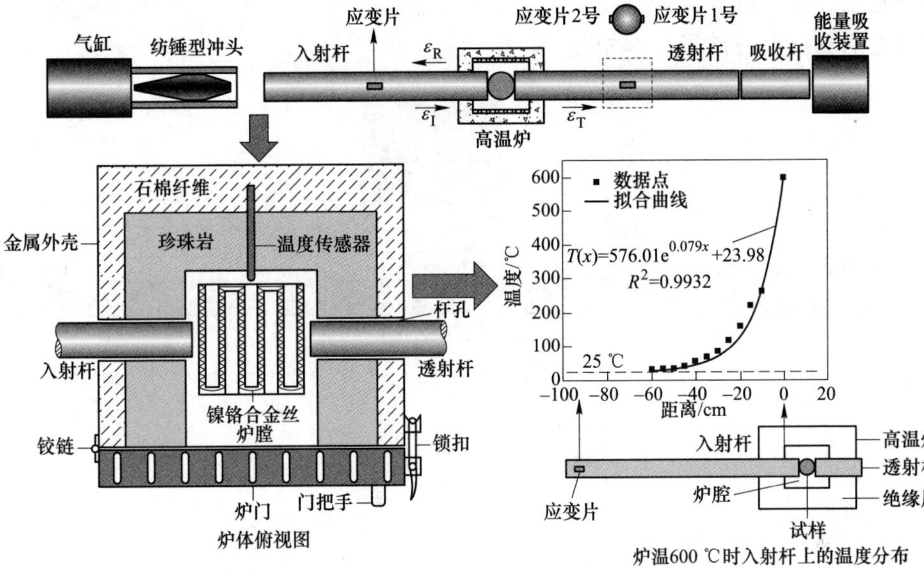

图 2-23 中南大学 SHPB 实验系统

$$T(x) = Ae^{Bx} + C \tag{2-21}$$

不同炉温下的拟合参数见表 2-1。

值得注意的是，在实时高温实验中，由于入射杆与透射杆是关于试样中心对称的，因此温度的分布也是对称的，同理也可以得出透射杆上的温度分布函数。

表 2-1 不同炉温下的拟合参数

炉温/℃	A	B	C	R^2
100	74.44	0.057	25.55	0.9232
200	175.89	0.070	24.10	0.9779
300	274.58	0.078	25.41	0.9877
400	373.15	0.096	26.85	0.9880
500	474.17	0.079	25.82	0.9922
600	576.01	0.079	23.98	0.9932

2.4.2.2 温度梯度对应力波传播的影响

为了研究温度梯度对应力波的影响，我们分别将高温炉加热到不同温度水平，检验不同温度梯度对入射应力波波形的影响。实验操作上，将入射杆和透射杆同时置于高温炉内，但入射杆不与透射杆相接触，以便入射波在自由端发生全反射而不进入透射杆。测试室温且在 0.4 MPa 冲击气压条件下，入射杆上的应力波信号，采用李夕兵教授发明的异性冲头以产生重复的入射半正弦波，如图 2-24

可以看出，多次重复冲击条件下，应变片记录应力波信号具有较好的重复性，入射波波形和反射波波形基本相同。

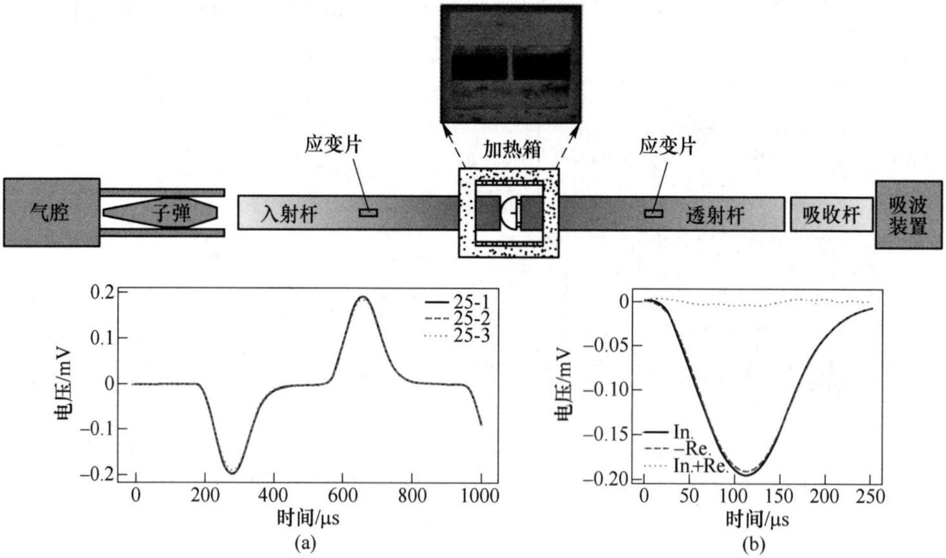

图 2-24　温度梯度对应力波传播的影响

（a）0.4 MPa 冲击气压下入射杆上的应力波信号；（b）入射杆上入射波与反射波波形对比（25-1）

（扫描书前二维码看彩图）

2.4.2.3　不同温度分布条件下，入射杆上记录的入射波反射波对比

测试在 0.4 MPa 冲击气压条件下，不同炉温下，入射波与反射波信号的对比，如图 2-25 可以看出，随着炉温增加，反射波无显著变化，这表明至少在 600 ℃炉温条件下，应力波从常温部分传播至高温部分，再从高温部分传播至常温部分，温度梯度对于应力波波形无显著影响。这也证实了一个观点：应力波经过温度梯度场，或从温度梯度场区域传播至常温区域，其形状基本不变，仅存在幅值上的变化。

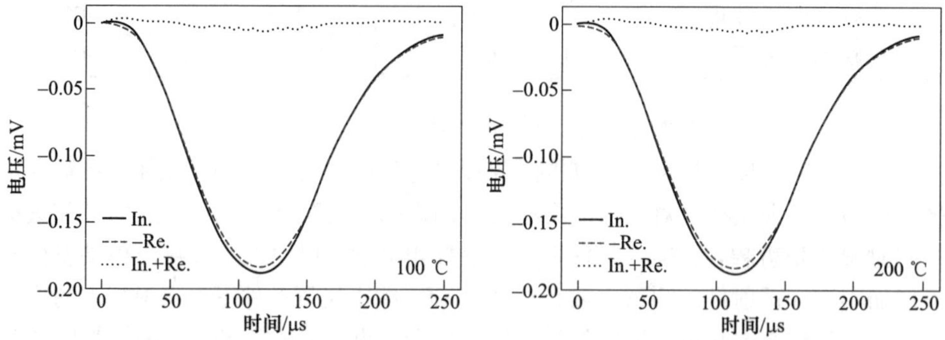

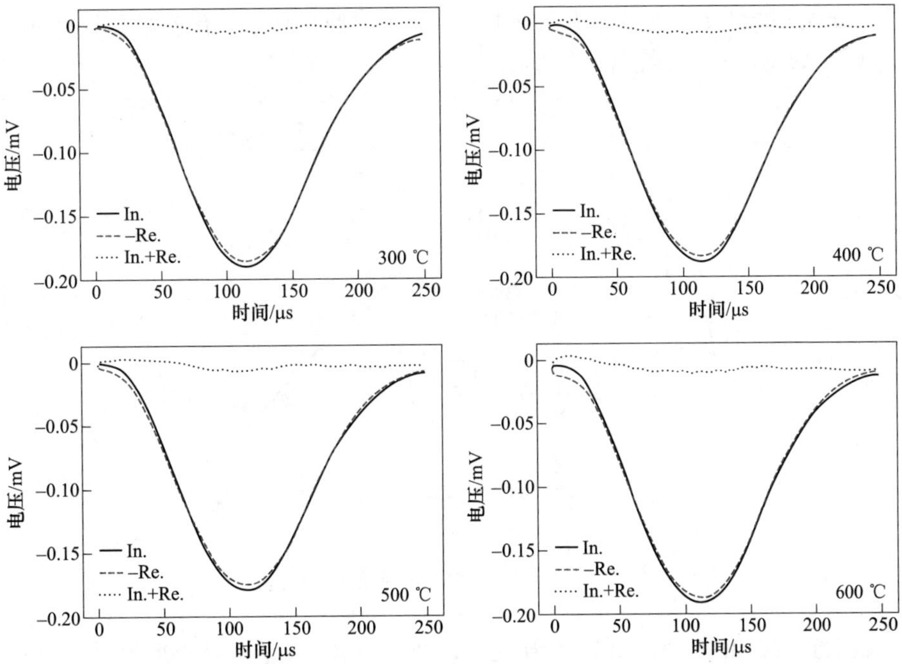

图 2-25 0.4 MPa 冲击气压条件下，不同炉温下入射波与反射波信号
（扫描书前二维码看彩图）

2.4.2.4 弹性模量随温度的变化

实验所用的波导杆材料为 40CrNiMo 合金钢，其弹性模量随温度的变化可用以下函数进行表示：

$$E(T) = -0.70T^2 - 3.59T + 212.06$$
$$R^2 = 0.9997 \tag{2-22}$$

如图 2-26 所示，随着温度的升高，杆的弹性模量逐渐减小。当温度达到 600 ℃时，弹性模量为 165 GPa，与常温相比下降了 21.8%。

2.4.2.5 应力波修正方法

由一维应力波理论可知，弹性杆中纵波的控制方程为：

材料本构关系：

$$\sigma = \sigma(\varepsilon) = E(T)\varepsilon \tag{2-23}$$

位移连续方程：

$$\frac{\partial \varepsilon}{\partial t} = \frac{\partial v}{\partial x} \tag{2-24}$$

动量守恒方程：

$$\rho(T)\frac{\partial v}{\partial t} = \frac{\partial \sigma}{\partial x} \tag{2-25}$$

式中，σ 为应力；ε 为应变；E 为弹性模量；v 为质点振动速度；x 为 Lagrange 坐标；$\rho(T)$ 为密度；t 为时间；T 为温度。

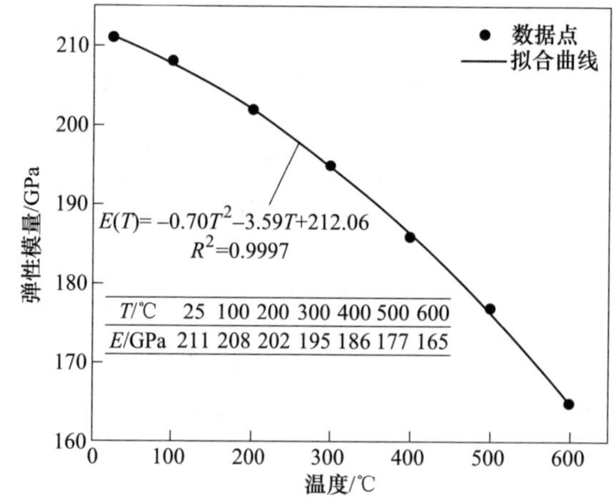

图 2-26　实验杆弹性模量随温度的变化

联立式（2-21）~式（2-23）和式（2-25），可得（认为杆件密度受温度影响不大 $\rho(T)\equiv\rho_0$）：

$$\frac{\partial E(x)}{\partial x}\varepsilon+\frac{\partial\varepsilon}{\partial x}E(x)=\rho_0\frac{\partial v}{\partial t} \tag{2-26}$$

可直接采用交叉隐式格式差分法，求解式（2-25）和式（2-26）：

$$\begin{cases}\varepsilon_j^{n+1}=\varepsilon_j^n+\dfrac{\Delta t}{\Delta x}(v_{j-\frac{1}{2}}^n-v_{j+\frac{1}{2}}^n)\\ v_{j+\frac{1}{2}}^{n+1}=v_{j+\frac{1}{2}}^n+\dfrac{\Delta t}{\Delta x\rho_0}[(E\varepsilon)_j^{n+1}-(E\varepsilon)_{j+1}^{n+1}]\end{cases} \tag{2-27}$$

由于温度梯度会影响杆件的弹性模量，这里考虑沿杆长度方向将杆划分为 n 个微元，每个微元按照 Δt（1 μs）的等时间间隔进行划分。微元的长度为 $C_i\Delta t$。C_i 为微元 i 的纵波速度，根据该处的弹性模量 E_i 给出：

$$C_i=\sqrt{E_i/\rho_0} \tag{2-28}$$

由一维应力波理论可知，P 波（一维纵波）从介质 1 垂直入射至介质 2，界面上的透反射关系为（见图 2-27）：

$$\begin{cases}\sigma_{\mathrm{r}}=\dfrac{\rho_2c_2A_2-\rho_1c_1A_1}{\rho_1c_1A_1+\rho_2c_2A_2}\sigma_i\\ \sigma_{\mathrm{t}}=\dfrac{2\rho_2c_2A_1}{\rho_1c_1A_1+\rho_2c_2A_2}\sigma_i\end{cases} \tag{2-29}$$

式中，ρ_1、ρ_2 为介质 1 和 2 的密度；c_1、c_2 为介质 1 和 2 的纵波速度。

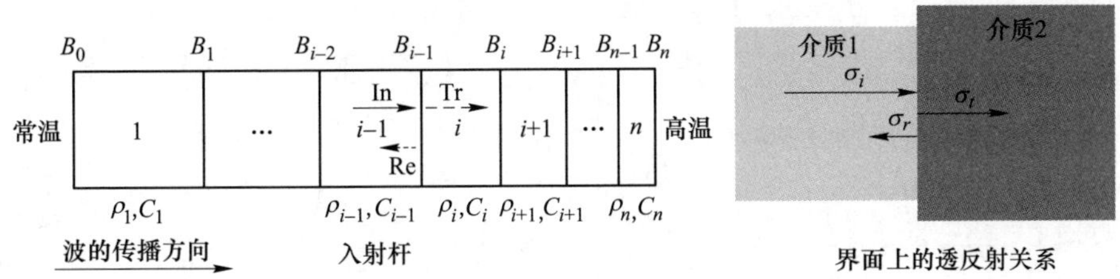

图 2-27　界面上的透反射关系

则高温下应力波传播问题转化为了应力波在多层介质中的透反射问题。

40CrNiMo 合金钢在 20～700 ℃的线膨胀系数为（15.4～15.5）×10^{-6}/℃，故不妨考虑其高温下横截面积的变化，此时式（2-29）可表示为：

$$\begin{cases} \sigma_{\mathrm{r}} = \dfrac{c_{i+1} - c_i}{c_{i+1} + c_i}\sigma_i \\ \sigma_{\mathrm{t}} = \dfrac{2c_{i+1}}{c_{i+1} + c_i}\sigma_i \end{cases} \tag{2-30}$$

为了研究不同温度梯度对应力波波形的影响，这里假设杆长 4.0 m，杆中存在中心对称的温度梯度，在杆左侧自由端输入半正弦波，间隔 1.0 m 布置测点记录应力波信号（见图 2-28），观测应力波通过测点 1、测点 2 以及测点 3 时的波形变化。

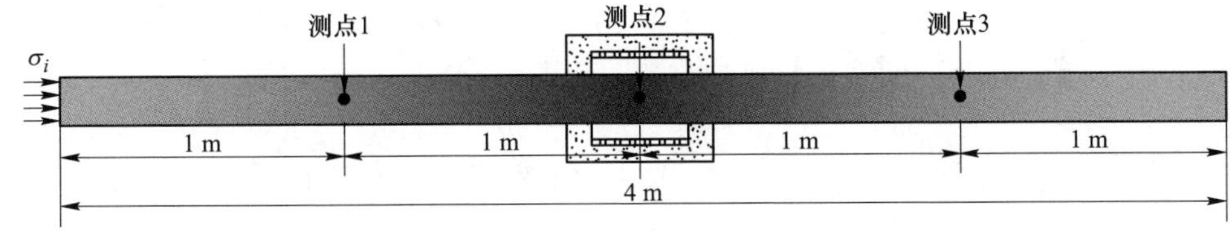

图 2-28　用于验证温度梯度对应力波波形影响的 SHPB 模型

图 2-29 所示为不同炉温条件下，测点 1、2、3 处记录的应力波波形。显然，在 25 ℃常温条件下，应力波不受影响，测点 1、2、3 应力波波形完全吻合。随着炉温的增加，杆中部测点记录的应力波信号不断降低，但波形无明显变化，此外可以发现，测点 1 与测点 3 处应力波幅值和形态基本相同，这意味着应力波从测点 1 传播至测点 2，基本等效于应力波从测点 2 传播至测点 3。

在这里假设应变片上测得的波形 ω_{M} 与试样端面上的实际波形 ω_{A} 关系为：

$$\omega_{\mathrm{A}} = \omega_{\mathrm{M}}\lambda_{\mathrm{T}} \tag{2-31}$$

通过比较测点 1（测点 3）与测点 2 波形的关系，可获得修正系数 λ_{T}。图 2-30 为炉内温度为 600 ℃时的修正结果。可见修正结果与测点 2 所记录的结果吻合度较好。表 2-2 所示为不同炉温条件下的修正系数。当炉温为 600 ℃，若不进行修

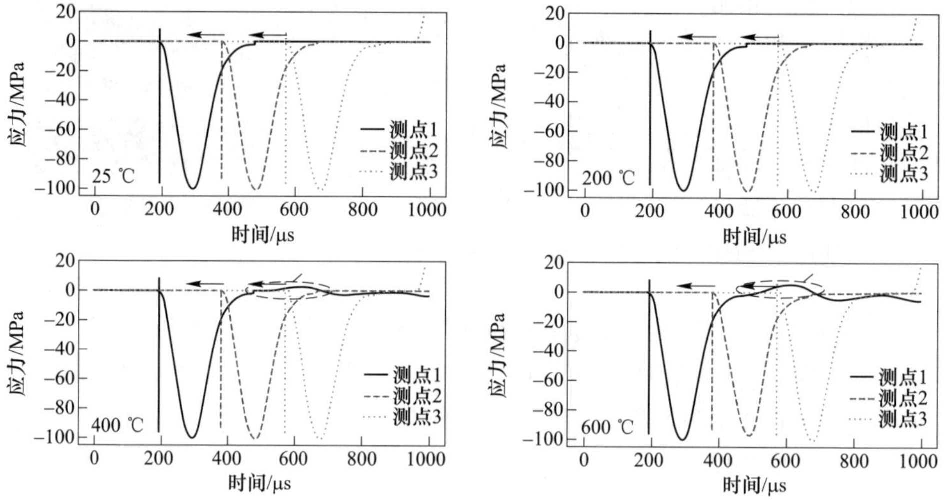

图 2-29　不同温度条件对应力波波形的影响

正，应力波幅值的相对误差处在 4%~6%之间。当温度低于 200 ℃时，应力波幅值的相对误差在 1%左右，可以认为当实验温度低于 200 ℃时，温度梯度对实验的影响基本可以忽略。

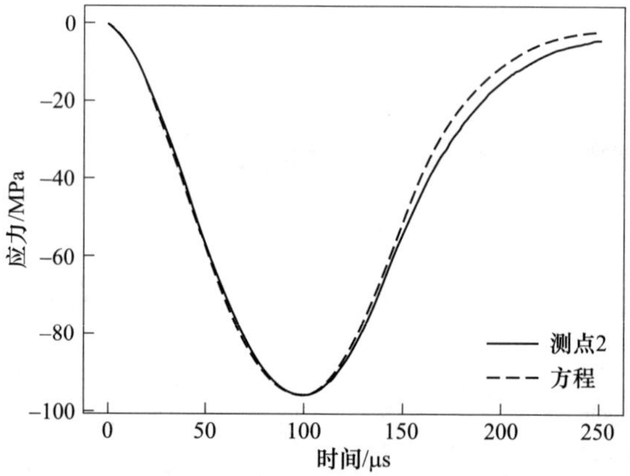

图 2-30　600 ℃时波形的修正结果

表 2-2　不同温度下的应力波修正系数

温度/℃	25	100	200	300	400	500	600
λ_T（不考虑相邻界面反射）	1	0.996	0.989	0.980	0.969	0.955	0.938
λ_T（考虑相邻界面反射）	1	0.998	0.994	0.987	0.982	0.971	0.959

与现有技术相比，作者提出的应力波修正法具有的优点在于：利用测得的入射波、反射波和透射波对试样材料的变形和破坏情况进行分析时，考虑了入射杆和透射杆上温度梯度对波形的影响，并给出了波形修正的具体求解过程，将实测波形修正后可用于岩石材料动态力学性质的分析，因此保证了实验结果的准确性。除此之外，这种波形修正方法简单，具有普遍的适用性，无需使用不受温度影响的材料制作波导杆，省略了材料寻找过程，节省了实验成本，保留了结构简单和普遍使用的 SHPB 装置，对冲击的操作时间也没有特殊要求。

2.5 小结

本章针对岩石处于高温高应力及动力扰动这一受载状态，在原有 SHPB 实验装置的基础上，介绍了温压耦合作用下岩石冲击实验系统，并分析讨论了试样与弹性杆接触时的热传导问题。主要有如下几点：

（1）介绍了 SHPB 实验的基本原理，介绍了能够模拟岩石处于高应力与动力扰动状态下的加载实验系统的原理，以及高温后的加热装置与实时高温加热装置。

（2）针对高温下岩石试样与波导杆接触时会产生热传递这一问题，介绍了当下消除高温影响的主要方法，并且提出了一种应力波修正方法，为高温岩石的动态力学特性研究完善了理论基础。

参 考 文 献

［1］ Hopkinson B. A method of measuring the pressure produced in the detonation of bullets ［J］. Philosophical Transactions of the Royal Society A：Mathematical, Physical, 1914, 213 (497-508)：437-456.

［2］ Davies M R. A Critical Study of the hopkinson pressure bar ［J］. Philosophical Transactions of the Royal Society A Mathematical Physical & Engineering Sciences, 1948, 240 (821)：375-457.

［3］ Kolsky H. An Investigation of the mechanical properties of materials at very high rates of loading ［J］. Proceedings of the Physical Society B.

［4］ Lindholm U S. Some experiments with the split hopkinson pressure bar ［J］. Journal of the Mechanics Physics of Solids, 1964, 12 (5)：317-335.

［5］ Harding J, Wood E O, Campbell J D. Tensile testing of materials at impact rates of strain ［J］. J. Mech. Eng, 1960, 2 (2)：88-96.

［6］ Baker W E, Yew C H. Strain-Rate effects in the propagation of torsional plastic waves ［J］. Journal of Applied Mechanics, 1966, 33 (4)：917.

［7］ Li X, Zhou Z, Lok T S, et al. Innovative testing technique of rock subjected to coupled static and dynamic loads ［J］. International Journal of Rock Mechanics Mining Sciences, 2008, 45 (5)：739-748.

［8］ Liu S, Xu J. Effect of strain rate on the dynamic compressive mechanical behaviors of rock

material subjected to high temperatures [J]. Mechanics of Materials, 2015, 82.
[9] Chen, Hong, Jian, et al. Combined effects of high temperature and high strain rate on normal weight concrete [J]. International Journal of Impact Engineering, 2015.
[10] Zhang C, Suo T, Tan W L, et al. An experimental method for determination of dynamic mechanical behavior of materials at high temperatures [J]. International Journal of Impact Engineering, 2017, 102: 27-35.
[11] Chiddister J L, Malvern L E. Compression-impact testing of aluminum at elevated temperatures [J]. Experimental Mechanics, 1963, 3 (4): 81-90.
[12] Lindholm U S, Yeakley L M. High strain-rate testing: Tension and compression [J], 1968, 8 (1): 1-9.
[13] 夏开文，程经毅，胡时胜．SHPB 装置应用于测量高温动态力学性能的研究 [J]. 实验力学，1998 (3): 32-38.

3 高温岩石热物理特性

3.1 引言

岩石是由固相、液相和气体共同构成的多相材料，其内部固相的结构和组分以及三相之间的相对关系与相互作用，共同决定了岩石的性质（力学性质和物理性质）。在岩石工程和科研实验活动中，常常需要研究和分析岩石的力学特性及其响应，不可避免地要联系与结合岩石的物理性质。因此，有必要对岩石的物理性质等进行研究，为以后的深入探究岩石的力学性质及破坏机理奠定基础。岩石的物理性质主要包括岩石的导热系数、密度、导电性、线膨胀系数、热传导系数、比热容、热扩散率、声波速度、孔隙率以及渗透率等。本章将深入探讨高温岩石在不同条件下的物理特性，结合多种热分析和物质分析技术，揭示高温环境下岩石的行为和性能，为相关领域的研究和应用提供有价值的信息。

3.2 高温岩石表观特征

不同高温处理后砂岩的颜色变化和表面裂纹如图 3-1 所示。本研究选择的长沙砂岩试样在常温下呈灰白色，并带有一定的浅绿色。试样表面平整光洁，没有肉眼可见的明显缺陷。经过 100～200 ℃高温处理后，砂岩主要发生了游离水脱水，表面颜色和体积几乎没有明显变化。在 400～600 ℃高温处理后，样品的表

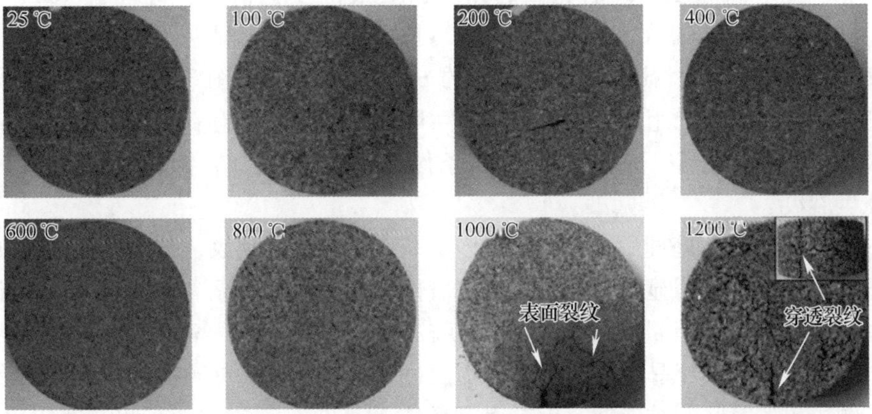

图 3-1　高温处理后砂岩表面颜色变化及裂纹演变[1]

（扫描书前二维码看彩图）

面颜色逐渐由灰白色变为红色或浅黄色，样品表面的浅绿色逐渐消失。加热引起的典型化学反应是钙基质中的铁被氧化，从而导致颜色从浅绿色变为红色。

温度超过 800 ℃后，样品形态变化更加明显，体积明显扩大。当温度进一步升高到 1000 ℃时，一些矿物颗粒发生了相当程度的膨胀，样品表面因矿物颗粒松动而变得粗糙，并出现了一些明显的宏观裂纹。当温度超过 1200 ℃时，砂岩样品的表面颜色由黄色变为黑色，表面出现一些透明晶体。这种现象可能是砂岩中的铝硅酸盐熔化造成的。砂岩样本经历了高温变质作用，整体结构发生了变化。其中一些样本受到严重破坏，几乎丧失了承载能力[2]。

3.3　高温岩石微观结构

扫描电子显微镜（Scanning Electron Microscope，SEM）是一种大型分析仪器，被广泛应用于固体表面微观结构形态的观察，是介于透射电子显微镜和光学显微镜之间的一种微观观测手段，其通过高能电子束逐点轰击样品表面，激发不同深度电信号，接收器接收并放大信号，在电脑屏幕形成图像信息以达到对物质表观形态进行观测的目的[2]。随着技术的发展，扫描电子显微镜的观测精度提高、图像具有立体感，加之实验系统操作以及实验样品制备简单，适用于观察起伏较大的粗糙断口表面，已经成为观察岩石材料微观结构的重要手段之一。岩石是内部含有大量固有缺陷的多相复合材料，高温和冲击载荷的耦合作用会引起岩石内部微裂隙的发育、扩展，最终导致岩石发生宏观破坏。不同的冲击载荷导致的岩石断口形貌形态各异，通过对高温处理后花岗岩的断口形貌进行分析，建立起宏观破坏与微观结构的内在联系，可以对其破坏过程有更加清晰的认知[3]。

为研究不同温度处理后花岗岩内部微裂纹的发育情况，将常温（25 ℃）、200 ℃、400 ℃、600 ℃和 800 ℃等温度处理后的花岗岩圆盘试样进行切片，使用 SEM 对其进行观察研究。典型试样的 SEM 扫描图片如图 3-2 所示。经不同温度处理后，花岗岩的组成矿物种类未发生明显变化，主要有石英、长石、黑云母和极少量铁氧化物等。常温（25 ℃）条件下各矿物颗粒结合紧密，仅存在极少量原生裂纹。

试样经 200 ℃处理后，长石矿物内部萌生少量晶内裂纹，石英和黑云母矿物内部萌生极少量不明显的晶内裂纹，铁氧化物内部未见明显晶内裂纹；同时不同矿物的边界萌生出数量较少且张开宽度较小的晶间裂纹，各矿物间结合较为紧密；可观察到存在穿晶裂纹穿长石矿物而过最终贯通黑云母矿物，并与长石和石英矿物边界的晶间裂纹连通，但穿晶裂纹未能贯通石英矿物。在此温度作用下，晶内裂纹在三种微裂纹（晶内裂纹、晶间裂纹和穿晶裂纹）中占主导地位，但晶内裂纹的延伸长度和张开宽度较小，且仅作用于矿物颗粒内部，对矿物颗粒结

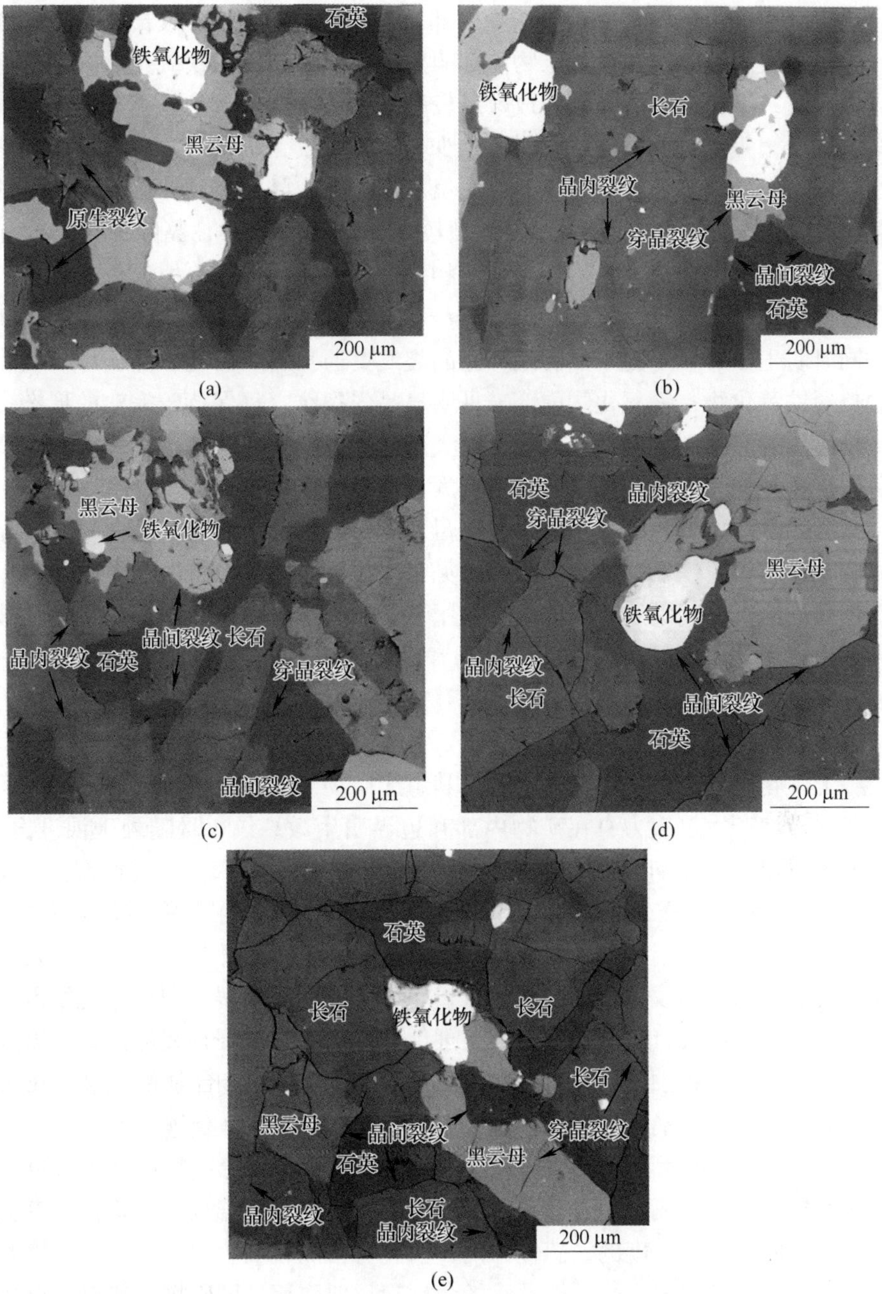

图 3-2 不同温度处理后花岗岩试样切片电镜扫描照片[4]

(a) 25 ℃；(b) 200 ℃；(c) 400 ℃；(d) 600 ℃；(e) 800 ℃

(扫描书前二维码看彩图)

合紧密程度的影响有限，对花岗岩物理力学性质的改变也有限。

试样经 400 ℃处理后，长石矿物内部萌生数目较多、延伸较长且张开宽度较大的晶内裂纹，石英和黑云母矿物内部萌生少量晶内裂纹，铁氧化物内部未见明显晶内裂纹；不同矿物边界处形成数目较多且张开宽度较大的晶间裂纹，不同矿物结合的紧密程度有所下降；同时萌生少量穿晶裂纹，贯通长石、黑云母和石英矿物内部，但并未贯通铁氧化物。在此温度作用下，晶内裂纹和晶间裂纹在三种微裂纹（晶内裂纹、晶间裂纹和穿晶裂纹）中占主导地位，晶间裂纹的存在降低了不同矿物的结合能力，对花岗岩的物理力学性能产生较大的负面影响。

试样经 600 ℃处理后，长石、黑云母和石英矿物萌生大量晶内裂纹和晶间裂纹，同时萌生数目较多的穿晶裂纹，穿晶裂纹贯通长石、石英和黑云母矿物，但无法贯通铁氧化物；铁氧化物内部未见明显晶内裂纹，仍保持较完整的形态；不同矿物边界的晶间裂纹张开宽度显著增大。在此温度作用下，花岗岩萌生的裂纹数目较多、延伸长度较长、张开宽度较大且破裂程度较为严重。

试样经 800 ℃处理后，长石、黑云母和石英矿物萌生密布的晶内裂纹、晶间裂纹和穿晶裂纹；铁氧化物内部依旧未见明显裂纹，仍能保持原有矿物形态，仅在其边界处萌生晶间裂纹。在此温度作用下，长石、黑云母和石英矿物颗粒破碎程度最为严重，大量晶内裂纹进一步发育成为穿晶裂纹，各种微裂纹相互连通、扩展，呈现出数目多、延伸长度长、张开宽度大且扩展范围广的特点，花岗岩受热损伤程度最为严重。

综上，花岗岩经不同温度处理后，其组成矿物由于线膨胀系数的不同以及线膨胀各向异性产生热应力，在矿物内部和边界萌生微裂纹，且随处理温度升高，裂纹的数目增多、延伸长度增长、张开宽度及扩展范围变大。较低温度（$T\leqslant$ 400 ℃）处理后的试样，主要在长石、石英和黑云母矿物内部发育少量晶内裂纹和晶间裂纹；经较高温度（$T\geqslant$600 ℃）处理后的试样，长石、石英和黑云母矿物晶内裂纹、晶间裂纹和穿晶裂纹数目显著增多，且晶间裂纹和穿晶裂纹占全部裂纹的比例明显增大，表明较高温度处理后的花岗岩受热损伤程度严重，微观结构发生显著变化。特别是经 800 ℃高温处理后，花岗岩的组成矿物破裂程度最为严重，微裂纹密集，晶内裂纹、晶间裂纹和穿晶裂纹出现大量连接和贯通。

长石矿物在 200 ℃处理后萌生晶内裂纹，石英和黑云母矿物在 400~600 ℃处理后萌生较为明显的晶内裂纹，而铁氧化物则在 800 ℃高温处理后仍保持其完整性。可见不同矿物对温度的敏感性不同，由此可推测花岗岩组成矿物的种类和各矿物所占比例对花岗岩受热后微裂纹的萌生起重要作用，同时也可能对花岗岩的宏观物理力学性质产生较大影响。

定义裂纹密度为花岗岩试样切片单位面积内的裂纹总长度。试样的裂纹密度统计结果如图 3-3 所示，裂纹密度随处理温度升高而增加。经 200 ℃、400 ℃、

600 ℃和 800 ℃温度处理后，花岗岩试样切片的裂纹密度由常温（25 ℃）条件下的 1.145 mm/mm^2，分别增加至 2.206 mm/mm^2、3.484 mm/mm^2、7.311 mm/mm^2 和 10.311 mm/mm^2，分别为常温条件下裂纹密度的 192.66%、304.28%、638.52%和 900.52%。值得注意的是，裂纹密度在 400～600 ℃区间内迅速增长，增幅高达 109.8%，可认为在 400~600 ℃区间内，花岗岩热损伤程度显著增加[4]。

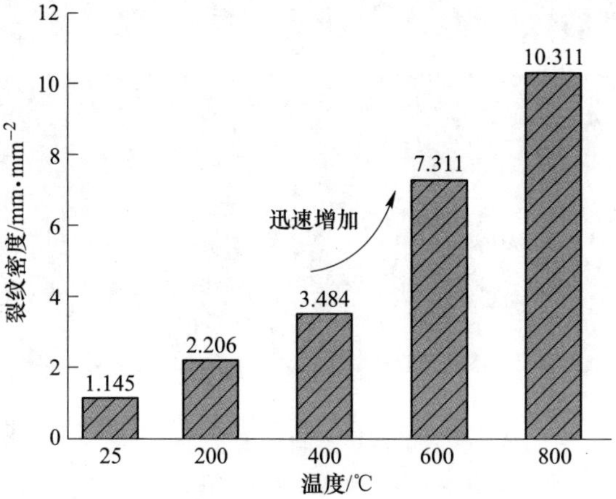

图 3-3　花岗岩切片裂纹密度与温度的关系[4]

3.4　加热后岩石成分变化

图 3-4 显示了在真空和好氧环境中从 25 ℃加热到 1000 ℃热处理的试样比较照片，从中可以观察到加热试样表面颜色上的显著氧效应。在温度低于 200 ℃时，砂岩的表面颜色在两种加热环境中几乎相同。在温度高达 400 ℃时，在好氧环境中加热的砂岩的表面颜色由深灰色变为红色，在真空中加热的砂岩表面基本上保持的是深灰色。在 600 ℃后，在真空中加热的砂岩的表面颜色始终比在好氧环境中加热的样品的表面颜色更深。这些差异表明了两种环境下加热后砂岩组成存在差异。为了量化这种差异，并确定砂岩样品的表面和中心是否具有相同的结果，在样品的表面和中心采集了样品；在不同的温度下，对主要矿物组成和矿物质量分数进行了分析。

图 3-5 显示了样品表面和中心的矿物组成和质量分数。结果表明，两个取样点的矿物组成和质量分数变化非常相似，表明在试样内部和表面发生了相同的氧化反应，氧气也在试样内部发生了侵蚀。以图 3-5 样品表面的 XRD 采样为例，在 25 ℃时，样品的主要成分为石英、长石矿物、方解石和黏土矿物。砂岩在不同环境加热后矿物组成和含量发生了明显变化。

在真空加热环境中，石英在 25 ℃时的质量分数为 46.57%，在 600 ℃时保持

(a)

(b)

图 3-4　砂岩试样在不同环境下热处理照片[9]

（a）真空环境下加热；（b）好氧环境下加热

（扫描书前二维码看彩图）

不变。600 ℃后，由于 α-β 石英相变导致晶体结构破坏，石英的质量分数逐渐降低[5]。长石的质量分数在加热过程中保持不变，表明其在高温下不与氧发生反应。在 600 ℃下，方解石部分分解生成氧化钙。在 800 ℃时，方解石完全消失，氧化钙的质量分数达到峰值。这可以通过方解石在 600～800 ℃的温度范围内分解为氧化钙来解释[6]。黄铁矿的质量分数在 600～1000 ℃范围内缓慢下降，与样品颜色逐渐变红相对应。当黄铁矿与标本中少量的残余氧反应形成赤铁矿时，就会使标本变为红色[7]。对于黏土矿物，高岭石和伊利石在 600 ℃时质量分数下降，800 ℃时完全消失，1000 ℃时保留少量伊利石。此外，在 600 ℃的样品中发现了硅尖晶石，这可以用高岭石和伊利石分解成硅尖晶石来解释[8]。羊晶石的质量分数在加热过程中保持不变，表明它在真空加热环境中是稳定的。

在好氧加热过程中，虽然石英的质量分数在 600 ℃时也有所下降，但在 1000 ℃时则略有上升。此外，钾长石和在真空环境中稳定的羊晶石的质量分数在好氧环境中加热到 1000 ℃时下降，这可以解释为这两种矿物与氧在 1000 ℃下的反应生成石英。此外，在 400 ℃以上，黄铁矿的质量分数明显低于在真空环境下加热的试样，且在 800 ℃时完全消失。这是因为黄铁矿的氧化在氧气充足的环境下变得更加强烈，形成更多的赤铁矿。方解石在 600 ℃时分解，在 800 ℃时完全消失，与在真空条件下相同。由于方解石和黄铁矿的分解产物与氧反应形成脱

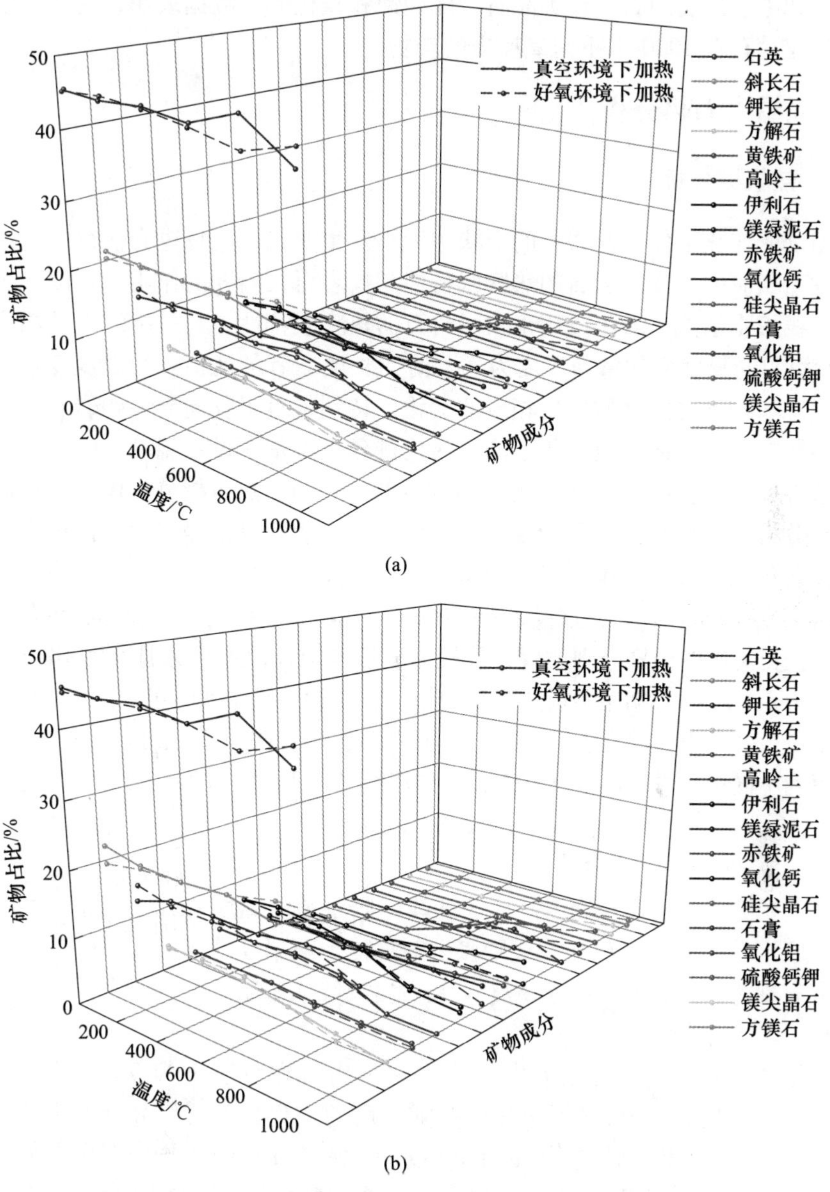

图 3-5 不同环境下砂岩主要矿物质量分数随温度的变化[9]

（a）试样中央取样；（b）试样表面取样

（扫描书前二维码看彩图）

水石膏（$CaSO_4$），因此取代了在 600 ℃的真空中产生的氧化钙。热处理过程中高岭石和伊利石的变化与真空条件下相同，在 600 ℃下也发现了硅尖晶石。但与真空环境加热不同，当样品被加热到 1000 ℃时，在岩石中发现了一些新产生的矿物，如磁铁矿、周石、镁尖晶石、硫酸钾和氧化铝。数据表明，这些矿物是钾长石和亚晶石在 1000 ℃下与氧反应的产物。

3.5　高温岩石热分析

3.5.1　热机械分析

温度的变化不仅会使岩石的形状和大小发生变化，而且也会使得岩石内部应力场发生相应的改变。岩石的热膨胀特性是指岩石在温度的作用下长度或者体积增大。线膨胀系数一般可以用来表示岩石的热膨胀特性，其是指岩石的温度升高 1 ℃所引起的长度变化量与温度为 0 ℃时的长度二者的比值。当温度变化时，岩石的形态和物理力学性质发生相应的变化，特别是对于各向异性的岩石来说，其膨胀特性在不同方向上也有所不同。热机械分析仪是在设定温度、时间、力和气氛的条件下测量样品尺寸的变化。TMAQ400 美国 TA 热机械分析仪是一种高性能热机械分析仪，具有高水平的精度、准确度、灵活性以及操控性。该设备的测试参数主要包括：温度范围-150～1000 ℃、温度精度±1 ℃、测量精度±0.1%、位移分辨率 0.5 nm。因此，该设备能很好地满足测试岩石试样的线膨胀系数的实验需求。把花岗岩的试样分别放置于热机械分析仪中，设置目标温度为 1000 ℃，加热速率为 5 ℃/min，初始力设置为 0.05 N，在实验过程中实时记录位移和温度，待实验结束后，导出实验数据。然后，根据岩石的热膨胀应变 $\Delta\varepsilon$ 的计算公式（3-1）即可得到不同层理方向的砂质泥岩在不同温度条件下的线膨胀系数[10]。

$$\Delta\varepsilon = \alpha\Delta T \tag{3-1}$$

式中，α 为试样的线膨胀系数。

图 3-6 给出了康定花岗岩热应变和线膨胀系数随温度升高的变化曲线。由图可知，康定花岗岩的热应变和线膨胀系数总体上随温度的升高而不断升高，但变化过程表现为多阶段特征，在 573 ℃左右出现线膨胀系数的突变点，具有显著的非线性[11]。

由图 3-6 可知，康定花岗岩的热应变平均值在室温下为 0%，温度升高至 1000 ℃时达到了 2.63%。整个热应变随温度的变化过程可划分为 4 个阶段：室温～573 ℃为稳定增长阶段、573～590 ℃为加速增长阶段、590～800 ℃为稳定阶段、800～1000 ℃为持续加速增长阶段。其中，热应变在 573 ℃左右出现突变点主要是因为花岗岩中的石英在 573 ℃时发生相变，从而萌生出大量微裂纹，使得试样体积迅速膨胀；随着温度的进一步升高，花岗岩内部其他矿物相继到达相变甚至分解的温度，使得热应变持续增长。

康定花岗岩线膨胀系数也表现出与热应变类似的温度响应规律。由于室温下线膨胀系数测试存在波动，因此主要分析 35 ℃之后的测试数据。从 35 ℃到 1000 ℃，线膨胀系数平均值从 9.12×10^{-6}/℃升高至 27.32×10^{-6}/℃。同样，线膨

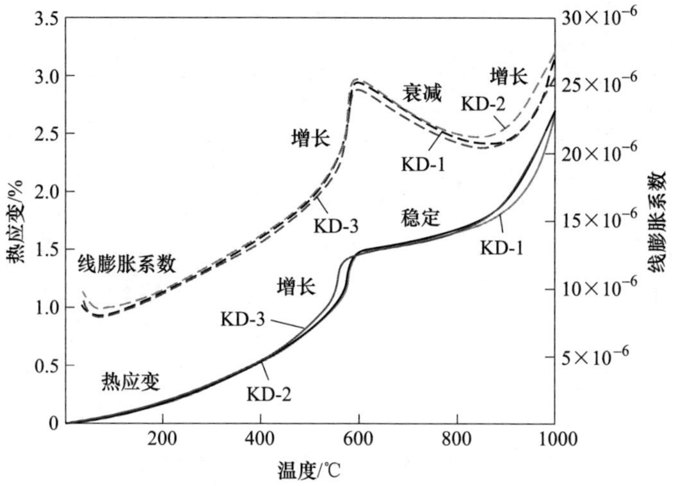

图 3-6 康定花岗岩热应变与线膨胀系数随温度演化规律[11]

胀系数的变化过程可划分为 4 个阶段：35～573 ℃为稳定增长阶段、573～590 ℃为加速增长阶段、590～800 ℃为衰减阶段、800～1000 ℃为持续加速增长阶段。

康定花岗岩线膨胀系数与热应变随着温度升高有类似的变化趋势，但由于线膨胀系数是温度的变化函数，因此当热应变处在稳定阶段时，随着温度增长线膨胀系数呈下降趋势，即在 590～800 ℃范围出现衰减[11]。

3.5.2 热重-差示扫描量热分析

研究砂质泥岩的热重曲线，是研究砂质泥岩热破裂、孔裂隙结构演化和渗透率特性变化的基础，具有重要的意义。采用玛瑙研钵研磨成粒径 0.074 mm 以下的岩石粉末。实验设备采用瑞士梅特勒-托利多 TGA/DSC1/1100LF，设备的温度精度为±0.3 ℃，天平的灵敏度为 0.1 μg。实验采用的升温速率为 5 ℃/min，并采用高纯氮气作为载气，工作温度最高为 700 ℃。热重力法（TG）得到温度程序自动控制下物质质量与温度关系的曲线，即 TG 曲线。对 TG 曲线进行一次微分，就能得到微商热重曲线，即 DTG 曲线，该曲线反映样品质量的变化率与温度的关系。对比分析 TG 曲线和 DTG 曲线，可以清楚地认识到起始反应温度、最大反应速率所对应的温度和反应终止温度等[10]。

在空气环境中使用差示扫描量热仪（Differential Scanning Calorimetry，DSC）和热重力（TG）分析法研究砂岩暴露于高温时的物理化学反应，结果如图 3-7 所示。可以看出，砂岩的差示扫描量热曲线在约 151.5 ℃时出现一个波谷，在约 573.4 ℃和 701.5 ℃时又出现两个波谷，表明发生了内热反应。可以得出结论，温度为 151.5 ℃的第一个波谷是岩石中的游离水蒸发造成的，因为在 25～200 ℃

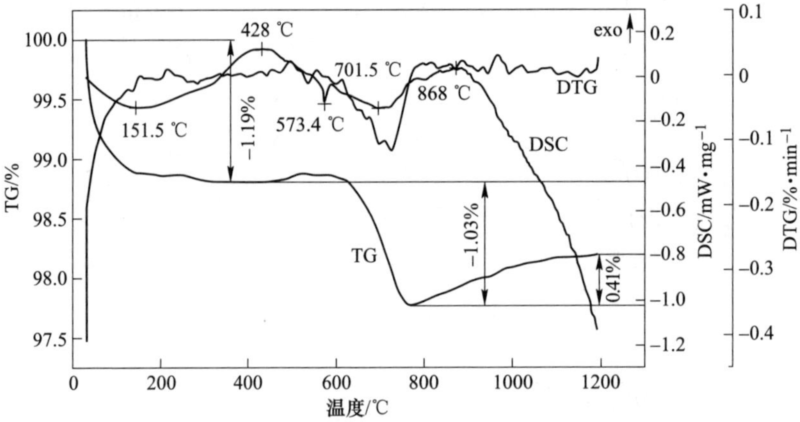

图 3-7　长沙砂岩的 TG、DSC 和 DTG 曲线[1]

的温度范围内，TG 曲线明显下降了 1.19%。此外，XRD 结果表明，岩石矿物的衍射峰在 600 ℃以下没有消失，虽然在 573.4 ℃的峰值处出现了岩石的内热过程，但并没有引起 TG 曲线的下降，因此可以推断石英矿物的 α-β 相转变发生在这一阶段。

关于 701.5 ℃时 DSC 曲线的第三个波谷，相应的 TG 曲线显示出显著的重量损失，表明矿物发生了分解反应。这种质量损失与砂岩中存在许多含水矿物（如蒙脱石、蕈云母和绿泥石）的事实相对应[12]。在这些含水矿物中，水可分为晶间水和结晶水两大类。由于晶间水不参与矿物的结晶组成，因此其流失温度一般较低。而结晶水会随着处理温度的升高，逐渐从矿物颗粒中去除，从而导致矿物晶体结构因脱水而遭到破坏。这种反应也称为脱羟化反应。因此，可以得出结论，在 800 ℃处理后，白云母和绿泥石衍射峰的消失主要是由脱羟化作用引起的。但需要注意的是，蒙脱石矿物的衍射峰在 800 ℃高温处理后并没有消失，这可能与矿物的晶体结构和较高的脱羟化温度有关。对于第一个放热谷，有证据表明是由亚铁离子氧化引起的，这也很好地解释了 400 ℃热处理后岩石表面明显变红的现象[13]。在第二个放热谷，TG 曲线明显上升，这可能与岩石矿物在氧化过程中吸收了空气中的水分或某些气体有关。当温度上升到 1200 ℃时，DSC 曲线显示出急剧下降。将这些结果与 XRD 测试结果相结合，可以看出长石矿物的熔化发生在这一阶段。另外，由于 α-β 石英相变在 1200 ℃高温的作用下是不可逆的，因此在衍射图样中发现了高斜长石含量[1]。

3.5.3　高温矿物脱水机制

水以各种形式存在于岩石孔隙和矿物晶格中，水的出现形式会随温度的变化而变化。温度的升高将对矿物的物理性质产生非常重要的影响。

当温度为 100~110 ℃时，岩石中的结合水、沸石水和层间水会蒸发逃逸，但矿物晶格不破坏，只有结构层之间的距离缩短，垂直结构层方向的单元参数 c_0 减小。此时岩石宏观力学性质没有明显下降，部分岩石如玄武岩等弹性模量有所增加。

当温度在 200~500 ℃时，结晶水开始逃离晶格（大量的逃离发生在约 300 ℃），晶格被破坏和改革形成一种新的矿物结构，这时表现为弹性模量的下降。这种现象也可能导致甘努加尔页岩的热损伤，在 300 ℃之前弹性模量有明显的增长率[14]。

当温度超过 540 ℃时，晶格中的组成水脱离 540 ℃高岭石的矿物，次高岭石、绿泥石分别在 610 ℃和 820 ℃脱氢，脱水后破坏。

但是，如果矿物的脱水速率远远大于逃逸速率，就会导致孔隙迅速增加，从而改变岩石的孔隙断裂结构[15]。弹性模量在此期间呈明显的下降趋势。但经过几次脱水后，岩石的结构将不再发生明显的变化，因此其弹性模量会缓慢下降。

3.6 高温岩石基本物理力学性质

3.6.1 导热系数、比热容和热扩散率

为了消除离散干扰，使用超声波参数检测器（HS-YS4A，中国湘潭）对标本进行筛选。对于所选花岗岩样品的热处理，使用工业硅酸盐密封剂将热电偶粘贴到样品表面。这些盘状样品和热电偶黏合样品在多模式工业微波系统（HY-QS6016，华业公司，长沙）中以 4 kW 的功率加热。目标温度设置为 100 ℃、200 ℃、300 ℃、400 ℃、500 ℃和 600 ℃。每组制备三个样品用于后续测试以避免离散。采用 HotDisk 分析仪（TPS2500S，HotDiskABCo，瑞典）根据瞬态平面源理论测量了花岗岩高温下的基本热物理参数（即导热系数 k、热扩散系数 a 和比热容 c）。本研究中使用的传感器半径为 3.189 mm，相对于样本足够小，符合 HotDisk 和瞬态平面源理论的推荐，因此，尺寸效应引起的测量误差可以忽略不计。

如图 3-8 所示，花岗岩导热系数和热扩散率均随着温度的升高而降低。当温度从 25 ℃升高到 600 ℃时，前者和后者分别降低了 19.8%和 17.7%。比热容的演变呈现出相反的趋势并呈现局部波动；然而，在 25~600 ℃的温度范围内，花岗岩的比热容仅增加了 3.6%，这与之前的研究结果相似。一般来说，花岗岩热物理参数的变化是热致微裂纹和水逸出综合作用的结果：一方面，花岗岩中的微裂纹是由于矿物在高温下分解和热应力分布不均匀造成的；另一方面，随着温度的升高，游离水的蒸发和结晶水的脱离依次发生[16]。

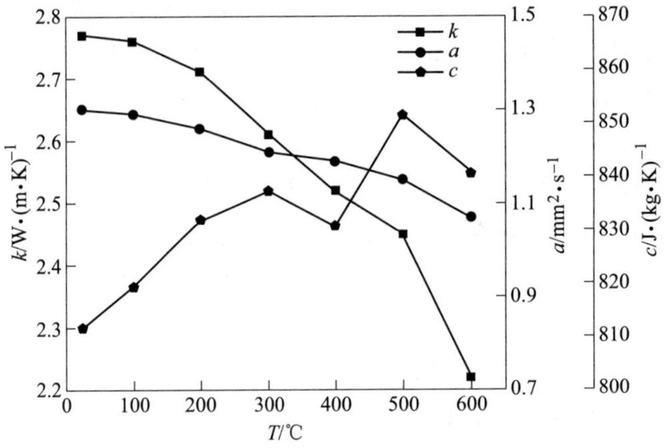

图 3-8　花岗岩热物理参数受温度影响[16]

3.6.2　纵波波速

纵波波速是岩石密实性与完整性的一种表征指标，可以衡量试样的损伤度、均质性与差异性。花岗岩在形成过程中，孔隙裂隙一般不发育，然而在高温作用后，内部脱水、晶体相变、晶体熔融、孔裂隙萌生并扩展演化，导致花岗岩的波速会发生变化。为了使试件的波速测试更加准确，在测试之前要在试样两端面上涂抹耦合剂（凡士林）以降低波速在传播过程中的衰减速度[17]。

岩石的波速测量仪选用 SYC-2 声波岩石参数测定仪，测试原理可以简单概述为[1]：脉冲发生器产生高压电脉冲信号激发发射探头振动，发射出 P 波声波在岩石样品中传播，到达样品的另一端，被接收器接收。在上述过程中，脉冲发生的时间与接收时间的差值 T_P 可以被高精度的时间测定仪器测出，减去声波在声波探头与岩石间耦合层中传播的时间 T_0 后，即可以得到声波在岩石样品中传播的时间 T：

$$T = T_P - T_0 \tag{3-2}$$

假设样品的长度为 L，则岩石的纵波波速 V 可以由样品的长度与 T 的比值给出：

$$V = \frac{L}{T_P - T_0} \tag{3-3}$$

图 3-9 描述了花岗岩纵波速度与温度之间的相关性。一般来说，纵波速度随着温度的升高呈下降趋势。温度在 25~50 ℃时，纵波速度从 4156. 75 m/s 下降到 3873. 11 m/s，相对振幅降低了 6. 82%。加热到 100 ℃时，纵波速度降至 3250. 32 m/s，相对振幅减小了 14. 98%。与前一温度阶段相比，温度在 50~100 ℃时，纵波速度的变化和相对振幅的减小幅度更大。这是因为：

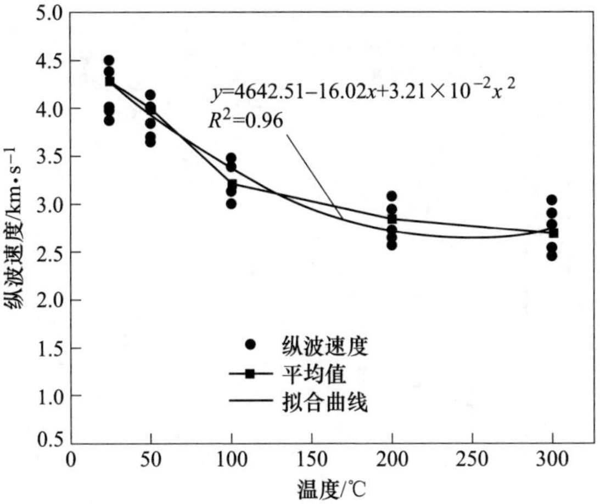

图 3-9 花岗岩纵波速度与温度的相关性[18]

（1）超声波在液体和固体中的传播速度明显高于气体，孔隙体积会随着温度的升高而增大，从而阻碍了纵波速度的传播。

（2）在温度介于 50～100 ℃之间时，自由水会完全蒸发，同时原生裂缝也会扩展。

当温度升至 200 ℃时，振幅缓慢下降，降至 458.51 m/s，相对振幅减小 11.03%。主要原因是温度升高时，矿物成分膨胀，裂缝数量相应减少。在温度为 300 ℃时，变化减缓，相对振幅减小约 1.09%，振幅范围仅为 2791.81～2746.35 m/s。这是因为岩石结构的变化在前一温度阶段已经完成，新生裂缝的数量也相对减少。

3.6.3 孔隙率

温度对岩石的组成和结构影响巨大，热处理后砂岩的物理特性和成分发生了显著的变化，孔隙的结构也发生改变，影响岩石的力学特性和渗透规律。许多研究表明，在高温作用后，岩石物理力学特性都会随温度发生不同的演化。因此，研究热处理后孔隙率随温度的演化规律，对研究热处理对砂岩的力学性质以及渗透规律的影响十分重要。基于真空饱水测量砂岩热处理后的孔隙率，定性分析热处理后砂岩孔隙率随温度的演化规律。孔隙率定义为：

$$n = \frac{V_V}{V} \times 100\% = \frac{V - V_S}{V} \times 100\% \tag{3-4}$$

式中，V_V 为岩石孔隙的体积；V 为岩石的体积；V_S 为岩石固体的体积。

通过饱水法测量岩石的孔隙率，计算热处理后砂岩样的孔隙率。

如图 3-10 所示，经 25～800 ℃的温度热处理，砂岩的孔隙率总体随温度的升

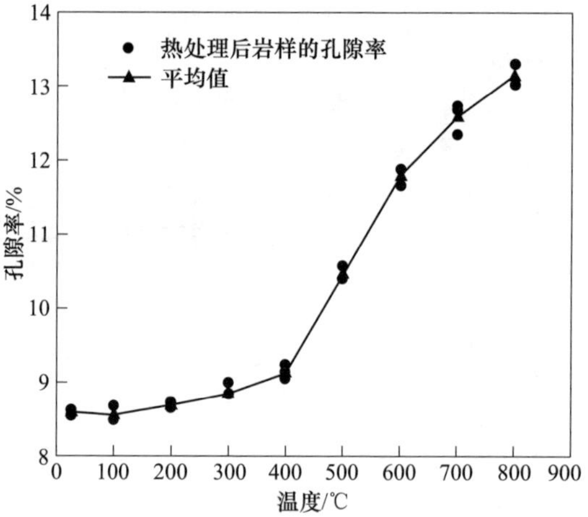

图 3-10　不同温度作用后砂岩的孔隙率[19]

高逐渐增大。在 25~400 ℃范围内，砂岩的孔隙率随温度升高增加缓慢，相比常温 25 ℃，孔隙率只增加了 6.5%。而且由于矿物颗粒的膨胀，在 100 ℃时，砂岩的孔隙挤压闭合，其孔隙率稍微降低。当温度达到 400 ℃以后，砂岩岩样的孔隙率随温度的升高快速的增加。500 ℃时孔隙率达到了 10.47%，相比常温 25 ℃，孔隙率增加了 22%；600 ℃时孔隙率达到了 11.80%，相比常温 25 ℃，孔隙率增加了 37%；700 ℃时孔隙率达到了 12.59%，相比常温 25 ℃，孔隙率增加了 47%；800 ℃时孔隙率达到了 13.16%，相比常温 25 ℃，孔隙率增加了 53%。

根据以上分析发现，随着温度的增加，其矿物颗粒之间的孔隙张开或者闭合，从而导致岩石经不同温度作用后，孔隙率发生变化。温度较低时，受热应力作用和热分解作用小，颗粒之间缓慢出现孔洞或微裂纹，当温度增大到某特定值时，砂岩的热应力和热分解急剧增大，致使孔隙率急剧增加。砂岩孔隙率的变化趋势从侧面反映了砂岩热损伤的程度在逐渐增加[19]。

为了提高核磁共振图像的可识别性，根据像素的灰度值将灰度图像转换成质子密度加权照片，如图 3-11 所示。在色条上，质子密度高（浅色）表示水分含量相对较高。从 25~100 ℃，核磁共振图像的主色调为蓝色，亮点分布均匀，部分区域颜色较暗。这表明该部分孔隙数量较少，分布均匀，且大部分孔隙尺寸较小。当温度升至 200 ℃时，蓝色亮斑的面积逐渐增大，这表明温度对砂岩造成了破坏和劣化，微孔和微裂缝的数量增加，原生微裂缝的尺寸进一步增大。当温度达到 400 ℃时，蓝色区域继续增加并变亮，部分区域出现绿色聚集区，温度的破坏作用进一步加强，岩石中的微裂缝逐渐汇聚，形成更大的微裂缝，从而为水的进入提供了更多的通道。在 600~1000 ℃阶段，可以观察到更多的渗透和聚集（以绿色区域表示）。磁共振成像结果中的亮区和白区越来越大，表明产生了

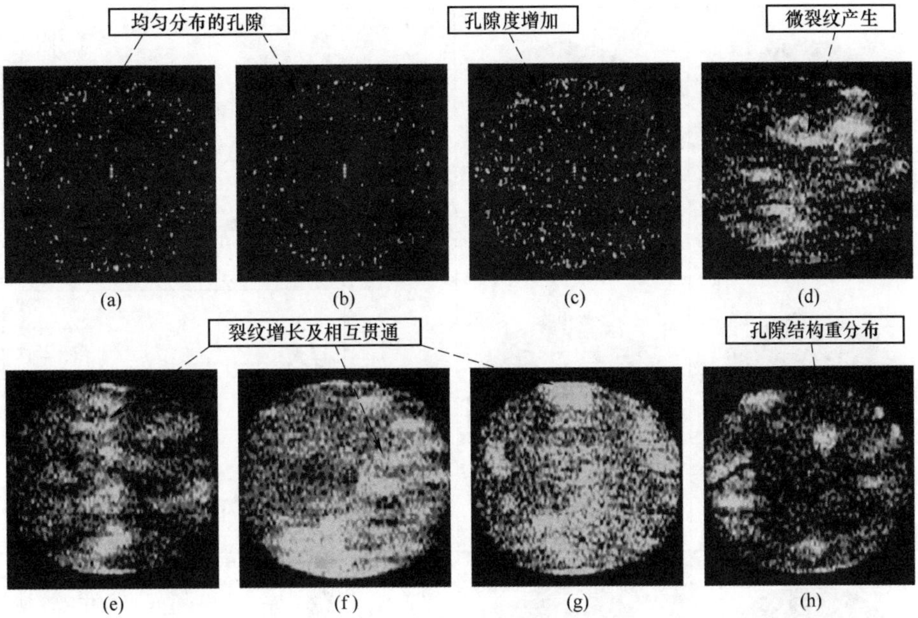

图 3-11 不同温度下样品横截面的磁共振成像结果[1]

(a) 25 ℃; (b) 100 ℃; (c) 200 ℃; (d) 400 ℃; (e) 600 ℃;

(f) 800 ℃; (g) 1000 ℃; (h) 1200 ℃

(扫描书前二维码看彩图)

大量的晶间微裂纹和跨晶微裂纹，而且微裂纹的长度和宽度逐渐增加。值得注意的是，当处理温度升高到 1200 ℃时，砂岩中的一些矿物会熔融再结晶，导致孔隙结构重新分布，再结晶过程中整体孔隙率降低，在一些局部区域会产生一些较大的气泡孔隙[1]。

图 3-12 显示了循环热处理花岗岩试样的典型 MRI 图像和相应的灰度分布。可以发现，孔隙更集中在试样的外部区域，这与 CT 图像的观察结果一致[21]。普遍认为这种局部损伤是由冷却过程中产生的拉应力引起的[22]。然而，受加热温度、热循环、冷却速率和粒度分布影响的孔隙和裂缝分布却大不相同。如图 3-12 (a)、(b) 所示，随着加热温度的升高，处理后样品的灰度分布曲线逐渐向右移动，这表明加热温度越高，微结构改性越明显。值得注意的是，与 200 ℃和 400 ℃处理的样品相比，600 ℃处理的样品内部区域（用白色线框标出）损伤更严重，这主要是由于加热损伤和热疲劳损伤造成的[23]。图 3-12 (a)、(c) 和 (d) 显示了花岗岩样品在循环热处理过程中孔隙和断裂的发展情况。其中，随着热循环次数的增加，样品局部区域（白圆圈标记）的灰度值逐渐增加，斑点逐渐扩大并合并，这表明微孔的扩大和宏观裂纹的凝聚。高灰度值像素的增加和灰度分布曲线的右移也证明了这一点。图 3-12 (a)、(e) 和 (f) 显示了在 400 ℃下加

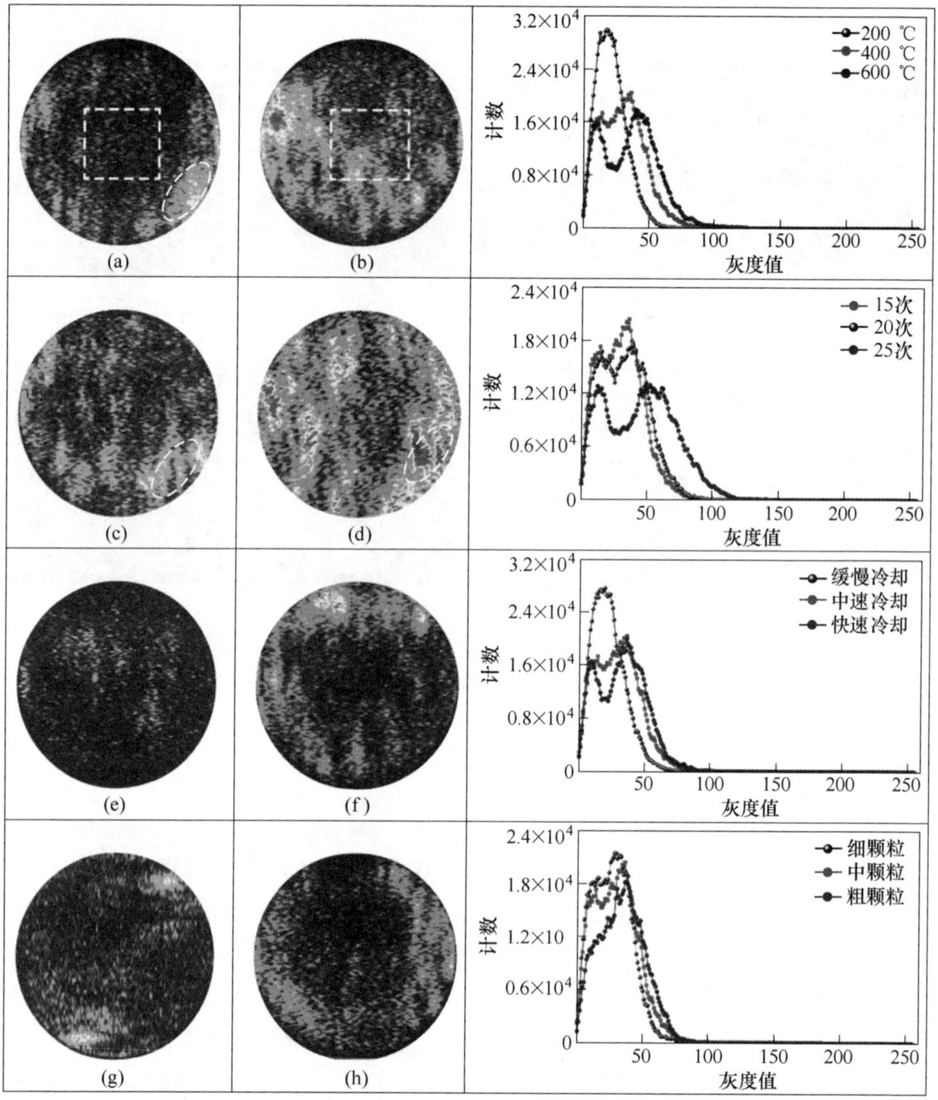

图 3-12　热处理花岗岩试样的磁共振成像结果[20]

（a）400 ℃；（b）600 ℃；（c）循环 15 次；（d）循环 25 次；（e）缓慢冷却；（f）快速冷却；（g）细颗粒；（h）粗颗粒

（扫描书前二维码看彩图）

热并以不同冷却速率处理的样品的磁共振成像图像。很明显，冷却速率的增加会加剧样品外部区域的损伤，表现为局部亮点的产生和灰度分布曲线的右移。对于不同粒度分布的样品，如图 3-12（a）、（g）和（h）所示，损伤区域在粗粒花岗岩试样中较为分散，而在细粒样品中较为集中。

3.6.4 渗透性

图 3-13 为轴压 10 MPa、围压 12 MPa 时，在不同渗透压下，砂岩的渗透率随温度的变化曲线。在 25～200 ℃范围内，砂岩渗透率随热处理温度增大略微降低，渗透率随热处理温度变化十分微小；在 200～400 ℃范围，砂岩的渗透率随热处温度的增大逐渐增大，但是增大的幅度较小；在 400～500 ℃范围，砂岩的渗透率随温度增大急剧增大；在 500～700 ℃范围，砂岩渗透率随热处理温度迅速下降；在 700～800 ℃范围，砂岩渗透率又随温度升高增加。最大渗透率为 14.24×10^{-18} m^2，对应的温度和渗透压分别为 500 ℃、7 MPa。可见，在不同的热处理温度区间，砂岩渗透率的变化趋势是不同的。

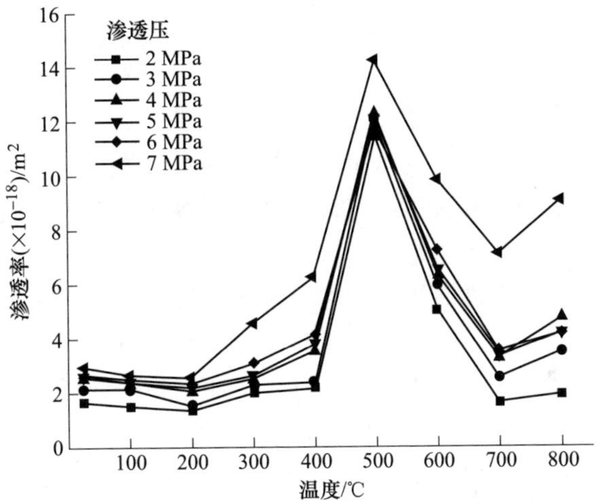

图 3-13　轴压 10 MPa、围压 12 MPa 时，不同热处理温度和不同渗透压下的渗透率[19]

由以上分析可知，热处理温度对砂岩渗透率的影响非常复杂，岩石渗透率的影响因素众多。一方面是岩石本身，岩石的组成、结构、孔隙特征等都影响岩石的渗透率；另一方面渗透压力以及应力状态等也影响渗透率。在加温热处理时，由于岩石的非均匀性，岩石内部将产生不均的热应力，导致岩石裂隙闭合或张开，还会产生新的微裂隙，而孔隙以及微裂隙直接影响岩石渗透率的大小。砂岩的渗透率在不同温度区间有着不同的变化规律：一方面，随着温度的升高，砂岩产生热损伤，孔隙裂隙增加，渗透率随之增加；另一方面在高温下，矿物颗粒膨胀，使孔隙和裂隙闭合，导致渗透率下降。孔隙裂隙的产生和闭合在不同的温度区间程度存在差异性，因此，岩石的渗透率也呈现不同的变化规律[19]。

从图 3-14 中可以看出，不同注汽压力下的气体渗透率演化曲线基本完全重合，实验结果表明温度对于砂岩渗透特性的影响是比较复杂的，整体上砂岩的气

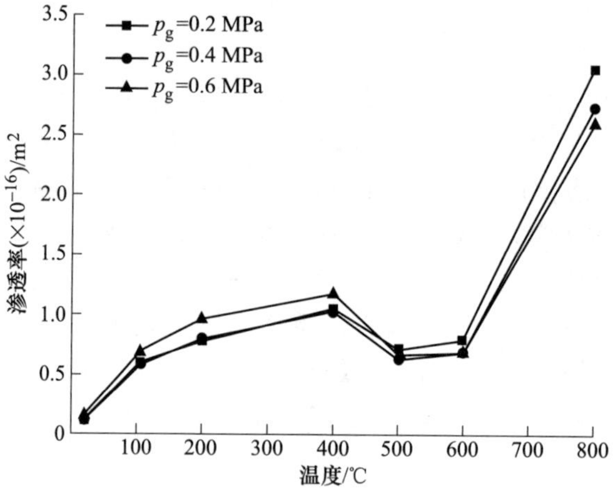

图 3-14　砂岩气体渗透率随温度的变化规律[24]

体渗透率随着温度的升高出现增加的趋势，但是在 500 ℃加热后出现略微下降的情况。可以明显地看出，砂岩气体渗透率的变化可分为三个阶段：第一个阶段在 0~400 ℃，随着温度的升高，砂岩气体渗透率逐渐增加，但是气体渗透率变化相对比较缓慢，气体渗透率从初始的 1.33×10^{-17} m^2 增加到 400 ℃的 1.09×10^{-16} m^2，与未处理的砂岩的气体渗透率相比增加了 8 倍；第二个阶段在 400~500 ℃，此阶段气体渗透率相比前一个阶段突然有所减小，在 500 ℃时减小到了 6.69×10^{-16} m^2，但是相比较初始状态时气体渗透率还是有所增加，与未处理的砂岩的气体渗透率相比增加了 5 倍；第三个阶段在 600~800 ℃，此时砂岩的气体渗透率突然显著的增加，砂岩的气体渗透率在 800 ℃处理后达到 2.80×10^{-16} m^2，是初始状态时气体渗透率的 21 倍。温度对砂岩气体渗透率特性的改变十分显著，而且上述分析表明，温度对砂岩气体渗透率的影响存在阈值温度，温度在达到阈值温度之前气体渗透率变化较为缓慢，甚至可能会减小，但是当温度达到了阈值温度，砂岩的渗透性会显著增强，气体渗透率激增[24]。

3.7　小结

本章进行了岩石物理特性随温度变化特征的实验分析和系统总结，综合分析高温条件下岩石的各项特性，可以更好地理解岩石在地球深部高温环境中的行为，为地质过程、岩石工程和能源资源开发提供重要依据。

（1）对高温岩石的基本物理特性进行了研究。研究表明，在高温条件下，岩石的导热系数增加，热传导更加迅速，同时比热容减小，导致在相同温度变化下的温度响应更为敏感。纵波波速的变化揭示了岩石在高温下的结构变化和变形行为。随着温度的增加，岩石矿物颗粒之间的孔隙会张开或者闭合，从而导致岩石在不同温度作用后，孔隙率发生变化。当温度增大到某特定值时，砂岩的热应力和热分解急剧增大，致使孔隙率出现急剧增加的现象。

（2）对高温岩石的物相特征进行了分析，采用 XRD 技术研究了花岗岩和砂岩的晶体结构。XRD 结果揭示了岩石的主要矿物组成和晶体结构特征。这对于理解岩石的成因、演化历史以及岩石在高温条件下的变化提供了重要线索。

（3）使用 SEM 技术，对高温岩石的微观结构进行了观察和分析。SEM 图像揭示了岩石的孔隙结构、晶粒排列以及可能存在的微裂缝。这有助于理解岩石的物理性质与微观结构之间的关系，以及在高温条件下岩石的变形和破裂机制。

（4）在热分析方面，运用热机械分析和热重-差示扫描量热分析等技术，研究了高温岩石的热膨胀、热分解和热开裂等行为。热膨胀的研究揭示了岩石在高温下的尺寸变化特性，而热分解和热开裂的研究有助于了解岩石中可能存在的热化学反应和热应力效应。

对高温岩石的多方面特性和行为进行系统研究，获得了关于岩石在高温条件下的响应和变化的深入理解。这些研究成果对于地质学、地质资源开发和岩石工程等领域都具有重要的指导意义，为更好地利用地球内部资源和理解地球内部动力学过程提供了宝贵的信息。

参 考 文 献

[1] Wang P, Yin T, Li X, et al. Evolution of micro-damage and degradation of macro-mechanical properties of sandstone due to thermal effects [J]. Bulletin of Engineering Geology and the Environment, 2023, 82 (3).

[2] 凌妍，钟娇丽，唐晓山，等. 扫描电子显微镜的工作原理及应用 [J]. 山东化工，2018，47 (9)：3.

[3] 王远. 高温后白云母花岗岩动静力学特性研究 [D]. 昆明：昆明理工大学，2022.

[4] 郭沛. 热处理花岗岩物理力学及损伤特性研究 [D]. 北京：北京科技大学，2023.

[5] Peng Z, Redfern S A T. Mechanical properties of quartz at the A-B phase transition: Implications for tectonic and seismic anomalies [J]. Geochemistry, Geophysics, Geosystems, 2013, 14 (1): 18-28.

[6] Fan C, Yan J, Huang Y, et al. Xrd and Tg-Ftir study of the effect of mineral matrix on the pyrolysis and combustion of organic matter in shale char [J]. Fuel, 2015, 139 (1): 9.

[7] Tomeczek J, Palugniok H. Kinetics of mineral matter transformation during coal combustion [J]. Fuel, 2002, 81 (10): 8.

[8] Bryers R W. Fireside Slagging, fouling, and high-temperature corrosion of heat-transfer surface due to impurities in steam-raising fuels [J]. Progress in Energy and Combustion Science, 1996, 22 (1): 92.

[9] Yin T, Zhuang D, Li Q, et al. Effect of oxygen on damage mechanism and mechanical properties of sandstone at high temperature [J]. Bulletin of Engineering Geology and the

Environment, 2021, 80 (8): 6047-6064.

[10] 曹孟涛. 高温下砂质泥岩物理力学特性的各向异性演化规律及其应用 [D]. 太原: 太原理工大学, 2021.

[11] 刘造保, 吴名. 康定花岗岩热物性参数与深部储层采热潜力评估 [J]. 岩石力学与工程学报, 2023, 42 (8): 1821-1831.

[12] Chen Y, Wang S, Ni J, et al. An experimental study of the mechanical properties of granite after high temperature exposure based on mineral characteristics [J]. Engineering Geology, 2017, 220: 234-242.

[13] Zhang W, Sun Q, Zhu Y, et al. Experimental study on response characteristics of micro-macroscopic performance of red sandstone after high-temperature treatment [J]. Journal of Thermal Analysis and Calorimetry, 2019, 136 (5).

[14] Jha M K, Verma A K, Gautam P K, et al. Study of mechanical properties of vindhayan shaly rocks at elevated temperature [J]. Journal of the Geological Society of India, 2017, 90 (3).

[15] Lebedev E B, Kern H. The effect of hydration and dehydration reactions on wave velocities in basalts [J]. Tectonophysics, 1999, 308 (3): 331-340.

[16] Li Q, Cheng B, Li X, et al. Fracture behaviour of microwave-heated granite under indentation: Experimental and numerical investigation [J]. Engineering Fracture Mechanics, 2022, 269: 108535.

[17] 李春. 冷热交替作用下花岗岩物理力学特性演化规律研究 [D]. 太原: 太原理工大学, 2020.

[18] Yin T, Shu R, Li X, et al. Combined effects of temperature and axial pressure on dynamic mechanical properties of granite [J]. Transactions of Nonferrous Metals Society of China, 2016, 26 (8): 2209-2219.

[19] 卢唯洛. 热处理砂岩的损伤特性及渗透性演化研究 [D]. 重庆: 重庆大学工程, 2020.

[20] Li Q, Li X, Yin T. Factors affecting pore structure of granite under cyclic heating and cooling: A nuclear magnetic resonance investigation [J]. Geothermics, 2021, 96: 102198.

[21] Isaka B L A, Ranjith P G, Rathnaweera T D, et al. Quantification of thermally-induced microcracks in granite using X-ray Ct imaging and analysis [J]. Geothermics, 2019, 81.

[22] Wu X, Huang Z, Li R, et al. Investigation on the damage of high-temperature shale subjected to liquid nitrogen cooling [J]. Journal of Natural Gas Science and Engineering, 2018, 57.

[23] Yin T, Li Q, Li X. Experimental investigation on mode I fracture characteristics of granite after cyclic heating and cooling treatments [J]. Engineering Fracture Mechanics, 2019, 222 (C).

[24] 陈旭. 热损伤后砂岩气体渗透特性及孔隙结构特征演化规律研究 [D]. 徐州: 中国矿业大学, 2021.

4 高温岩石静态力学性能研究

4.1 引言

在资源开采和地下核废料存储等研究领域，岩石面临的工程环境是热点话题。当岩石工程深入地下，岩石会处于一个相对浅部而言较高应力的环境下。此外，地下热源较为广泛，例如：核废料储存会导致围岩温度上升，地下工程深入也会使得岩石处于高温状态，如矿岩放热、地下水放热、矿石氧化放热、空气压缩产生热量、采出矿岩放热、地下设备放热、地下充填体放热以及火灾致热等。岩石温度变化往往会对岩石体的物理力学特性产生不可消除的影响，所以工程设计也对与温度相关的岩石力学性能实验分析提出了更高的要求。现有的岩石静力学理论是建立在浅部表层岩石的工程基础以及常温实验条件下的，使用常温下发展起来的岩石静力学理论对深部高温的工程环境进行评估可能存在误差并导致严重的经济损失。因此，对深部岩石破碎的研究，应当充分考虑其高温环境，对高温岩石的静力学相关理论进行完善、丰富和发展。

4.2 高温作用岩石的静态压缩力学实验

岩石在高温处理后和实时高温下的力学性能肯定会有所不同。因此，研究岩石经过高温处理后和在高温下的力学性质是非常迫切的。利用带加热装置的电液压伺服控制材料试验机，在室温至 800 ℃的高温条件下，对花岗岩样品进行高温处理后的单轴压缩实验，分析比较两种条件下岩石材料的表征形态、应力-应变曲线、抗压强度、峰值应变、弹性模量和破坏模式随温度变化的规律。

如图 4-1 所示，电液压伺服材料试验机由主体框架、加热装置、控制和数据处理装置以及水泵组成。该加热装置设计加热最高温度为 1000 ℃，可以实现实时高温条件下岩石的单轴压缩实验。加热装置包括用于保温的绝缘层、用于加热的电阻和温度控制器，装置内部具有用于加热的三个内置热电偶。试验机外接水泵驱动的水循环系统，主要作用是用来冷却压力杆。

实验温度分为 6 组：25 ℃、100 ℃、200 ℃、400 ℃、600 ℃和 800 ℃。每组配备不少于 5 个试样。加热速度为 2 ℃/min，目标温度一旦达到，将保持恒定 2 h，以确保样品均匀加热。待试样在加热装置中冷却后开展静力学实验。对于实时高温下的花岗岩实验，一旦达到目标温度，随时保持恒定 2 h，以确保样品均

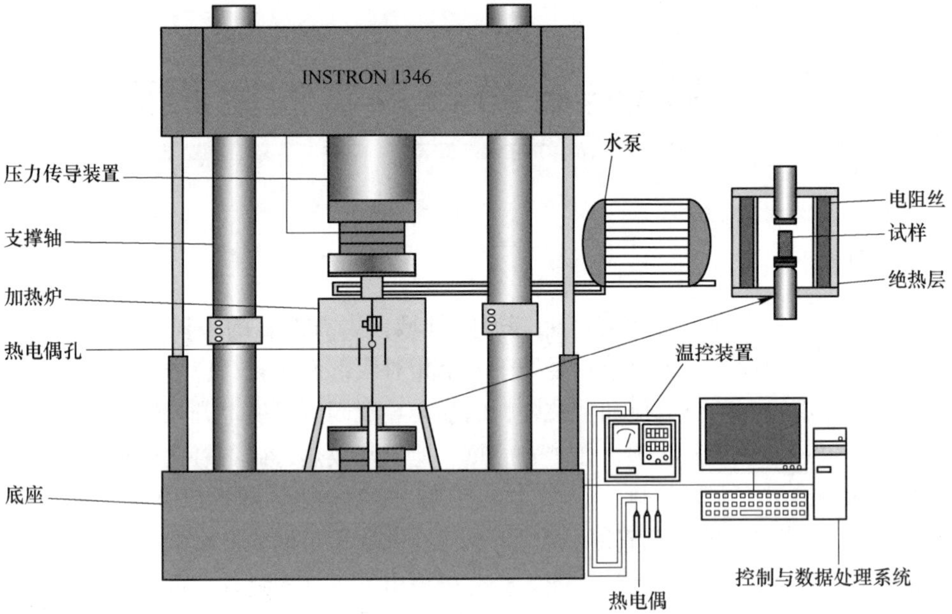

图 4-1　带加热装置的电液伺服试验机装置

匀加热再进行后续实验。最后，可以通过控制与数据处理系统计算应力和应变。

4.2.1　应力-应变曲线

花岗岩试样在不同温度作用下的完整应力-应变曲线具有相同的变化规律，都经历了压密段、弹性、屈服和破坏四个阶段，如图 4-2 所示。实验结果见表 4-1。高温处理后和实时高温下花岗岩的应力-应变曲线，随着温度升高，压密

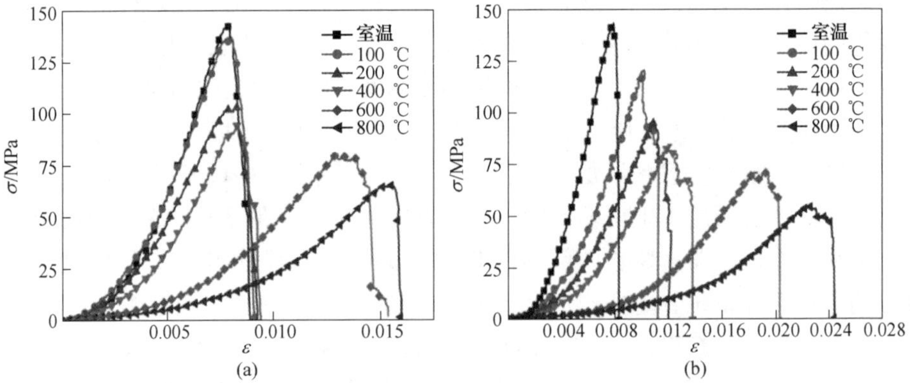

图 4-2　两种温度条件下花岗岩的应力-应变曲线

（a）高温处理后；（b）实时高温下

阶段延长，斜率减小，曲线向右移动，屈服阶段逐渐延长。两种温度条件下的应力-应变曲线，在达到峰值应力后出现应力快速下降。然而，与高温处理后花岗岩的应力-应变曲线相比，实时高温下花岗岩的应力-应变曲线表现出快速的应力下降，达到峰值应力后又出现了一个短暂的屈服阶段。比较高温处理后和实时高温下花岗岩试样的完整应力-应变曲线，可以明显看出，在这两种温度条件下，随着温度的升高，花岗岩脆性逐渐降低，塑性逐渐增加。但在这两种温度条件下，花岗岩具有不同的脆韧性转变临界温度。当温度低于 400 ℃时，经过高温处理的花岗岩会发生脆性破坏。当温度超过 400 ℃时，花岗岩的延展性明显增强，相对于达到峰值应力后的低温试样，应变仍然表现为缓慢增加。

表 4-1 两种温度条件下试样主要力学特性的实验结果

温度/℃	高温处理后				实时高温下			
	编号	峰值应力/MPa	峰值应变/mm · mm^{-1}	弹性模量/GPa	编号	峰值应力/MPa	峰值应变/mm · mm^{-1}	弹性模量/GPa
25	S0-1-1	143. 34	0. 00793	26. 68	S1-1-1	143. 34	0. 00793	26. 68
	S0-1-2	140. 31	0. 00751	27. 17	S1-1-2	140. 31	0. 00751	27. 17
	S0-1-3	136. 55	0. 00814	27. 53	S1-1-3	136. 55	0. 00814	27. 53
	S0-1-4	137. 78	0. 00763	26. 48	S1-1-4	137. 78	0. 00763	26. 48
	S0-1-5	140. 34	0. 00834	27. 45	S1-1-5	140. 34	0. 00834	27. 45
100	S0-2-1	135. 7	0. 00799	23. 4	S1-2-1	120. 25	0. 0098	17. 81
	S0-2-2	132. 78	0. 00851	22. 65	S1-2-2	117. 58	0. 00967	16. 53
	S0-2-3	127. 9	0. 00754	22. 45	S1-2-3	123. 54	0. 00901	16. 25
	S0-2-4	129. 76	0. 00773	22. 55	S1-2-4	116. 45	0. 00943	16. 51
	S0-2-5	134. 65	0. 00842	22. 35	S1-2-5	121. 48	0. 00915	16. 52
200	S0-3-1	101. 81	0. 00787	16. 02	S1-3-1	95. 24	0. 0106	13. 33
	S0-3-2	99. 21	0. 0075	16. 24	S1-3-2	94. 68	0. 00989	13. 46
	S0-3-3	102. 09	0. 00801	16. 05	S1-3-3	98. 68	0. 0115	13. 36
	S0-3-4	103. 67	0. 00721	15. 83	S1-3-4	97. 25	0. 0115	13. 14
	S0-3-5	97. 34	0. 00799	15. 72	S1-3-5	92. 45	0. 0125	13. 1
400	S0-4-1	94. 22	0. 00833	14. 33	S1-4-1	80. 32	0. 01185	11. 37
	S0-4-2	90. 33	0. 0081	14. 37	S1-4-2	79. 5	0. 01052	11. 3
	S0-4-3	97. 8	0. 00855	14. 65	S1-4-3	82. 67	0. 00939	11. 51
	S0-4-4	95. 43	0. 00869	14. 35	S1-4-4	78. 65	0. 01256	11. 29
	S0-4-5	92. 69	0. 00899	14. 46	S1-4-5	83. 48	0. 01125	11. 3

续表 4-1

温度/℃	高温处理后				实时高温下			
	编号	峰值应力/MPa	峰值应变/mm · mm^{-1}	弹性模量/GPa	编号	峰值应力/MPa	峰值应变/mm · mm^{-1}	弹性模量/GPa
600	S0-5-1	74. 27	0. 01065	10. 08	S1-5-1	70. 81	0. 01843	7. 38
	S0-5-2	75. 6	0. 01285	9. 54	S1-5-2	67. 34	0. 01726	7. 05
	S0-5-3	78. 34	0. 00969	10. 14	S1-5-3	72. 53	0. 01901	7. 45
	S0-5-4	76. 54	0. 01168	9. 75	S1-5-4	74. 65	0. 01865	7. 62
	S0-5-5	73. 65	0. 01254	9. 83	S1-5-5	69. 25	0. 01756	7. 81
800	S0-6-1	65. 11	0. 01551	8. 04	S1-6-1	54. 72	0. 02248	5. 41
	S0-6-2	69. 1	0. 01751	6. 92	S1-6-2	57. 65	0. 02448	5. 05
	S0-6-3	63. 94	0. 01468	7. 35	S1-6-3	50. 21	0. 02046	5. 15
	S0-6-4	64. 48	0. 01485	8. 23	S1-6-4	55. 68	0. 02654	5. 35
	S0-6-5	67. 76	0. 01658	6. 85	S1-6-5	52. 98	0. 02534	4. 66

如图 4-3 所示，对于实时高温下的花岗岩，脆韧性转变临界温度较低，致密化阶段较长，应力-应变曲线的斜率下降更明显，曲线也向右移动，但更明显的是，屈服阶段延长，明显与高温处理后的花岗岩有所差异。花岗岩在实时高温下的脆塑转变临界温度在 100~400 ℃之间，但高温处理后的脆塑转变临界温度在 400~600 ℃之间。如图 4-3（e）所示，实时高温下的应力较低，应变较大；特别是当温度超过 800 ℃时，差异最明显。

高温处理后花岗岩应力-应变曲线的直线斜率下降，应变随温度的升高而增大。主要原因如下：

（1）由于岩石内部矿物组分的线膨胀系数不同，应变存储在晶粒和裂隙之间，高温处理后会出现裂纹和剥落。

（2）在 400 ℃之后，岩石内部晶粒之间的裂缝显示出开裂现象，岩石无法恢复形状。

（3）由于水分和孔洞，岩石中含有的矿物质，在实时高温下很容易通过裂缝熔化、分解和蒸发。随着温度的升高，孔洞增大，弹性模量下降，应变增加。

（4）对于高温下的花岗岩，由于水分和孔洞，岩石中含有的矿物质，在高温下很容易通过裂缝熔化、分解和蒸发。岩石内部晶粒之间的裂缝显示出开裂现象，并且这种现象随着温度的升高而增加。在 575 ℃时，石英发生 α-β 相变，从而导致体积增加和热裂纹张开。此外，一些矿物质在高温下会软化，延展性提高，应变增大。高温加速了裂纹扩展，热应力使致密化阶段延长。高温处理下，这些矿物弹性阶段的斜率比花岗岩小。峰值应力后出现一个较短的屈服面。

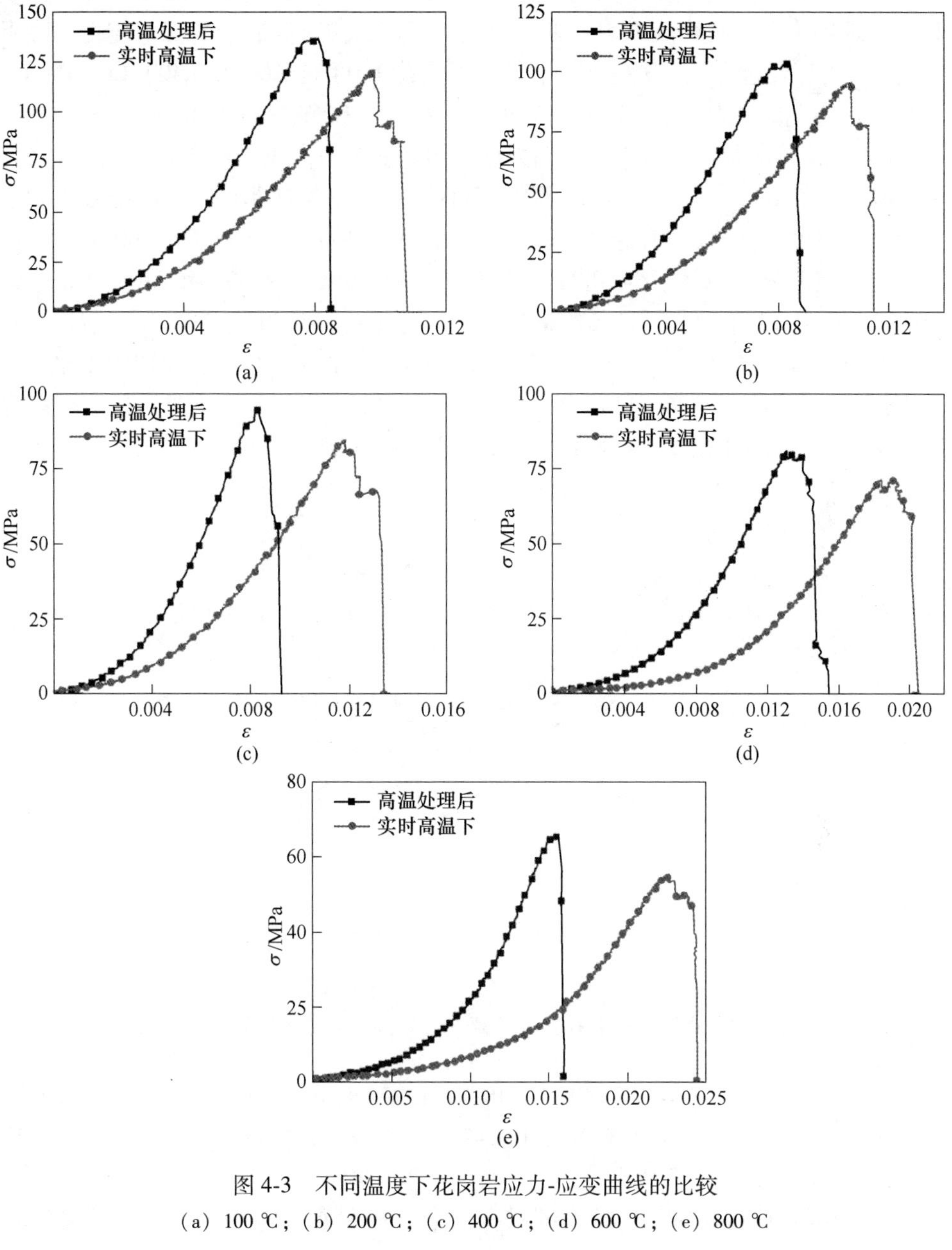

图 4-3 不同温度下花岗岩应力-应变曲线的比较

(a) 100 ℃; (b) 200 ℃; (c) 400 ℃; (d) 600 ℃; (e) 800 ℃

4.2.2 峰值应力

花岗岩在高温处理后和实时高温下峰值应力的变化规律如图 4-4 所示。两种温度条件下的峰值应力均与温度显著相关，并随着温度的升高而逐渐降低，但两种温度条件下峰值应力的变化规律有所不同。实时高温下花岗岩的峰值应力低于高温处理后花岗岩的峰值应力，随着温度的升高，实时高温下的峰值应力下降更为明显。对于经过高温处理的花岗岩，当温度在 100 ℃、200 ℃、400 ℃、600 ℃、800 ℃时，峰值应力比室温分别降低了 5.67%、27.68%、32.81%、45.69% 和 52.85%。尽管花岗岩在 200 ℃高温处理后的峰值应力高于 100 ℃时的峰值应力，但差异仅为 5.67%，仍在正常的分散范围内，可能是岩样非均质性的结果。对于实时高温下的花岗岩，当温度在 100 ℃、200 ℃、400 ℃、600 ℃、800 ℃时，峰值应力比室温分别降低了 14.00%、31.32%、42.29%、49.86%和 61.31%，也即峰值应力分别降低了 11.67 MPa、4.84 MPa、13.29 MPa、5.84 MPa 和 13.17 MPa，与经 100 ℃、200 ℃、400 ℃、600 ℃和 800 ℃高温处理后相比，分别降低了 8.83%、4.79%、14.12%、7.68%和 17.95%。高温处理后和实时高温下花岗岩峰值应力的实验拟合公式分别见式（4-1）和式（4-2）。

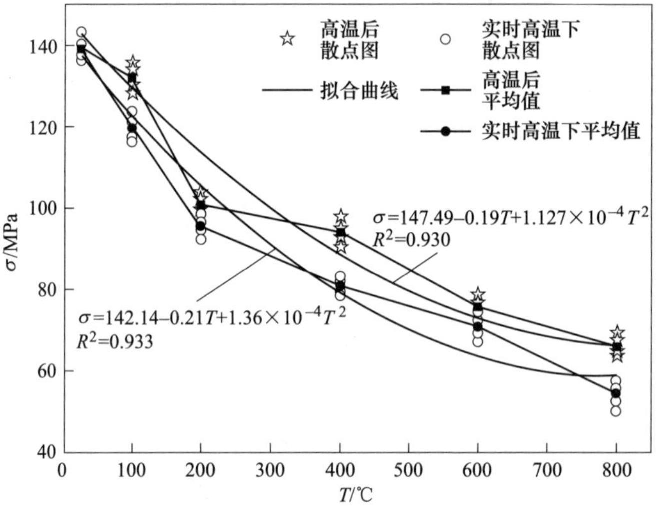

图 4-4　高温处理后和实时高温下花岗岩的峰值应力-温度曲线

$$\sigma = 147.49 - 0.19T + 1.127 \times 10^{-4}T^2 \tag{4-1}$$

$$\sigma = 142.14 - 0.21T + 1.36 \times 10^{-4}T^2 \tag{4-2}$$

式中，σ 为峰值应力；T 为温度。

在 $T<400$ ℃范围内，岩石内部的孔洞会形成脱水。在高温下，晶粒发生转变，一些小裂缝逐渐发展成较大的裂缝，静态压缩强度下降。400~800 ℃，花岗岩的矿物成分和内部结构发生变化；显然，花岗岩中含有的一些矿物物质在高温后容易熔化、分解、蒸发和预裂而形成裂缝。因此，峰值应力呈现下降趋势。对于实时高温下的花岗岩，除此之外，还有一些因素会影响其强度。花岗岩的某些矿物成分在高温下会产生应力和软化；同时，热应力会加速加载过程中的裂纹扩

展。与高温处理后的花岗岩相比，这些附加因素导致实时高温下花岗岩峰值应力较小。

4.2.3 峰值应变

高温处理后和实时高温下花岗岩峰值应变的变化如图 4-5 所示。随着温度的升高，两种温度条件下花岗岩的峰值应变逐渐增大，但变化规律有所不同。对于高温处理后的花岗岩，与室温相比，峰值应变在 400 ℃之前基本没有变化；当温度达到 600 ℃时，峰值应变显著增加，与 400 ℃相比增加了 33.74%；随着温度达到 800 ℃，峰值应变继续增加，与 600 ℃相比增加了 43.24%。对于实时高温下的花岗岩，当温度达到 100 ℃时，峰值应变开始明显增加，与室温相比增加 20.25%；当温度达到 200 ℃时，峰值应变仍然增加，与 100 ℃相比增加了 12.63%；然而，尽管 400 ℃时的峰值应变与室温相比有很大的增加，但与 200 ℃相比几乎没有变化；随着温度升高，达到 600 ℃时，峰值应变有明显增加；当温度达到 800 ℃时，峰值应变比 600 ℃时增加 23.63%。400 ℃后，高温下花岗岩的峰值应变变化比高温处理后花岗岩的峰值应变变化更剧烈。高温处理后和实时高温下花岗岩峰值应变的实验拟合公式分别见式（4-3）和式（4-4）。

$$\varepsilon = 0.0083 - 6.36 \times 10^{-6} T + 1.46 \times 10^{-8} T^2 \tag{4-3}$$

$$\varepsilon = 0.0085 - 9.04T + 2.2T^2 \tag{4-4}$$

式中，ε 为峰值应变；T 为温度。

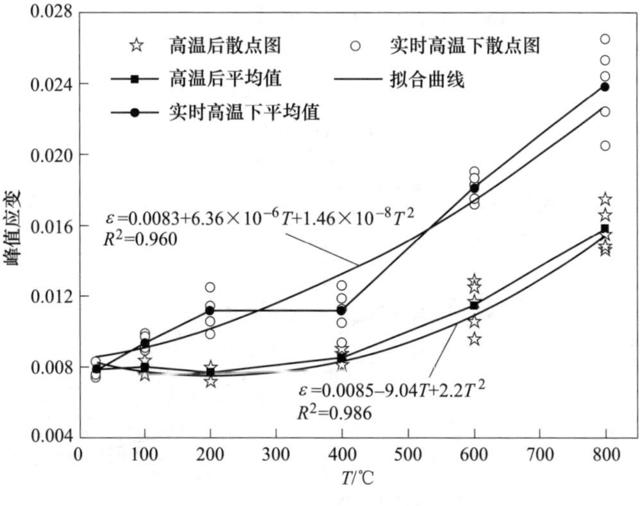

图 4-5 高温处理后和实时高温下花岗岩的峰值应变-温度曲线

峰值应变可以代表岩石在峰值应力之前的变形，尤其是由致密化阶段引起的变形。脱水、裂缝增加和空隙扩大会导致峰值应变增加。此外，对于实时高温下的花岗岩，某些软化矿物成分会导致延展性增大。随着温度的升高，结构的热应力显著增强。因此，实时高温下岩石的峰值应变更大。

4.2.4　弹性模量

通常，弹性模量可以通过在峰值应力之前拟合应力-应变曲线的近似直线段来计算。本章中的弹性模量是指在应力-应变曲线上升阶段，对应于压缩强度40%和60%的应力-应变曲线斜率。弹性模量可通过式（4-5）计算。

$$E_C = \frac{\sigma_2 - \sigma_1}{\varepsilon_2 - \varepsilon_1} \tag{4-5}$$

式中，下标 1 和 2 分别对应于上升应力-应变曲线的两点（应力为 $0.4\sigma_0$ 和 $0.6\sigma_0$ 时）；σ 代表轴向应力；ε 代表轴向应变。

弹性模量随温度变化的变化规律如图 4-6 所示。随着温度的升高，花岗岩在两种温度条件下的弹性模量都呈现出逐渐降低的趋势。实时高温下花岗岩的弹性模量小于高温处理后的花岗岩。对于经过高温处理后的花岗岩，弹性模量随着温度的升高而迅速下降。从室温到 200 ℃，弹性模量从 27.06 GPa 降低到 15.97 GPa，损失 40.98%。从 200 ℃到 800 ℃，弹性模量从 15.97 GPa 下降到 7.48 GPa，下降 50.16%。对于实时高温下的花岗岩，随着温度的升高，弹性模量的下降速度比高温处理后的下降速度更快。弹性模量从室温下的 27.06 GPa 降至 200 ℃下的 13.33 GPa，从 200 ℃到 800 ℃，弹性模量从 13.28 GPa 降低到 5.12 GPa，降低了 54.89%。花岗岩经高温处理后的弹性模量和实时高温下的弹性模量分别见式（4-6）和式（4-7）。

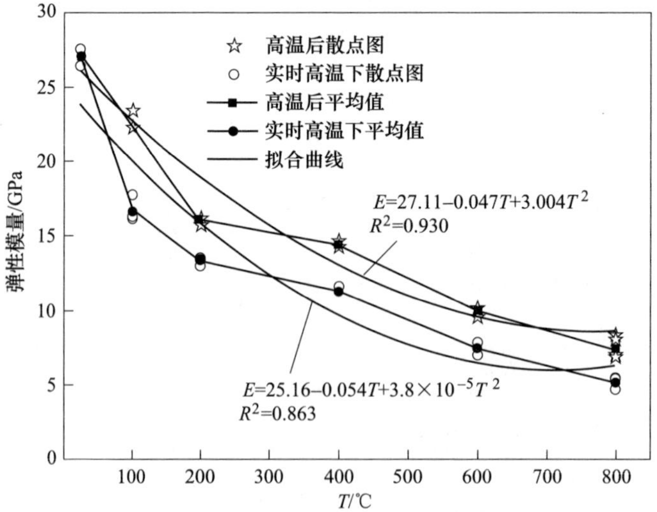

图 4-6　高温处理后和实时高温下的弹性模量-温度曲线

$$E = 27.11 - 0.047T + 3.004T^2 \tag{4-6}$$

$$E = 25.16 - 0.054T + 3.8 \times 10^{-5}T^2 \tag{4-7}$$

式中，E 为弹性模量；T 为温度。

由于内部矿物成分的线膨胀系数不同，高温后岩石会出现裂缝、裂缝和剥落。400 ℃后，岩石内部晶粒之间的裂缝出现开裂现象，裂缝无法恢复形状。岩石中含有的水分、孔洞和一些矿物质，在高温后容易通过裂缝熔化、分解和蒸发。因此，在载荷作用下，弹性模量随着温度的升高而降低。此外，花岗岩的某些矿物成分在高温下表现出软化，导致高温处理后的弹性模量小于花岗岩。

4.2.5　破坏模式

花岗岩在高温处理后和高温下的破坏模式可从图 4-7 中看出，并可简化为示意图 4-8。图 4-7 中，a 代表高温处理后花岗岩的破坏模式，b 代表实时高温下花

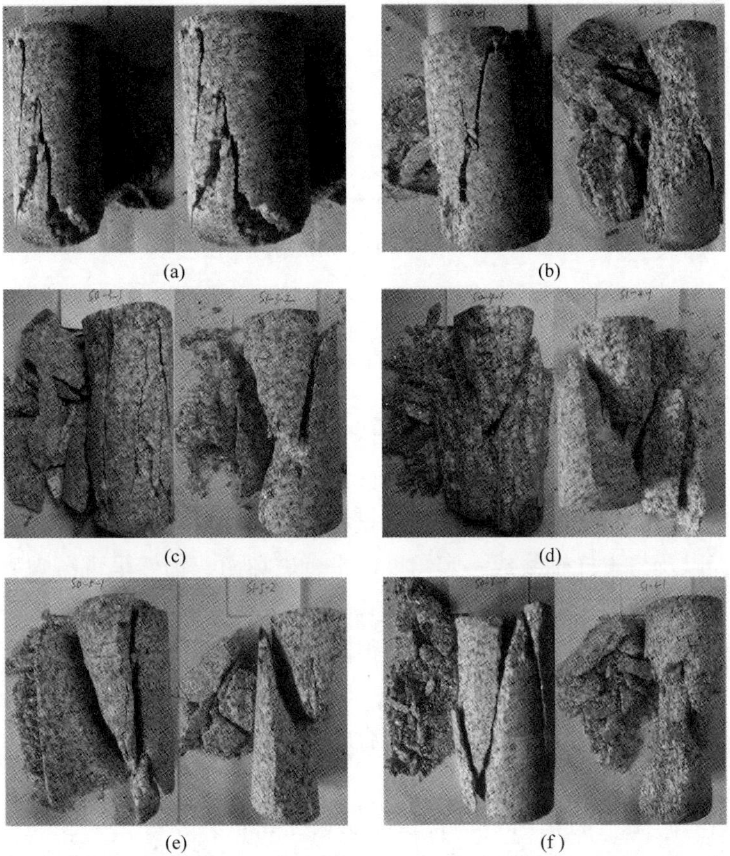

图 4-7　花岗岩在高温处理后和实时高温下的破坏模式比较

（a）室温；（b）100 ℃；（c）200 ℃；（d）400 ℃；（e）600 ℃；（f）800 ℃

（扫描书前二维码看彩图）

岗岩的破坏模式。在图 4-8 中，虚线代表破坏面。在静态实验中，高温后和实时高温下产生的花岗岩碎片数量和破坏模式均随着温度的升高而变化。随着温度的升高，花岗岩会产生小块和粉末，还会出现两到三个大区块。

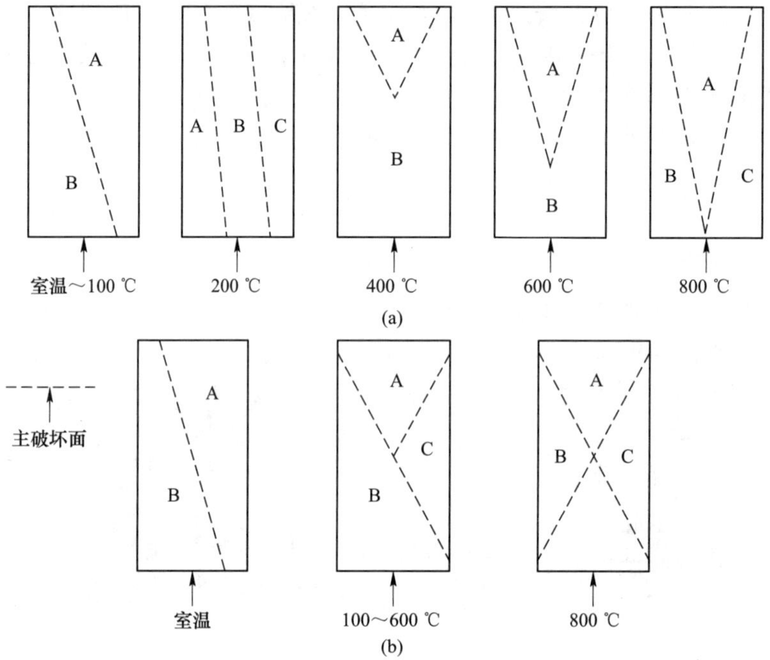

图 4-8　花岗岩在高温处理后和实时高温下的破坏模式

（a）高温处理后；（b）实时高温下

在 100 ℃之前，经过高温处理的花岗岩显示出相同的破坏模式。从图 4-7 可以看出，两个主要块体中的试样破坏，以及与岩样轴线成一定角度的破坏面，呈现出劈裂破坏。当温度达到 200 ℃时，试样破坏发生在三个或三个以上的主要较小块体中，以及与岩样轴线成一定角度的平行破坏面，仍然呈现劈裂破坏。随着温度持续升高，达到 400 ℃或更高，试样在两到三个主要块体中发生破坏，以及与岩样轴线成不同角度的主要破坏面。但随着温度升高，破坏模式仍存在一定差异。从图 4-7 和图 4-8 可以清楚地看到，与 400 ℃相比，600 ℃后岩石试样的两个破坏面在相对于顶面更深的平面上接合。当温度达到 800 ℃时，两个破坏面连接在试样的底面上。

对于实时高温下的花岗岩，其破坏模式存在很大差异，如图 4-7 所示。从 100 ℃到 600 ℃，试样的破坏分为两个主要块体，与岩样轴线不同角度的主要破坏面，以及一些小块体和粉末，呈现剪切破坏。如图 4-8 所示，从 100 ℃到 600 ℃，两个主要破坏面连接在试样的中间平面上，一个平面在该点处停止扩展，而另一个平面在经过该点后继续延伸。当温度继续升高，达到 800 ℃时，与 100 ℃ 至 600 ℃相比，试样破坏为一个主块和更多小块和粉末，呈现共轭剪切破坏。如图 4-7 所示，对于 100 ℃至 600 ℃的花岗岩，有一些小块。在图 4-8 中，C 部分代表小块。当温度达到 800 ℃时，块体 B 和 C 都会变成小块和粉末。

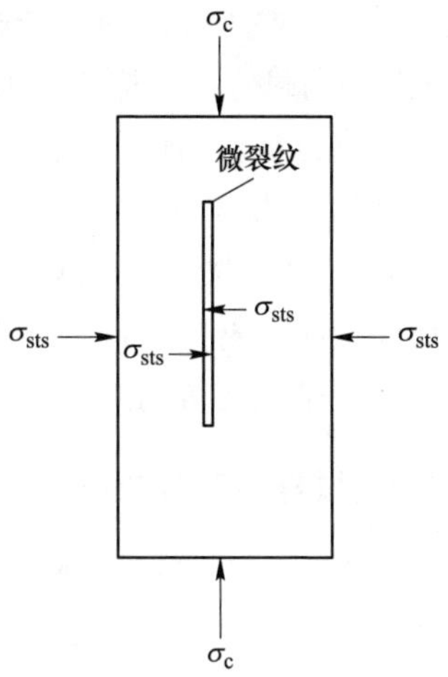

图 4-9　高温下试样的简单等效力图

花岗岩内部结构和受力条件的变化会导致不同的破坏模式，如裂缝扩展、脱水、孔隙扩大等。因此，随着温度的升高，明显的内部结构变化导致不同的失效路径，失效模式以不同的形式出现。此外，对于高温下的花岗岩，热应力可以简单地视为围压。如图 4-9 所示，热应力的增大相当于围压的增大。一些研究表明，随着围压的升高，峰值应力在一定程度上有所增加。但在本节中，虽然热应力增加，但峰值应力减小。这是因为热应力在一定程度上不同于围压。在加载过程中，除了围压的作用外，热应力加速了裂缝的扩展，某些矿物成分发生变化导致应力软化，因此峰值应力随着温度的升高而降低。经高温处理的花岗岩破坏模式有明显不同，高温处理使得花岗岩矿物成分和矿物颗粒发生变化是导致其静态力学特性变化的重要原因。

4.3　高温作用岩石的静态拉伸力学实验

4.3.1　拉伸加载实验方法简介

岩石的拉伸强度作为岩石类材料的主要力学参数，随着实验技术和设备的发展得到了广泛的应用。测量岩石材料拉伸强度主要有直接拉伸法、劈裂法和弯曲法。

（1）直接拉伸法：主要采用夹具将试样夹紧，如图 4-10 所示，通过对试样施加拉力使试样发生破坏而得到材料的拉伸强度。该方法试样加工成品率低且实验数据误差较大，并不是一种理想的测试方法。

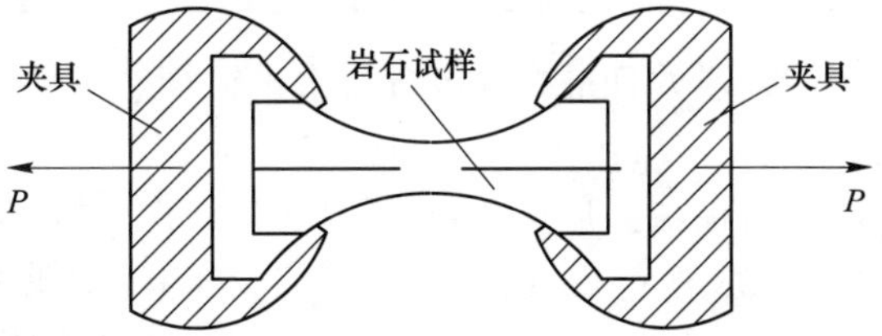

图 4-10　岩石直接拉伸方法

(2) 劈裂法（巴西法）：该实验方法主要是由巴西人提出的，采用圆盘试样对其施加径向载荷而实现间接拉伸，如图 4-11 所示。这也是目前使用最多的测试材料拉伸强度的方法。

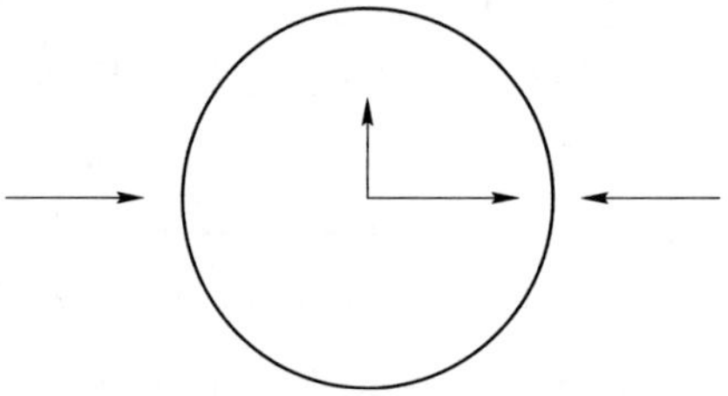

图 4-11　劈裂实验示意图

(3) 弯曲法：采用对试样三点施加载荷间接测量材料的拉伸强度。该法试样加工较复杂且测得的结果与实际结果存在偏差。

4.3.2　试样制备与处理

花岗岩、大理岩、砂岩是三大类型岩石的典型代表，且在地壳上分布广泛，在各类岩石工程中十分常见。三种岩石在地质作用形成过程中、赋存过程中以及后期的岩石工程建设过程中均会经历不同情况的高温和冷却作用；并且，前期研究和众多学者的大量研究均表明，花岗岩由于其工程普遍性已成为岩石温度效应研究的典型室内实验对象，而大理岩和砂岩由于其在物理和力学性质上具备较小的离散性也常常被用到。因此，本节选取此三种岩石作为实验对象，开展不同温度热处理后岩石拉伸力学特征变化研究。三种岩石的基本性质汇总见表 4-2。

表 4-2　花岗岩、大理岩、红砂岩的基本性质

岩石类型	表观形貌描述	主要矿物成分	平均密度 /kg · m^{-3}	平均纵波波速 /m · s^{-1}
花岗岩	灰白底色上散布灰麻点，由大小不一的晶粒胶结而成，表面较光泽，质地较致密	石英 46.54%、长石 37.95%、云母 9.72%、蒙脱石 5.76%、其他 0.03%	2664.90	3313.86
大理岩	纯白色致密细粒，含少许经脉状透明晶体，变晶结构，块状构造，表面有光泽闪现，质地较致密	方解石 99%、泥质物（云母、高岭石和蒙脱石等）1%、石英微量	2839.83	2834.83
红砂岩	红色颗粒结构，晶体颗粒较大，表面不平整，局部可见微孔洞	长石 63.5%、石英 23.1%、高岭石 8.1%、微斜长石 4.9%、其他 0.4%	2212.71	2095.56

试件用工业加热炉按热处理最高温度分批次进行加热，炉内冷却。本节的加热设备选用 NZ-2-1200 型工业高温炉，如图 4-12 所示。该高温炉的加热元件为电阻丝，保温隔热材料为石棉板，加热功率为 2 kW，额定电压 220 V，工作频率为 50 Hz，炉腔尺寸（深×宽×高）为 200 mm×120 mm×120 mm，可加热到的最高温度为 1200 ℃，加热时炉内温差小于 5 ℃，升温速率范围 1～60 ℃/min，炉内布置有两个温度传感器，支持实时温度测定与显示、升温路径最高 25 段设置。加热

过程炉内的温度变化如图 4-13 所示，最高温度分别为 100 ℃、200 ℃、300 ℃、350 ℃、400 ℃、500 ℃、600 ℃的七个热处理过程均分为升温、恒温、冷却三个阶段。

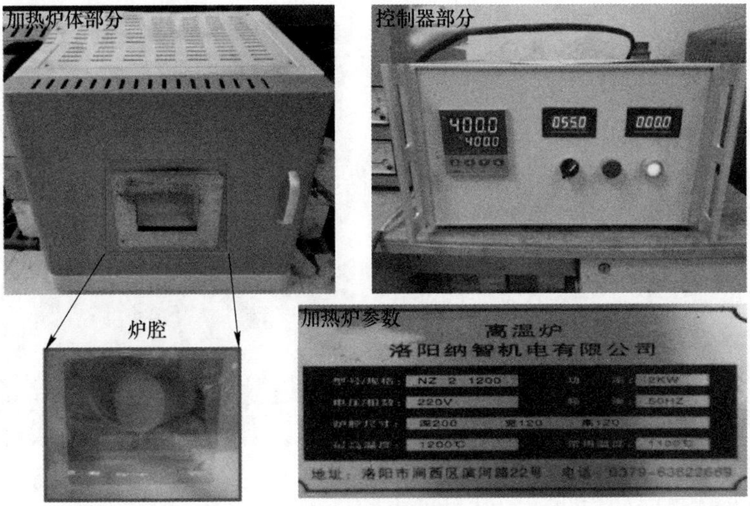

图 4-12　工业加热炉及其参数
（扫描书前二维码看彩图）

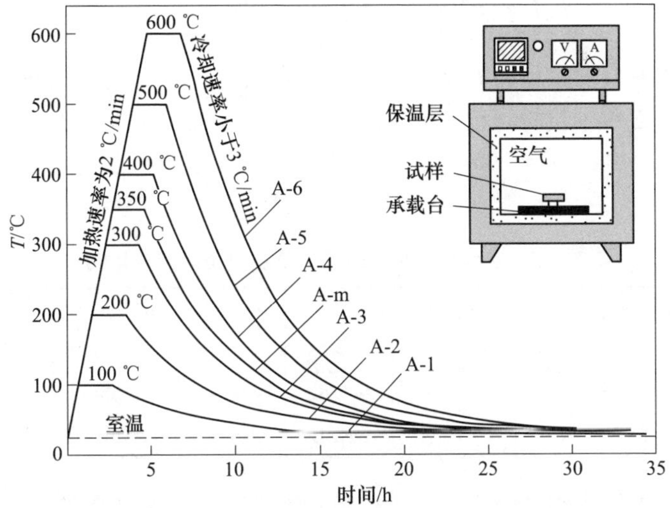

图 4-13　试件热处理过程温度变化曲线

三种岩石的巴西劈裂实验均在 WHY-200 微型控制压力试验机上进行，如图 4-14 所示。预加载到 0.05 kN 后通过位移控制的方式以 0.2 mm/min 的速率将试件加载至失去承载能力。

在巴西劈裂实验中，试件应从中央位置起裂，最终所得强度为岩石间接拉伸强度，按式（4-8）计算。

$$\sigma_t = \frac{2P_{max}}{\pi Dh} \tag{4-8}$$

式中，σ_t 为岩石间接抗拉强度，MPa；P_{max}为试样加载过程中的最大径向载荷，kN；D、h 分别为圆盘直径和厚度，mm。

对三种岩石的巴西劈裂实验参数进行初步分析，可以看出其峰值位移的变化规律与单轴压缩实验峰值应变的变化规律基本相似，但这三种岩石热处理后的单轴抗拉强度变化特征与其单轴压缩强度的变化特征却不相同。对于单轴抗拉强度平均值，按式（4-9）计算三种岩石单轴抗拉强度的变化率，结果见表4-3。

图 4-14　岩石巴西劈裂实验
（扫描书前二维码看彩图）

$$\sigma_t^T\% = \frac{\sigma_t^T - \sigma_t^{RT}}{\sigma_t^{RT}} \times 100\% \tag{4-9}$$

式中，$\sigma_t^T\%$为岩石经过最高温度为 T 的热处理后的单轴抗拉强度变化率,%；σ_t^{RT}为常温下的岩石单轴抗拉强度，MPa；σ_t^T 为岩石经最高温度为 T 的热处理后的单轴抗拉强度，MPa；T = 100 ℃、200 ℃、300 ℃、350 ℃、400 ℃、500 ℃、600 ℃。

表 4-3　三种岩石热处理后的单轴抗拉强度变化率　　（%）

岩性	$\sigma_t^{RT}\%$	$\sigma_t^{100}\%$	$\sigma_t^{200}\%$	$\sigma_t^{300}\%$	$\sigma_t^{350}\%$	$\sigma_t^{400}\%$	$\sigma_t^{500}\%$	$\sigma_t^{600}\%$
花岗岩	0.00	1.86	−22.11	−39.33	−53.03	−58.90	−54.11	−75.34
大理岩	0.00	−22.95	−32.34	−42.32	−48.90	−54.09	−64.67	−71.46
红砂岩	0.00	−6.44	−19.33	−29.12	−46.39	−54.64	−59.54	−72.16

花岗岩、大理岩和红砂岩的单轴抗拉强度及其变化率随热处理温度的变化情况如图 4-15 所示。

花岗岩的单轴抗拉强度 σ_t^G 在 100 ℃时也出现了小幅增长，这也可以解释为岩石受热膨胀被压实；100～400 ℃时，花岗岩单轴抗拉强度快速弱化了一半以上，在此温度范围内，花岗岩内部产生的微裂纹以图 4-16（a）所示的晶间裂隙为主。400~600 ℃范围内弱化速度放缓，最终 600 ℃时弱化了 75.34%，此温度

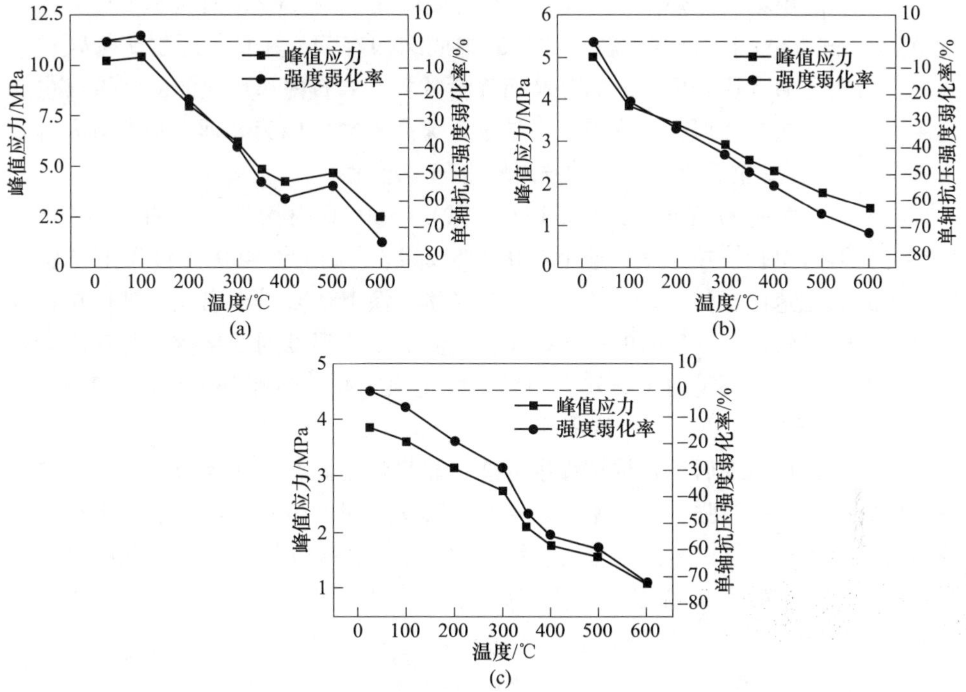

图 4-15　岩石单轴抗拉强度随热处理温度的变化情况

（a）花岗岩；（b）大理岩；（c）红砂岩

(a)　(b)

图 4-16　岩石沿晶裂隙和穿晶裂隙光学薄片图

（a）主要形成沿晶裂隙；（b）沿晶、穿晶裂隙均形成

（扫描书前二维码看彩图）

范围内花岗岩内部的矿物晶粒有所弱化，进一步萌生了少量晶间裂隙，并且开始萌生少量如图 4-16（b）所示的穿晶裂隙。

大理岩的单轴抗拉强度 σ_t^M 在 100 ℃时便弱化了约 23%，而后基本均匀弱化直至 71.46%。这与大理岩细粒、致密的组成结构有关，并且大理岩矿物颗粒之间的胶结能力随着热处理温度的升高而逐渐减弱，岩石内部形成的晶间裂纹也随之逐渐增多，同时大理岩矿物晶粒不易发生穿晶破裂（因为大理岩基本由方解石组成），岩石在受拉后沿晶分裂的倾向性也随之增大。

红砂岩单轴抗拉强度 σ_t^S 在 RT（室温）~300 ℃内均匀弱化直至约 30%；300~400 ℃时单轴抗拉强度快速地弱化了 54.64%；而后在 400~600 ℃时单轴抗拉强度的弱化速度减慢，弱化率达到 72.16%。除 100 ℃时未出现单轴抗拉强度小幅增长的现象外，红砂岩的单轴抗拉强度随热处理温度的变化特征与花岗岩相似。二者差异性主要是由于红砂岩内部空隙过大，晶粒热膨胀不足以压实岩石，100 ℃时红砂岩内部仍产生少许晶间裂隙。

三种岩石热处理后单轴抗拉强度的变化趋势虽不同，但在经历 600 ℃的热处理作用后的单轴抗拉强度弱化率均在 70%~75%之间，相差不大；但由于常温下花岗岩、大理岩和红砂岩的单轴抗拉强度关系为 $\sigma_t^G \approx 2\sigma_t^M \approx 2\sigma_t^S$，因此相对而言花岗岩在经历 600 ℃高温热处理后的单轴抗拉强度弱化量比大理岩和红砂岩更大。

4.4　高温岩石热损伤演化特性

就深部资源与地热能开发等特殊环境下的工程问题而言，高温岩体的温度变化较为复杂，本节将高温岩体的温度变化分为一般冷却和快速冷却，由此开展高温岩石的热损伤特性研究。缓慢冷却的一般温度变化曲线如图 4-13 试件热处理过程温度变化曲线所示，高温岩体的温度也往往会因施工影响而出现大幅下降，这种大幅降温导致的热冲击现象将致使岩石的性质发生变化，并且这种现象出现在越来越多的工程实践问题中。例如，深部岩体工程，通风降温、地下水流动导致的围岩温度降低；地热能开采中涉及干热岩的施工活动，如钻井施工、储层人工改造等；岩石类建筑物的火灾效应评估，等等。所以，高温岩体的温度突变造成的岩石物性及力学性能变化亟待深入探究。

4.4.1　一般冷却损伤

一般冷却实验采用的试样如图 4-17 所示，其岩石基本性质见表 4-2。

花岗岩、大理岩、红砂岩的质量、直径、高度、体积、密度变化率随热处理温度的变化趋势分别如图 4-18~图 4-20 所示。两种花岗岩试件的质量、直径、高度、体积和密度变化率随热处理温度的变化情况如图 4-18 所示。由图可知，在热处理温度 *RT*~600 ℃范围内，无论是花岗岩标准圆柱还是巴西圆盘试件，其质量损失率始终保持均匀的慢速增加趋势且其值很小，最大值尚低于 0.2%。而对

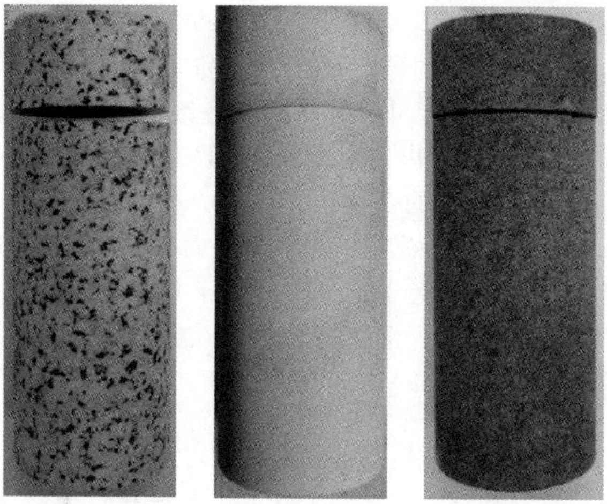

(a) (b) (c)

图 4-17 三种典型岩性岩石

（a）花岗岩；（b）大理岩；（c）红砂岩

（扫描书前二维码看彩图）

于试件的尺寸（直径和高度）、体积和密度，其变化率均可划分为慢速变化（基本不变）阶段、较快速变化阶段、快速变化阶段三个阶段。实验结果和数学关系两方面均反映出试件、体积和密度的变化趋势基本一致：

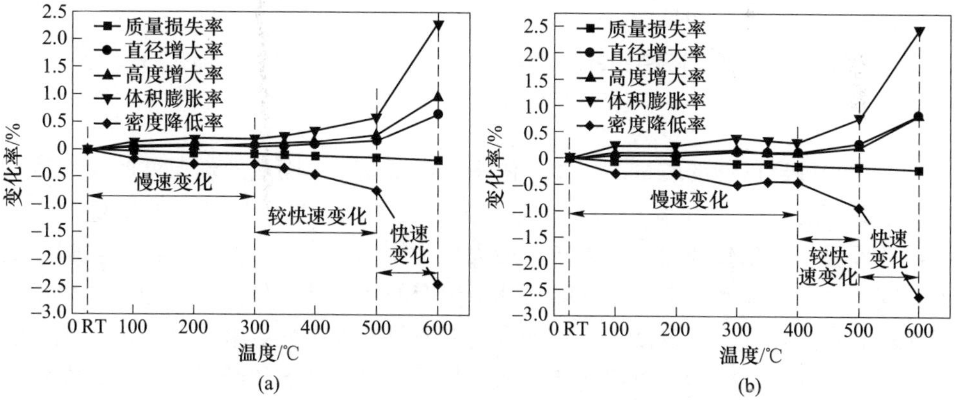

图 4-18 花岗岩质量、尺寸、体积、密度变化率随热处理温度的变化情况

（a）标准圆柱；（b）巴西圆盘

（1）圆柱 RT～300 ℃、圆盘 RT～400 ℃，尺寸、体积和密度变化率基本不变。

（2）圆柱 300～500 ℃、圆盘 400～500 ℃，尺寸、体积和密度变化率有所增大，尺寸较快速增大，体积较快速膨胀，密度则较快速降低。

（3）500~600 ℃，三者变化率均大幅增大，尺寸快速增大，体积快速膨胀，密度则快速降低，三者变化率的最大值分别约达到 0.8%、2.4%和 2.5%。

两种大理岩试件的质量、尺寸、体积和密度变化率随热处理温度的变化特征如图 4-19 所示。由曲线可以看出，大理岩标准圆柱和巴西圆盘试件的尺寸、体积和密度变化率随热处理温度的变化均先后经历了慢速变化和快速变化两个阶段。以图 4-19（a）所示的大理岩标准圆柱试件而言，在 RT~600 ℃范围内其质量变化率呈现均匀的慢速变化趋势，最大值低于 0.5%；在 RT~350 ℃范围内，尺寸慢速增大，体积慢速膨胀，密度慢速降低；在 350~600 ℃范围内，三者均快速变化，最大值分别约 0.62%、1.88%、2.13%。

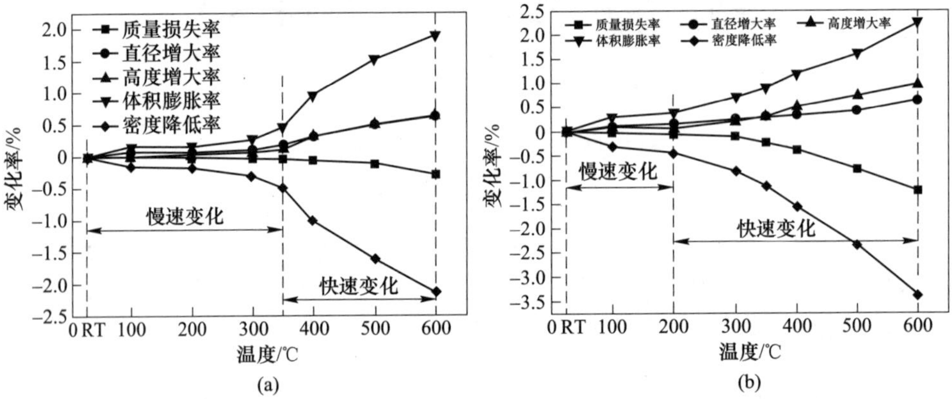

图 4-19 大理岩质量、尺寸、体积、密度变化率随热处理温度的变化情况
（a）标准圆柱；（b）巴西圆盘

两种红砂岩试件的质量、尺寸、体积和密度变化率随热处理温度的变化特征如图 4-20 所示。由图可知，与花岗岩和大理岩不同，红砂岩试件的质量损失率随热处理温度呈现较快速增长趋势，最大值为 1.2%~1.4%。对于红砂岩圆柱试件，其尺寸、体积和密度变化率随热处理温度的变化特征与花岗岩和大理岩相差无几；而对于红砂岩圆盘试件，三者变化率随热处理温度更多地呈现出不规则的变化趋势，这是受红砂岩热损伤特性和测量误差综合影响的结果。红砂岩在经受高温作用后，岩石颗粒之间的胶结能力逐渐下降，尤其当受到 300 ℃以上的高温作用时，胶结力大幅减小，导致红砂岩试件边角易于掉落，进而引起质量测量出现波动，同时圆盘试件的质量和尺寸相对较小，测量的相对误差增大。

综合以上三种岩石的质量、尺寸、体积和密度随热处理温度的变化特征可知，RT~600 ℃间质量损失率均呈现均匀变化趋势，且绝对值由大到小依次为红砂岩、大理岩和花岗岩，这是由于高温红砂岩和大理岩中的可蒸发水分和可分解为气体的矿物含量更多且颗粒胶结力降低更多；体积和密度变化率则呈现基本相

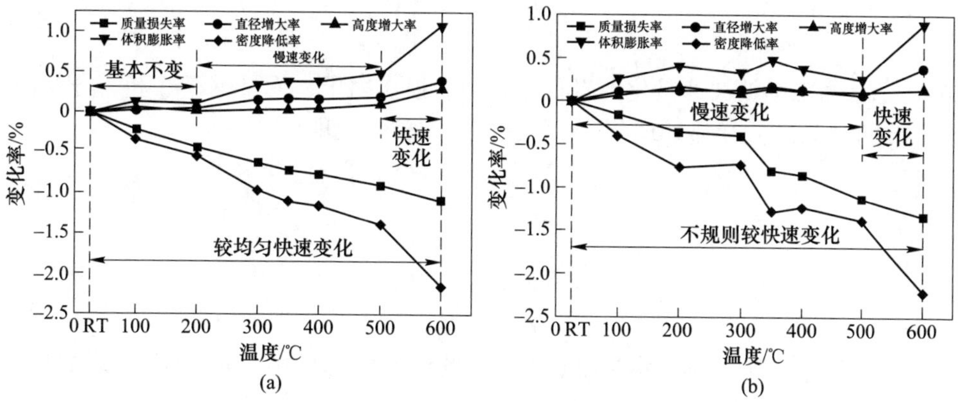

图 4-20　红砂岩质量、尺寸、体积、密度变化率随热处理温度的变化情况

（a）标准圆柱；（b）巴西圆盘

似的较低高温的慢速变化到较高高温的快速变化特征，体积膨胀率绝对值由大至小依次为花岗岩、大理岩和红砂岩，密度降低率绝对值在各热处理温度范围内的平均值由大到小分别为红砂岩、大理岩和花岗岩，而其最值相差不大。

岩石在经受高温作用后，受物质流失和热应力的综合作用（统称为热损伤作用），内部会形成数量和大小不一的缺陷（如微孔隙和微裂隙），直到所受温度达到一定的临界值，其表面方才显现肉眼可见的宏观裂纹。存在于微观或细观层面的缺陷无法用肉眼观察到，岩石在经受较低高温作用后的热损伤程度也无法用肉眼量化。超声波技术经常被用来测定岩石的地质力学性质，该技术是无损检测技术，即使岩石没有肉眼可见的劣化迹象，也能够在不损伤岩石本身的前提下检测到导致材料强度降低的因素。众所周知，声音在不同性质材料中有不同的传播速度，且其在固相材料中的传播速度大于其在气相材料中的传播速度，当岩石内部产生较多的孔隙、裂隙，也意味着超声波通过岩石试件时会遇到更多的气相材料，岩石的纵波波速也随之降低。所以，纵波波速是岩石损伤程度的一个综合表征指标，是评价岩石完整度的一个重要参数；而且，岩石的纵波波速大小在大多数情况下是和其力学参数（如弹性模量和强度）紧密相关的[1-2]。

根据原始实验数据，结合下列方式计算三种岩性岩石试件在不同高温单次热处理前后的纵波波速和损伤因子。

根据试样高度 h 和传播时间 t_p，按式（4-10）计算岩石的纵波波速 v_p。

$$v_p = \frac{h}{t_p} \tag{4-10}$$

试件的损伤可以通过纵波波速的变化来量化，岩石纵波波速损伤因子按式（4-11）计算。

$$D_v = 1 - \left(\frac{v_{pa}}{v_{pb}}\right)^2 \tag{4-11}$$

式中，D_v 为由纵波波速量化的岩石热处理后损伤因子，无量纲；v_{pa} 和 v_{pb} 分别为岩石试件热处理后和热处理前的纵波波速，单位一致即可。

$$\overline{v_{pb}} = \frac{\sum v_{pbi}}{3};\ \overline{v_{pa}} = \frac{\sum v_{pai}}{3} \tag{4-12}$$

$$\overline{D_v} = \frac{\sum D_{vi}}{3} \tag{4-13}$$

式中，$\overline{v_{pb}}$、$\overline{v_{pa}}$、$\overline{D_v}$ 分别表示高温热处理前的纵波波速均值、高温热处理后的纵波波速均值、纵波波速损伤因子均值；v_{pbi}、v_{pai}、D_{vi} 分别表示同一高温热处理前后单个试件的纵波波速和损伤因子。

三种岩石标准圆柱和巴西圆盘试件纵波波速和损伤因子随热处理温度的变化曲线如图 4-21～图 4-23 所示。由图可以看出，每种岩石的两种试件的纵波波速和损伤因子随热处理温度的变化趋势基本相似，但由于标准圆柱纵波波速测量的相对误差相对巴西圆盘试件而言更小，因此每种岩石的标准圆柱试件的热处理后纵波波速参数更加有代表性。对比图 4-21～图 4-23 中的 $\overline{v_{pb}}$ 曲线，可知三种岩性岩石中，花岗岩对于纵波波速而言的离散性最小，大理岩和砂岩反而其次。

图 4-21 为花岗岩试件的纵波波速和损伤因子随热处理温度的变化曲线。在热处理温度 RT～100 ℃区间，花岗岩纵波波速有轻微的升高趋势，这是岩石晶粒膨胀引起的压实作用的结果[3-4]。在 100 ℃之后，花岗岩的纵波波速逐渐降低，尤其当热处理温度达到 600 ℃时纵波波速出现大幅下降，降至 1029.24 m/s。损伤因子随热处理温度逐渐增大，600 ℃时达到 0.9。结合前节花岗岩的质量、体积和密度变化情况，以及参考文献[4-5]的分析方法和结论，花岗岩在第一阶段（RT～100 ℃）时出现小幅的波速增长是由于岩石晶体受热膨胀压实了内部空

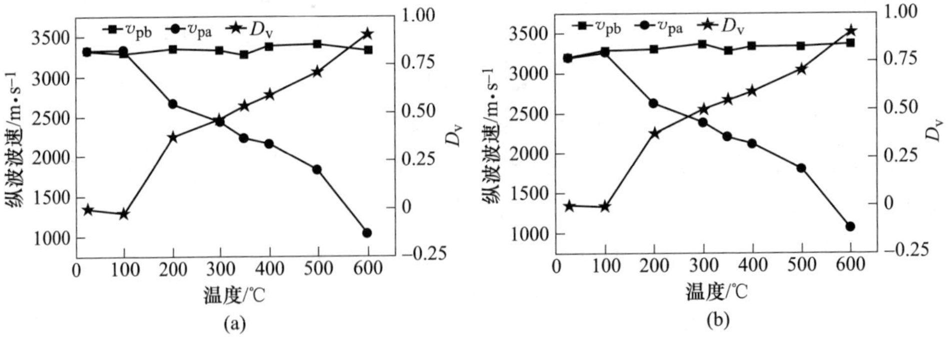

图 4-21　花岗岩纵波波速与波速损伤因子随热处理温度的变化情况
（a）标准圆柱；（b）巴西圆盘

隙。在第二阶段（100~400 ℃）的波速下降主要是因为岩石内部的自由水、结晶水蒸发以及少量晶间填充胶结物质的分解流失，导致岩石内部形成较多孔隙和一些晶间裂隙。第三阶段（400~600 ℃）的波速快速下降则是大量晶间填充胶结物分解流失、矿物相变、分解等的综合作用结果：

（1）填充胶结物分解导致岩石内部出现大量晶间裂隙。

（2）矿物相变导致岩石矿物晶体性质劣化，热应力超过晶体破坏的临界值使岩石内部形成穿晶裂纹。

（3）矿物分解使岩石内部形成体积较大的空隙。

（4）矿物高温作用发生软化或相变，其声波传播能力大幅降低。

由图 4-22 可知，RT~600 ℃热处理后大理岩的纵波波速随温度升高呈全程降低，损伤因子则随热处理温度升高全程增大。当热处理温度在 400 ℃内时，大理岩的纵波波速快速降低，损伤因子快速增大；而当热处理温度达到 400 ℃时，大理岩的纵波波速开始缓慢降低至 700 m/s 左右，损伤因子缓慢增大至 0.95 左右。结合前节大理岩的质量、体积和密度变化情况，以及参考文献[6]的分析方法和结论，分析本研究中大理岩的热损伤机理。在第一阶段（RT~400 ℃），由细粒组成的致密大理岩在受到较低的高温 100 ℃作用时，晶粒间的胶结物便开始弱化，当温度上升至 400 ℃时晶间胶结物基本分解，自由水、结晶水基本蒸发，所以本阶段大理岩的纵波波速大幅降低，损伤因子大幅增加。第二阶段（400~500 ℃），剩余的晶间胶结物继续分解，纵波波速继续降低，但速度变缓。第三阶段（500~600 ℃），占大理岩 99%的方解石的主要成分是 $CaCO_3$，其在 530 ℃时发生式（4-14）所示的热分解生成 CaO 和 CO_2，近岩石表面的 CaO 遇到空气中的水分后又会发生如式（4-15）所示的反应生成 $Ca(OH)_2$，纵波波速继续缓慢降低。与花岗岩不同的是，大理岩基本全由方解石组成，其线膨胀性质差异很小，所以大理岩内部只会产生少量的穿晶裂纹，其热损伤主要来自晶间胶结力散失和矿物的软化分解。

$$CaCO_3 \longrightarrow CaO + CO_2 \tag{4-14}$$

$$CaO + H_2O \longrightarrow Ca(OH)_2 \tag{4-15}$$

红砂岩的纵波波速也是随热处理温度升高全程降低，损伤因子随之逐渐增大，如图 4-23 所示。但其降低和增大的趋势与花岗岩和大理岩有不同之处：以 400 ℃为临界值，大理岩的纵波波速先快速降低后慢速降低，损伤因子的增加也是先快速后慢速；而红砂岩的纵波波速是先慢速降低而后当热处理温度达到 400 ℃时快速降低至 1300 m/s 左右，损伤因子也先慢速增大而后快速增大至 0.6 左右。结合前节红砂岩的质量、体积和密度变化情况以及红砂岩的主要矿物组分，以及参考文献[5]的分析方法和结论，分析本研究中红砂岩的热损伤机理：第一阶段（RT~400 ℃），常温状态下的红砂岩波速较低，说明其在成岩时便含有

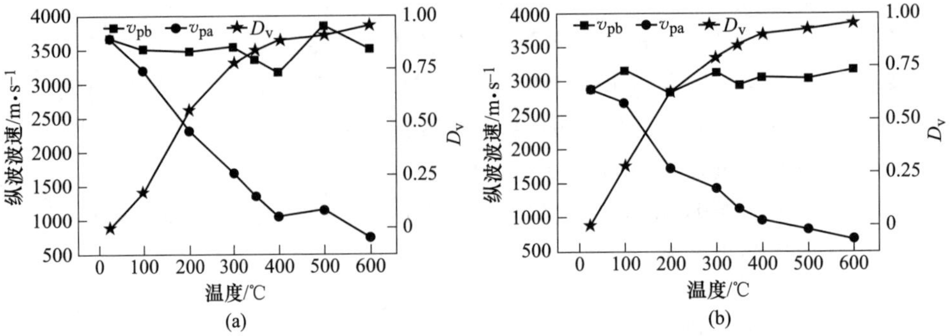

图 4-22　大理岩纵波波速与波速损伤因子随热处理温度的变化情况

（a）标准圆柱；（b）巴西圆盘

较多的空隙，400 ℃以内热处理时少量的水分蒸发和填充胶结物流失无法在其原本就千疮百孔的身体上雪上加霜；第二阶段（400～600 ℃），大量的填充胶结物流失、石英相变的综合作用使岩石内部形成较多的晶间裂隙和穿晶裂隙，原本存在的空隙和新萌生的微裂纹进一步扩展，纵波波速随之降低，损伤因子随之增大，但由于常温红砂岩内部原本便存在较多的空隙，因此不同矿物晶体的线膨胀系数差异性导致的相对位移不如花岗岩大，岩石因此产生的热应力也更小，形成的微裂隙也更少，相对而言，其在 600 ℃时的损伤因子也远小于花岗岩。

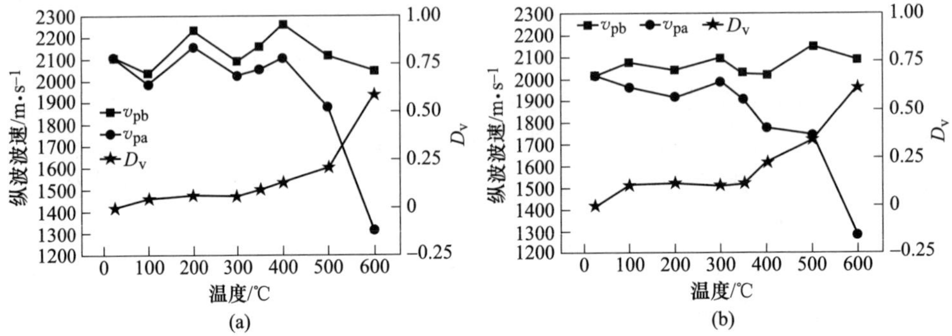

图 4-23　红砂岩纵波波速与波速损伤因子随热处理温度的变化情况

（a）标准圆柱；（b）巴西圆盘

综合以上结果可知，三种岩石的纵波波速，在常温下由高到低分别为大理岩≈花岗岩>红砂岩，经历 600 ℃的高温热处理后，由高到低分别为红砂岩>花岗岩>大理岩，损伤程度由高到低分别为大理岩、花岗岩、红砂岩。三种岩石热损伤程度的差异主要是由于岩石矿物组分和结构不同而引起的热损伤机理差异性。

4.4.2 热冲击损伤

高温岩石在与流体介质接触时发生了复杂的热量传递，主要包括流体介质与岩石的对流传热以及岩石内部热传导。这种热量的传递会在岩石内部引发温度梯度。利用流体介质进行急剧冷却时，将会激发高温岩石的热冲击效应。热冲击作用在岩石中产生瞬态的尖峰热应力，由此进一步导致的岩石热损伤也很常见。通常，这种热应力是由于岩石在快速冷却过程中自身不均匀的温度分布而产生的。当不存在外部力的约束时，岩石介质内温度高的区域与温度低的区域由于膨胀量的不同而出现不均匀变形。岩石整体为了保持变形连续性，原有的变形差异将会受到抑制，即产生结构热应力。这种内部约束力通常表现为介质中心的压缩应力和介质表面的拉伸应力。瞬态温度场引起的拉伸热应力 σ_t^T 的大小可通过式（4-16）、式（4-17）计算[6-7]。

$$\sigma_t^T = f_\beta \frac{E a_r \Delta T}{1 - v} \tag{4-16}$$

$$f_\beta = \frac{1}{\dfrac{a}{\beta} + b - c e^{\frac{-d}{\beta}}} \tag{4-17}$$

式中，E 为试样的弹性模量，GPa；a_r 为试样的线膨胀系数；ΔT 为温度变化量，℃；v 为岩石的泊松比；β 为 Biot 数，定义为岩石内部单位导热面积上的导热热阻与外部表面单位面积上的传热热阻的比值；a、b、c、d 是岩石材料的特征系数。

结合不同的工程温度背景，本节从温度突变引起的热冲击效应的本质出发，研究不同温度下岩石由热冲击作用造成的裂缝的萌生、扩展和结构劣化机理以及影响，对高温岩石的快速冷却诱导损伤进行量化描述，为工程设计和模拟等提供必要的参数依据。

进行高温岩石的快速冷却效应实验，必须选定岩石试样的冷却方式。当试样加热到目标温度后，将试样从烤箱中取出在选定的流体介质中进行冷却。目前，常用的冷却方式包括风冷却、水冷却和液氮冷却。从定性角度分析，高温岩石经历不同冷却方式处理时，对流换热系数的不同决定了传热速度或效率不同，因为相比于空气-岩石热传导，水-岩石热传导将会产生更快的冷却速率以及更大的温度差，而自然冷却方式在实际的高温岩体工程应用中影响较小[8]，所以本研究选定水冷却的方式。从定量角度分析，由式（4-16）、式（4-17）可得，热冲击过程中瞬态热应力的大小主要是温度变化量与参数 f_β 的函数，对于特定岩石材料，参数 f_β 主要受 Biot 数的影响。由式（4-18）可以计算自然冷却和快速冷却两种条件下的 Biot 数的值：

$$Bi = \frac{l_c h}{\lambda} \tag{4-18}$$

式中，l_c 为试样的特征长度，即试样体积与试样表面积之比；h 为流体介质的传热系数；λ 为试样的热传导系数。

当以水作为冷却介质时，传热系数值范围在 200～1400 W/(m^2 · K) 之间[9-10]。传热系数定义为单位时间内，与流体环境接触的固体单位面积内由于表面温度与流体环境温度之间的单位差异而产生的热传递[11]。采用自然冷却时，空气作为冷却流体的自然对流换热系数在 5～25 W/(m^2 · K) 的范围内[12]。通常，高温岩石试样的辐射传热可以忽略不计，并且假定传热系数为常数。对于相同形状的高温岩石样品，水-岩热传导的 Biot 数至少是空气-岩石热传导的 10 倍，这意味着水冷却方式相比于自然冷却将会在试样内产生更大的温度梯度。因此，选择水冷方式为高温岩石提供快速冷却实验的冷却速率，水冷的温度设置为 25 ℃。

实验选用细粒花岗岩作为研究对象，实验所用花岗岩采集于湖南长沙某采石场，成分测试表明岩样主要由石英、长石、黑云母和少量蒙脱石组成。在预处理之前，试样的尺寸、质量、纵波波速以及基本力学参数将会被测量并记录，表 4-4 中列出本次实验所用花岗岩试样的特征参数。测量结束后，岩石试样被分为 8 组，波速值相近的试样将被选为同一组，其中 7 组岩样将以 2 ℃/min 的加热速率在独立的高温加热系统中分别被加热到预设温度，温度分组包括 100 ℃、200 ℃、400 ℃、500 ℃、600 ℃、800 ℃和 1000 ℃，并在相应的温度水平保持 2 h，这种加热速率能够使得试样在加热过程中有效避免试样内部由于温度梯度而产生热冲击效应。试样经加热处理后，从炉中快速取出并在冷水中进行快速冷却至恒温，水冷却温度控制在 25 ℃。

表 4-4　花岗岩试样基本物理力学参数

参量	体积密度 /g · cm^{-3}	纵波波速 /m · s^{-1}	横波波速 /m · s^{-1}	孔隙率 /%	抗压强度 /MPa	抗拉强度 /MPa
数值	2. 776	4991. 4	2824. 8	0. 286	172. 86	9. 71

当试样完全冷却至室温时，试样放入低温干燥箱进行烘干直至重量不再变化。在预处理过程完成后，再次测量并记录试样的密度变化以及波速变化。实验的整个预处理流程如图 4-24 所示。

4. 4. 2. 1　结构劣化

经过预处理，即不同温度下高温花岗岩的快速冷却实验，得到了不同温度的岩石经历热冲击作用后的物理变化，如图 4-25 所示。显而易见，随着温度的升高，花岗岩样品的颜色变浅（从深灰色渐变为浅棕色），肉眼可见的矿物颗粒，

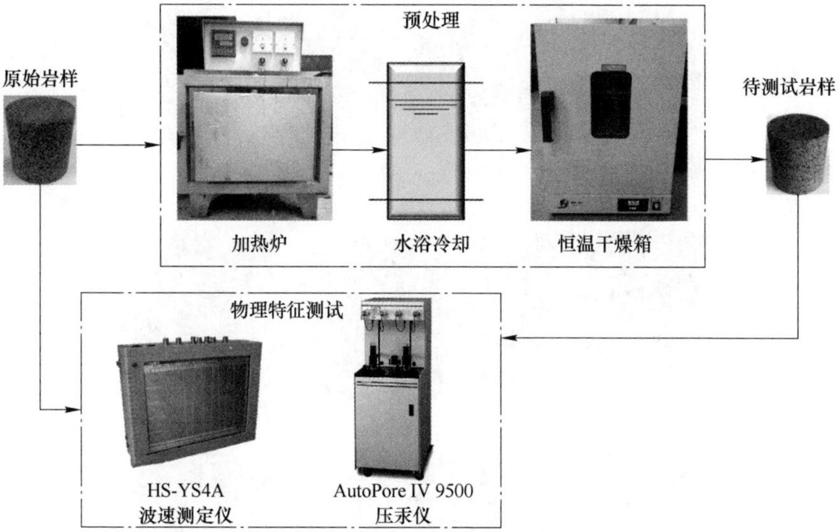

图 4-24 预处理主要流程

如黑云母等，颜色更加突出，这主要是由矿物脱水和胶结物氧化造成的[13]。图 4-26 显示了随着预处理温度的变化，花岗岩岩样主要的结构损伤演化过程。需说明的是，花岗岩试样的外观不同主要是由于拍照设备和背景有差异。

图 4-25 预处理后花岗岩试样外观变化
(扫描书前二维码看彩图)

从图 4-26 可以看到，当试样被加热到 200 ℃并经受快速冷却时，试样表面开始出现可见的裂纹。当预处理温度（T_p）为 400 ℃时，试样表面出现明显的沿晶微裂纹，试样端面与岩样曲面出现贯穿裂纹，在大多数试样中，裂纹出现交汇贯通，端面裂纹扩展到中间横向裂纹，形成 λ 形裂纹，如图 4-26（c）所示。当试样预处理温度提高到 500 ℃时，与加热到 400 ℃的岩石试样相比，试样表面贯通裂纹长度和数量都显著减小。然而，试样表面开始出现沿石英颗粒贯通的相对

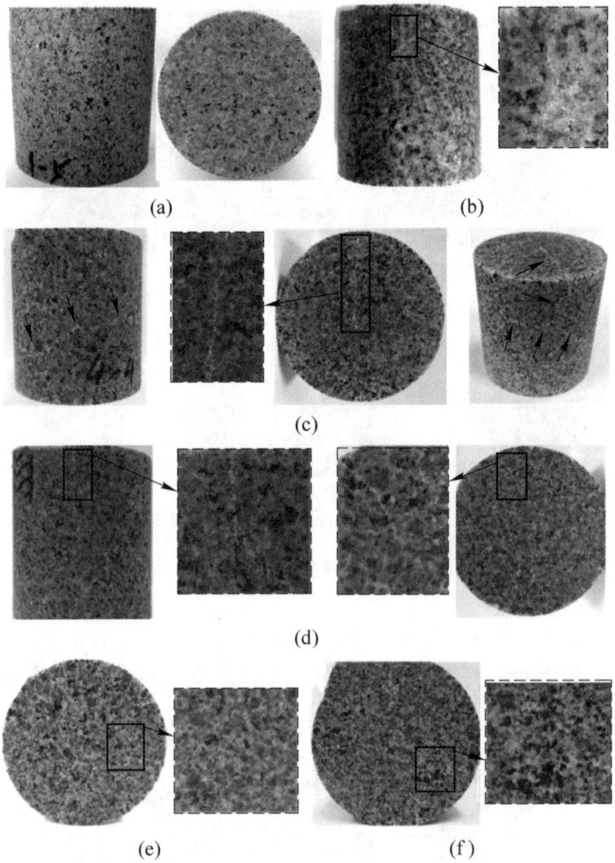

图 4-26　花岗岩经不同预处理温度作用后结构劣化特征
（a）100 ℃；（b）200 ℃；（c）400 ℃；（d）500 ℃；（e）600 ℃；（f）800 ℃
（扫描书前二维码看彩图）

较短的沿晶裂纹。当 T_p>500 ℃时，试样表面只能观察到随机分布的晶间微裂纹。

目前，热冲击理论被广泛应用于从宏观角度阐释岩石类材料快速冷却过程中的损伤劣化机理[14-15]。理论上，当高温试件受到快速冷却处理时，一旦表面裂纹尖端的应力强度超过局部临界约束条件，裂纹就会沿表面方向扩展。温度梯度大的试样在快速冷却过程中会产生更多的热冲击裂纹。有趣的是，从图 4-26 可以观察到，T_p = 400 ℃和 T_p = 800 ℃时，它们之间产生的热冲击裂纹模式具有明显的差异，在低温热冲击实验中反而更容易出现贯穿裂纹。这种现象在很大程度上是由于不同的加热温度引起的初始裂纹密度不同而造成的。在加热过程中，相邻矿物颗粒的线膨胀系数不匹配引起的热裂纹将改变试样的孔隙率和裂纹密度。在热冲击过程中，热诱导裂纹会干扰试样表面的瞬态拉应力场，局部密集分布的裂纹会削弱裂纹尖端扩展的驱动力。

基于以上实验结果，可以认为，热梯度诱导应力是花岗岩微裂纹扩展的驱动力，热冲击导致的热梯度诱导裂纹和前期加热引起的热诱导裂纹将共同影响花岗岩结构的损伤劣化。当预处理温度相对较低时，温度梯度引起的应力将导致微裂纹的扩展和宏观破坏的出现，并且最终具有优选取向的热冲击裂纹将相互贯通，如图 4-26（c）所示。当加热温度超过 500 ℃时，随着孔隙率的进一步增加，孔洞和微裂纹的存在将会阻碍快速冷却过程中热梯度裂纹的扩展和贯通，即热冲击效应被稀释。

4.4.2.2 微观结构特征变化

在不同的损伤条件下，岩石的宏观劣化行为往往是由于其细观结构发生改变并逐渐积累形成的。为了进一步验证经预处理后花岗岩产生结构劣化的机理，利用扫描电子显微镜对热冲击花岗岩试样进行显微结构鉴定。扫描前，分别从经过 25 ℃、400 ℃和 800 ℃预处理的花岗岩样品中切取三个适合尺寸的试样薄片，利用超声波振荡器进行清洗以及干燥处理，去除由切割产生的粉尘等杂质的影响，并对清洗后的样品进行镀膜处理，在岩样表面形成金属铂薄膜，防止由于岩石类非导电样品表面在电镜扫描电子束作用下产生的电荷堆积，形成充放电效应，影响成像质量。经处理后方可利用导电胶条将其固定在的样品座上进行微观结构分析。图 4-27 显示了三种经过不同预处理温度处理的样品表面的微观特征。

对于普通岩样，在未经过加热和热冲击处理时，电镜扫描图中岩样没有显示任何的裂纹，同时，岩样整体结构完整、基质分布均匀且密实、表面相对光滑。从图 4-27（b）可以看出，当预处理温度为 400 ℃时，岩样开始出现微裂纹，裂纹类型以穿晶裂纹为主，并且从观测平面可看出遭受热冲击的试样表面存在基质剥落的痕迹，表层矿物剥落后留下阶梯状台阶，但视野范围内矿物颗粒间仍紧密结合，晶间裂纹数量较少。当花岗岩试样在 800 ℃时受到热冲击，与原岩相比，有大量微裂纹出现，岩样表面裂纹密度显著增加，SEM 图像显示断裂类型主要表现为沿晶断裂，沿晶裂纹数量明显增多，矿物晶粒有明显的分离现象，这主要是加热导致的晶粒间的相互作用结果。当微观结构被进一步放大时，可清楚地观察到相邻矿物颗粒之间的胶结物产生溶蚀现象，形成粒状结构，失去了胶结作用，如图 4-27（c）所示。

以上观测结果表明，高温岩石遭受热冲击作用后会产生新破裂，400 ℃预处理岩石与 800 ℃预处理岩石相比差异在于裂纹类型和裂纹的数量。低温预处理将会在岩样中产生以穿晶断裂为主的热冲击裂纹，并伴随着热冲击导致的矿物基质的剥落；而较高的预处理温度会改变晶粒间的接触形式，形成较多的晶间裂纹，导致整体裂纹密度增加，同时还会改变其胶结特征，出现胶结退化现象。依据电镜扫描实验结果，裂纹密度增加和沿晶裂纹密集分布这种现象的出现进一步验证了上节中关于热冲击裂纹模式差异的机理分析。

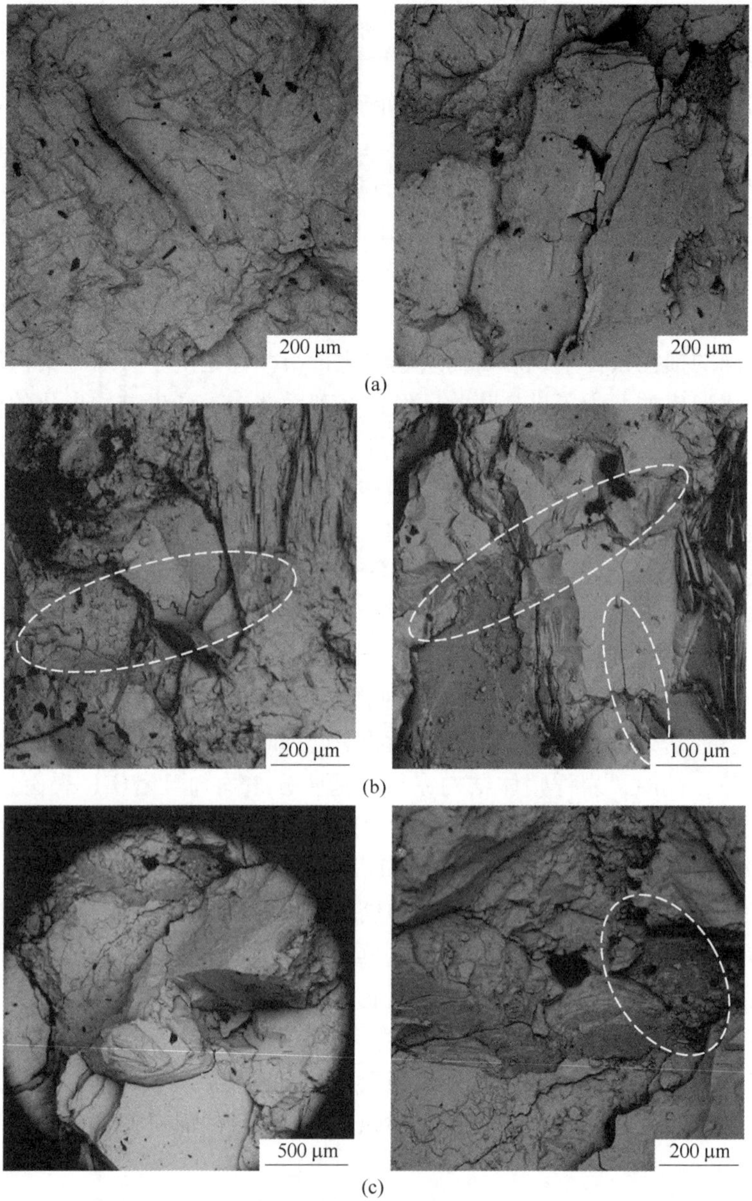

图 4-27　不同温度花岗岩试样经热冲击作用后 SEM 图像
（a）25 ℃；（b）400 ℃；（c）800 ℃
（扫描书前二维码看彩图）

4.4.2.3　密度变化

热处理花岗岩密度的平均值和标准差如图 4-28 所示。为了避免试样测量可重复性差等问题的出现，将密度数据作归一化处理。密度的归一化值是指在特定处理温度下预处理岩样的密度值与室温下岩样的密度初始值的比率。归一化值可以直观地标示出试样预处理前后密度变化。

从图 4-28 可以看出，预处理后花岗岩密度变化的总体趋势是随着预处理温度的升高，试样的密度逐渐降低。预处理温度从室温升至 500 ℃的过程中，花岗岩密度对预处理温度变化的敏感性很弱，这一阶段密度下降较低，总体变化率为 0.75%。当预处理温度超过 600 ℃时，密度急剧减小，相比于原始岩样，经预处理后的密度下降了 3.5%。当预处理温度为 1000 ℃时，试样密度降低了 5.1%。

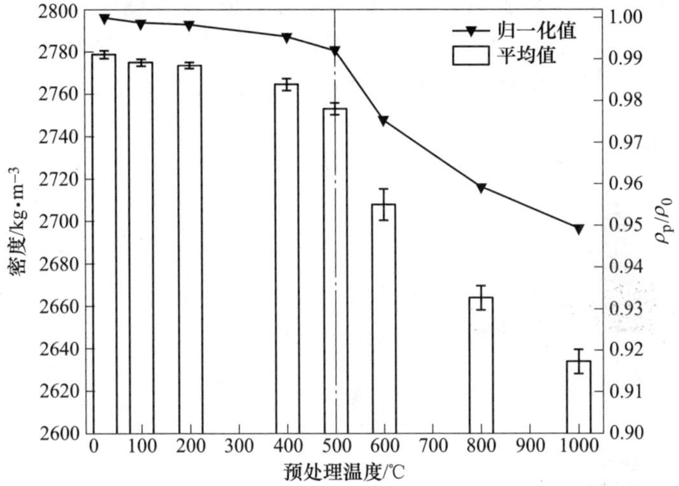

图 4-28 预处理后花岗岩密度变化

许多学者已通过实验研究了经过不同温度和冷却方法处理后岩石密度的演化过程，见表 4-5。已有研究结果均表明，密度变化的大小与岩石的类型、处理温度和相应的冷却方式有关。而密度发生变化的主要原因是由于岩石质量减小和体积膨胀。

表 4-5 热处理岩石密度变化[16-19]

岩石类型	最高处理温度/℃	冷却方式	相对变化量	机理分析
砂岩	800	自然冷却	0.965	水蒸发、400 ℃以上体积将明显增大
砂岩	200	快速水冷却（40 次加热-冷却循环）	0.969	密度随加热-冷却循环次数增多而逐渐减小；初始循环过程中密度变化率最快
花岗岩	900	自然冷却	0.962	矿物晶粒膨胀及裂纹的形成
花岗岩	800	自然冷却	0.970	密度变化可忽略

对于本次实验中预处理花岗岩的密度变化，我们认为：

（1）在 100~500 ℃的温度范围内，岩石内部的附着水、结合水和结构水会在特定温度下分别逸出，从而导致试样质量减小[20]。

(2) 在 575 ℃，石英中的主要成分 SiO_2 的晶体结构发生转变，这种 α-β 相变会导致试样体积的增加[21]。同时，加热过程中热断裂引起的微裂纹[22]以及快速冷却过程中产生的热梯度应力诱导裂纹也将进一步导致试样体积增大。

不同预处理温度下试样质量和体积的相对变化如图 4-29 所示。从整体来看，随着预处理温度的升高，相比于质量，体积产生了较大的改变。并且第二阶段的体积变化率明显高于第一阶段，这与密度的变化趋势相一致。因此，实验研究表明，热处理引起的体积膨胀是试样密度降低的主要控制因素。

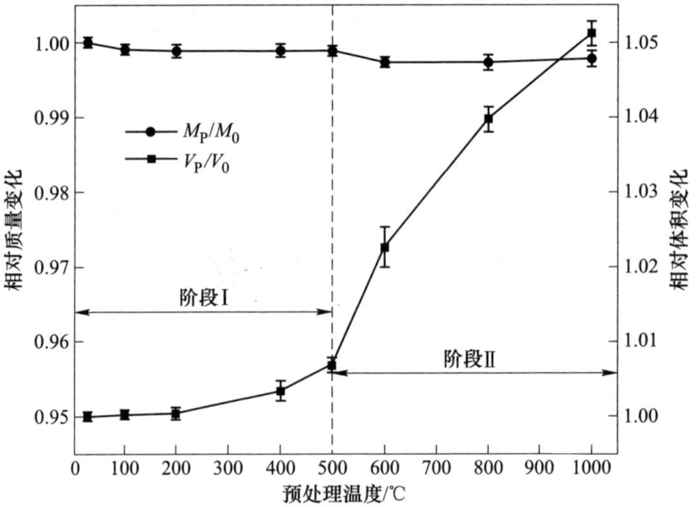

图 4-29　预处理后花岗岩质量和体积变化

4.4.2.4　孔隙率变化

孔隙率是控制岩石力学性能和密度的重要物理特性之一[23]，并且对于渗透规律问题的分析具有重要的参考价值。压汞实验的结果如图 4-30 和图 4-31 所示。图 4-30 和图 4-31 分别表示孔隙大小与侵入汞含量之间的关系曲线和孔隙率变化曲线。在图 4-30 中，试样经过较低预处理温度处理后，如 100 ℃，汞侵入曲线呈现明显的阶梯形状，这表明试样内部孔径具有较大差别。当预处理温度较高时，汞侵入曲线连续增大，表明岩样样品中多尺度孔隙共存，并且孔隙半径之间的差别逐渐缩小，孔隙间连通性增强。

图 4-31 给出了预处理过程对花岗岩整体孔隙率的影响。从图中数据可以得出，试样总体孔隙率在 0.273%～6.238%，原始试样的孔隙率为 0.286%，总孔隙率随着预处理温度的升高整体呈增大趋势。其中，100 ℃试样样品的孔隙率略低于原始岩样，下降了 4.3%，这主要与矿物颗粒加热后产生的体积膨胀而导致微裂隙闭合有关。当预处理温度超过 100 ℃时，孔隙率随着预处理温度的升高而

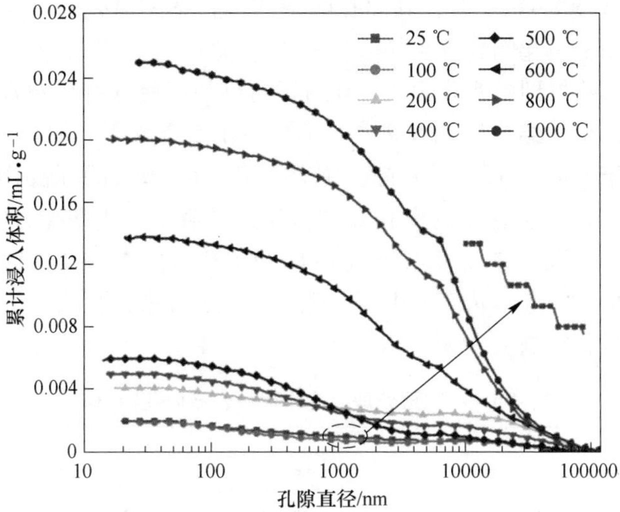

图 4-30 累计进汞量与孔径关系曲线

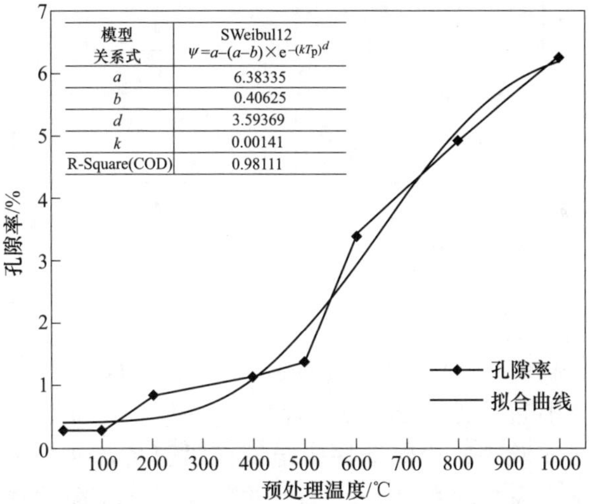

图 4-31 预处理温度与花岗岩孔隙率的关系

逐渐增大。经 800 ℃和 1000 ℃预处理的岩样孔隙率分别变为 4.906% 和 6.238%。由所有实验数据拟合得到拟合曲线表明，岩样孔隙率 ψ 与预处理温度 T_p 之间的关系可用拟合方程表示为：

$$\psi = a - (a - b) \times e^{-(kT_p)^d} \tag{4-19}$$

岩样孔隙率的增加主要是由于岩石内部微裂纹的产生以及相互间的联通造成的。岩石内的吸附水、层间水和结构水发生的相变和蒸发以及矿物颗粒之间的热应力集中都将导致岩样内部微裂纹的进一步增多。值得注意的是，孔隙率变化的阈值温度范围在 500~600 ℃，其间孔隙率的增长率相对较高，这主要是由加热过程中石英的相变引起的。

根据压汞实验得到的实验曲线，还可以得到快速冷却后高温岩样的内部微孔隙的孔径分布，相关结果罗列在表 4-6 中。在正常条件下，原始岩样中 52.63% 的孔隙孔径小于 1 μm，属于微孔隙。中等孔隙（1~10 μm）仅占 10.53%。随着预处理温度的升高，岩样中的微孔隙的占比逐渐降低。当 T_p = 1000 ℃时，微孔隙占比 17.6%，而孔径在 1~10 μm 范围内的中孔占比 46.4%，这说明预处理使大部分微孔隙扩展发育，转变为中等孔隙。在此过程中，孔径大于 10 μm 的孔隙占比没有受到显著影响。

表 4-6　不同预处理温度作用后岩石内孔径分布

预处理温度/℃	孔径分布/%		
	10~100 μm	1~10 μm	<1 μm
25	36.84	10.53	52.63
100	31.58	5.26	63.16
200	57.50	10.00	32.50
400	30.61	18.37	51.02
500	15.26	28.81	55.93
600	28.47	46.71	24.82
800	37.00	47.00	16.00
1000	36.00	46.40	17.60

4.4.2.5　波速变化

P 波波速的衰减可以直接反映岩石内部的损伤程度。本节利用 HS-YS4A 型岩石波速测试仪对不同温度预处理后的岩石进行超声波检测，实验仪器由声波仪主机和探头组成。实验中，为保证探头与试样紧密结合并处于恒定的测试压力下，特选用凡士林作为岩样-探头耦合剂，并采用岩样竖向放置法来测定纵波波速。实验获取的各组岩样纵波波速如图 4-32 所示。从图中可以得出，花岗岩的 P 波波速与预处理温度具有较强的相关性。完整花岗岩样品的平均波速在 4950~5200 m/s，随着预处理温度的逐渐升高，P 波波速呈现近似线性减小趋势。测试数据表明，当预处理温度为 600 ℃时，P 波波速平均值下降到 1250 m/s，对数据进行归一化，P 波波速约为原岩试样的 75%。在 1000 ℃时，波速显著降低，约变为处理前的 88%。

为了评价不同热处理方式对花岗岩结构损伤的影响，部分学者[24-25]也研究了热处理岩石 P 波波速的变化。已列文献研究中岩石纵波波速的变化趋势与本次实验结果基本一致，如图 4-32 所示。不同之处在于，经快速冷却处理引起的 P 波

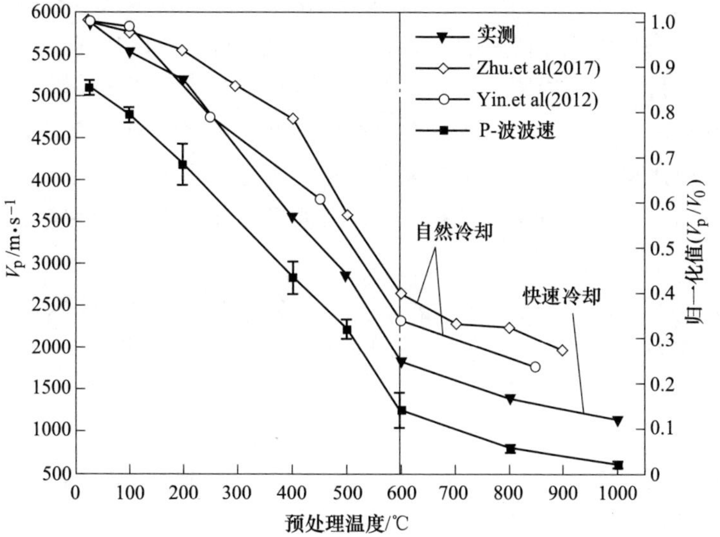

图 4-32 预处理温度与花岗岩纵波波速的关系

波速变化率明显高于自然冷却处理的岩石引起的波速度变化率。为了解释这种现象，我们做出如下论证：

（1）P 波波速改变与孔隙率的变化是具有线性关系的[26]。根据图 4-32 中的数据，由于预处理引起的孔隙率增加会导致 P 波波速急剧下降。

（2）P 波波速的降低会受到快速冷却过程中产生的裂纹的影响。当 T_p>200 ℃时，试样表面开始出现明显的贯穿裂纹，并随着预处理温度的升高而逐渐扩展。特别是，试样中的横向裂纹对超声波的传播具有很强的阻碍作用。当预处理温度超过 600 ℃时，虽然微裂纹数量增加，但热冲击效应减弱，损伤增量减小。因此，当 T_p>600 ℃时，P 波波速的衰减速率逐渐减小。原因：一是在加热过程中，对岩石试样造成进一步损伤的来源项逐渐减少；二是由热冲击引起的损伤增量也在减小。所以，一般来说，快速冷却过程会对高温花岗岩造成显著损伤，尤其是当预处理温度低于 600 ℃时，而这种影响主要反映在 P 波波速的变化率上。

4.4.2.6 损伤量化

A 损伤变量建立

高温花岗岩试件经历热冲击效应后，其结构特征发生改变，部分预处理温度下岩石试样出现明显的宏观裂纹并产生一定的力学效应，这证明研究对象整体出现损伤。岩石材料作为复杂的非均质材料，经热处理和热冲击作用后，内部存在大量无规律分布的微裂纹。为了定量地表征预处理岩石内部的不连续状态，需要选定变量对其进行描述量化，通常采用损伤变量来概括地描述这种非均质损伤。

损伤变量代表着材料的主要损伤特性和受损程度，其定义是材料损伤评价的核心问题和损伤演化规律研究的基础。损伤变量的选定应以描述精度高、参数易确定、包含参量少等为原则。

从宏观角度考虑，因为损伤会造成材料强度、韧性等宏观特征指标下降，所以，损伤可以用材料的弹性模量、超声波速、应变、屈服应力、密度等参数来定义，并可以通过实验的方法测量并表征。目前常用弹性模量、波速等来间接测量损伤。

Lemaitre 首先提出利用弹性模量法定义损伤。依据等效应变假设，根据应力 σ 施加等效应力 σ_d，那么损伤应变 ε_d 与无损应变 ε 等效，即：

$$\varepsilon = \frac{\sigma_d}{E} = \frac{\sigma}{E(1-D)} \tag{4-20}$$

因此，利用损伤状态下岩石的弹性模量 E_d 与无损状态下岩石材料的弹性模量 E 定义的损伤变量 D 可表示为：

$$D = 1 - \frac{E_d}{E} \tag{4-21}$$

由此，通过实验获得岩石无损状态下的弹性模量以及处理后岩石的弹性模量即可定义岩石的物理损伤。另外，由于超声波速与弹性模量之间的关系有：

$$V_p = \sqrt{\frac{E(1-\nu)}{\rho(1+\nu)(1-2\nu)}} \tag{4-22}$$

式中，V_p 为纵波波速；ν 为岩石泊松比。

因此，式（4-21）还可表示为：

$$D = 1 - \frac{V_d^2}{V^2} \tag{4-23}$$

由于超声波监测技术能够实现对材料的无损检测，并且超声波对岩石内部缺陷反应敏感，能够在岩石受到外界影响因素时比较准确地反映内部结构的变化。所以，该类表征方法得到广泛的应用。

以上关于岩石材料损伤度的判定存在不足之处，主要是由于所取参数过于简化，变量单一，导致精度较低。并且岩石在热处理过程中损伤演化机制是受多种因素影响且极其复杂的。单一变量很难反映岩石的真实热损伤以及热冲击损伤过程，因此需要重新选定具有明确物理意义的损伤变量，并要求其能更全面地反映高温花岗岩试件结构特征的改变。

考虑损伤对材料的影响机制，在微观层面，各种包含微观损伤影响的本构模型也被建立，包括基于微缺陷的面积、体积和数量定义的损伤变量以及基于分形理论和裂纹密度定义的损伤变量。从模型定义以及包含的参量可知，从细观角度定义的损伤变量的计算具有抽象且复杂难以计算的特点。

仅从宏观角度选定和建立的损伤变量具有片面性，对温度作用后的岩石来说，进行损伤力学分析实际上不仅应该考虑损伤引起的力学效应，还应该注重岩石材料内部的微观结构变化对其宏观特性响应影响。因此，对于高温岩石的热冲击损伤研究，不仅要通过其损伤演化机理确立合适的损伤变量，而且还需要通过多项实验获取指标变量来量化结构损伤的演化过程。由于经预处理试样内部微裂纹引起的损伤积累被认为是导致结构劣化以及强度衰减的主要机制，因此本节从微观角度出发，以微缺陷的特征来定义损伤变量，选取裂纹密度来判定预处理岩石的损伤度，对不同预处理温度条件下岩石的损伤变化规律进行研究，并结合已有力学实验数据，探讨裂隙损伤对岩石力学性质的影响。

B 裂纹密度

利用裂纹密度定义的损伤因子被广泛应用于岩石的损伤理论模型中。裂纹密度定义为岩石中裂隙体积与岩石总体积之比[27]。寇绍全[28-29]曾引入裂隙密度来描述热开裂引起的岩石试件损伤程度，并将裂纹密度定义为：

$$\eta(p) = \lim_{\Delta V_i \to \Delta V_0} \frac{(\Delta V_v)_i}{\Delta V_i} \tag{4-24}$$

式中，$(\Delta V_v)_i$ 为 ΔV_i 中裂隙所占的体积；ΔV_0 为试件中某个适当大小的体积。

严格来说，岩石内部包含孔隙与裂隙，二者区别在于纵横比，即裂纹最短边长与最长边长之比。通常把纵横比大于 0.1 的称为孔隙，纵横比不大于 0.1 的称为裂隙，如图 4-33 所示。对于热处理的岩石，由于内部水分蒸发等往往会产生孔隙，热应力和热冲击作用则会导致大量热裂隙或热裂纹产生。岩石的孔隙率 ψ 可表示为：

$$\psi = \psi_p + \psi_{cp} \tag{4-25}$$

式中，ψ_p 为材料介质中不包含裂隙部分时的孔隙度，即孔隙部分的孔隙度；ψ_{cp} 为裂纹孔隙度，可用裂纹密度 c 来表示，$\psi_{cp} = 2\pi\alpha c$[30]。式中 α 为裂纹纵横比。

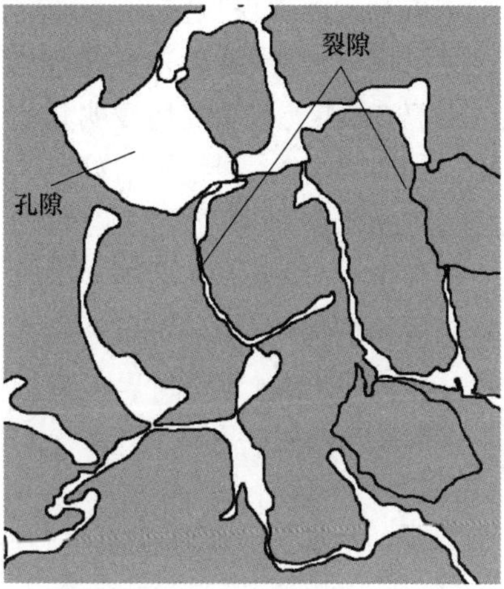

图 4-33 裂隙与孔隙

在地球物理学领域，为了获取更准确的岩性信息和可靠的设计参数，多孔介质中孔隙、裂纹对弹性波的传播影响作用一直都是研究热点。早在 20 世纪 50 年代，Biot[31]就曾在 Gassman 方程的基础上对孔隙对材料介质的弹性性能影响做出研究，并提出了孔隙模型来描述波速在多孔介质中的传播，该理论作为孔隙弹性动力学研究的基础理论被广泛应用。但该理论在声波测井、地震数据分析等实际应用中不能准确地描述岩石弹性波测量中存在的衰减和频散现象，因此又衍生出自洽理论和 Biot 相洽理论。Budiansky 和 O'Connell[27,32]基于自洽理论，系统地分析了裂隙介质弹性性能与裂纹之间的联系，并得出对于含有椭圆形扁平裂隙的弹性固体的模量与裂纹密度之间的关系，即：

$$\frac{E_d}{E} = 1 - \frac{16}{45}(1 + \nu_d)(5 - 4\nu_d)c \tag{4-26}$$

$$\frac{G_d}{G} = 1 - \frac{8}{45}(10 - 7\nu_d)c \tag{4-27}$$

$$\frac{K_d}{K} = 1 - \frac{16}{9}\frac{1 - \nu_d^2}{1 - 2\nu_d}c \tag{4-28}$$

其中，裂纹密度 c 可通过下式计算得到：

$$c = \frac{45}{8}\frac{\nu - \nu_d}{(1 + \nu_d)[10\nu - \nu_d(1 + 8\nu)]} \tag{4-29}$$

式中，E_d、G_d、K_d 分别为含裂隙材料介质的有效杨氏模量、有效剪切模量和有效体积模量；E、G、K 分别为不含裂隙材料介质的杨氏模量、剪切模量、体积模量；ν_d、ν 分别为损伤介质和不含裂隙介质的泊松比。

根据利用弹性模量法定义的损伤变量计算式（4-21），式（4-26）可以一定程度上反映材料损伤，并且参考变量包含了泊松比与裂纹密度。另外建立的式（4-27）、式（4-28）均表明材料宏观力学参量与微观几何参量之间具有密切联系，同时力学参量与微观物理量能够相互影响。据上，裂纹密度在一定程度上也可以反映研究对象的损伤程度。另外，Thomsen[33]针对孔隙与裂隙并存的材料介质提出 Biot-Consistent 理论，也称为 Biot 相洽理论。在 Biot 相洽理论中，干燥材料介质的剪切模量 G_d 可以表示为：

$$G_d = G\left(1 - \frac{\psi_p}{1 - b_B} - B_B c\right) \tag{4-30}$$

$$b_B = \frac{2}{15}\frac{4 - 5\nu_B}{1 - \nu_B} \tag{4-31}$$

$$B_B = \frac{32}{45}\frac{(1 - \nu_B)(5 - \nu_B)}{2 - \nu_B} \tag{4-32}$$

式中，ν_B 为泊松比；G 为不含任何裂隙的介质剪切模量，等价于基质剪切模量。

剪切模量 G_d 由弹性波理论可表示为：

$$G_d = \rho V_s^2 \tag{4-33}$$

因此，基于 Biot 相洽理论，裂纹密度可以由式（4-34）计算得出：

$$c = \frac{\dfrac{\rho {V_s}^2}{G} + \dfrac{\psi}{1 - \dfrac{2 \times (4 - 5\nu_B)}{15 \times (1 - \nu_B)}} - 1}{\dfrac{2\pi\alpha}{1 - \dfrac{2 \times (4 - 5\nu_B)}{15 \times (1 - \nu_B)}} - \dfrac{32 \times (1 - \nu_B)(5 - \nu_B)}{45 \times (2 - \nu_B)}} \tag{4-34}$$

式中，ρ 为材料介质的密度；ψ 为介质整体孔隙率；ν_B 可以利用介质测量得到的横波波速 V_s 和纵波波速 V_p 表示：

$$\nu_B = \frac{V_p^2 - 2V_s^2}{2(V_p^2 - V_s^2)} \tag{4-35}$$

式（4-34）表明，裂纹密度是材料密度、波速和孔隙率的函数，它的确定包含了多项物理性能参数，因此裂纹密度能够综合反映材料介质物理特征的演化过程。根据的实验结果，利用式（4-34）可得到不同温度的岩石经历热冲击效应后裂纹密度，结果见表 4-7（经 1000 ℃预处理的岩石试样横波波速无法被测量；在计算中，假设基质的剪切模量和孔隙纵横比分别为 32. 6 GPa 和 0. 001[34]）。

根据得到的预处理岩石裂纹密度数据可得出，原始岩样在未经处理时，岩石的裂纹密度为 0. 1997。当预处理温度为 100 ℃时，岩石的裂纹密度相对于原始岩样减小。随着预处理温度的逐渐增大，裂纹密度随之增大。当预处理温度为 400 ℃，裂纹密度出现突增。这与岩石经历热冲击作用后裂隙的进一步发育有着密不可分的关系。当 T_p>400 ℃时，裂纹密度也在随着预处理温度逐渐变大，但是由于初始裂纹对热冲击的稀释作用，裂纹密度的增长率逐渐减小，但仍存在增大趋势，主要是由于随着加热温度的提高，热诱导裂纹也在逐渐增多。

表 4-7 预处理花岗岩裂纹密度结果

预处理温度 /℃	纵波波速 /m · s^{-1}	横波波速 /m · s^{-1}	孔隙率 /%	裂纹密度
25	5106. 6	2890. 0	0. 286	0. 1997
100	4771. 2	2889. 9	0. 273	0. 1904
200	4184. 9	2544. 9	0. 832	0. 2892
400	2830. 1	1854. 5	1. 155	0. 4262
500	2217. 1	1460. 1	1. 373	0. 4902
600	1253. 9	830. 8	3. 385	0. 5367
800	793. 7	514. 6	4. 906	0. 5526

4.5　高温岩石热应力分布特征离散元验证

岩石在受热过程中，由于不同矿物颗粒膨胀系数不同，不同矿物非均匀热膨胀，因此岩石中产生不均匀的热应力。在温度变化的过程中，热传导由内而外进行，热应力处于不断演化中，一些颗粒之间黏结达到断裂极限后，将会有热裂纹萌生。由于高温状态下岩石的实验和测量技术受限，在本节中，选用基于离散元法开发的颗粒流软件（Particle Flow Code，PFC）对高温岩石特性进行数值模拟，对岩石在加热过程中的应力演化规律以及热裂纹萌生导致岩石损伤增加的机制做出研究。

4.5.1　离散元数值模型及其构建

4.5.1.1　离散元数值模型概述

在20世纪90年代，离散单元法的概念被提出。随着离散元理论以及计算机应用程序的发展，目前，离散元法被广泛应用于分析岩土、水电以及采矿工程中静力或动态应力条件下针对非连续介质的力学问题。与其他数值分析方法相比，离散元法具有比较鲜明的特点，对非连续介质的性能模拟和力学分析都具有非常强的针对性。例如，从材料性能模拟方面来看，离散元法不需要设定特殊的本构关系，而是通过组合单元之间的连接刚度或阻尼来反映材料特性，并且各组合单元之间还可以单独设置节理、断层等任意不连续结构面，所以离散元法可模拟的材料覆盖面较广。另外，离散元通常是基于牛顿第二定律来控制整体的平衡，各组合单元之间不仅限于连续位移，而是允许出现大变形，直至断裂。但其应用和发展也存在一些限制，如材料仿真结果偏向于理想化，理论支撑研究成果不够丰富等。

本节主要利用的二维颗粒流程序（PFC2D）是由Itasca公司开发的商业软件。该软件主要应用于研究材料介质的大变形、破裂等力学特性以及微观结构变化等。对于岩石材料，PFC2D可以直观地描述岩石的颗粒构成，并从晶粒级别来解释岩石的宏观力学特性。在该软件中，岩石可表示为由刚性颗粒组成的非均质材料，颗粒间的相互作用可通过黏结颗粒模型来调节，在外力作用下刚性颗粒间根据黏结模型的特点可以产生相应结构变化（如拉伸断裂、滑移等），其简化示意图及裂纹形成机制如图4-34所示。根据离散元计算原理，在PFC中构建的岩石模型的本构特性可以通过调节刚性颗粒之间的作用关系来体现。对于力学计算，模型的边界约束或力的施加可以利用软件内置的边界墙模块来实现，并通过基于牛顿运动定律的显示力学计算达到力学平衡[35]。另外，模型的建立还需要有一定的假设条件，包括：

（1）颗粒单元之间均为点接触。

（2）颗粒单元之间允许出现远小于单元直径的重叠量。

（3）颗粒单元之间的接触可以设置接触和黏结参数。

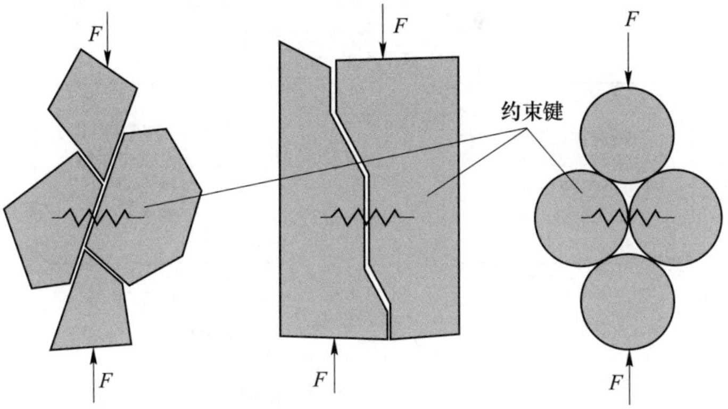

图 4-34 岩石矿物模拟颗粒示意图及结构变化机制[36]

基于以上特点，利用软件 PFC 建立的岩石模型能够再现岩石的许多特征，包括弹性、破裂、声发射、损伤累积造成的材料各向异性、膨胀、峰后软化和强度随围压的增大等[36]。更重要的是，颗粒力学模型可以根据岩石在实验室加热实验中热破裂的形成机理，通过将不同矿物设置具有不同线膨胀系数，生成能够体现温度效应的热诱导裂纹。近年来，PFC 也被广泛用于研究岩石的温度效应[37-41]，用来模拟岩石的热破裂行为以及力学特征变化分析。

利用 PFC 软件进行建模和求解的主要步骤包括：

（1）根据实验对象材料基本组成特性设定各组分的粒子半径、分布等，并依据材料的物理特性确定模型密度、孔隙率等必要参数值。

（2）赋予刚性颗粒间接触黏结模型，并依据黏结模型的特点给定粒子间的接触参数，包括强度参数和变形参数等。设定边界条件进行初步计算，使得颗粒流模型达到初始平衡状态。初步平衡要求模型内部无悬浮颗粒，并且模型颗粒间已消除结构应力。

（3）利用构建的试样模型进行数值模拟实验，通常包括强度测试和变形测试，以获得试样的宏观力学特性参数。将得到的实验数据与实验室实验结果对比，通过调整接触模型的微观参数实现与实验结果的匹配，也称为“试错法”。最终确定的模型微观参数将用于实验方案中模型的建立。

（4）利用标定后的数值模型进行力学计算。按照实验方案设计在模型上施加给定载荷，按照 PFC 的计算原理（见图 4-35），模型内的所有颗粒将按照运动定律发生移动，同时，刚性颗粒间的接触力矩将同步更新，力矩的计算遵循力-位移定律。通过监测程序或时步要求来判断模型介质的力学状态，当计算达到实验要求时，可停止运算，进入数据后处理阶段。

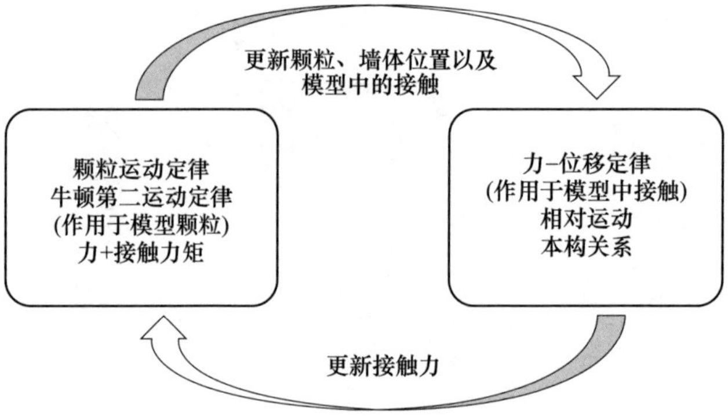

图 4-35　PFC 计算原理

4.5.1.2　离散元数值模型构建

为了建立试样模型，需要准确获取试样的矿物组成，利用 D8-Advance 型 X 射线衍射仪进行了 X 射线粉晶衍射实验，获得了该类型花岗岩的矿物成分及含量。XRD 技术是指通过对岩石进行 X 射线衍射，进而对比分析图像与标准图谱来获得岩石主要矿物组成以及内部分子结构的一种技术手段。岩石样品的 XRD 实验利用粉末压片法获得的衍射图谱如图 4-36 所示。

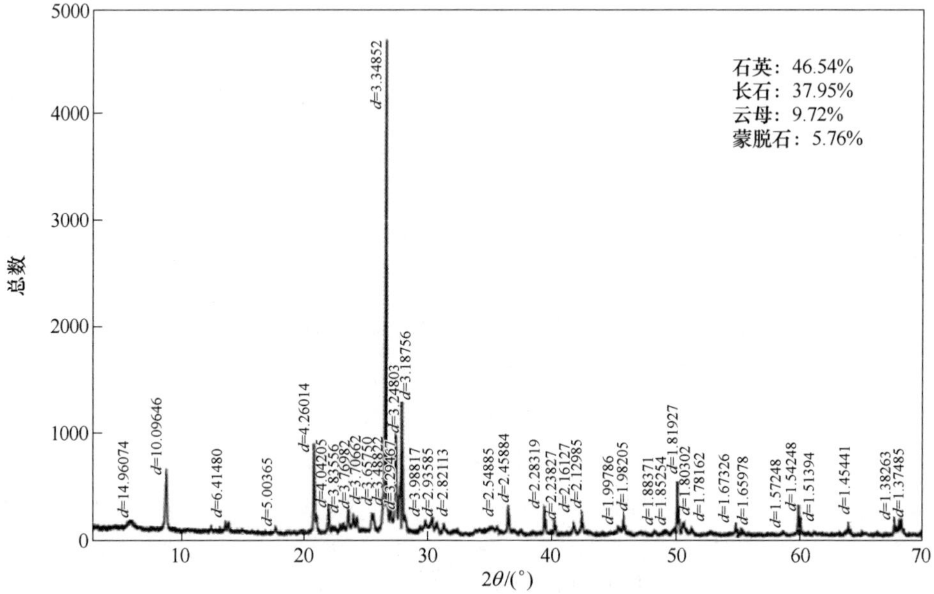

图 4-36　花岗岩 XRD 矿物成分分析

由于岩石矿物的衍射强度与相应含量具有正相关的对应关系，因此根据衍射图谱并结合矿物成分的特征图谱可以得到岩石的物相特性。依据标准的衍射图谱，该种岩石样品主要由石英、长石、云母和蒙脱石组成，且相应的矿物含量分别为 46.54%、37.95%、9.72%和 5.76%。

为了准确模拟高温花岗岩的力学性能，开展花岗岩力学性能的室内实验，包括不同高温条件下的单轴压缩实验、巴西劈裂实验，以获得花岗岩试件的基本力学参数。根据国际岩石力学学会的实验要求[42-43]，单轴压缩实验所用岩石试样加工成 ϕ50 mm×100 mm 的圆柱体，巴西劈裂实验用试样加工成直径 50 mm、厚度 25 mm 的圆盘形。试样结构尺寸如图 4-37 所示，图中花岗岩试样的外观不同主要是由于拍照设备和背景有差异。为保证实验精度，对这些圆柱形花岗岩试样统一进行打磨抛光，以确保试样的两个端面平行，精度为±0.05 mm。每一个端面的表面粗糙度控制在 0.02 mm 以内。

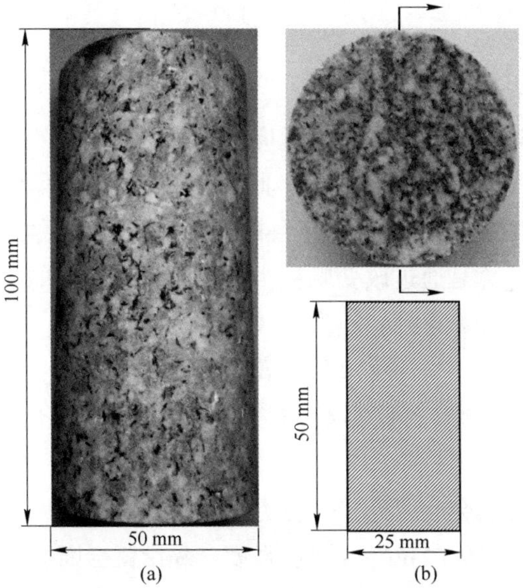

图 4-37 力学实验所用花岗岩试样

（a）用于单轴压缩实验的圆柱形试样；（b）巴西圆盘试样

实验前，根据设计温度对高温单轴压缩实验所用试样进行分组。实验温度设定为 25 ℃、100 ℃、200 ℃和 400 ℃。为了避免温度梯度引起的热冲击效应并保证试样内部均匀的温度分布，试样将以 2 ℃/min 的速率加热到预设温度，并保持在目标温度 2 h，保证试样完全达到预设温度后再进行单轴压缩和巴西劈裂实验。

选取实验温度低于 500 ℃，主要是因为高于 500 ℃的实验温度会引起花岗岩试样中石英矿物的相变，这对花岗岩的力学性能将产生很大的影响，并且这种矿物相变导致的热裂纹在该温度段将是试样在外载荷作用下破坏形态的主要影响因素，但是这种相变在数值模拟实验中无法实现，所以为了保证模拟实验的合理性，实验温度选取低于 500 ℃。

PFC 的热力学模块可以实现热传导和热诱导应变和应力演化过程的模拟[35]。热力学模型由热储网络和热连接组成。通常，每个力学接触都具备热连接特性。当热力学特性被指定后，两个颗粒可以通过连接热储网络的热通管来传导热流。连续的热传导控制方程可表示为[35]：

$$\frac{-\partial \boldsymbol{q}_i}{\partial x_i} + q_{\mathrm{v}} = \rho C_{\mathrm{v}} \frac{\partial T}{\partial t} \tag{4-36}$$

式中，$\boldsymbol{q}_i$ 为热通量矢量，$\mathrm{W/m^2}$；q_{v} 为指体积热源强度或功率密度，$\mathrm{W/m^3}$；ρ 为代密度，$\mathrm{kg/m^3}$；C_{v} 为代恒定体积下的比热，J/(kg · ℃)；T 为温度,℃。

傅里叶定律定义热通量矢量可以用温度梯度表示，用方程表示为：

$$\boldsymbol{q}_i = - k_{ij} \frac{\partial T}{\partial x_j} \tag{4-37}$$

式中，k_{ij}为导热张量，W/(m · ℃)。

为了避免加热过程中产生热冲击效应，设置每个循环的温度增量为 2 ℃，以保证数值模型温度缓慢且均匀地变化。此外，假定模型边界与外界没有热交换。当与力学分析过程耦合时，由温度导致的体积膨胀和相关的热应力变化将被计算。热诱导应变的计算是通过改变颗粒半径的方式来实现的。而离散颗粒的热膨胀可通过式（4-38）计算得到：

$$\Delta R_{\mathrm{p}} = \alpha_{\mathrm{T}} R_{\mathrm{p}} \Delta T \tag{4-38}$$

式中，α_{T} 为矿物晶粒的线膨胀系数,$℃^{-1}$；R_{p} 为颗粒半径，mm；ΔT 为温度变化量,℃。

晶粒的热膨胀必然会改变连接键在力耦合计算过程中所赋存的接触力。一旦接触力分量超过颗粒之间的拉伸或剪切强度，黏结就会断裂，并出现相应的微裂纹（拉伸裂纹和剪切裂纹）。

根据已获得的花岗岩试件的基本物理参数，建立花岗岩试样模型。由于蒙脱石与黑云母的含量相对较少且在热破裂过程中作用较小，因此设置模型只具备三种矿物组分，试样模型选取平滑节理黏结模型为晶粒间的主要黏结模型，设置颗粒的半径与实测矿物晶粒大小相似，具体参数见表 4-8。通过设定相同的随机因子，不同矿物组分颗粒将随机排列组合并黏结形成主体模型（见图 4-38）。另外，基于已有文献中的实验数据[44]，确定不同矿物晶粒的线膨胀系数，并将比热容和热传导系数分别取为 1015 J/(kg · ℃) 和 3.5 W/(m · ℃)。

表 4-8 花岗岩试样数值模型基本参数

矿物组成	含量/%	颗粒直径/mm	线膨胀系数 $(\times10^{-6})/℃^{-1}$
石英	46.5	0.4~0.55	24.3±10
长石	38.0	0.4~0.55	8.7±10
黑云母	15.5	0.3~0.4	3.0±10

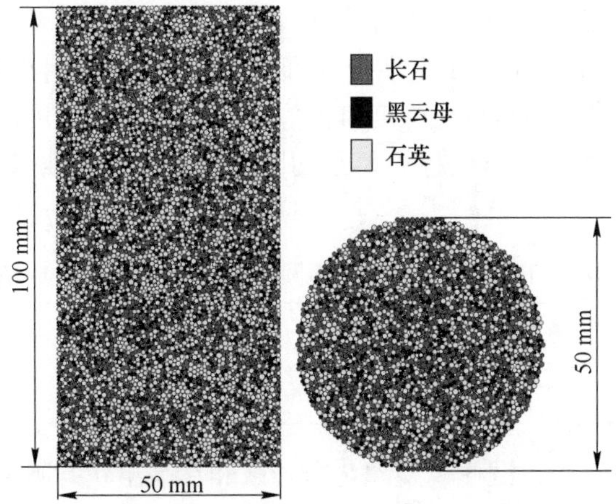

图 4-38 用于静载实验的花岗岩数值模型

构建离散元模型之后，通过单轴压缩模拟实验探究不同温度下试样模型的力学响应特点，并与室内实验结果作对比。图 4-39 所示为高温花岗岩试样模型的峰值强度的变化。实验结果表明，温度对花岗岩的极限抗压强度具有显著影响。

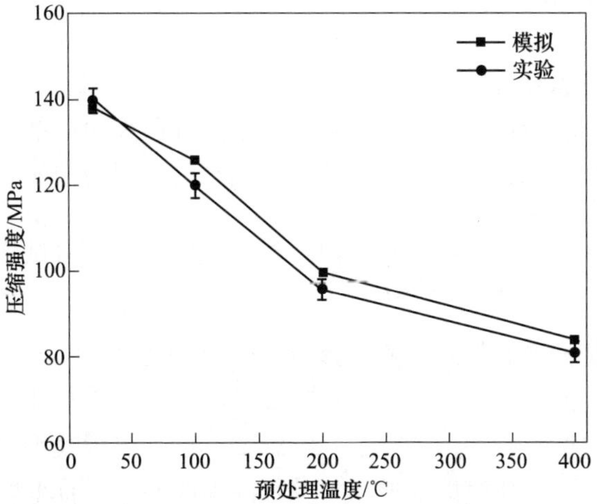

图 4-39 不同温度试样模型单轴压缩强度变化

环境温度逐步上升，试样模型的单轴抗压强度将随之减小。另外，通过曲线对比可知，不同温度条件下试样模型的单轴抗压强度与实验室实测数据基本一致，实验误差也在合理的范围内。

同样，通过 PFC2D 内置的 FISH 语言对巴西圆盘试样模型进行加热和劈裂实验，并自动计算和提取圆盘形试样模型在不同温度条件下的抗拉强度，结果见表 4-9。数据表明，随着加热温度的提高，圆盘形试样模型的拉伸强度呈现逐渐降低的趋势，当实验温度为 100 ℃时，抗拉强度降低为 8. 37 MPa；当温度升高到 400 ℃时，试样模型的抗拉强度明显降低，相比于常温时的抗拉强度减小了 32. 9%。另外，通过与模型抗压强度对比分析可知，加热温度的升高对试样模型的抗压强度与抗拉强度的弱化趋势大致相同，二者的比值保持在 13. 5～15. 5 的范围内。

表 4-9　不同温度条件下巴西圆盘形试样模型的抗拉强度

温度/℃	25	100	200	400
抗拉强度/MPa	9. 11	8. 37	7. 52	6. 11

在单轴压缩实验中，试样模型和花岗岩试样在高温状态下的压缩破坏模式对比如图 4-40 所示。在室温下，进行单轴压缩实验后，试样沿近似平行于轴向的主破坏面被分解成两个主块体。这是典型的由与压缩方向正交的拉伸应力引起的劈裂破坏。随着温度的升高，试样破碎块增多，表现为由两个相互连接的剪切面主导的贯穿破坏。在破裂模式方面，数值模型的破坏模式与实验室实验基本一致。可以注意到，由于花岗岩试样在高温状态下的端部摩擦力效应，400 ℃的花岗岩试样呈现出锥形劈裂破坏。但是，在单轴压缩模拟实验中没有这种现象出现。

通过与实验室实验对比发现，数值模型的强度变化和破坏模式与实验测试结果基本一致。到目前为止，可以认为数值模型试件已经通过准静态模拟实验得到验证，相关模型和微观参数可以用于模拟探究高温花岗岩的宏观强度变化和变形破坏行为。

4. 5. 2　二维温度场中的热传导进程

热传导是由温度差引起的，依靠分子、原子以及自由电子等微观粒子的热运动而产生热量传递。在本研究中，岩石放置在高温炉中进行加热，岩石外壁位置首先达到与热源相近的温度，岩石中心的温度较低，热量的传导是由岩石外壁向岩石中心进行。岩石在高温炉中加热，颗粒温度改变，岩石中所有颗粒温度的总体构成温度场。在二维温度场中，岩石微观颗粒温度值相同的点连接构成封闭的等温线，如图 4-41（a）所示。

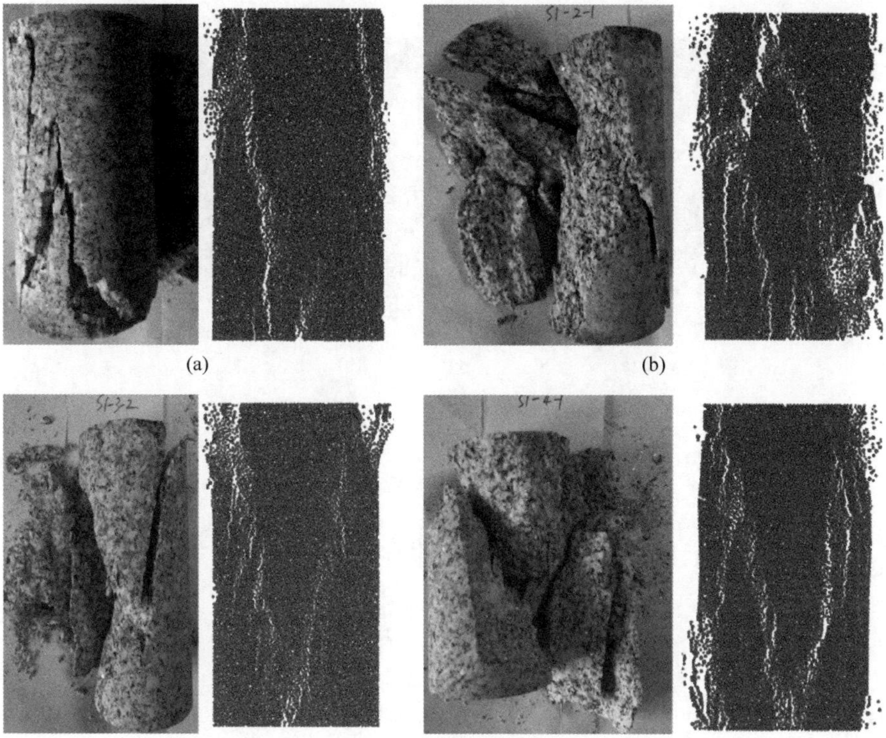

(a)　(b)　(c)　(d)

图 4-40　不同温度试样模型单轴压缩破坏形式

(a) 25 ℃；(b) 100 ℃；(c) 200 ℃；(d) 400 ℃

(扫描书前二维码看彩图)

单位时间内通过单位面积的热流量即为该点的热流量密度，如图 4-41 (b) 所示，在 x_0 处取一个微元 dA，在 x_0 处等温线的法向方向即为热流量方向，用傅里叶定律表示该点的热流量密度为[45]：

$$q = \frac{\phi}{A} = -\lambda \frac{\partial T}{\partial n}\boldsymbol{n} \tag{4-39}$$

式中，q 为热流量密度；ϕ 为热流量；A 为导热面积；$\boldsymbol{n}$ 为通过该点的等温线上的单位法向量。

岩石颗粒的温度随时间而变化，热冲击在岩石中的传导过程为非稳态导热。试样在高温炉中加热，随着热冲击传导，岩石整体的温度逐渐趋近于热源。试样内部颗粒之间进行热传导时，岩石颗粒处于非稳态温度场中 [见图 4-41 (a)]。非稳态温度场中的温度分布是空间坐标和时间的函数，即：

$$T = T(x,\ y,\ t) \tag{4-40}$$

式中，x、y 为笛卡儿坐标；t 为时间坐标。

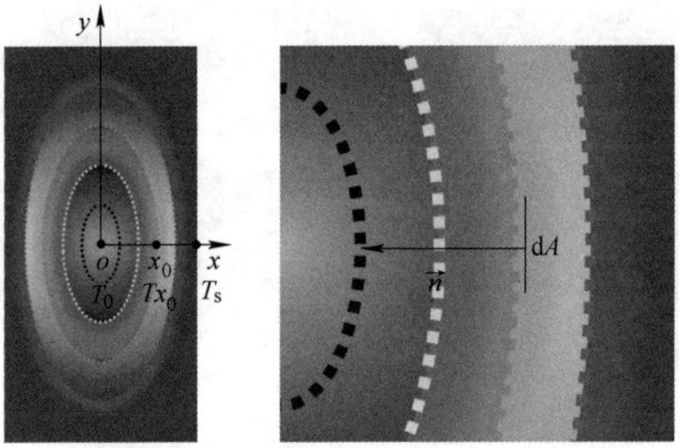

(a)　　(b)

图 4-41　加热过程中等温线分布以及非稳态温度场

（a）等温线分布；（b）非稳态温度场

（扫描书前二维码看彩图）

在二维导热中，根据能量守恒，岩石中导热微分方程为[45]：

$$\frac{\partial T}{\partial t} = \alpha\left(\frac{\partial^2 T}{\partial x^2} + \frac{\partial^2 T}{\partial y^2}\right) \tag{4-41}$$

$$\alpha = \lambda/(c\rho) \tag{4-42}$$

式中，T 为温度场中某一点的温度；t 为时间；x、y 为被研究点处的平面坐标；α 为热扩散率；λ 为导热率；c 为比热容；ρ 为密度。

对离散元模型进行热处理，根据实验中岩石的处理条件，采取与实验加热条件相仿的处理方法。加热采用试样外侧构建热源墙体进行加热。设置模型试样外侧墙壁达到热处理目标温度后，保持热源稳定，热传导过程如图 4-42 所示。

在加热初期［见图 4-42（b）］的某一时刻，由于试样中温度传导刚刚开始，内部大量颗粒还处于常温状态。在加热初期的某一 t_0 时刻，试样直径 R 处的外侧热源温度达到 T_s，由于岩石的导热性较差，岩心 o 处温度还没有发生变化，为常温 T_0。在 x 方向上距离试样中心 x_0 处的等温线的温度 T_{x_0} 以及在 y 方向上距离试样中心 y_0 处的等温线的温度 T_{y_0} 满足式（4-43）。

$$\begin{cases} T_{x_0} = \left.\dfrac{\partial T}{\partial t}\right|_{x_0,t_0} = T_s - \dfrac{R - x_0}{R}(T_s - T_0) \\ T_{y_0} = \left.\dfrac{\partial T}{\partial t}\right|_{y_0,t_0} = T_s - \dfrac{2R - y_0}{2R}(T_s - T_0) \\ T_{x_0} = T_{y_0} \end{cases} \tag{4-43}$$

岩石的导热性能较差，在加热前期的瞬时，颗粒等温线会呈矩形分布。在加热中期，等温线近似为椭圆状，由于岩石四周均受热，在平面上颗粒黏结无序，热传导在 x 和 y 方向上互相影响，因此等温线不可能为严格的矩形，加上岩石导

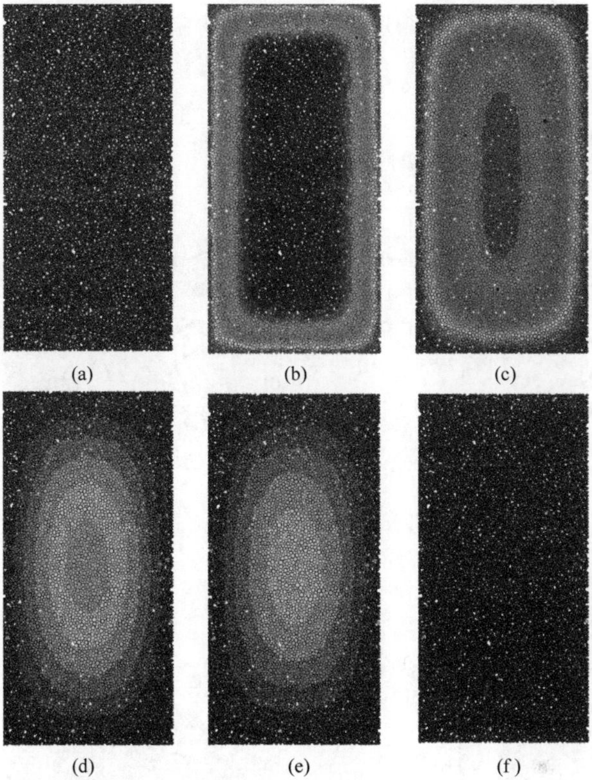

图 4-42 热传导过程

（a）常温状态；（b）开始加热；（c）加热初期；（d）加热中期；（e）加热后期；（f）加热结束

（扫描书前二维码看彩图）

热性能较差，在靠近岩石中心位置的等温线为较为近似的椭圆状，而边缘部位的等温线还是呈矩形状，如图 4-42（b）所示。加热后期，岩石中心温度上升，逐渐接近热源温度。加热结束时，岩石所有颗粒达到与热源相同的温度。

4.5.3 热应力分布规律及致损机制

4.5.3.1 热应力分布状态及致损机制

通过 PFC2D 软件内部的热力学分析模块，探究并验证已建立的模型试样在高温下力学特性。

对模拟岩石试样进行加热循环运算，以了解岩石试样模型的热破裂及力学性能改变的微观机制。

对初始数值试样模型设置不同的温度增量，包括用于单轴压缩实验的矩形试样和巴西圆盘试样，将模型分别加热到 100 ℃、200 ℃和 400 ℃的温度状态下。

图 4-43 中显示了 400 ℃温度条件下试样模型中颗粒之间的法向力、切向力状态以及由加热产生的微裂纹分布图像。

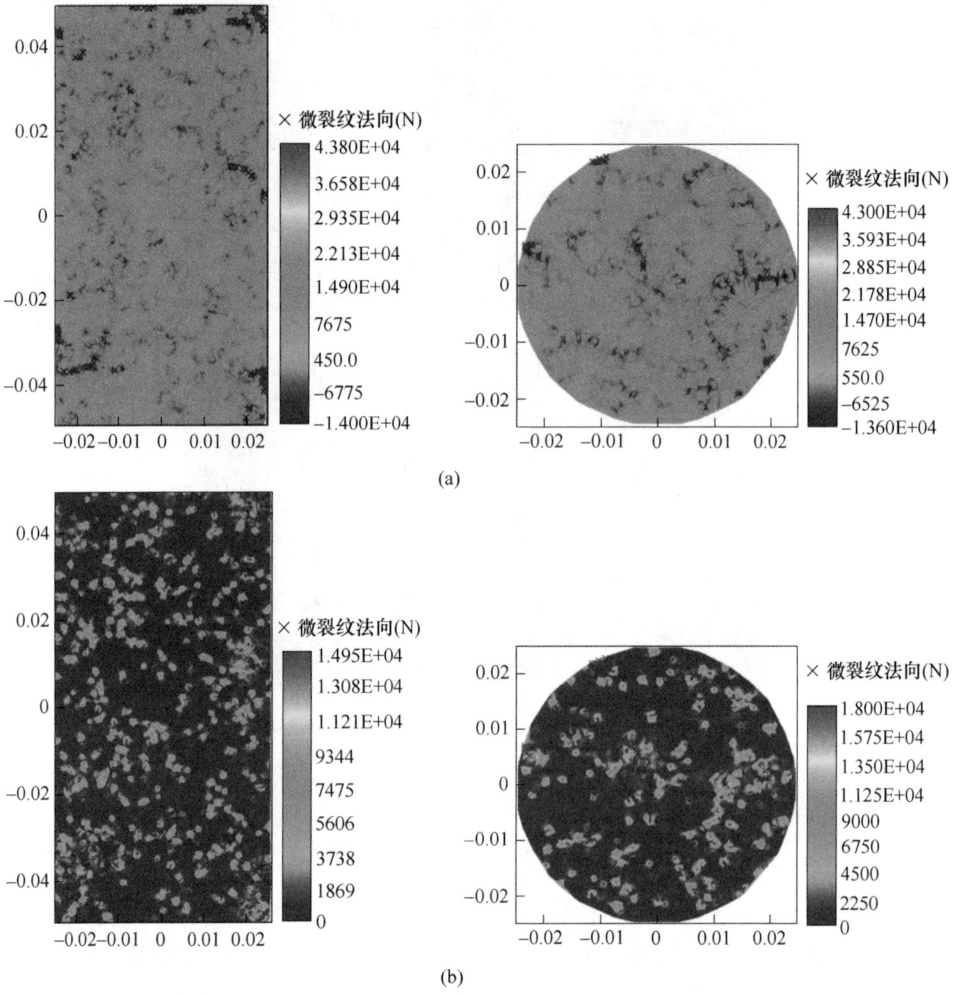

图 4-43　400 ℃条件下试样模型内颗粒接触应力状态及微裂纹分布

（a）法向接触力云图；（b）切向接触力云图

（扫描书前二维码看彩图）

应力云图模拟显示了高温条件下岩石矿物晶粒之间接触键的热应力分布状态。对于法向力的变化，约定压力符号为正，拉力符号为负，如云图所示，在 400 ℃状态下，两种模型试件的最大法向拉伸力约为 14 kN。图 4-43（a）表明试样模型内法向接触力主要是压力，最大为 43. 8 kN，并且压力以圆形的形式集中，该圆形区域周围伴随着拉力集中，最大法向拉力约为 14 kN。根据刚性颗粒间黏结模型特性，一旦颗粒接触上赋存的拉伸力超过颗粒间黏结强度，模型就会产生热诱导拉伸裂纹，如云图中叉号所示。另外，如图 4-43（b）中的绿色区域所示，高温在试样模型中形成了许多具有较高剪切力集中的圆形区域，且均匀分布于整个试样模型，颗粒单元间最大剪切力约为 18 kN。同样，当颗粒间接触上赋存的剪切力超过这个极限时，颗粒间接触将转变为微裂纹，并且不存在任何黏结强度。

图 4-43 所示的应力集中区域的产生和微裂纹的出现，主要是因为在高温条件下，不同半径的矿物颗粒因线膨胀系数的差异而产生不同程度的变形。并且由图可知热诱导微裂纹倾向于分布在模型边界和热诱导应力差异明显的区域。热诱导应力和微裂纹的存在将改变颗粒间的接触状态，这将极大地影响高温岩石整体的力学性能。

通过软件监测获取的三种不同温度状态下试样模型的热诱导裂纹类型以及数量如图 4-44 所示。相比之下，在低温情况下试样模型产生的裂纹更少。随着加热温度的升高，热诱导裂纹数量逐渐增加，而剪切裂纹和拉伸裂纹的数量比例相近，约各占 50%。另外，由于结构形状的差异，随着温度的提升，相比于圆形试样，矩形试样内的热诱导裂纹数量大幅提升。

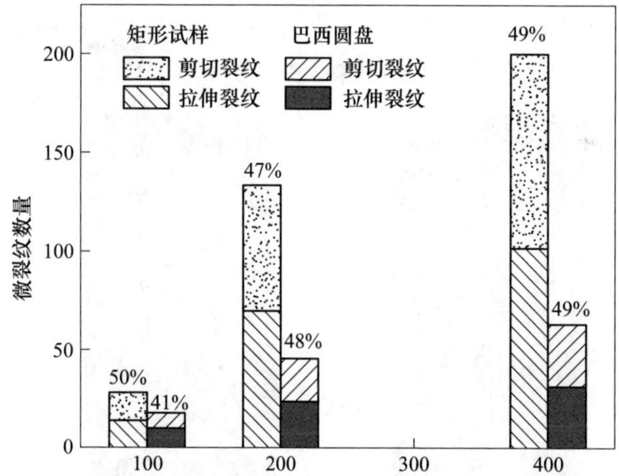

图 4-44 不同温度试样模型热诱导裂纹数

4.5.3.2 热应力演化规律

模型在加热炉中加热时，模型试样的加热边界为自由边界。在理想的弹性体中，形变分量与应力分量之间的关系，由胡克定律导出，见式（4-44）、式（4-45）[46]：

$$\varepsilon_x = \frac{1}{E}(\sigma_x - \mu\sigma_y) \tag{4-44}$$

$$\varepsilon_y = \frac{1}{E}(\sigma_y - \mu\sigma_x) \tag{4-45}$$

加热试样的自由边界应力-应变与热诱导应变的关系式为：

$$\varepsilon_x = \frac{1}{E}(\sigma_x - \mu\sigma_y) + \alpha_t\Delta T \tag{4-46}$$

$$\varepsilon_y = \frac{1}{E}(\sigma_y - \mu\sigma_x) + \alpha_t\Delta T \tag{4-47}$$

在具有自由边界时，颗粒受热产生的热诱导应变解析值见式（4-48）。

$$\varepsilon_x = \varepsilon_y = \alpha_t\Delta T \tag{4-48}$$

由式（4-48）可知，在 x、y 方向上的热应变，其根本原因是由于温度增量 ΔT 变化引起的，故在整个热传导的过程中，内部颗粒处于纯热应力场中。不同的等温面上，岩石颗粒处于不同的温度状态。不同等温线上，由于受热不同，颗粒热膨胀产生的应力也会有差异。在温度高的等温线上，热应力较大，在温度低的等温面上，热应力较小。岩石导热性能较差，在热传导的过程中，在岩石内部会出现较为明显的温度差，即岩石边缘温度和中心温度之间的差值会较大。较大的温差会致使岩石内部颗粒之间的应力状态发生改变。天然状态下的岩石处于受压状态。如图 4-45（a）所示，在岩石内布置 3 个测点，分别为 o、a、b。三个测点均在不同等温线上，o 点位于试样中心位置。对等温线法向应力（测点的 x 方向上）的热应力进行监测，如图 4-45（b）所示。

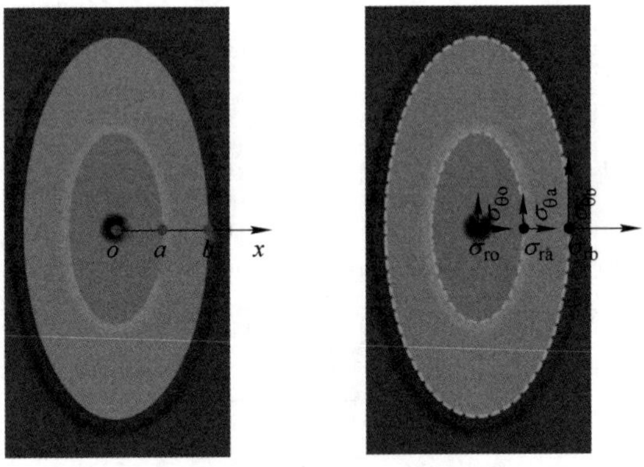

(a)　　　　(b)

图 4-45　热应力监测

（a）测点布置；（b）应力监测

不同温度热处理过程中，等温线上两个测点的法向应力（σ_{ra}、σ_{rb}）与中心法向应力（σ_{ro}）之比（σ_{ra}/σ_{ro}、σ_{rb}/σ_{ro}）监测结果如图 4-46 所示。在加热开始时，法向应力比逐渐减小，达到某个运算步骤时，突变较大，在之后的加热步骤中又出现逐渐减小的趋势，并逐渐趋于水平，在整个加热过程中，法向应力比的震荡现象也较为显著。

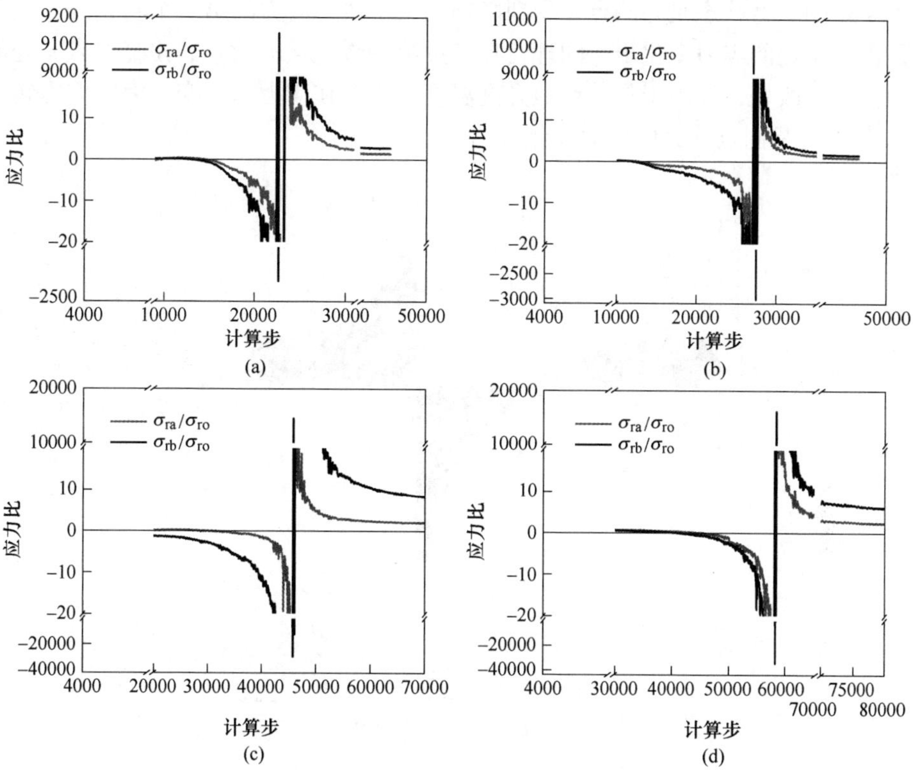

图 4-46 不同温度处理过程中的法向应力比

(a) 100 ℃; (b) 200 ℃; (c) 300 ℃; (d) 400 ℃

(扫描书前二维码看彩图)

从图 4-46 可知，各个测点处法向应力比的变化规律都较为相似，用应力变化简图对法向应力比的变化规律进行描述，如图 4-47 所示：其中将点 s_1 称为应力演化过程中的第一转化点，点 s_2 称为第二转化点，其图像可以用式（4-49）描述：

$$\begin{cases} \dfrac{\sigma_{ra}}{\sigma_{ro}} = \dfrac{1}{\text{step} - s_2} - \dfrac{1}{s_2 - s_1} \\ s_2 - s_1 > 1 \end{cases} \tag{4-49}$$

式中，σ_{ra}为测点 a 处的法向应力；σ_{ro}为中心测点 o 处的法向应力；step 为计算步；s_1 为应力演化过程中的第一转化点；s_2 为第二转化点。

法向应力比曲线，在 step 为 0~s_1 时，其值逐渐减小，除少数的波动之外，其最大值由第一转化点 s_1 和第二转化点 s_2 共同确定。从图 4-47 可知，s_1 与 s_2 之间的差值明显超过 1，故在加热步骤为 0~s_1 时，其法向应力比的最大值不超过 1，并且，在 step 较小时，法向应力比的值会较为接近 1。从热传导的进程来看，

测点 a 处的应力状态是与测点 o 受到影响的，s_1 作为应力的第一个转化点，代表的是测点 a 处的应力变化步。同理，在经过第一转化点 s_1 之后，虽然测点 a 处的应力会继续改变，但由于是持续地升高温度，不存在应力的突变，因此应力转化点 s_2 代表的是测点 a 处的应力变化步。

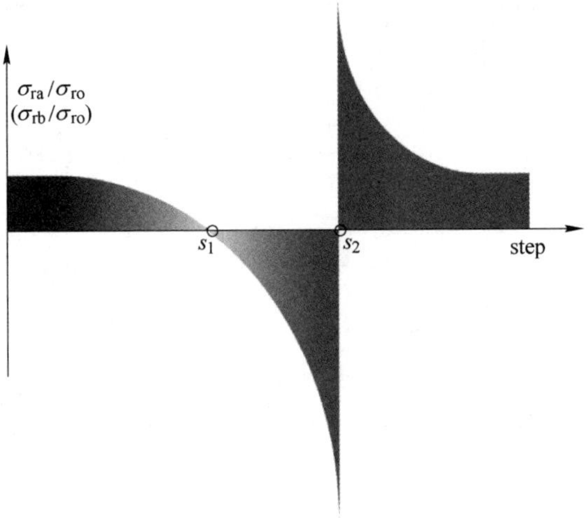

图 4-47　应力比值变化规律

（扫描书前二维码看彩图）

在热源的作用下，岩石边缘的温度较高，使得边缘的颗粒受热膨胀而相互挤压。而内侧未达到外侧温度，此时测点 a 和中心点 o 处颗粒温度较低，两个测点处的颗粒都处于受拉状态（step<s_1），因此，测点 o 和测点 a 处等温线法向方向应力比值 $\sigma_{ra}/\sigma_{ro}>0$。随着温度向内传导，测点 a 处的颗粒温度升高，热传导的过程超过第一转化点，即拉-压转化点 s_1，颗粒产生明显的热膨胀，有明显的热应力产生，颗粒之间相互挤压，使得颗粒之间的状态由受压改变为受拉。此时测点 o 处颗粒温度低于 a、b 测点，测点 o 处颗粒之间依旧为受拉状态，而测点 b 处的颗粒处于受压状态（s_1<step<s_2），因此测点 o 和测点 a 的 x 方向应力比值 $\sigma_{ra}/\sigma_{ro}<0$。热量继续向岩石中心传导，热传导的过程超过第二转化点，即压-拉转化点 s_2，中心颗粒的温度也达到较高水平，热膨胀产生的应力显著，中心颗粒膨胀挤压，处于受压状态，此时测点 a 仍然处于受压状态（step>s_2），因此测点 o 和测点 a 处等温线法向方向应力比值 $\sigma_{ra}/\sigma_{ro}>0$。

将 a、b 两点处的第一转化点分别称为 s_{1a} 和 s_{2a}。如图 4-47 所示，由于测点 b 位于离中心点较远的位置，离热源较近，测点 b 达到与热源相近温度的时间会相对提前，因此测点 b 处的拉-压转化点会在 a 测点之前（$s_{1a}>s_{1b}$）。当测点 o 处于受拉段，测点 a 和测点 b 均处于受压时（s_{1a}<step<s_2），在同一时刻，靠近热源的 b 测点温度会高于测点 a，因此测点 b 处的热膨胀会强于 a 测点，相应的受压水

平也会高于 a 测点，即 $\sigma_{ra}/\sigma_{ro}>\sigma_{rb}/\sigma_{ro}$。当测点 o 处于受压段，测点 a 和测点 b 均处于受压时，由于中心点温度不断升高，热膨胀愈发明显，颗粒之间的受压增加，测点 a 和测点 b 处的 σ_{ra}/σ_{ro}、σ_{rb}/σ_{ro}会逐渐降低，而靠近热源的测点 b 处的应力比值依旧会比测点 a 高，即 $\sigma_{ra}/\sigma_{ro}<\sigma_{rb}/\sigma_{ro}$。此外，在同一个试样的热传导过程中，$\sigma_{ra}/\sigma_{ro}$的峰值在靠近热源的测点处较大，远离热源的测点处较小。

在对两条等温线的法向应力与中心法向应力比（σ_{ra}/σ_{ro}、σ_{rb}/σ_{ro}）监测的同时，也对这两条等温线上测点 a 和测点 b 的切向应力与中心测点切向应力比（$\sigma_{\theta a}/\sigma_{\theta o}$、$\sigma_{\theta b}/\sigma_{\theta o}$）进行监测，结果如图 4-48 所示。

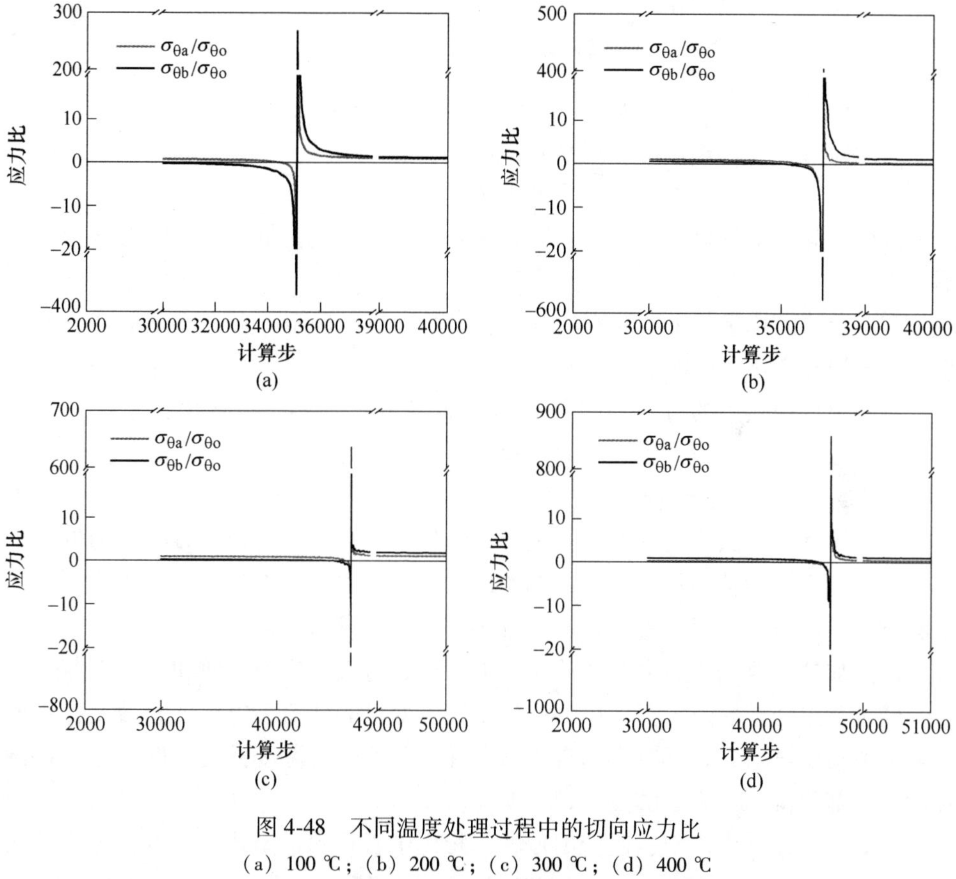

图 4-48 不同温度处理过程中的切向应力比

（a）100 ℃；（b）200 ℃；（c）300 ℃；（d）400 ℃

（扫描书前二维码看彩图）

等温线切线方向应力的转化模式与法向应力的转化模式基本相似，如图 4-48 所示，外侧等温线上切向应力的拉-压状态转化点在内侧等温线之前。外侧等温线上切向应力高于内侧等温线。但是，与法向应力演化规律相比，切向应力的演化过程中，波动较小。

根据弹塑性力学理论，斜面应力沿着坐标轴的分量可以用式（4-50）表示：

$$\begin{cases}\sigma_{v1} = v_1\sigma_{11} + v_2\sigma_{21} + v_3\sigma_{31} \\ \sigma_{v2} = v_1\sigma_{12} + v_2\sigma_{22} + v_3\sigma_{32} \\ \sigma_{v3} = v_1\sigma_{13} + v_2\sigma_{23} + v_3\sigma_{33}\end{cases} \tag{4-50}$$

在只存在主应力，不存在剪应力的主平面上，法向矢量满足公式（4-51）：

$$v_i\sigma_{ij} - \sigma_v v_j = 0 \tag{4-51}$$

关于 v_i 的线性方程组，其三个特征根分别对应着三个主应力，而三个特征根存在的必要条件是系数行列式（4-52）等于零，也称为应力特征方程。

$$\begin{vmatrix}\sigma_{11} - \sigma_v & \sigma_{12} & \sigma_{13} \\ \sigma_{21} & \sigma_{22} - \sigma_v & \sigma_{23} \\ \sigma_{31} & \sigma_{32} & \sigma_{33} - \sigma_v\end{vmatrix} = 0 \tag{4-52}$$

展开应力特征方程，可得式（4-53）：

$$\sigma_v^3 - I_1\sigma_v^2 + I_2\sigma_v - I_3 = 0 \tag{4-53}$$

式中，I_1 为应力张量第一不变量；I_2 为应力张量第二不变量；I_3 为应力张量第三不变量。

在一定的加热条件下，岩石内部的应力状态已经确定，应力张量的几个不变量不会随坐标变化而改变。

不同温度加热后的应力偏转监测结果如图 4-49 所示，以应力张量第二不变量对该应力场的主应力大小和方向以及前后变化进行研究。

在常温状态下，图 4-49（a）所示为岩石初始应力场中最大主应力和最小主应力的分布状态。试样内部的最大主应力和最小主应力大的分布方向多为近似水平的径向和垂直的轴向径。试样内部的最大主应力和最小主应力均为正值，在几个测点中，应力张量第二不变量差值较小，其分布较为均匀。

高温加热会改变岩石内部的原始应力状态，包括主应力方向和大小等方面。

经过高温处理后，岩石中应力张量第二不变量的数值会发生明显改变：正值的最大值会明显增大，同时会出现负值，并且负值随着温度升高不断减小。在试样的边缘部位第二不变量的变化较为明显。

高温处理在试样内部引起应力偏转，相比于岩石的常温状态，各个测点处的应力十字架均会发生转动，如图 4-49（b）、（c）所示。当温度升高到较高水平，试样中应力偏转较为明显，最大主应力的方向大致为等温线的切向方向，如图 4-49（d）、（e）所示。当温度达到 500 ℃时，试样边缘的应力偏转方向与 300~400 ℃类似，而试样的中心应力则会分别向两个端部偏转。

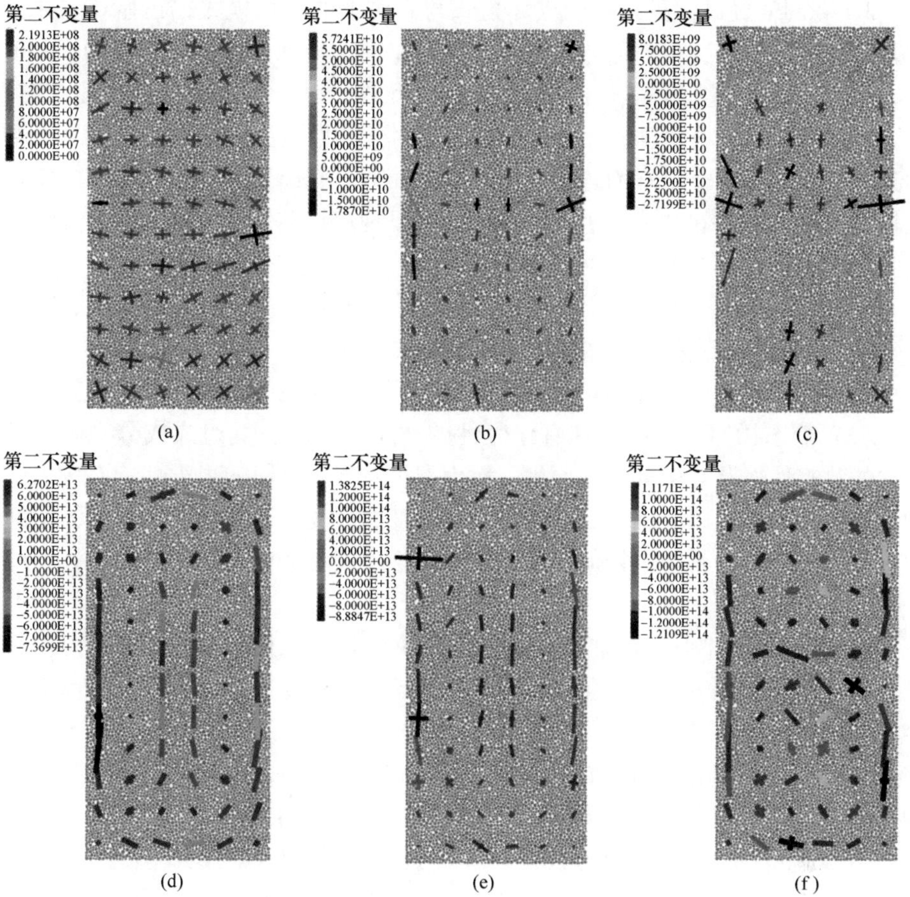

图 4-49　不同温度热处理后的第二不变量偏转规律

（a）20 ℃；（b）100 ℃；（c）200 ℃；（d）300 ℃；（e）400 ℃；（f）500 ℃

（扫描书前二维码看彩图）

4.6　小结

（1）静态压缩。在高温处理的条件下，岩石的静态力学参数会发生明显改变，如随着热处理温度升高，岩石的弹性模量、峰值应力、峰值应变、弹性模量降低。然而，岩石力学特性在高温处理后和实时高温两种温度条件下表现出差异。

1）与高温处理后的花岗岩相比，高温下花岗岩的脆塑转变临界温度较低，致密化阶段较长。

2）与高温处理后的花岗岩相比，高温下的花岗岩峰值应力较低，峰值应变较大，弹性模量较小。

3）花岗岩经高温处理后的破坏模式与高温下的破坏模式存在显著差异：在100 ℃之前，两种条件下花岗岩的破坏模式相同，呈现劈裂破坏；然而，100 ℃后，破坏模式分别为劈裂破坏和剪切破坏。此外，对于经过高温处理的花岗岩，当温度达到时，岩石试样的两个破坏面在相对于顶面更深的平面上接合。当温度达到 800 ℃时，两个破坏面连接在试样的底面上。花岗岩在高温下的破坏模式存在较大差异：100~600 ℃，破坏模式相同，呈现剪切破坏；当温度继续升高，达到 800 ℃时，破坏模式呈现共轭剪切破坏。

4）高温下花岗岩的损伤大于高温处理后的花岗岩。在 575 ℃时，石英发生 α-β 相变，从而导致花岗岩体积增加和热裂纹张开。

可见，物理性质和外界条件都是影响岩石力学性质的重要因素。

（2）静态拉伸。岩石是具有代表性的非均质材料，其组成成分、矿物颗粒之间的致密性以及其中分布的原生、次生裂纹对岩石材料的力学性能有较大的影响，高温环境中，以上因素都会发生不同程度的改变，从而导致岩石的力学性能发生变化，使得岩石静态拉伸强度变化，而且不同类型的岩石，其拉伸强度的变化效果差异较明显。

1）花岗岩在 100 ℃的热处理条件下，拉伸强度会稍有增加，但当温度较高时，拉伸强度会出现快速弱化现象，矿物颗粒之间的晶间裂隙明显，并且会出现穿晶裂隙。

2）大理岩的组成结构致密，且矿物颗粒较为均匀，在热处理后，其单轴拉伸强度表现为均匀弱化，拉伸破坏的裂纹以沿晶裂隙为主。

3）红砂岩由于结构较为松散，单轴抗拉强度在 300 ℃以下为均匀弱化，300~400 ℃为快速弱化，在 400 ℃以上表现为减速弱化。

（3）热损伤演化。岩石材料在高温条件下表现出来的力学特性差异，其根本原因是高温作用改变了岩石的物理性能，如随着温度升高，岩石中出现损伤，具体表现为岩石中出现微裂纹，波速、密度及孔隙率降低等，并且，随着温度升高，岩石的热损伤越来越明显。此外，岩石不同的受热历程也会导致不同的热损伤，如热冲击对岩石造成的损伤效应会较为明显。

1）由于初始裂纹密度的不同，经 400 ℃以上温度加热再进行快速冷却时，岩石的热冲击效应将随着加热温度的提高逐渐减弱，而在这之前是逐渐增强的。其宏观表现为，预处理温度为 400 ℃时，岩石表面出现 λ 形宏观断裂裂纹，当预处理温度升高，宏观断裂裂纹尺度逐渐减小。

2）随着热冲击处理实验温度的提高，岩石的密度、波速都逐渐减小，孔隙率逐渐增大，并且它们的变化都具有明显的阶段性，这与热冲击作用以及岩石内部的晶粒相变等具有密不可分的关系。

3）裂纹密度综合了多种物理特性指标，能够较全面地反映岩石的整体损伤。

分析结果得出，花岗岩的热冲击损伤随温度逐渐增大，并在 100 ℃和 400 ℃出现特殊变化。

（4）热应力分布。岩石试样在加热过程中，矿物颗粒受热，达到不同程度的膨胀效果，从而导致岩石中产生热应力。在温度变化过程中，热传导由内而外进行，热应力处于不断演化过程中，一些颗粒之间黏结达到断裂极限后，将会有热裂纹萌生。

1）在加热过程中，热量从热源向岩石中心进行传导。岩石导热性较低，热源附近的颗粒会首先达到与热源相近的温度，而中心颗粒的温度较低。正是由于传热具有时间效应，岩石中出现分布不均匀的热应力。

2）在整个加热过程中，热应力也处于不断演化的过程中。在热应力达到颗粒之间黏结断裂的应力水平时，颗粒之间的黏结断裂，对岩石造成损伤，进而影响岩石整体的力学性质。对于完整的岩石试样，热应力在不均匀的演化过程中，往往更容易使岩石在边缘位置和热诱导应力差异明显的位置萌生热裂纹。

3）随着热处理温度升高，热裂纹数量不断增加，热诱导应力和微裂纹的存在将改变颗粒间的接触状态，这将极大地影响高温岩石整体的力学性能。

参 考 文 献

[1] Cui J, Hao H, Shi Y, et al. Experimental study of concrete damage under high hydrostatic pressure [J]. Cement and Concrete Research, 2017, 100: 140-152.

[2] Motra H B, Stutz H H. Geomechanical rock properties using pressure and temperature dependence of elastic P- and S-Wave velocities [J]. Geotech Geol Eng, 2018, 36 (6): 3751-3766.

[3] Yin T B, Li X B, Cao W Z, et al. Effects of thermal treatment on tensile strength of laurentian granite using brazilian test [J]. Rock Mechanics and Rock Engineering, 2015, 48 (6): 2213-2223.

[4] Yin T, Tan X, WU Y, et al. Temperature dependences and rate effects on mode Ⅱ fracture toughness determined by punch-through shear technique for granite [J]. Theor Appl Fract Mec, 2021, 114.

[5] 张卫强. 岩石热损伤微观机制与宏观物理力学性质演变特征研究 [D]. 2017.

[6] Zhu Z N, Tian H, Jiang G S, et al. Effects of high temperature on the mechanical properties of Chinese marble [J]. Rock Mechanics and Rock Engineering, 2018, 51 (6): 1937-1942.

[7] Collin M, Rowcliffe D. Analysis and prediction of thermal shock in brittle materials [J]. Acta Materialia, 2000, 48 (8): 1655-1665.

[8] Kumari W, Ranjith P, Perera M, et al. Temperature-dependent mechanical behaviour of Australian Strathbogie granite with different cooling treatments [J]. Engineering Geology, 2017, 229: 31-44.

[9] Zhao J. Experimental studies of the hydro-thermo-mechanical behaviour of joints in granite [D].

London: University of London, 1987.

[10] Engineering Tool Box, Heat Transfer Coefficient [Z]. 2013.

[11] Dincer I, Genceli O F. Cooling process and heat transfer parameters of cylindrical products cooled both in water and in air [J]. International Journal of Heat and Mass Transfer, 1994, 37 (4): 625-633.

[12] Park D, Park E S, Sunwoo C. Heat transfer and mechanical stability analyses to determine the aspect ratio of rock caverns for thermal energy storage [J]. Solar Energy, 2014, 107: 171-181.

[13] Hajpál M, Török A. Mineralogical and colour changes of quartz sandstones by heat [J]. Environmental Geology, 2004, 46 (3/4): 311-322.

[14] Jahan Bakhsh K, Nakagawa M, Arshad M, et al. On heat and mass transfer within thermally shocked region of enhanced geothermal system [J]. Geofluids, 2017.

[15] Tang S, Zhang H, Tang C, et al. Numerical model for the cracking behavior of heterogeneous brittle solids subjected to thermal shock [J]. International Journal of Solids and Structures, 2016, 80: 520-531.

[16] Fan L, Wu Z, Wan Z, et al. Experimental investigation of thermal effects on dynamic behavior of granite [J]. Applied Thermal Engineering, 2017, 125: 94-103.

[17] Huang Y H, Yang S Q, Tian W L, et al. Physical and mechanical behavior of granite containing pre-existing holes after high temperature treatment [J]. Archives of Civil and Mechanical Engineering, 2017, 17 (4): 912-925.

[18] Wang P, Xu J, Fang X, et al. Dynamic splitting tensile behaviors of red-sandstone subjected to repeated thermal shocks: Deterioration and micro-mechanism [J]. Engineering Geology, 2017, 223: 1-10.

[19] Yang S Q, Xu P, Li Y B, et al. Experimental investigation on triaxial mechanical and permeability behavior of sandstone after exposure to different high temperature treatments [J]. Geothermics, 2017, 69: 93-109.

[20] Zhang W, Sun Q, Hao S, et al. Experimental study on the variation of physical and mechanical properties of rock after high temperature treatment [J]. Applied Thermal Engineering, 2016, 98: 1297-1304.

[21] Glover P, Baud P, Darot M, et al. α/β phase transition in quartz monitored using acoustic emissions [J]. Geophysical Journal International, 1995, 120 (3): 775-782.

[22] Takarli M, Prince Agbodjan W. Temperature effects on physical properties and mechanical behavior of granite: Experimental investigation of material damage [J]. Journal of ASTM International, 2008, 5 (3): 1-13.

[23] Tiskatine R, Eddemani A, Gourdo L, et al. Experimental evaluation of thermo-mechanical performances of candidate rocks for use in high temperature thermal storage [J]. Applied energy, 2016, 171: 243-255.

[24] Yin T, Li X, Xia K, et al. Effect of thermal treatment on the dynamic fracture toughness of Laurentian granite [J]. Rock mechanics and rock engineering, 2012, 45 (6): 1087-1094.

[25] Zhu S, Zhang W, Sun Q, et al. Thermally induced variation of primary wave velocity in granite from Yantai: Experimental and modeling results [J]. International Journal of Thermal Sciences, 2017, 114: 320-326.

[26] David C, Menéndez B, Darot M. Influence of stress-induced and thermal cracking on physical properties and microstructure of La Peyratte granite [J]. International Journal of Rock Mechanics and Mining Sciences, 1999, 36 (4): 433-448.

[27] O'connell R J, Budiansky B. Seismic velocities in dry and saturated cracked solids [J]. Journal of Geophysical Research, 1974, 79 (35): 5412-5426.

[28] 寇绍全. 热开裂损伤对花岗岩变形及破坏特性的影响 [J]. 力学学报, 1987 (6): 550-556.

[29] 寇绍全, O Alm. 微裂隙和花岗岩的抗拉强度 [J]. 力学学报, 1987 (4): 366-373.

[30] Byun J H, Lee J S, Park K, et al. Prediction of crack density in porous-cracked rocks from elastic wave velocities [J]. Journal of Applied Geophysics, 2015, 115: 110-119.

[31] Biot M A. Generalized theory of acoustic propagation in porous dissipative media [J]. J Acoust Soc Am, 1962, 34: 1254-1264.

[32] Budiansky B, O'connell R J. Elastic moduli of a cracked solid [J]. International Journal of Solids and Structures, 1976, 12 (2): 81-97.

[33] Thomsen L. Biot-consistent elastic moduli of porous rocks: Low-frequency limit [J]. Geophysics, 1985, 50 (12): 2797-2807.

[34] Tang X. A unified theory for elastic wave propagation through porous media containing cracks——An extension of Biot's poroelastic wave theory [J]. Science China Earth Sciences, 2011, 54 (9): 1441.

[35] Group I C. PFD 2D user's guide [M]. Minneapolis, 2008.

[36] Potyondy D, Cundall P. A bonded-particle model for rock [J]. International journal of rock mechanics and mining sciences, 2004, 41 (8): 1329-1364.

[37] Ali A, Bradshaw S. Bonded-particle modelling of microwave-induced damage in ore particles [J]. Minerals Engineering, 2010, 23 (10): 780-790.

[38] Feng Y, Han K, Li C, et al. Discrete thermal element modelling of heat conduction in particle systems: Basic formulations [J]. Journal of Computational Physics, 2008, 227 (10): 5072-5089.

[39] Lan H, Martin C, Andersson J. Evolution of in situ rock mass damage induced by mechanical-thermal loading [J]. Rock Mechanics and Rock Engineering, 2013, 46 (1): 153-168.

[40] Wanne T, Young R. Bonded-particle modeling of thermally fractured granite [J]. International Journal of Rock Mechanics and Mining Sciences, 2008, 45 (5): 789-799.

[41] Xia M, Zhao C, Hobbs B. Particle simulation of thermally-induced rock damage with consideration of temperature-dependent elastic modulus and strength [J]. Computers and Geotechnics, 2014, 55: 461-473.

[42] Isrm. Suggested methods for determining tensile strength of rock materials [J]. International Journal of Rock Mechanics & Mining Science & Geomechanics Abstracts, 1978, 15 (15):

99-103.

[43] Fairhurst C, Hudson J. Draft ISRM suggested method for the complete stress-strain curve for intact rock in uniaxial compression [J]. International Journal of Rock Mechanics and Mining Sciences, 1999, 36 (3): 279-289.

[44] Zhao Z. Thermal influence on mechanical properties of granite: A microcracking perspective [J]. Rock Mechanics and Rock Engineering, 2016, 49 (3): 747-762.

[45] 杨世铭，陶文铨. 传热学 [M]. 3版. 北京：高等教育出版社，1998.

[46] 杨桂通. 弹塑性力学 [M]. 北京：人民教育出版社，1980.

5 高温岩石材料单轴冲击力学性能研究

5.1 引言

近年来，矿岩深部开采、地热的开发与利用、高放射性核废料的地层深埋处置、岩石地下工程灾后重建以及大都市圈的大深度地下空间开发利用成为国际上广泛关注的课题。深部岩体受高温的影响，人们需要研究岩石在高温下的力学性能变化，同时深部岩石工程遭受到突发性高温的影响（如火灾），这就需要考虑岩石在高温后的力学性质。此外，矿岩破碎、打桩、高速冲击及常规爆炸等工程领域，几乎都与应力脉冲或冲击载荷作用下的岩石破裂和应力波在岩石中的传播有关，这涉及岩石动态力学性质。高温后和高温下岩石的动态压缩力学性能是高温与冲击荷载耦合作用下岩石力学领域中的主体部分，也是地下岩石工程面对高温、冲击荷载等作用时承载能力、结构稳定性及可靠性评估不可或缺的基本依据。温度和应变率是影响岩石动态力学响应的两个重要因素，分析岩石冲击压缩力学行为随着温度和应变率的变化规律，对于揭示岩石工程在极端工况下的变形破坏机理具有重要的工程意义和实用价值。

本章借助岩石的高温冲击加载实验系统，基于实验研究和理论分析，对实时高温后和高温下（25～1000 ℃）岩石的冲击压缩力学性能展开研究，得到高温后和高温下岩石冲击压缩应力-应变曲线，系统分析高温后和高温下岩石的冲击压缩力学特性的温度效应和应变率效应；基于分形理论对高温下岩石冲击破碎块度的分形特征进行研究，采用破碎分形维数对岩石动态破碎形态进行定量描述。

5.2 高温完整岩石动态压缩力学性质

5.2.1 高温完整砂岩石动态压缩力学性质

5.2.1.1 实验材料与实验方法

试样采用的砂岩取自长沙县采石场，呈暗灰色，主要成分以石英为主，含少量长石和白云母，同时还含有砂、粘土和化学沉淀物。根据常规力学性能测试要求，砂岩被加工成 ϕ50 mm×100 mm 和 ϕ50 mm×30 mm 两种圆柱体岩样。实验共分为 5 个温度段：常温（25 ℃）、200 ℃、400 ℃、600 ℃、800 ℃，每个温度段为一组，长径比为 2.0 的试样每组 3 个，长径比为 0.5 的每组 6 个，共 45 个试样。

实验采用中南大学资源与安全工程学院霍普金森压杆装置（SHPB）进行动态压缩实验，所用加温设备为长沙市天心区长城电炉长制造的高温箱。加热炉额定功率为 4 kW，最高加热温度可达 1200 ℃。实验时，每次把 5 块制备好的试样放入加热炉内以 3 ℃/min 的速率升温，分别加热到预定的温度并保持恒温 4 h，然后在炉内自然冷却，制成高温后砂岩试样。砂岩试样经不同高温作用后的形态如图 5-1 所示。砂岩经历不同高温后颜色有所变化，常温状态下砂岩呈灰白色，经历 200 ℃和 400 ℃时颜色有所加深，当温度达到 600 ℃时砂岩呈类似粉红色，温度越高粉红色越明显，且试样轻微碰撞发出清脆声响。

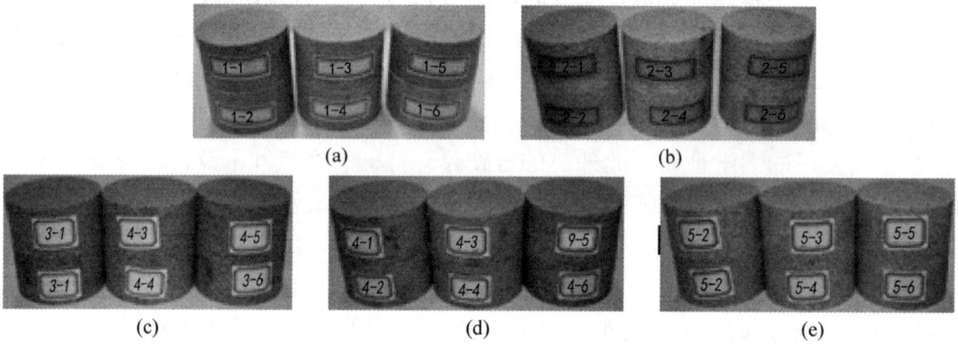

图 5-1　经历不同高温后砂岩试样形态

(a) 25 ℃；(b) 200 ℃；(c) 400 ℃；(d) 600 ℃；(e) 800 ℃

（扫描书前二维码看彩图）

5.2.1.2　动态抗压强度特性

为了对比高温作用冷却后砂岩动态压缩强度特性，在 Instron1342 型电液伺服控制材料实验机上进行了砂岩常规实验，得到的典型全应力-应变曲线如图 5-2 所示，单轴抗压强度为 126.9 MPa，弹性模量为 19.6 GPa。

实验中，采用相同加载力进行冲击，保持入射应力波不变，如图 5-3 所示为典型原始应力波。图 5-4 给出了砂岩试样在经历常温（25 ℃）、200 ℃、400 ℃、600 ℃、800 ℃高温作用后的动态压缩典型应力-应变曲线。从图 5-4（a）、（b）可以看出，在常温下和经历 200 ℃的温度作用后，砂岩动态压缩应力-应变曲线变化规律大致分为弹性、屈服、破坏三个阶段。首先，动态应力-应变曲线与静态相比没有压密阶段，直接进入弹性阶段，曲线呈直线状态，应力应变呈正比例关系，弹性模量与静态相比较大。这主要是岩石内部微裂隙在高速冲击载荷下还没来得及闭合以及内部晶体表现出较大惯性力所致。其次进入屈服阶段，应力-应变曲线偏离直线，这是因为岩石内部强度较低的材料首先破坏产生新的裂隙，同时周围材料因承受高应力而逐步破坏，裂隙不断演化、发展[1]。最后由于岩石内部裂纹贯通形成宏观破坏，试样整体失去承载能力进入破坏阶段。

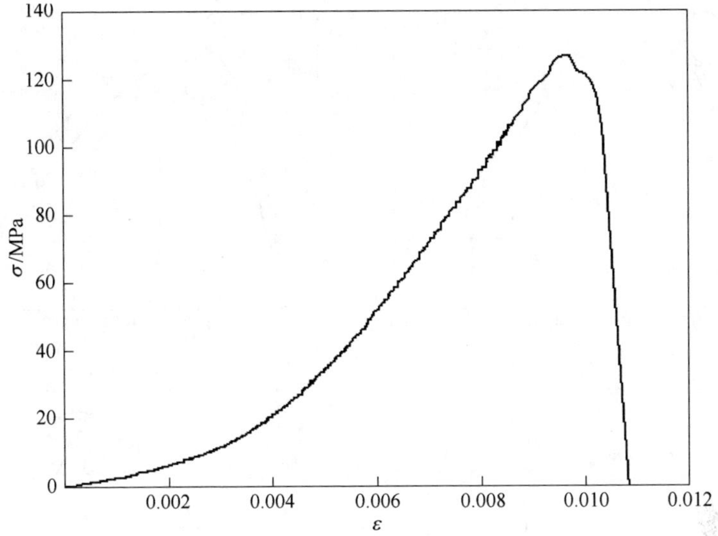

图 5-2 典型应力-应变曲线

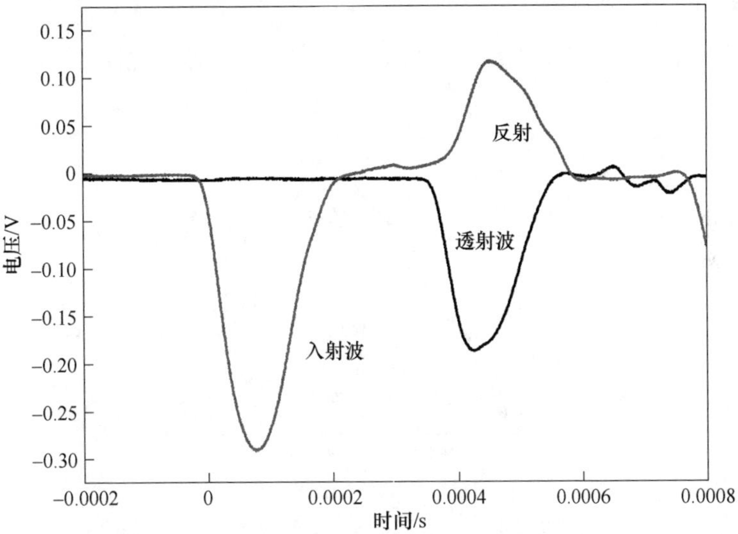

图 5-3 典型原始冲击应力波

图 5-4（c）~（e）给出了砂岩经历 400~800 ℃高温作用冷却后应力-应变曲线变化规律，可以看出，高温作用后砂岩动态应力-应变曲线直线段斜率下降即弹性模量减小，且随着温度的升高，发生较大应变。原因主要有以下几方面：

（1）岩石在经历高温冷却后，由于组成岩石矿物质的热膨胀率不同，因此结晶颗粒间蓄存了应变，冷却后产生缺陷、剥离、裂隙。

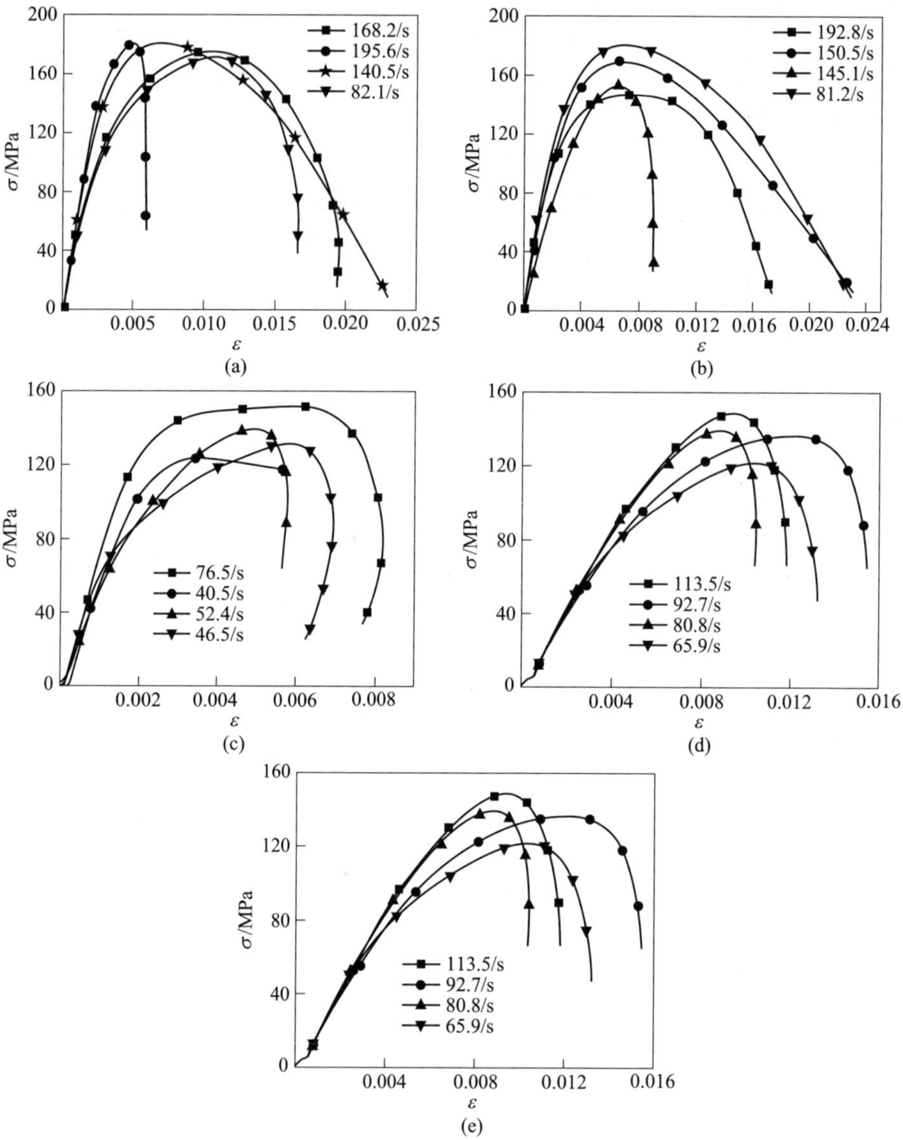

图 5-4　高温作用后砂岩动态压缩典型应力-应变曲线

（a）常温（25 ℃）；（b）200 ℃；（c）400 ℃；（d）600 ℃；（e）800 ℃

（2）在经历 400～800 ℃高温作用后，岩石内部结晶颗粒的裂隙发生热裂，且温度越高热裂程度越大，冷却后无法恢复原状形成裂隙。

（3）岩石内部本身含有的孔隙、水分和某些易熔、易分解蒸发的矿物质在高温冷却后形成裂隙。

由这些因素引起的岩石内部孔隙增大，在冲击载荷下弹性模量下降，随着温度的升高表现出应变增大。

图 5-5 给出了砂岩试样在常温状态下和经历 200 ℃、400 ℃、600 ℃、800 ℃高温后的应力-应变曲线对比（每组状态下各取一个典型试样）。可以看出，试样在常温和经历 200 ℃高温后，动态压缩应力-应变曲线变形规律经历的三个阶段类似，而 400~800 ℃的变化规律类似，也就是说 400 ℃是岩石变形特征发生较大变化的一个临界值。随着作用温度的升高应力-应变曲线直线段变长，这表现为岩石的弹性特征明显。图 5-6 为高温作用后砂岩动态压缩强度与温度的关系。该图说明温度对于高温后砂岩的动态强度影响相当明显，峰值强度随着温度的升高有明显的降低趋势，25~400 ℃时平均峰值强度从 176.3 MPa 降到了 138.7 MPa，降低幅度为 21.3%；而在 400~600 ℃动态压缩平均峰值强度由 138.7 MPa 降至 135.8 MPa，降低幅度较小；与常温相比，800 ℃高温作用后，平均峰值强度为 83.1 MPa，降低幅度达到了 53.8%。

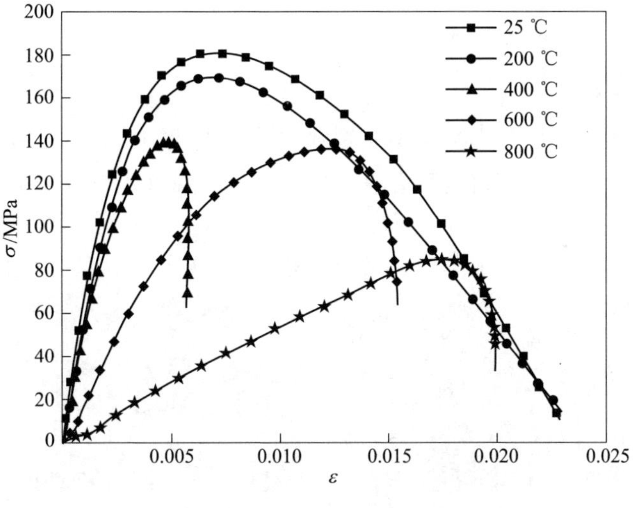

图 5-5 不同温度后砂岩应力-应变曲线

从图 5-6 中可以看出，尽管实验结果离散性较大，但仍具有明显的总体规律，即经历不同高温作用自然冷却后动态压缩强度降低。这可以解释为：400 ℃以内，岩石内部水分蒸发形成孔隙，同时在高温作用下矿物颗粒之间发生变形，冷却后一些小裂隙逐渐发展形成较大裂隙或者大裂隙，使得动态压缩强度有所下降；400~600 ℃，高温作用对砂岩的动态强度影响不大，但也有降低的趋势；当加热到 800 ℃后，砂岩中的矿物成分及其内部结构发生了显著变化，某些易熔、易分解、易蒸发矿物质和岩石内部所含有的预裂纹产生更大裂纹引起强度下降。

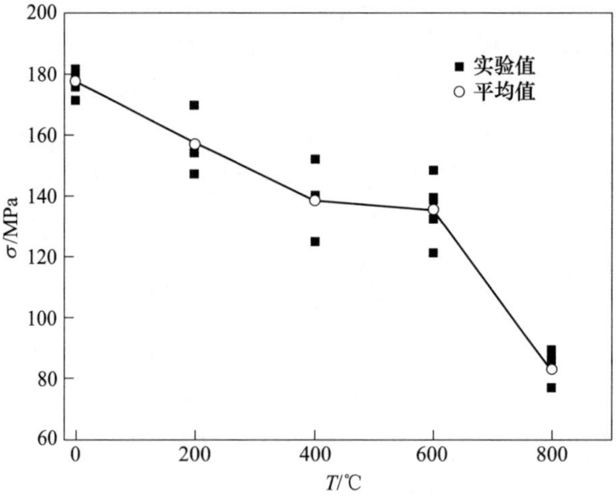

图 5-6　高温作用后砂岩动态压缩强度与温度的关系

5.2.1.3　动态破碎特性

A　破坏模式

岩石的破坏作为岩石内部众多微裂隙相互作用的结果，其破坏模式反映岩石的受力状态，因此对其进行分析有着重要的意义。对冲击载荷下高温后砂岩的破坏形态进行观察，主要有图 5-7 所示几种破坏形式。当用等于或高于砂岩极限破坏强度的载荷对试样进行加载时，常温状态下，岩石一般破裂成两块或几块［见

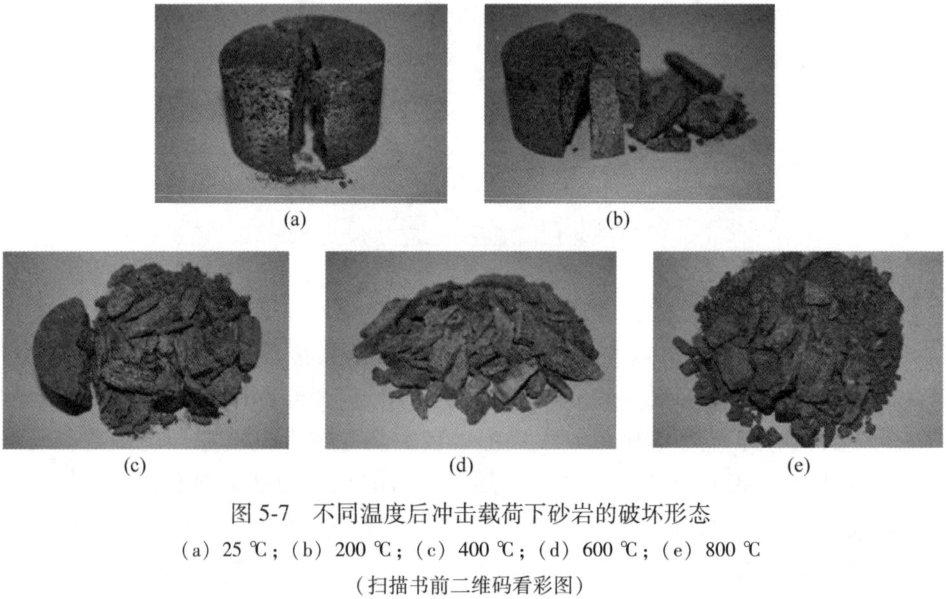

(a)　(b)

(c)　(d)　(e)

图 5-7　不同温度后冲击载荷下砂岩的破坏形态

(a) 25 ℃; (b) 200 ℃; (c) 400 ℃; (d) 600 ℃; (e) 800 ℃

(扫描书前二维码看彩图)

图 5-7（a）]；当加热至 200~600 ℃高温冷却后，砂岩破裂成许多碎块，且随着温度的升高碎块的数量增多，碎块趋于均匀［见图 5-7（b）~（d）]；当加热至 800 ℃高温后，砂岩破碎程度较大且均匀细小呈粉末状［见图 5-7（e）]。从图 5-7（a）和（b）可以看出，高温后砂岩冲击破坏模式表现为拉伸破坏。从图 5-7 可知，随着加热温度的升高，砂岩破碎程度越大，碎屑越细且均匀。

B 破碎块度分布

岩石破碎块度分布反映了岩石的破碎情况，可以间接反映出岩石加热冷却后不同加载条件下的破碎效果。实验对不同高温作用冷却砂岩进行冲击破碎后的块度进行筛分统计。由于破坏形态单一（微破裂或过于粉碎）的试件，其碎块粒级跨度小，统计意义不大，因此没有在统计结果中给出。为便于比较此处选择应变率较为接近的试样。从图 5-8 可以看出，岩石试样破碎后的细粒量随着加热温度的升高而增多，温度的作用对于岩石的破坏有一定的促进作用。这可以解释为：经历高温作用后，岩石内部水分蒸发矿物质分解使黏结力逐渐变小，试样破碎后的块度向细粒端变化，试样更趋破碎。

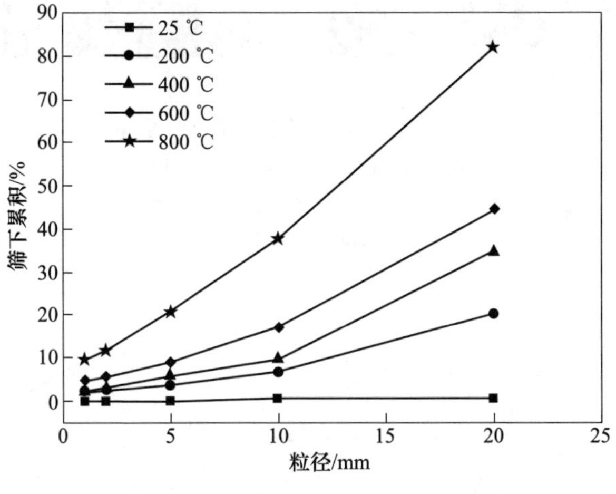

图 5-8 高温后冲击载荷下岩块的粒级分布

C 高速摄影验证

采用 Photron 公司 FASTCAM SA1. 1 高速数字式摄像机系统对高温后砂岩动态冲击过程进行摄像。相机拍摄速度及分辨率高，在全画幅 1024×1024 的分辨率下能够达到 5400 fps 的拍摄速度，在降低分辨率的情况下拍摄速度最高可以达到 675000 fps。实验采用 128×128 分辨率，将影像的帧频率设置为 250000 fps，每 4 μs 拍摄一张，最大内存可扩充至 8 GB。

图 5-9 为高温作用后砂岩试样的动态压缩裂纹发展过程照片。从图中可以看出，岩样在 64~88 μs 之间开始产生裂纹，在 88 μs 可以明显看到径向裂纹。图

中显示在冲击载荷下岩石发生较大变形，但仍有部分岩石完好无损，这是由于该部分岩石含有较高水分，有很好的黏结性，而含水较少的部分在应力波的反复加载过程中变成碎屑，因此，随着作用温度的升高，岩石破碎程度较大，碎屑较多。这个试件相应的应力-时间关系曲线如图 5-10 所示，应力-应变关系曲线如图 5-11 所示。

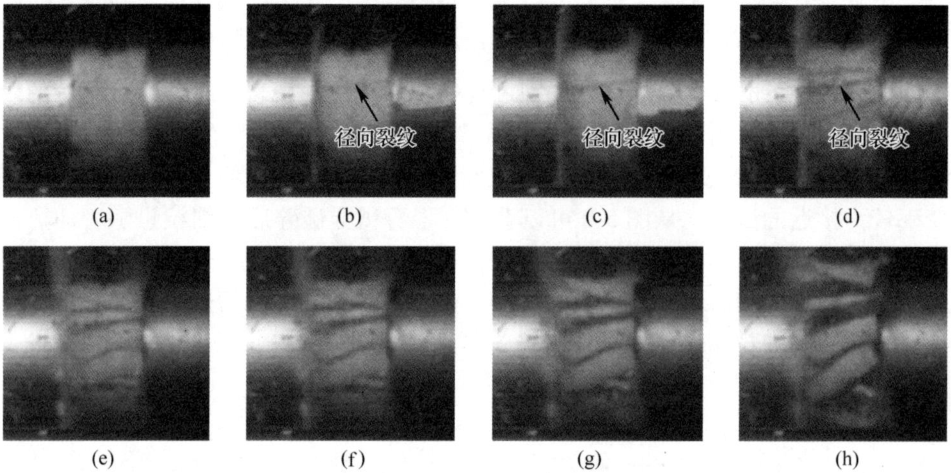

图 5-9　动态压缩实验高速摄影照片

（a）$t=0$ μs；（b）$t=64$ μs；（c）$t=88$ μs；（d）$t=136$ μs；（e）$t=216$ μs；（f）$t=260$ μs；（g）$t=340$ μs；（h）$t=460$ μs

（扫描书前二维码看彩图）

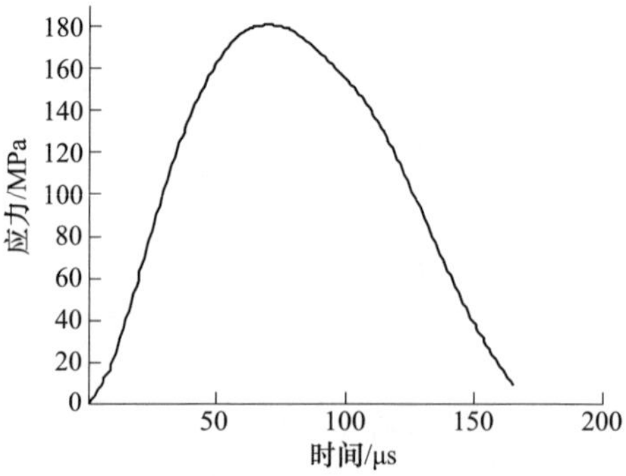

图 5-10　应力-时间关系

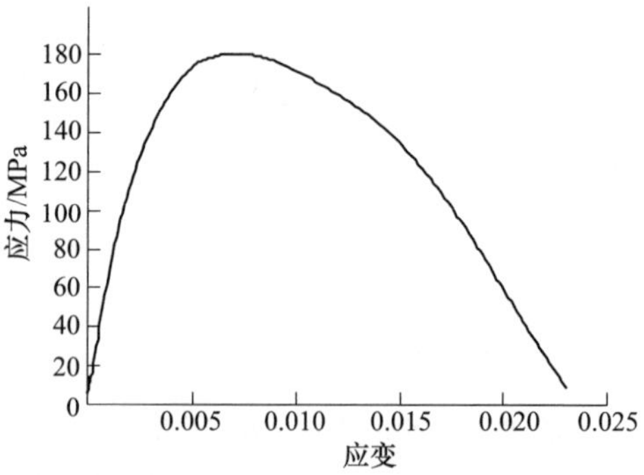

图 5-11　应力-应变关系

5.2.1.4　静动态力学特性研究与比较

A　破坏模式对比分析

对经历高温后岩石进行静动态加载实验，得到了静动态加载作用下高温后岩石的破坏模式，加深了对高温处理后岩石整体破裂、失稳机理及其发展过程的认识。

不同高温后砂岩试样在静载荷作用下的破坏形态如图 5-12 所示，可以看出：温度在 25~200 ℃时，整个岩样沿轴向存在劈裂面，且在 200 ℃时劈裂面分布不规整，试样破裂成许多小块；在 200~800 ℃，岩样的破坏模式呈“X”型剪切面贯穿整个岩样，将岩样分为两个部分，其中一部分垂直于轴向面断裂成两块，且 800 ℃时岩样断裂面出现很多粉末。

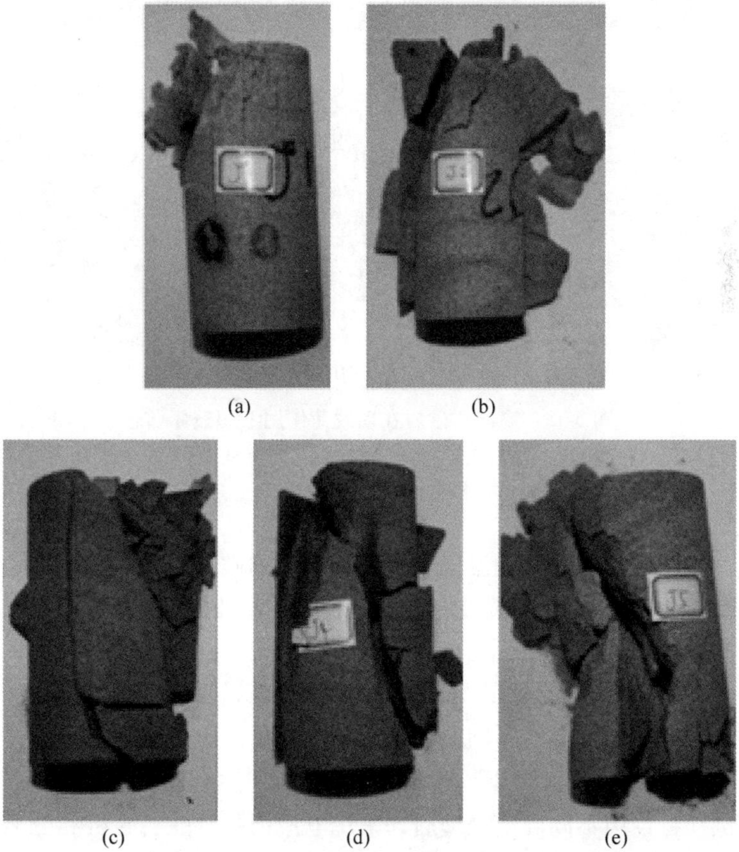

图 5-12　高温后砂岩试样在静载荷作用下的破坏形态

(a) 25 ℃；(b) 200 ℃；(c) 400 ℃；(d) 600 ℃；(e) 800 ℃

（扫描书前二维码看彩图）

不同高温处理后砂岩岩样在动载荷作用下的破坏形态如图 5-13 所示，可以看出：岩石内部和侧面形成平行于岩样轴向方向的破裂面，岩样的破坏模式为横向方向的拉伸破坏，且随着温度的升高，岩石破坏程度越大，碎屑增多，达到 800 ℃时出现许多粉末状碎屑。

由此可见，高温处理后岩石在动静载荷作用下的破坏模式表现出不同的特

(a)　(b)　(c)　(d)　(e)

图 5-13　高温后砂岩在动载荷作用下的破坏形态

（a）25 ℃；（b）200 ℃；（c）400 ℃；（d）600 ℃；（e）800 ℃

（扫描书前二维码看彩图）

征：静载荷作用时，随着处理温度的升高，岩石的破坏模式从 25～200 ℃时的劈裂破坏，到 400～600 ℃的劈裂破坏并伴随着脆性断裂的产生，800 ℃时发生粉碎性破坏；动载荷作用时，随着处理温度的升高，岩石破裂的块度逐渐增多，碎块趋于均匀，在 800 ℃时破碎程度较大且均匀细小呈粉末状，从 25～200 ℃破坏形态可以看出动载荷作用下砂岩的破坏模式基本表现为拉伸破坏。

B　峰值强度对比分析

砂岩试样在经历不同温度处理后，采用电液伺服万能实验机和分离式霍普金森压杆实验系统分别测试试样静动态峰值强度。由实验结果分析得到不同温度作用后砂岩静态典型全应力-应变曲线（见图 5-14）。从图 5-14 可以看出，各温度段的典型全应力-应变曲线基本分为压密、弹性、屈服和破坏四个阶段，砂岩的变形随作用温度的升高而增大，压密阶段也随着温度的升高而增长，在 400～800 ℃之间，全应力-应变曲线明显比 200 ℃之前杂乱，这是由于岩石经历 400 ℃高温后内部结构发生了较大变化，原生裂纹扩展空隙增多引起的。

对比图 5-14 与图 5-4 描述的砂岩动态压缩典型应力-应变曲线可以看出，岩石动态应力-应变曲线与静态相比基本没有压密阶段，曲线直接成直线状态进入弹性阶段，这主要是因为岩石内部原生裂纹和孔隙在高速载荷作用下没来得及闭

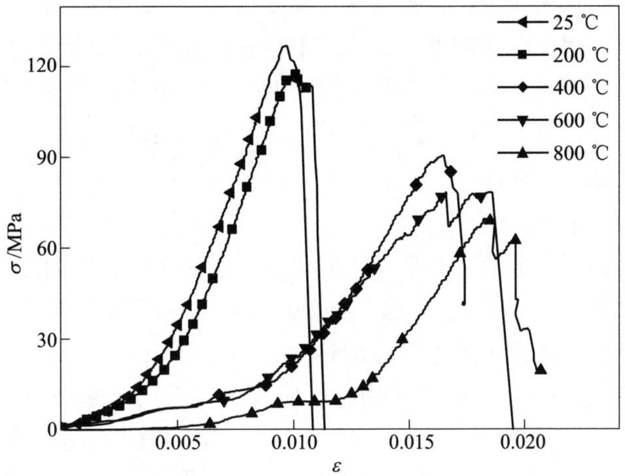

图 5-14 不同温度后砂岩静态应力-应变曲线

合以及内部晶体表现出较大惯性所致，应变速度随着应力的增长而增加；另外，无论是在静载荷还是动载荷作用下，400 ℃前后应力-应变曲线都表现出不同的特征，这说明 400 ℃是砂岩的变形特征发生较大变化的一个临界值，这是由于 400 ℃是岩石内部结晶颗粒的裂隙发生热裂现象的临界值，且温度越高热裂程度越大，冷却后无法恢复原来的形状而形成裂隙。

图 5-15 所示为不同温度处理后砂岩岩样分别在静动载荷作用下的峰值强度对比。从图中可以看出，两种状态下的峰值强度都随着温度的升高而明显降低，且基本呈线性关系。静载荷作用下，平均峰值强度从 126.37 MPa 降到 64.76 MPa，降低

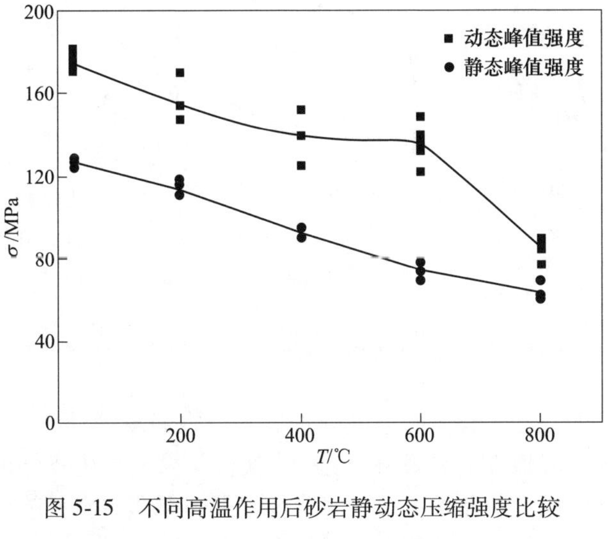

图 5-15 不同高温作用后砂岩静动态压缩强度比较

幅度为48.8%；动载荷作用时，平均峰值强度从176.3 MPa降到83.1 MPa，降低幅度达到了52.9%。因此，在静动载荷作用下从常温到800 ℃的峰值强度降低幅度相近，但在动载荷作用时，600~800 ℃之间强度降低的速度较快，这是因为600 ℃时岩石内部一些易熔、易分解、易蒸发的矿物质发生作用以及大部分预裂纹发展成更大裂纹引起强度急剧下降。

C　峰值应变对比分析

图5-16所示为不同温度处理后砂岩岩样分别在静动载荷作用下的峰值应变对比。从图可以看出，静动载荷作用下的峰值应变都随着温度的升高而增大。25~200 ℃，两种状态的峰值应变增加速率接近。200~400 ℃，峰值应变也是随温度的升高而变大，但是静载荷作用时，应变的增长速率趋急，而动载荷时应变的增长速率趋缓，这是由于在200~400 ℃时，岩石内部的水分蒸发形成孔隙以及微裂纹扩展，当用较低加载率（准静态）载荷作用时岩石内部的孔隙和裂纹闭合发生较大变形，而当加载率较高时（动态）岩石内部孔隙和裂纹在很短时间内未发生完全闭合，因此发生变形较小。400~800 ℃，岩石的应变随着温度的升高几乎线性增加，且到800 ℃的时候两种状态下的峰值应变较为接近，这是由于经历800 ℃高温以后，砂岩的矿物成分发生较大变化，结构水脱失、重结晶和相变等多种情况十分复杂，其力学性能劣化相当显著[3]，无论是作用静载荷还是动载荷，岩样都发生粉碎性破坏，变形较大。

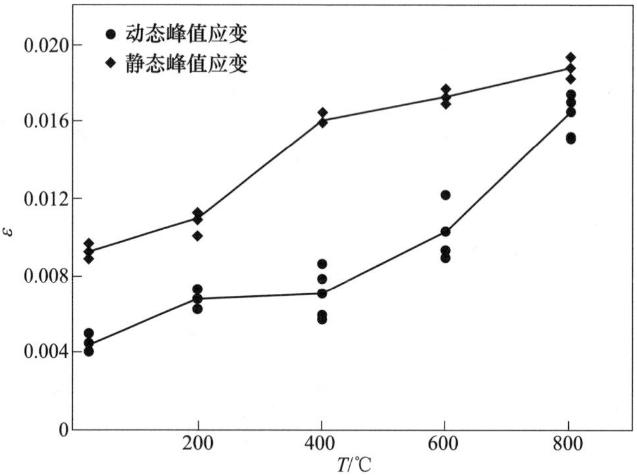

图5-16　不同高温后砂岩在静动载荷作用下峰值应变比较

本实验的目的在于比较不同温度处理后砂岩在静动载荷作用下的力学性质，主要从破坏模式、峰值强度和峰值应变三个实验结果进行比较分析。受岩石类材料在组成成分和结构上的非均一性、实验过程中的端部效应及试样加工精度等因素的影响，实验结果的离散性较大，但是仍存在较强的规律性。下面围绕实验结果从微观机制、砂岩的矿物成分及内部结构等方面，对不同温度处理后砂岩在静动载荷作用下的力学性质差异进行讨论。

温度是影响岩石内部结构的一个重要因素。作为高孔隙度岩石组成，砂岩颗粒结合得不是十分紧密，颗粒之间存在较多的孔隙和微裂纹，不同的温度作用后岩石内部结构会发生改变。图 5-17 所示为不同高温后砂岩试样断口的微观形貌。

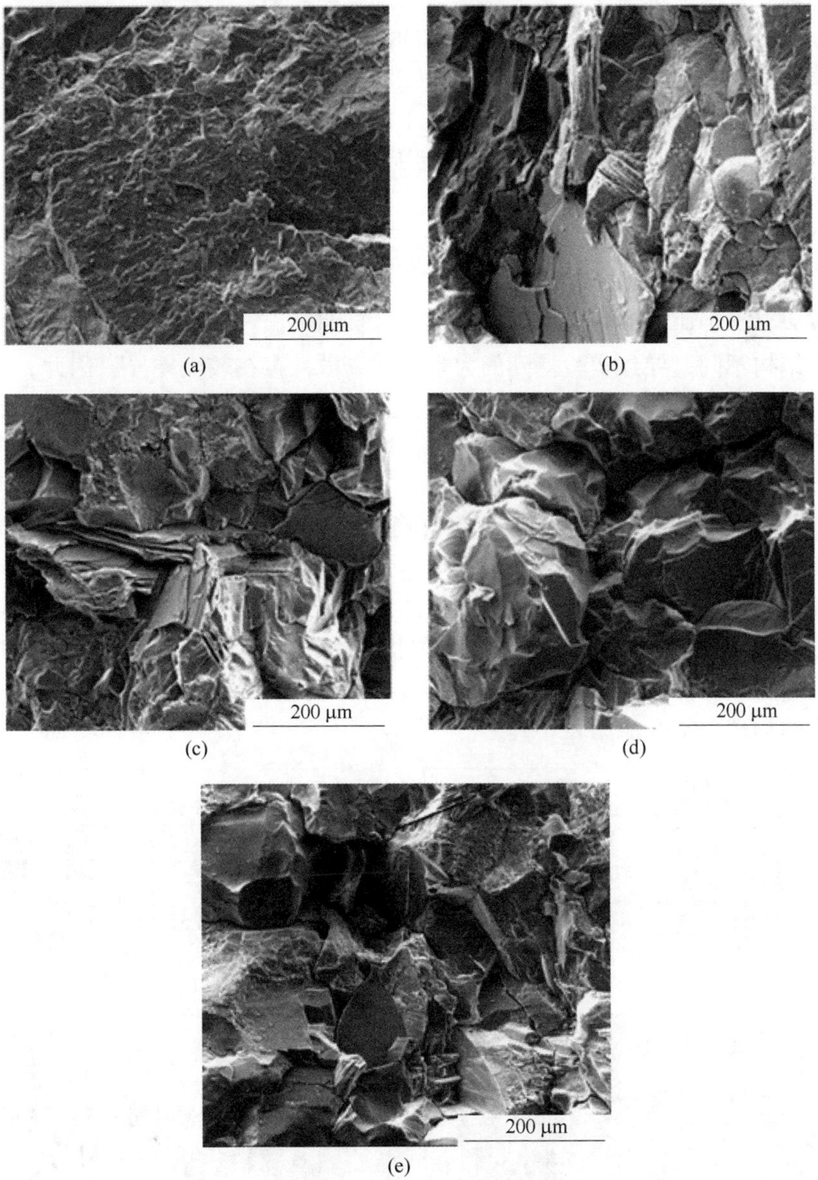

图 5-17 不同高温后砂岩试样断口的微观形貌图

(a) 25 ℃；(b) 200 ℃；(c) 400 ℃；(d) 600 ℃；(e) 800 ℃

从图中可以看出，在常温状态时，岩样断口几乎没有裂纹的出现，200～800 ℃时，随着热处理温度的升高岩样断口表面裂纹数量明显增加，且裂纹的宽度也增大。另外，在 200 ℃以前岩石内部吸附水的蒸发促使微裂纹的产生，当温度较高时，各种矿物颗粒粒径、线膨胀系数和热弹性性质的不同引起颗粒边界的热膨胀不协调，矿物颗粒之间或颗粒内部产生拉或压应力，即结构热应力[2]，促使砂岩内部微裂纹产生，原生或次生裂纹扩展、加宽与联通。

岩石高温后的力学性能不仅与经历的温度有关，而且与加载方式有密切的关系。实验结果表明，高温处理后的岩石在静动载荷作用下的破坏模式、峰值强度和峰值应变都存在明显的差异。这是由于加载速率的不同，岩样内部孔隙扩展和微裂纹的生成方式不同，导致其抵抗外力变形的能力存在差异。

5.2.2　高温煤岩动态压缩力学性质

5.2.2.1　实验材料与实验方法

煤岩是一种典型的软岩。原煤内部有各种弱平面，如裂缝和空隙。人工样品的内部结构不同，导致实验得到的力学参数离散性存在较大差异。因此，本实验采用了脆性和膨胀性与煤岩相似的模型材料（由白色水泥、煤颗粒和水组成），制作了与煤岩模型样品相似的模型样品。所用模型材料的体积比如下：水泥∶煤颗粒∶水＝1∶3∶1；煤颗粒为通过 1 mm 直径筛获得的研磨原煤颗粒。根据动加载实验要求，样品长径比为 1∶1，将直径 50 mm 的长塑料管切成长为 50 mm 短筒，短筒内表面涂油脂，两端钢丝夯实，维持 12 h 后脱模，脱模后检查样品表面及端部平整度，打磨不均匀端部，保证样品的平整度，满足实验要求；脱模后的样品放入自来水中处理 28 天，取煤岩样品进行实验。制备好的煤样如图 5-18 所示，煤岩代表性成品样品和准静态加载破坏的应力-应变曲线如图 5-19 所示，静载下的物理力学性能见表 5-1。

(a)　(b)

(c)　(d)

图 5-18 制备好的煤样

(a) 25 ℃试样；(b) 100 ℃试样；(c) 200 ℃试样；(d) 300 ℃试样；(e) 400 ℃试样；(f) 500 ℃试样

（扫描书前二维码看彩图）

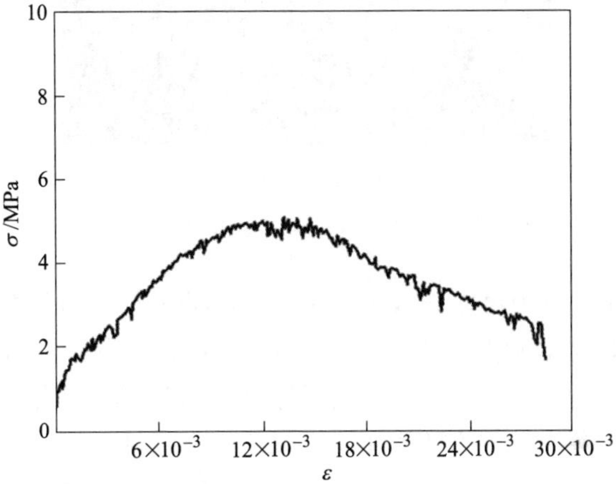

图 5-19 常温下静载测试的应力-应变曲线

表 5-1 静载下煤岩获得的一些物理力学参数

样品	密度 /$kg \cdot cm^{-3}$	波速 /$m \cdot s^{-1}$	弹性模量 /GPa	变形模量 /GPa	峰值应力 /MPa	峰值应变 /$\times 10^{-3}$
煤岩	1350	1895.5	0.410	0.649	5.136	13.725

采用中南大学资源与安全工程学院直径 50 mm 的 SHPB 系统进行了煤岩动态冲击载荷实验。在测试前，所有的样品都根据不同的温度水平进行编号和分组。实验分为 25 ℃、100 ℃、200 ℃、300 ℃、400 ℃、500 ℃。保持温度为唯一变化的条件下，在一个温度下使用 6 个样品进行对比实验。本实验使用的加热设备为长沙天心区长城电炉厂生产的高温箱。这种高温箱是由耐高温炉和温度控制器组成的。电炉型号为 SX-4-10，额定功率 4 kW，最高温度可达到 1050 ℃（见图 5-20）。将编号的样品放入高温箱内加热，为保证样品加热均匀，热速率保持在 3 ℃/min。当温度达到预定数量时，再持续保持 3 h。

图 5-20　加热炉
（扫描书前二维码看彩图）

为了避免冷却过程中可能导致试样断裂的冷冲击，炉内需要相对较低的冷却速率至常温，以得到不同温度下的煤岩样品。实验方法是正确安装准备好的试样，在试样端部涂上适当的润滑脂，确保样品端部与弹性杆井接触，严格控制相同的冲击压力和冲床冲程，达到施加动力载荷的一致性，使相同载荷应变率条件下的动态冲击可沿轴向运行，直至试样损坏。同时，由超动态应变计自动记录测试信号。SHPB 阀杆上样品安装如图 5-21 所示。

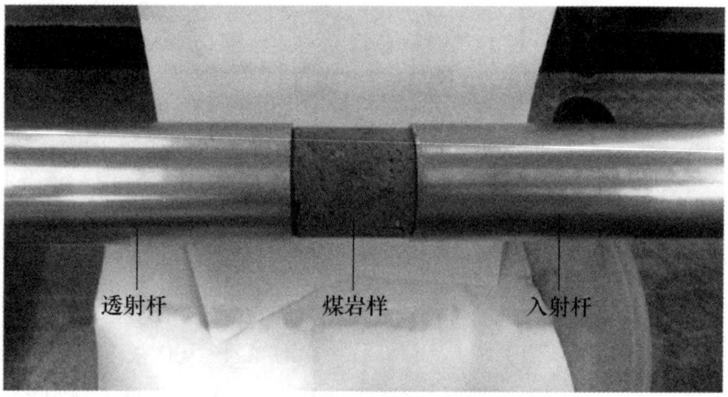

图 5-21　试样安装示意
（扫描书前二维码看彩图）

经过一系列的测试，得到了高温后煤岩的动力压缩实验结果。为了减小实验误差，从实验组中剔除了两个离散值较大的数据。然后，可以得到 3 个力学指标的平均值，见表 5-2。

表 5-2 煤岩高温后动力压缩实验结果

T/℃	试样	D/mm	L/mm	ρ/kg · m^{-3}	v/m · s^{-1}	σ/MPa	ε/×10^{-3}	E/GPa
25	A1	45.94	46.44	1355	1859	9.168	2.323	3.8077
	A3	46.98	45.25	1389	1976	9.501	1.861	4.413
	A4	46.56	48.18	1367	1932	9.541	1.987	4.219
	A5	46.49	46.84	1349	1815	9.298	2.209	3.797
	平均值	46.5	46.68	1365	1895.5	9.377	2.05	4.059
100	B1	46.72	48.03	1326	1434	6.327	3.584	2.091
	B2	47.19	46.68	1353	1466	6.925	4.311	2.317
	B3	47.31	49.46	1318	1533	6.403	3.338	2.53
	B6	47.41	47.98	1292	1563	6.733	4.103	2.686
	平均值	47.16	48.04	1322.3	1499	6.597	3.834	2.406
200	C2	46.71	48.73	1326	1396	6.605	7.555	2.221
	C4	47.03	48.1	1286	1312	5.569	8.996	1.793
	C5	46.27	46.96	1355	1451	6.209	7.836	2.511
	C6	46.19	48.6	1308	1357	5.693	8.509	1.959
	平均值	46.55	48.1	1318.75	1379	5.884	8.224	2.121
300	D1	46.64	48.39	1346	1012	5.219	10.034	1.307
	D2	46.73	48.7	1381	1135	5.593	9.502	1.499
	D3	46.03	48.42	1289	1204	4.856	9.933	1.537
	D5	46.91	49.06	1267	1053	5.068	10.003	1.197
	平均值	46.58	48.64	1320.75	1101	5.184	9.868	1.385
400	E1	46.65	48.48	1363	969	4.396	10.028	0.996
	E3	46.79	47.14	1253	801	4.622	10.749	0.662
	E4	46.67	50.22	1299	899	4.125	9.896	0.936
	E5	46.65	48.94	1346	837	4.685	10.227	0.826
	平均值	46.69	48.7	1315.25	876.5	4.457	10.225	0.855
500	F3	46.26	48.07	1289	833	4.263	9.993	0.725
	F4	46.02	46.6	1367	687	4.219	10.693	0.493
	F5	46.92	49.39	1306	725	4.078	10.377	0.55
	F6	46.79	47.95	1271	783	3.974	11.089	0.676
	平均值	46.5	48	1308.25	757	4.162	10.538	0.611

5.2.2.2 动态抗压强度特性

A 煤岩应力-应变曲线

不同温度下煤岩的应力-应变曲线如图 5-22 所示。与静载荷实验相比，应力-应变关系随温度的升高呈非线性变化。另外，冲击载荷作用下的应力-应变曲线缺乏微裂隙闭合阶段，弹性变形阶段的斜率高于静载荷，这主要是由于动态载荷和内部晶体固有的惯性。随着温度的升高，峰值应力减小，峰值应变增大，特别是弹性变形阶段的斜率显著减小。在峰值应力出现后，试样的结构虽然受到破坏，产生了较大的变形，但仍有一定的承载力，强度没有降低到零。

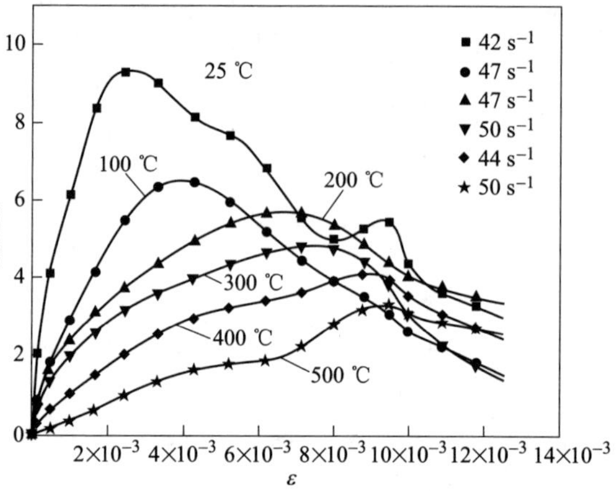

图 5-22 高温后煤岩冲击载荷下的应力-应变曲线

B 温度对峰值应力的影响

高温与冲击载荷耦合作用下煤岩峰值应力的变化如图 5-23 所示。与环境温度和静载荷条件相比，冲击载荷的峰值应力从 5. 136 MPa 上升到 9. 377 MPa，呈上升趋势。当温度达到 100 ℃时，峰值应力为 6. 597 MPa，比 25 ℃降低了 30%；在 100 ~ 400 ℃，峰值应力分别为 6. 597 MPa、5. 884 MPa、5. 184 MPa 和 4. 457 MPa，线性下降 11%。当温度超过 400 ℃时，下降速度略有减慢。在 500 ℃的温度下，峰值应力仅为 4. 162 MPa，比 25 ℃降低了 56%。

C 温度对峰值应变的影响

峰值应变与温度的关系如图 5-24 所示。在 25 ℃温度下，煤岩在冲击载荷下的峰值应变为 2. 05×10^{-3}，仅为静载荷条件下的 15%。当温度达到 100 ℃时，峰值应变为 3. 834×10^{-3}，比 25 ℃增加了 87%。从 100~200 ℃，峰值应变从 3. 834×10^{-3}突然增加到 8. 224×10^{-3}，增加了 115%。当温度为 200~500 ℃时，峰值应变的增长率为 20%，然后保持较低的增长率 3. 6%或 3. 1%。

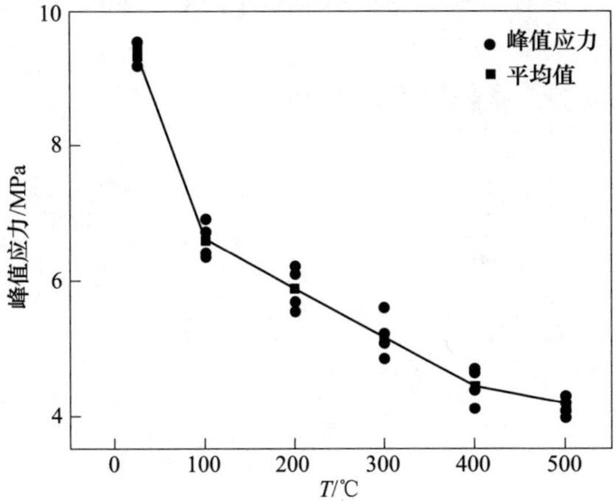

图 5-23 峰值应力与温度的关系

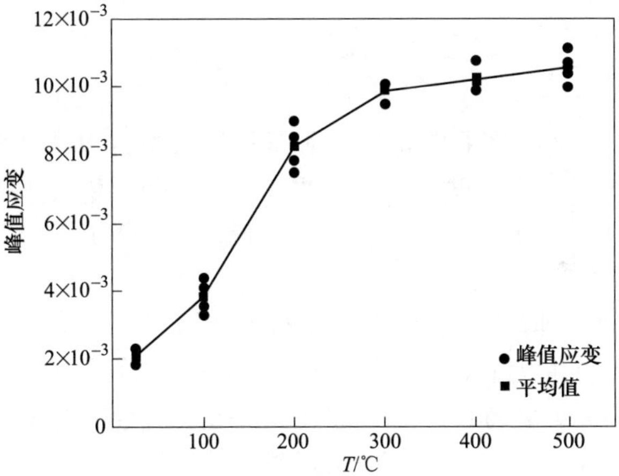

图 5-24 峰值应变与温度的关系

D 温度对弹性模量的影响

弹性模量是测量弹性变形阻力能力的重要指标。在实际工作中，通常用初始弹性模量、切线弹性模量和割线弹性模量来表示岩石的变形特性。由于试样抗压强度低，应力-应变曲线的变化呈波动和非线性，曲线的斜率随应力的增加而减小，因此弹性模量值与参考点的选择密切相关。在本研究中，弹性模量是指在应力-应变曲线的上升阶段中，抗压强度的 40% 和 60% 所对应的斜率。计算公式如下：

$$E_C = \frac{S_2 - S_1}{\varepsilon_2 - \varepsilon_1} \tag{5-1}$$

式中，下标 1 和 2 分别对应应力-应变曲线的 $0.4\sigma_0$ 和 $0.6\sigma_0$ 两点；S 为轴向应力；ε 为轴向应变。

弹性模量与温度的关系如图 5-25 所示。

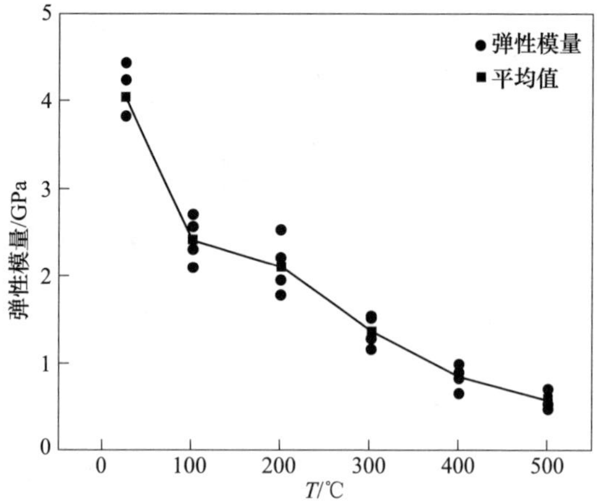

图 5-25　弹性模量与温度的关系

与环境温度和静载荷条件相比，动态弹性模量为 0.410～4.059 GPa。与 25 ℃相比，在 100 ℃的温度下，弹性模量为 2.406 GPa，下降了 40.7%。在 100～200 ℃的温度范围内，下降速率明显减慢，仅下降了 11.88%。当温度分别为 200 ℃、300 ℃、400 ℃时，弹性模量分别为 2.121 GPa、1.385 GPa 和 0.855 GPa，呈线性下降 35%。当温度超过 400 ℃时，下降速度再次减慢。在 500 ℃的温度下，弹性模量仅为 0.611 GPa，比 25 ℃下降了 85%。根据弹性力学理论，煤岩的动态弹性模量与其密度、纵波速、泊松比有直接关系，计算公式为：

$$E_d = \frac{(1+\mu)(1-2\mu)}{1-\mu}\rho v_p^2 \tag{5-2}$$

式中，E_d 为理论计算得到的动态弹性模量；ρ 为密度；v_p 为纵波速；μ 为泊松比。

本研究中，根据煤岩体的矿物组成和生产过程，泊松比为 0.25。相对弹性模量可以通过理论计算和应力-应变曲线计算两种方法得到。图 5-26 中比较了两个计算结果。两种方式得到的动态弹性模量随温度升高而不断下降，但理论计算得到的相对弹性模量的下降率高于应力-应变曲线计算率，说明高温处理后煤岩的物理力学性质变化较大，特别是物理性质的变化更加极端。此外，理论计算得到的弹性模量是在理想条件下，与实际相比的一些误差可能是两种结果差异的另一个原因。

下面结合实验得到的结构特征、矿物组成和微观结构的变化，结合各条不同的力学性能实验曲线，分析其动态力学特性，探讨高温处理后煤岩失效的本质。

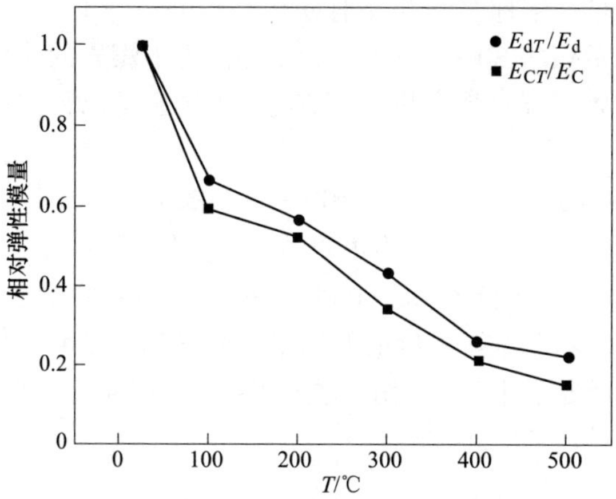

图 5-26 相对弹性模量与温度的关系

在冲击载荷作用下，试样不能及时变形，晶体颗粒保持惯性，孔隙较致密。此时，峰值应力增大，峰值应变减小，当存在限制压力时，横向应变受到严重限制，冲击速度越大，限制程度越大。另外，由于冲击载荷的快速发展，应力-应变曲线将缺乏微裂隙闭合阶段，弹性变形阶段的斜率将高于静载荷阶段。

煤岩是一种孔隙度高、密度低的材料。当从 25 ℃加热到 100 ℃时，试样的密度明显下降。这是因为孔隙中存在的大量自由水蒸发成水蒸气，原来的裂缝膨胀。由于孔隙度的增加和完整性的破坏，煤岩的峰值应力随温度的升高而急剧降低。同时，纵波速度和弹性模量也随温度的升高呈下降趋势，因为空气中的超声波速度远慢于固体或液体介质。当温度达到 100~200 ℃时，游离水完全流失，矿物颗粒膨胀。同时，煤颗粒的变形产生了一些热解气体。热解气的产生降低了煤岩的质量，裂缝的数量明显增加，这可能会略微加快纵波速和弹性模量的减小速度。由于线膨胀系数的不同，矿物颗粒之间会有一个结合力，一些变形大的颗粒被压缩，另一些变形小的颗粒被拉伸，这在它们之间产生热应力。在这些因素的相互作用下，纵波速和弹性模量保持缓慢减小，峰值应力持续上升，峰值应变显著增大。

在高温下（超过 200 ℃），热膨胀间隙增大，结构的热应力起主导作用，表明温度具有削弱岩石的作用。但是，试样的失效过程是渐进的，因此纵波速、弹性模量和峰值应力保持线性减小。随着煤岩体产生变形，其内部结构逐渐被破坏，峰值应变仍随温度的升高而缓慢增大，其强度没有降低到零。

在高温和冲击载荷耦合作用下，煤岩的热损伤可以用其弹性模量来确定，计算公式为：

$$D(T) = 1 - E_T/E_0 \tag{5-3}$$

式中，E 为弹性模量；下标 T 和 0 分别对应于 T 和 25 ℃两个温度。

将弹性模量值放入等式中，可以得到不同温度下煤岩的热损伤。热损伤随温度的升高而不断增加，通过拟合热损伤值的散点图，可以得到煤岩热损伤随温度变化的方程：

$$D(T)=b_1+b_2T+b_3T^2=-0.0017+0.00322T-3.08225\times10^{-6}T^2 \quad (5\text{-}4)$$

式中，T 为加热温度；b_1、b_2、b_3 为煤岩的材料参数。

煤岩的完整性、孔隙度和含水饱和度系数可以用损伤变量来表示。从式（5-4）和图 5-27 可以发现，热损伤随温度的升高呈线性增加，说明煤岩内部结构受到高温的逐渐破坏。在低温条件下，损伤的增加率高于在高温条件下，这主要是因为试样的内部结构已经受到了严重的破坏。

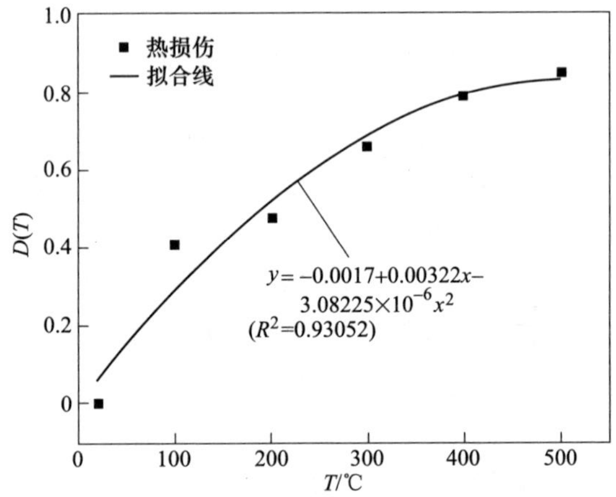

图 5-27　热损伤与温度的关系

5.2.2.3　冲击失效的能量分布

根据一维应力波理论和能量守恒定律，当入射杆受到子弹的冲击时，能量会以波的形式在弹性杆中传播。由于样品与弹性杆的波阻抗不同，应力波在传播到弹性杆与样品的接触面时，会发生透射和反射，剩余的能量会耗散在岩石破碎的过程中。通过入射应力可以计算出入射能、反射能和透射能。由于样品的两端都有油脂，因此样品和弹性杆之间的摩擦可以忽略不计（也就是说，能量损失可以忽略）。

岩石破碎能量约占总能量的 95%，其余两种能量小于 5%；可以将样品的吸收能量近似为岩石破碎的总耗散能。在冲击破坏过程中，单位体积岩石样品 SEA 定义如下：

$$SEA=\frac{E_A}{V_0} \quad (5\text{-}5)$$

式中，*SEA* 为比能量吸收值；E_A 为吸收能；V_0 为样品体积。

对动平衡法的结果进行验证，消除无法达到应力平衡的实验数据。根据能量计算公式，分别计算出煤岩在高温下暴露时的入射能、反射能、透射能、吸收能和 *SEA*。表 5-3 显示了实验过程中能量随温度的变化。

表 5-3 实验过程中能量随温度的变化

T/℃	样品	入射能 E_I/J	反射能 E_R/J	透射能 E_T/J	吸收能 E_A/J	SEA/J · cm^{-3}
25	A1	38.77	25.28	10.37	3.12	0.0406
	A3	43.52	28.30	11.79	3.43	0.0438
	A4	39.86	25.88	10.83	3.15	0.0384
	A5	46.65	30.18	12.57	3.90	0.0491
	平均值	42.20	27.41	11.39	3.40	0.0430
100	B1	40.12	28.86	5.42	5.84	0.0710
	B2	39.66	28.58	5.26	5.82	0.0713
	B3	41.23	29.69	5.57	5.97	0.0687
	B6	38.15	27.51	5.23	5.41	0.0639
	平均值	39.79	28.66	5.37	5.76	0.0687
200	C2	38.78	29.51	3.59	5.68	0.0681
	C4	41.23	31.45	3.86	5.92	0.0709
	C5	39.69	30.16	3.92	5.61	0.0711
	C6	40.46	30.12	3.99	6.35	0.0780
	平均值	40.04	30.31	3.84	5.89	0.0720
300	D1	42.11	32.85	1.35	7.91	0.0957
	D2	39.76	31.23	1.17	7.36	0.0882
	D3	43.03	33.56	1.29	8.18	0.1016
	D5	38.46	30.44	1.07	6.95	0.0820
	平均值	40.84	32.02	1.22	7.60	0.0917
400	E1	43.43	34.76	1.08	7.59	0.0916
	E3	42.17	33.64	1.05	7.48	0.0923
	E4	41.88	33.51	1.04	7.33	0.0854
	E5	44.68	35.69	1.15	7.84	0.0938
	平均值	43.04	34.40	1.08	7.56	0.0907
500	F3	41.26	34.18	0.39	6.69	0.0828
	F4	43.15	35.83	0.47	6.85	0.0884
	F5	40.87	34.04	0.38	6.45	0.0756
	F6	42.80	35.35	0.44	7.01	0.0851
	平均值	42.02	34.85	0.42	6.75	0.0828

A　冲击失效过程中能量的变化

在动态加载过程中，应力波持续时间对岩石的冲击破坏和能量耗散有一定的影响。图 5-28 显示了不同温度条件下的能量-时间曲线。可以看出，在初始加载阶段，所有的能量都随着应力波持续时间的增加而迅速增加；当加载时间达到 150 μs 左右时，生长速度迅速减慢，能量接近最大值。在相同载荷条件下，系统的入射能相等；反射能所占比例最大，超过总入射能的 60%以上；透射能和吸收能量的值较小。随着温度的升高，反射能和吸收能呈增加趋势，透射能继续减少。

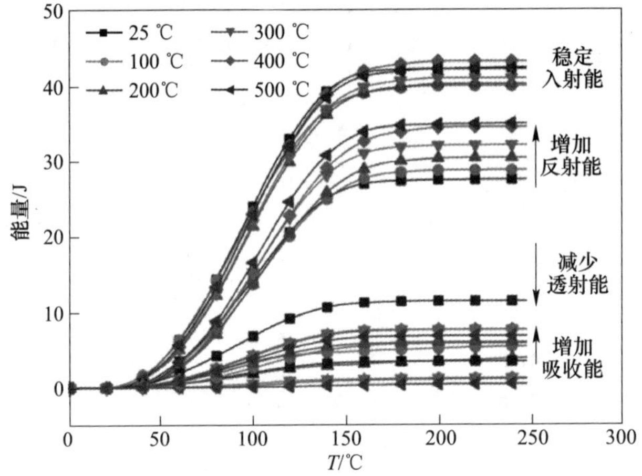

图 5-28　冲击载荷作用下能量的时间曲线

为了进一步分析温度对能量耗散的影响，图 5-29 显示了冲击载荷过程中能量随温度的演化曲线。可以看出，当样品处于自然状态时，反射能为 27. 41 J，占总入射能的 65%；透射能和吸收能分别为 11. 39 J 和 3. 40 J，分别占总入射能的 27%和 8%。随着温度增长，反射能不断增加，而透射能和吸收能则表现出相反的变化。在 25 ~ 100 ℃ 的温度下，透射能迅速减少，而吸收能迅速增加。100 ℃后，吸收能大于透射能，剩余值分别为 5. 76 J 和 5. 37 J，分别占总入射能的 14. 4%和 13. 4%。随后吸收能和透射能的变化随温度的变化而减慢。当温度达到 500 ℃时，反射能增加到 34. 85 J，占总入射能的 83%；吸收能增加到 6. 75 J，占总入射能的 16%；而透射能的值仅为 0. 42 J，占总入射能的 1%。

能量变化的原因如下：煤岩样品内部存在大量裂缝和空隙，导致密度低，波阻抗远小于弹性波阻抗。当入射波到达样品和弹性杆的边界时，大部分入射波会被反射回来，这也是反射能占入射能 60%以上的主要原因。当将样品从室温加热到 100 ℃时，样品内部的水分会蒸发成蒸汽。蒸汽的逸出导致原始裂纹膨胀，样品密度降低、波阻抗降低，应力波反射率增加、透射率降低。同时，能量耗散过

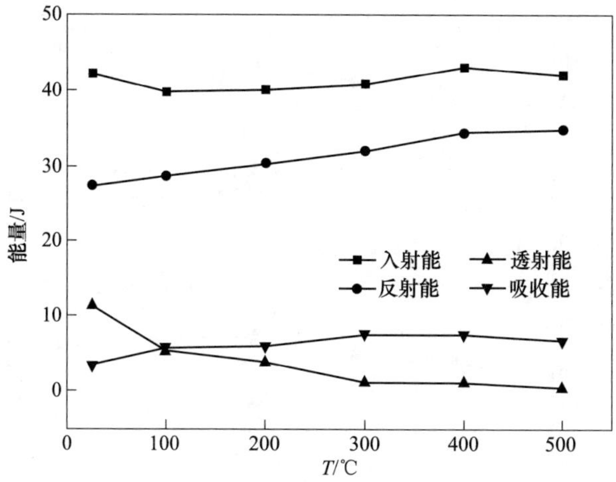

图 5-29 不同温度下能量的演化

程中涉及的新裂纹和大量缺陷表面使样品的吸收能迅速增加。当温度超过 100 ℃时，样品内部的水分完全消失，矿物颗粒加热后膨胀。由于颗粒间线膨胀系数不同，因此样品中会产生结构热应力，压缩裂纹，减少裂缝，改善矿物颗粒之间的接触关系，减缓煤岩波阻抗的下降速率。

B 能量耗散率

煤岩试样的整个破坏过程伴随着能量耗散和损耗，岩石破碎所用的实际能量占较小比例。岩石样品属于非均质材料，尤其是煤岩。煤岩样内部存在许多缺陷，如微裂纹、裂纹、孔隙，同时岩样和弹性棒还存在密度差、波阻抗差等，因此弹性杆与岩样之间传递的能量分解为反射能（波通过不同的介电界面，形成反射波；反射能以反射波的形式存在）、透射能（波通过岩样，形成；传递能以传递波的形式存在）、吸收能（在通过岩石样品的过程中，这种能量用于岩石破碎）和其他耗散能（如样品和杆之间的部分耗散能）。

由于试样两端存在润滑，因此本研究认为其他能量耗散很小，不需要考虑能量的损失，通过计算可得反射能、透射能、吸收能和总入射能的能量比，如图 5-30 所示。

如图 5-30 所示，在 400 ℃之前，能量反射率和吸收率均在上升；在 400 ℃之后，在整个实验温度范围内，能量反射率持续上升，而吸收率下降，能量传递率下降，能量反射率远远大于其他两种能量耗散率。在常温下，能量反射率达到 65%，当温度为 500 ℃时，能量反射率达到 83%，占主要部分。在实验过程中，煤岩样品中同时含有水泥、煤颗粒、水和空气，导致岩体内的介质不同。由于内部存在许多微裂缝和微孔，因此样品密度较低。杆材和试样在密度和波阻抗上也有所不同。

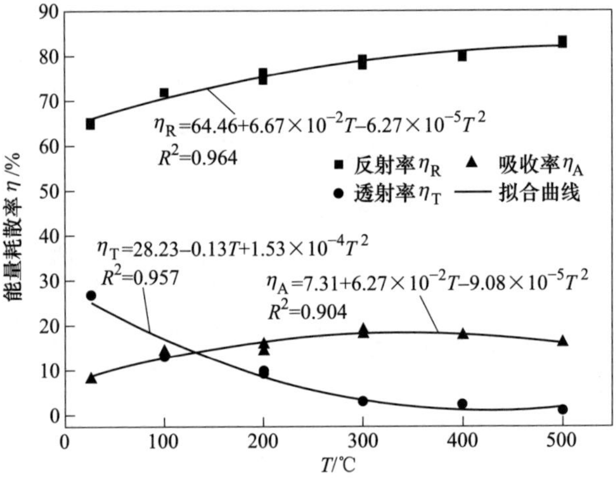

图 5-30　能量耗散率随温度的变化

大量的介质界面使得在传播过程中，大部分入射波反射回入射端，大部分能量以反射波的形式耗散，因此反射能占能量的大部分。随着温度的升高，煤岩内部初级裂纹和孔隙膨胀，以及新裂纹产生，形成了越来越多的界面，能量反射率逐渐增加。当温度达到 500 ℃时，能量反射率高达 83%。随着温度的升高和颗粒间线膨胀系数的差异，样品内部的裂纹和孔隙数量仍在增加，但仍存在少量的初级裂隙和孔隙闭合。为了使煤岩样品发生宏观破坏，需要有更多的裂纹和孔隙参与，因此煤岩样品需要吸收更多的能量。经过 400 ℃后，煤岩样品被破坏，随着温度的升高，只要吸收少量的能量试样就会破坏，因此能量耗散后能量吸收率降低。

为了得到能量耗散率与温度之间的定量关系，采用二次函数对实验数据进行了拟合。拟合所得公式如下：

$$\begin{cases}\eta_R = 64.46 + 6.67 \times 10^{-2}T - 6.27 \times 10^{-5}T^2 \\ \eta_T = 28.23 - 0.13T + 1.53 \times 10^{-4}T^2 \\ \eta_A = 7.31 + 6.27 \times 10^{-2}T - 9.08 \times 10^{-5}T^2\end{cases} \tag{5-6}$$

式（5-6）可以很好地描述常温~500 ℃范围内能量耗散和温度的演化的关系。

C　温度与 *SEA* 之间的关系

样品内部裂缝的量和样品失效的表面面积可以直接用岩石吸收的能量来表示。图 5-31 所示为煤岩样品的 *SEA* 与温度之间的演变曲线。从图中可以看出，在不同温度条件下，煤岩样品的 *SEA* 在 0.04~0.1 J/cm³，随着温度的升高，演化可分为四个不同的阶段。

第Ⅰ阶段，在温度为 25~100 ℃时，*SEA* 从 0.043 J/cm³ 迅速增加到 0.069 J/cm³，增长率为 60%。这一阶段 *SEA* 增加的主要原因是样品内部的水分蒸发和孔隙度的增加导致了裂纹和破坏的表面面积的增加。

第Ⅱ阶段，在温度为 100~200 ℃时，*SEA* 的上升速率显著降低。*SEA* 从 0.069 J/cm³ 增加到 0.072 J/cm³，增长率仅为 3%。这是因为矿物颗粒的线膨胀系数不同，使样品内部的结构热应力起主导作用，颗粒间接触关系改善，裂纹闭合，从而抑制了能量的吸收。

第Ⅲ阶段，在温度为 200~300 ℃时，*SEA* 从 0.072 J/cm³ 增加至 0.092 J/cm³，增长率为 28%。吸收能增加的主要原因是，在高温条件下，矿物颗粒迅速膨胀，结构热应力的影响不再明显，出现了一些新的裂纹。在这个高温阶段，煤岩中的一些有机物逐渐分解为热解气，热解气的产生再次导致样品内裂纹膨胀，损伤增加。

第Ⅳ阶段，在温度为 300~500 ℃时，*SEA* 不再随温度升高而持续升高，而是呈下降趋势，从 0.092 J/cm³ 下降到 0.083 J/cm³，下降率为 9.8%。造成这一现象的主要原因是煤岩样品在高温条件下的力学性能会发生严重的退化。这个阶段的能量主要是被反射出来，而不是用来破碎岩石。

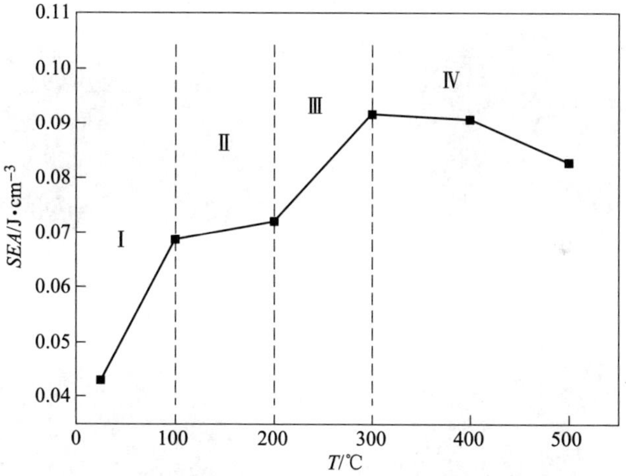

图 5-31 *SEA* 与温度之间的关系

D 基于能量耗散规律的煤岩样品失效模式及机理

冲击载荷作用下岩石的断裂破坏是能量吸收和耗散的过程。研究煤岩在高温条件下破坏模式的演化规律，有利于分析温度和能量吸收对其破坏模式的影响。如图 5-32 所示，从破碎形态开始，随着温度的升高，样品的主要失效模式发生了变化：碎片尺寸大大减小，更加均匀；粉末颗粒量增加，温度效应明显。在 25~200 ℃的温度下，存在失效后与样品长度相等的块，同时伴有一些带筒，此阶段主要失效方式为拉伸断裂，但温度效应产生一定程度的失效；由于结构热应力效应，试样基本保持完整状态，表面缺陷和能量吸收减少，因此本阶段产生的粉末颗粒较少。当温度达到 300 ℃时，样品被损坏成多个均匀的锥形碎片；破碎块的尺寸显著减小，粉末颗粒的数量增加。在此阶段，结构热应力作用减弱，热损伤增大；样品在冲击加载过程中吸收更多的能量，同时由于样品强度下降，端部效应明显，导致样品剪切破坏。在 400 ℃下，煤岩仍具有一定的强度，但在高温下，内部裂纹发育良好，热损伤大，样品变得非常松散；在这种情况下，只有吸收能少，才能形成整体破碎状态。在 500 ℃下，热损伤是导致样品失效的主要原因；即使吸收的能量很少，样品也会被破坏成均匀的粉末。

图 5-32　不同温度下煤岩的破坏模式

(a) T=25 ℃，SEA=0.0430 J/cm^3；(b) T=100 ℃，SEA=0.0687 J/cm^3；(c) T=200 ℃，SEA=0.0720 J/cm^3；(d) T=300 ℃，SEA=0.0917 J/cm^3；(e) T=400 ℃，SEA=0.0907 J/cm^3；(f) T=500 ℃，SEA=0.0828 J/cm^3

（扫描书前二维码看彩图）

E　讨论

众所周知，波在杆状体和样品中的传播过程中存在能量耗散。杆是一种致密均匀的材料，波在杆的传播中损失能量。其他能量耗散主要是样品与杆之间的比例产生的能量耗散，且量较小。许多学者认为，这个数额可以忽略不计。然而，这个数量在实验中达到了什么程度，真的可以忽略吗？通过能量耗散率的描述和利用二次函数拟合来量化能量耗散率，得到当室温控制在 500 ℃时，拟合曲线可靠性高，可靠性系数大于 0.9。

为了量化其他能量耗散率，本研究采用数学反演方法计算了温度在 25~500 ℃的其他能量耗散率的值。反演公式如下：

$$100\% = \eta_A + \eta_R + \eta_T + \eta_O \tag{5-7}$$

式中，η_A 为能量吸收率；η_R 为能量反射率；η_T 为能量透射率；η_O 为其他能量耗散率。

改变公式形式，可以得到其他能量耗散率的计算公式：

$$\eta_O = 100\% - (\eta_A + \eta_R + \eta_T) \tag{5-8}$$

图 5-33 显示了其他能量耗散率随温度的变化，这是通过反演的方法计算出来的。从图中可以很容易地注意到其他能量耗散率非常小；最大值是 0.195%，最大值只有 0.605%。虽然样品两端的能量耗散率较小，但可以间接地反映出样品两端随温度升高的能量耗散率的巨大变化。在常温下，样品的两端和表面均较粗糙，表面无明显裂纹；在实验中，因素耗散的能量较小；也就是说，其他能量耗散率最小。当温度升高到 500 ℃时，水蒸气溢出，热应力使微裂纹和空隙膨胀，在表面产生裂纹。矿物颗粒具有不同的线膨胀系数，这使得样品的两端严重不均匀。所有这些因素都使样品与条形图之间的比例增加。因此，在 500 ℃时，其他能量耗散率最大。

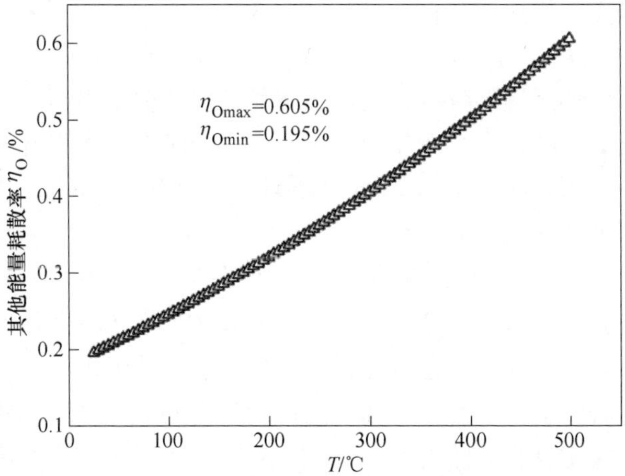

图 5-33 其他能量耗散率与温度之间的关系

5.3　高温含充填裂隙岩石动态压缩力学性质

随着与高温岩石相关的人类工程活动的拓展，考虑研究含有裂缝填料的岩石或岩石样材料的动态力学性能和温度断裂特性将是有意义的。然而，相关的研究很少被报道。在本研究中，将红砂岩加工成单个裂缝角度从0°~90°的试样，然后填充水泥。所有试样将在25 ℃、200 ℃、400 ℃、600 ℃和800 ℃下进行热处理，并在热处理前后使用高精度电子天平、游标卡尺、波速计和XRD测量密度、大小、波速和矿物组成的变化。用集成了高速摄像机的改进的SHPB仪器对样品的动态强度和损伤信息进行测试和记录。同时，利用扫描电镜对样品的微观损伤特性进行测试。此外，还分析热损伤与断裂模式之间的关系，并详细讨论试件内应力波的传递规律。

5.3.1　实验材料与实验方法

5.3.1.1　试样特征与试样制备

本研究采用各种工程岩体中常见的均质红砂岩，其在长沙地区广泛存在。砂岩未风化，结构完整，无裂缝和节理，纹理相当均匀，密度为2.65 g/cm^3。用X射线衍射仪对红砂岩的矿物组成进行了分析，红砂岩中的主要矿物为石英（43.7%）、长石（32.4%）、方解石（13.8%）、绿泥石（4.2%）、云母（3.9%）和赤铁矿（2%）。

根据国际岩石力学学会（ISRM）推荐的岩石动态力学测试程序，红砂岩试样长径比为1∶1，是直径为50 mm的圆柱形样品[4]。所有的试样都经过精心的研磨和抛光，目的是使表面粗糙度小于0.02 mm，端面相对于轴线的垂直度小于0.001 rad。在静态单轴压缩条件下，长径比为2∶1的完整岩石和填料的应力-应变曲线如图5-34所示。可以看出，砂岩的应力-应变曲线可分为压缩、弹性、塑性和损伤阶段，填料无塑性阶段，表现出明显的脆性剪切损伤。

为了研究温度对动态力学性能的影响，采用金刚石线加工含有预制裂缝填充的红砂岩。裂缝长15 mm、宽1.2 mm（误差不超过0.02 mm），裂缝的4个角分别为0°、30°、60°和90°，如图5-35所示。

预制的填料由CA-50（铝酸钙水泥，化学成分：$50\% \leqslant w(Al_2O_3) < 60\%$，$w(SiO_2) \leqslant 9.0\%$，$w(Fe_2O_3) \leqslant 3.0\%$，$w(S) \leqslant 0.2\%$，$w(Cl^-) \leqslant 0.06\%$）和纯净水按1∶0.44的比例组成。填充物的制备方法如下：采用比例混合水泥和振动装置消除气泡，然后使用注射器将混合物注射到裂缝中。裂隙中的混合物在6 h内凝固后，将含有填充料的试样放置在20 ℃、湿度为95%的养护箱中，连续放置28 d。由于CA-50的早期强度性能较强，固化48 h后，强度可达到90%。铝酸钙水泥是具有良好的抗高温和热干扰的材料，当氧化铝含量超过40%时，混凝土的

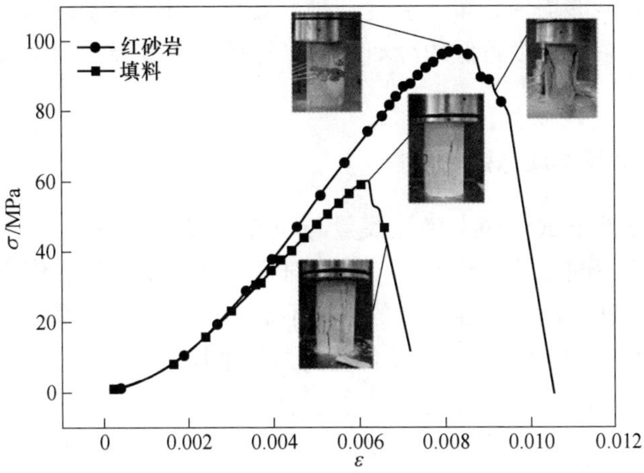

图 5-34 静态单轴压缩作用下完整红砂岩和填料的应力-应变曲线

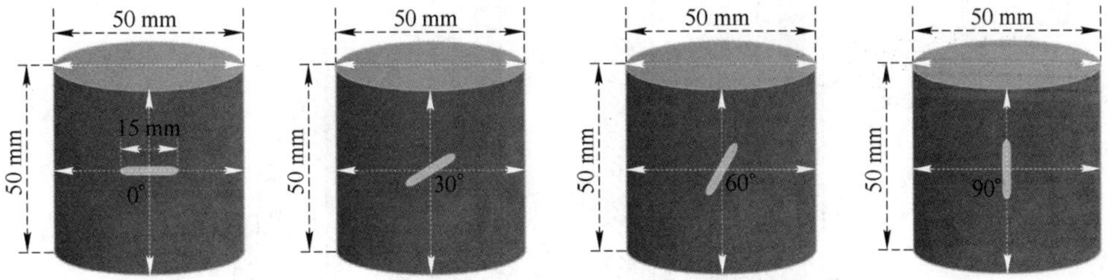

图 5-35 不同角度含有单一预制填方裂隙的红色砂岩

耐热近似温度极限可达到 1100 ℃以上[5]。红砂岩和填料固化 28 d 后的基本物理力学参数见表 5-4。

表 5-4 红砂岩和填料固化 28 d 后的基本物理力学参数

类型	密度 ρ/g · cm^{-3}	波速 V_p/m · s^{-1}	弹性模量 E/GPa	泊松比 μ	强度/MPa
红砂岩	2.52	4046.33	16.03	0.30	97.59
填料	1.94	3698.80	11.84	0.20	60.28

5.3.1.2 实验装置与实验流程

实验流程主要分为三个部分：分别采用高精度电子游标卡尺、电子天平、波速计和 XRD 收集数据；采用改进的 SHPB 测试系统获得动态断裂信息；扫描电镜测试获取微观信息。

5.3.1.3 热处理

热处理分为 4 个温度梯度，分别为 200 ℃、400 ℃、600 ℃和 800 ℃。再将一组在室温（25 ℃）下未加热的样品作为参照组。采用 2 min/℃的加热速率，使样品中的温度能够均匀分布，在达到预期温度后还需要保持 2 h[6]。随后，关闭马弗炉的加热系统，以较低的冷却速率将样品的温度降低到室温，以避免热冲击的损坏。

5.3.2　热处理样品的动态弹性模量

不同温度条件下试样动态弹性模量与填充角度的关系如图 5-36 所示。可以清楚地看出，在不同的填充角度下，温度对样品弹性模量的负作用是一致的。也就是说，填充角度对动态弹性模量的影响不显著。动态弹性模量下降最大的温度范围在 400~600 ℃之间，不同填充角度的试样平均下降 57.91%（相比 400 ℃）。

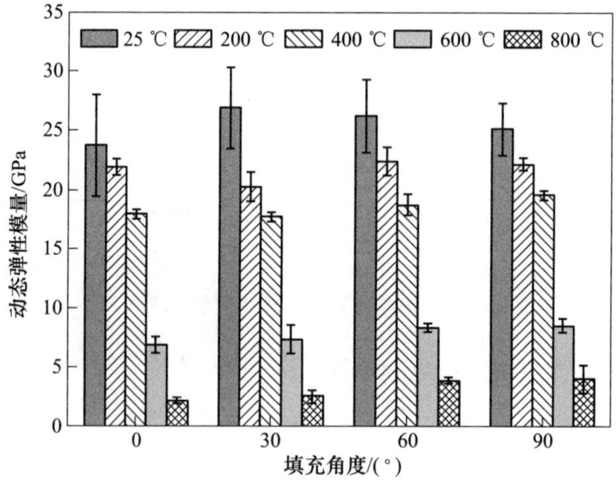

图 5-36　不同温度水平下的动态弹性模量与填充角度的直方图

5.3.3　动态抗压强度

本实验采用的冲击气压分别为 0.45 MPa、0.5 MPa 和 0.55 MPa，因为 SHPB 实验中的目标应变率一般是通过恒定的冲击气体压力或冲击速度来调试得到的。在此条件下，对经过热处理的含不同角度填料的红砂岩的动态抗压强度进行分析。图 5-37 显示了 5 个温度水平下含不同角度填充的红砂岩对应的代表性峰值应力-应变率曲线。一般而言，温度对试样强度有明显的劣化效应，在相同的冲击气压条件下（0.45 MPa、0.5 MPa 和 0.55 MPa），600 ℃时 0°、60°和 90°的峰值应力相较于 25 ℃平均下降 37.01%、34.45%和 34.38%。因此，可以将 600 ℃作为峰值应力的温度阈值。一个有趣的现象不容忽视，即试样的峰值应力在 200 ℃时高于 25 ℃时。这一现象可归因于在 200 ℃时，砂岩内自由水的蒸发和矿物颗粒的热膨胀，导致自由水原来存在的通道，以及其他初级和次生孔隙和裂缝关闭。然而，在吸水后，它是可逆的。同时，从图 5-38 中也可以看出，试样的强度表现出明显的应变率强化效应，即峰值应力随应变率的增大而增大。从填充角度 α 看，$\alpha=0°$时最为明显，其次是 30°、90°和 60°。另外，温度对应变速率强化效应也有显著影响，这体现在峰值应力-应变速率曲线的斜率随温度的升高而减小，特别是当温度超过 600 ℃时。

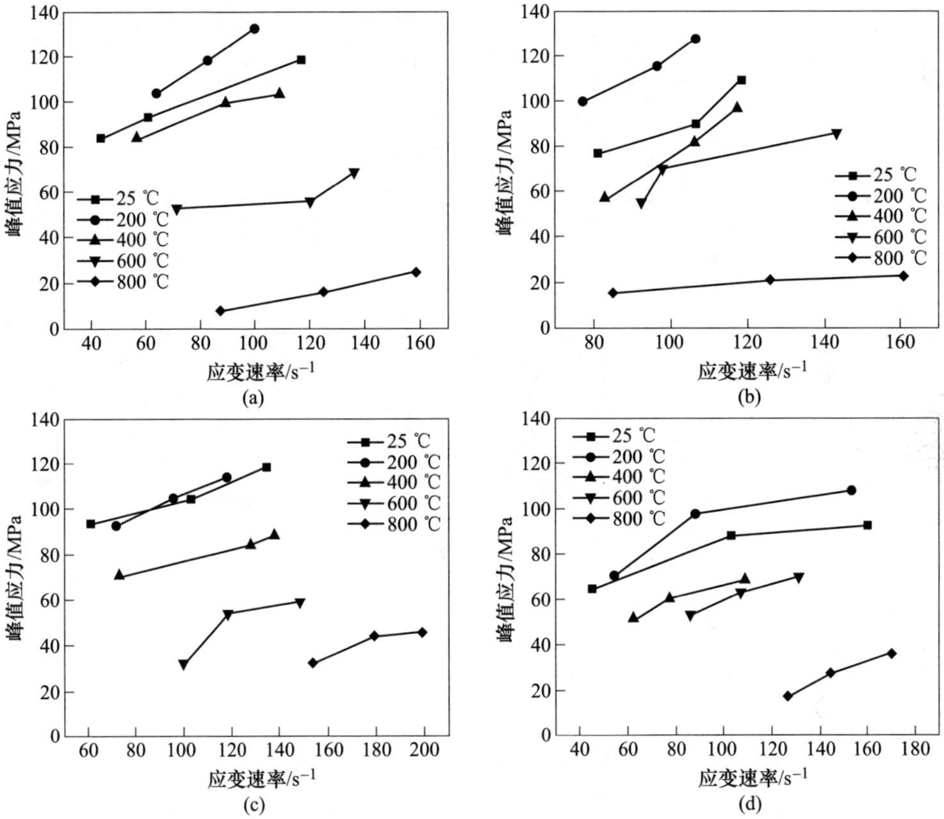

图 5-37 不同温度处理后的含不同角度充填裂隙红砂岩峰值应力-应变速率曲线

（a）$\alpha=0°$；（b）$\alpha=30°$；（c）$\alpha=90°$；（d）$\alpha=60°$

图 5-38 显示了在 5 个温度和 3 个冲击气压条件下，试样的动态抗压强度与填充角的曲线。在 25 ℃时，充填角对试样动态抗压强度的影响表现为随角度的增加先减小后增大的模式，在 $\alpha=60°$时达到最小值。这种类似的模式可以在 200 ℃和 400 ℃时一致观察到，但这两个温度下在 $\alpha=0°$时达到最大值。出乎意料的是，在 600 ℃时呈现出与 600 ℃前相反的模式，即动态抗压强度随着填充角的增加先增大后减小，在 $\alpha=30°$和 $\alpha=90°$时分别出现最大值和最小值。此外，当温度达到 800 ℃时，试样的动态抗压强度随着填充角的增加而增大，在 $\alpha=0°$和 $\alpha=90°$处分别达到最小值和最大值。

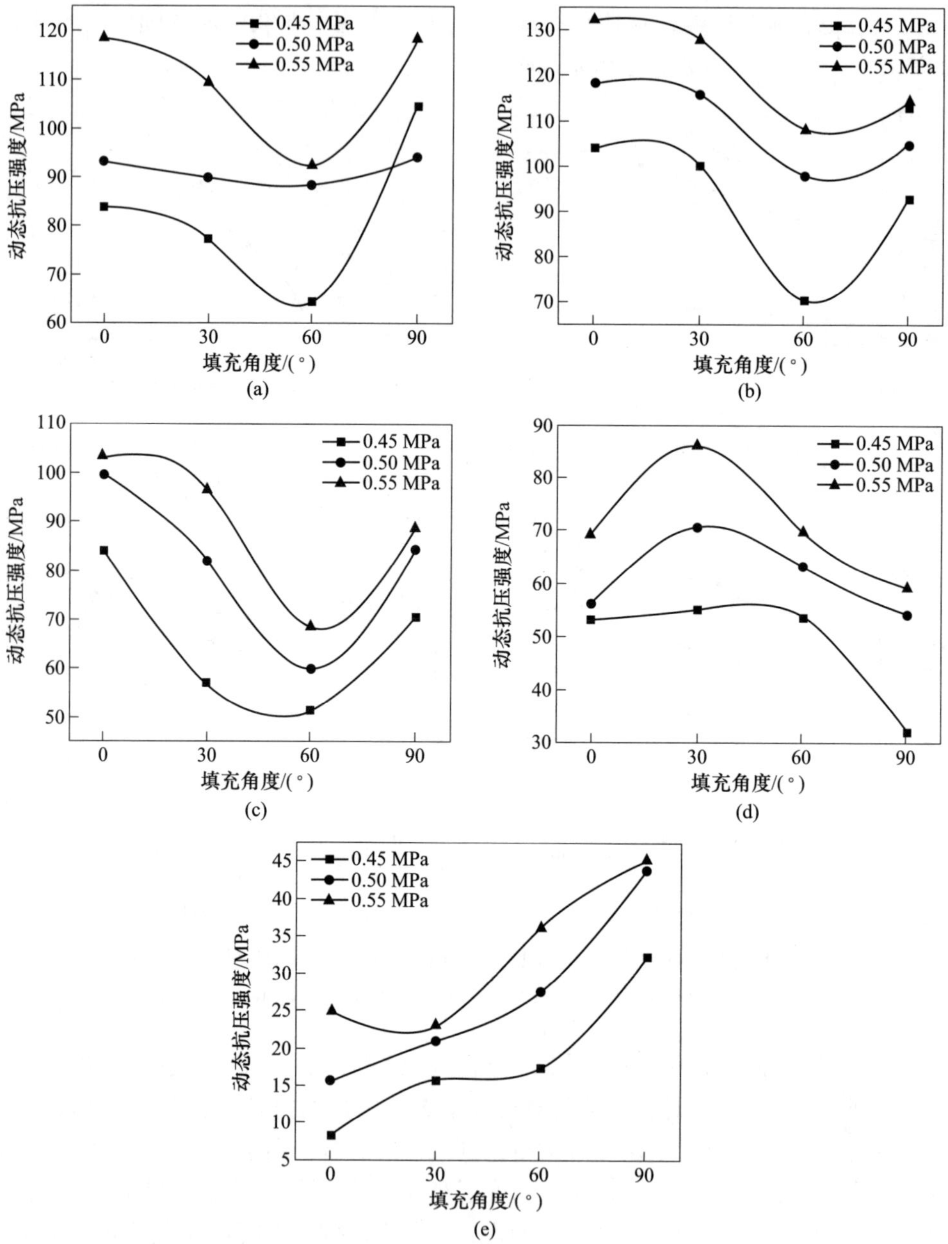

图 5-38　5 种温度和 3 种冲击气压条件下试样的动态抗压强度与填充角曲线

(a) T=25 ℃；(b) T=200 ℃；(c) T=400 ℃；(d) T=600 ℃；(e) T=800 ℃

5.3.4 损伤和裂纹演化模式

人们普遍认为，岩石的强度是由加载过程中裂缝的产生、传播和聚结所决定的[7]。本研究采用高速相机（每秒 36000 帧）记录试样破坏过程中裂缝的起始序列、模式和演化路径，如图 5-39 所示[8]。典型裂纹的发生机制主要分为张拉、剪切、拉-剪切组合三类。基于此机理，在图 5-39 中可以观察到 7 种特定的裂纹演化模式。本研究中试样的动态裂纹演化模式也主要可以用 7 种模式来描述。

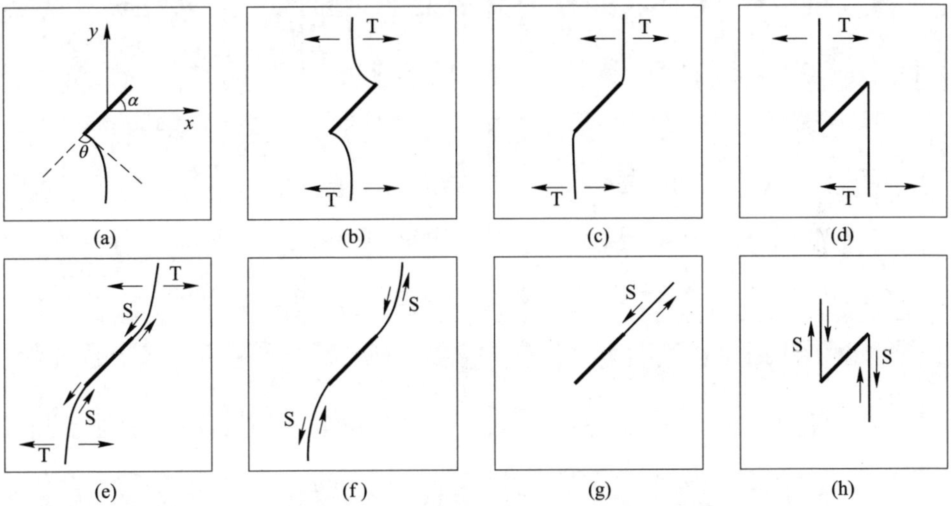

图 5-39 典型预制裂纹的演化模式[8]

(a) 裂纹起始角 θ；(b) 模型 1 T1；(c) 模型 2 T2；(d) 模型 3 T3；
(e) 模型 4 TS；(f) 模型 5 S1；(g) 模型 6 S2；(h) 模型 7 S3

同时，由高速摄像机捕获的样品动态失效过程的 4 组选定照片如图 5-40 所示，裂纹初始阶段的相应示意图如图 5-41 所示。裂缝名称 T1-1 表示裂纹模式为 T1，如图 5-41 所示，符号“-”后的数字“1”表示试样中出现的第一个宏观裂纹。填充物用粗线标记出来，裂缝用细线标记。为了便于研究裂纹演化，表 5-5 总结了图 5-41 中的动态裂纹角的类型以及发展阶段。从表 5-5 可以看出，绝大多数的裂纹（占整个裂纹的 90%）主要出现在第一个初始裂纹，而剪切和拉伸剪切裂纹更多出现在第二和第三个初始裂纹。当 $\alpha=0°$时，T2 为第一初始裂纹的主要模式，S2 裂纹在第二、第三初始裂纹中逐渐增大，特别是在第三初始裂纹中逐渐增大。此外，温度的升高也会导致剪切裂纹的增加。当 $\alpha=30°$时，第一个初始裂纹模式为 T(25~200 ℃)、T2(400~600 ℃) 和 S1(800 ℃)，表现出显著的温度依赖性。第二和第三初始裂纹模式以 T 和 T2 为主，与第一初始裂纹模式相似。当 $\alpha=60°$时，第一、第二和第三初始裂纹模式分别以 T2、TS 和 T3 为主，没有显著的温度相关性。当 $\alpha=90^\circ$ 时，第一和第二初始裂纹模式以 T2 为主，在 600 ℃时均出现 TS 裂纹，第三个裂纹模式在 600 ℃之前持续缺失，但 S1 裂纹出现在 800 ℃处。

图 5-40　试样在不同温度下热处理后的典型失效演化模式

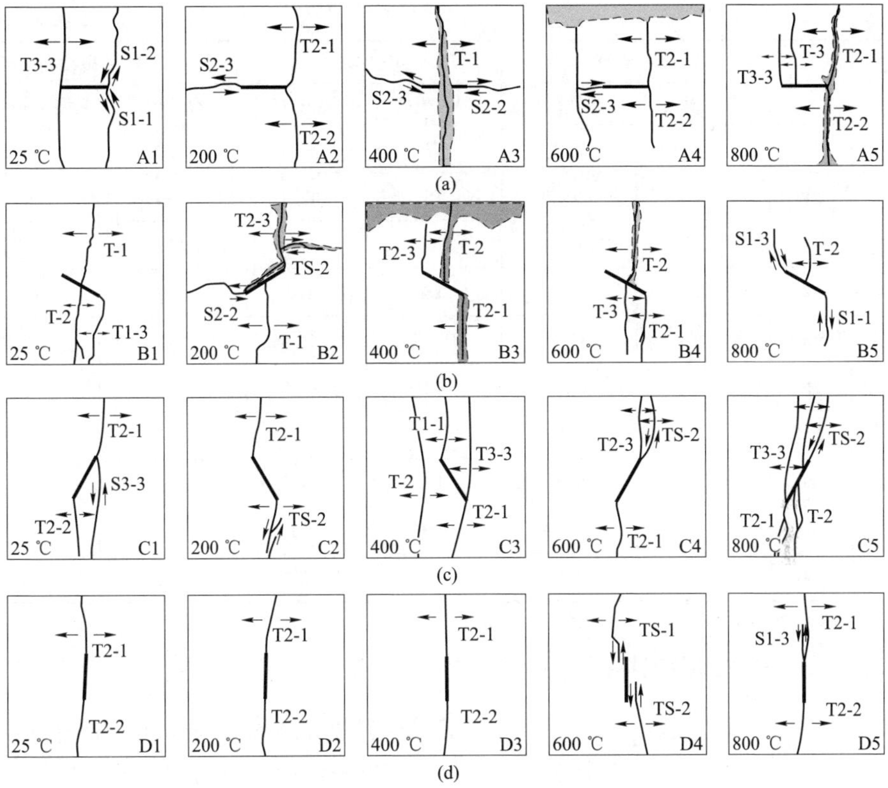

图 5-41　热处理后试样失效演化模式

（a）$\alpha=0°$；（b）$\alpha=30°$；（c）$\alpha=60°$；（d）$\alpha=90°$

表 5-5　不同温度水平下热处理后试样初始裂纹信息

α/(°)	T/℃	第一裂纹		第二裂纹		第三裂纹	
		裂纹模式	起裂角 θ/(°)	裂纹模式	起裂角 θ/(°)	裂纹模式	起裂角 θ/(°)
0	25	S1	86.8	S1	73.9	T3	−97.7
	200	T2	79.6	T2	−83.5	S2	−3.3
	400	T	103.2	S2	2.7	S2	−13.6
	600	T2	89.2	T2	−84.9	S2	19.7
	800	T2	75.6	T2	−98	T，T3	−88.5，−94.1
30	25	T	−108.6	T	−116.5	T1	−55.7
	200	T	65.7	TS，S2	65.5，−24	T2	—
	400	T2	67.2	T	−116.9	T2	68.5
	600	T2	62.8	T	−98	T	59.5
	800	S1	59.5	T	−94.3	S1	36.9

续表 5-5

α/(°)	T/ ℃	第一裂纹		第二裂纹		第三裂纹	
		裂纹模式	起裂角 θ/(°)	裂纹模式	起裂角 θ/(°)	裂纹模式	起裂角 θ/(°)
60	25	T2	26.8	T2	-46	S3	-155.3
	200	T2	-53.1	TS	47.1	—	—
	400	T1, T2	54.3, 44.1	T	90	T3	-147
	600	T2	60.5	TS	1.3	T3	50.4
	800	T2	53.2	TS, T	12.4, 48.6	T3	-148.9
90	25	T2	10.2	T2	-4.7	—	—
	200	T2	4.5	T2	-6.8	—	—
	400	T2	5.3	T2	-7.2	—	—
	600	TS	163.7	TS	-151.6	—	—
	800	T2	7.1	T2	-3.2	S1	6.1

5.3.5　试样失效的微观特征

岩石是一种典型的准脆性材料，内部存在裂隙等缺陷，当外部载荷超过裂纹膨胀的临界应力时，岩石就会断裂。此外，温度对组成岩石的矿物的理化性质均有显著影响，因此岩石材料在不同温度影响下的冲击破坏的微观特征存在显著差异。本研究采用扫描电镜技术对冲击损伤后试样的断裂进行扫描分析，以获得断裂过程中的微观断裂机理。

图 5-42 提供了不同温度下冲击后的扫描电镜照片。每个温度水平上的四张照片分别是填料与砂岩（1∶200 μm、1∶50 μm）、砂岩（1∶50 μm）和填料（1∶50 μm）之间的界面。

当比例尺为 1∶200 μm 时，可以看出砂岩裂缝的数量和类型在 25～800 ℃之间，随温度的增加，没有发现明显的裂缝。值得注意的是，伴随有机质和含水矿物的分解，随着温度的升高，砂岩的颗粒变得更加暴露。

在 1∶50 μm 的尺度下，25～800 ℃之间，可以看出填料表现为脆性断裂和断裂损伤，砂岩表现为跨晶和晶间断裂的脆性破坏。此外，由于晶粒结构和矿物组成的特点，砂岩受温度的影响明显大于充填料（CA-50）。当温度超过 600 ℃时，热应力对砂岩造成了明显的热损伤，表现为晶体表面有微裂纹，晶间裂纹和孔隙的几何尺寸增大。砂岩与填料的界面直到 800 ℃时才出现裂缝，说明在 800 ℃时，填料的黏合效应开始减弱。

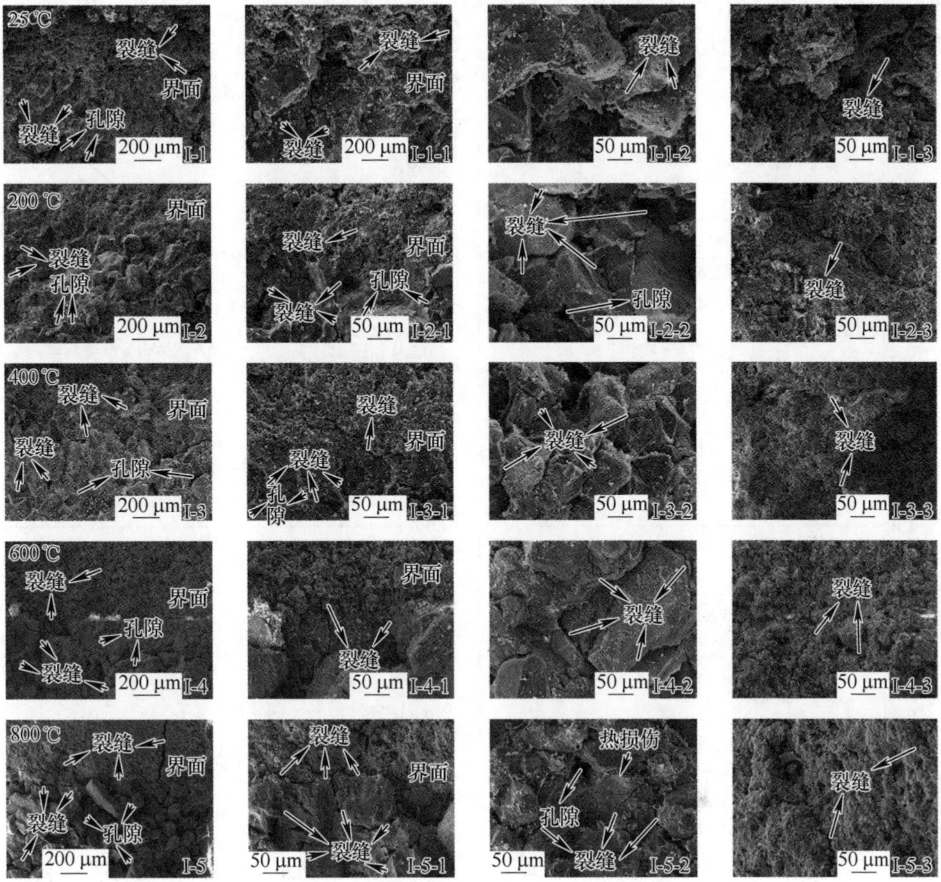

图 5-42　热处理试样断裂模式的微观特性

5.3.6　热损伤定量表征

当岩石状材料受到高温影响时，矿物晶体的热膨胀、热分解和脱水会导致材料内部应力场的变化，加剧微裂缝的发展，最终对材料造成破坏。岩石损伤力学中损伤变量的定义是揭示损伤演化规律的关键问题之一。目前，经常引入基于连续损伤力学的宏观基准来定义高温后的岩石损伤[9-11]。因此，本研究引入弹性模量作为基准变量来描述热处理后试样的损伤变量，如式（5-9）所示[12]：

$$D_{\mathrm{T}} = 1 - E_{\mathrm{T}}/E_0 \tag{5-9}$$

式中，D_{T} 为热损伤变量；E_{T} 和 E_0 分别为 T 和 25 ℃处的弹性模量。

图 5-43 比较了不同角度填料试样的热损伤与温度的关系。可以明显看出，红砂岩的 D_{T} 值随温度的升高呈一致的上升趋势。在图中最突出的是，相对于 200 ℃，试样的热损伤值在 400 ℃和 600 ℃平均增加了 402.78%，这可以归因于

400 ℃后长石的塑化和 573 ℃时石英的相变。石英和长石占红砂岩 70%以上，这足以对材料造成破坏。

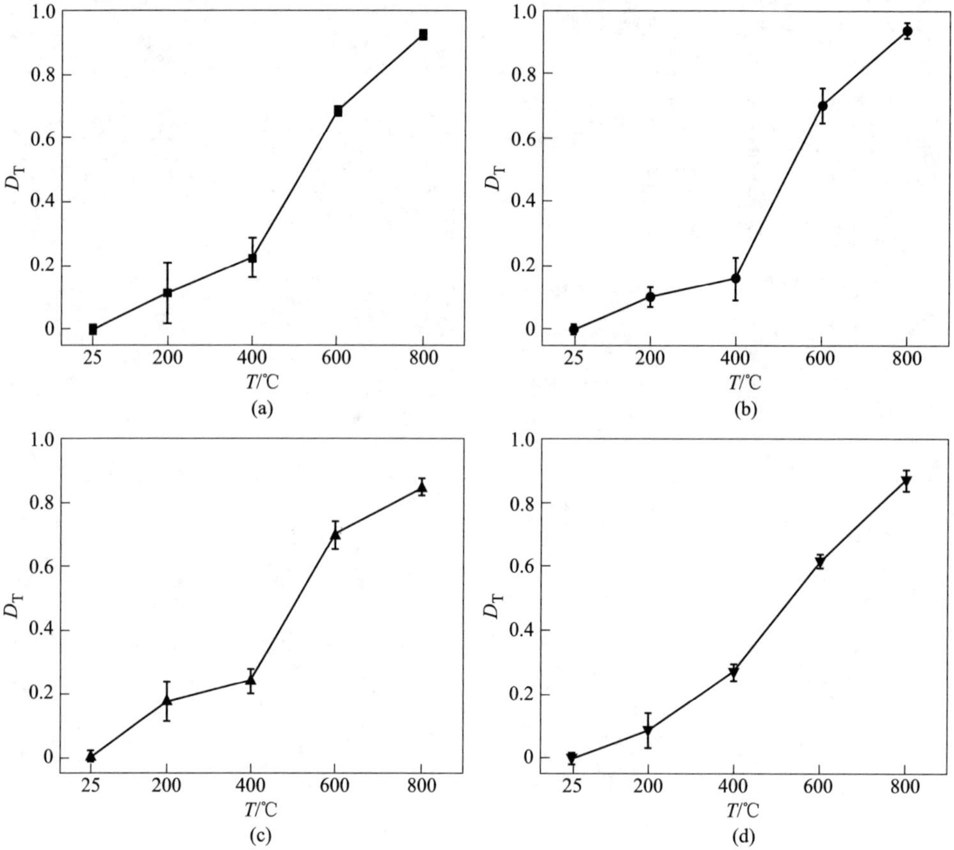

图 5-43　不同温度水平下样品的平均热损伤值

（a）$\alpha=0°$；（b）$\alpha=30°$；（c）$\alpha=60°$；（d）$\alpha=90°$

损伤变量可以用来表征引起材料强度变化的裂缝的演变。就损伤变量而言，不能忽略损伤应变能的释放率，即单位体积材料的损伤增加一个单位值时消耗的机械能（可以是应变能或从外部输入的机械功）。损伤变量和损伤应变能的释放率是一对伴随的变量，就像温度和熵。为了研究温度对损伤应变能释放速率的影响，可以假设岩石类材料为各向同性，损伤应变能的广义释放速率[13-14]为：

$$\lambda = \frac{\sigma_{rq}^2}{2E_0(1-D)^2}\left[\frac{2}{3}(1+\mu)+3(1-2\mu)\left(\frac{\sigma_m}{\sigma_{rq}}\right)^2\right] \tag{5-10}$$

式中，λ 为损伤应变能的释放率；σ_{rq}为等效应力；σ_m 为平均应力。

在单轴应力状态下，即 $\sigma_1=-\sigma$，$\sigma_2=\sigma_3=0$，损伤应变能的释放率为：

$$\lambda = \frac{\sigma^2}{2E_0(1 - D)^2} \tag{5-11}$$

含不同填充角度的红砂岩的 λ 与温度的关系如图 5-44 所示。从图 5-44 的数据可以看出，温度对损伤应变能的释放率有显著贡献，损伤应变能一般随温度的升高而增加。同样可以注意到，在 25~400 ℃时，损伤应变能的释放速率没有显著变化，但在 400 ℃后却显著增加。当温度超过 400 ℃时，在不同的冲击气压下，损伤应变能释放率的离散性急剧增加。可以表明，400 ℃很可能是损伤应变能释放率突然上升的阈值温度。

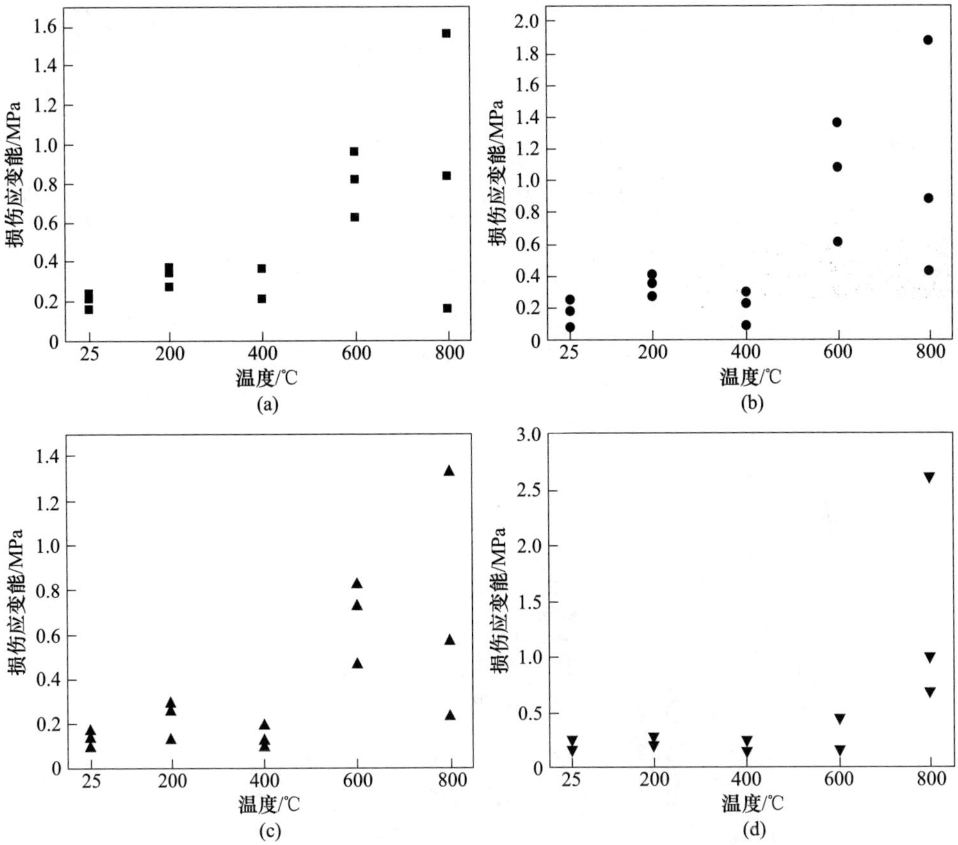

图 5-44 不同温度水平下试样损伤应变能的释放速率

(a) 0°；(b) 30°；(c) 60°；(d) 90°

图 5-45 描述了不同温度水平下损伤应变能释放速率的曲线。将图 5-45 与图 5-44 进行比较，在 25~600 ℃处也可以观察到相似的变化趋势。在 600 ℃之前，在 $\alpha=60°$时，损伤应变能的释放速率达到最小值，这与试样的强度相一致。在一定程度上，这可能为基于损伤机制解释 800 ℃之前样品强度的变化模式提供了证据。

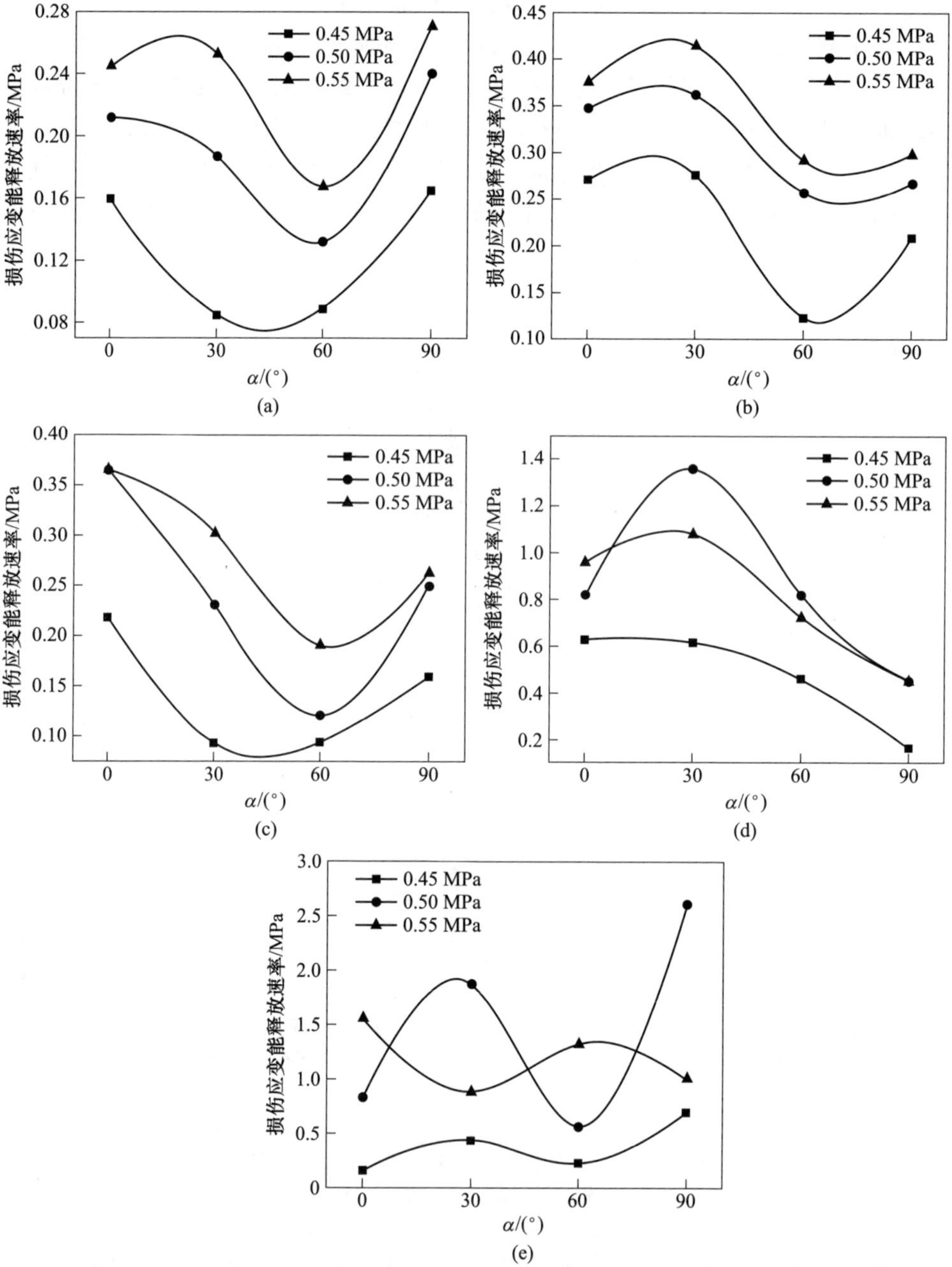

图 5-45　5 个温度和 3 个冲击气压条件下试样的损伤应变能与填充角的释放速率曲线

(a) 25 ℃; (b) 200 ℃; (c) 400 ℃; (d) 600 ℃; (e) 800 ℃

5.3.7　热应力分布

由于实验仪器的局限性，很难直接研究高温下试样中的应力分布，因此在本节中，COMSOL 被用来模拟高温下含填料的红砂岩中的应力分布。与实验热处理程序相同，模拟中试样的加热程序也设置为 2 ℃/min，并保持 2 h。由于不同填料角度和空间限制下的模拟结果相似，因此本节仅以 $\alpha=0°$ 为例，讨论试样和不同温度下填料的应力分布。从图 5-46 可以看出，在忽略自重应力的前提下，试样的应力分布面积和应力水平随温度的升高而增大。其中，在 200～400 ℃时应力分布面积较小，应力水平较低。而当温度达到 600 ℃时，样品的应力分布面积和应力水平相对于 400 ℃分别显著增加了 105.88%和 109.09%。这可以归因于石英在 573 ℃时的相变伴随有 8%的体积增加[15]。然而，当温度达到 800 ℃时，试样的应力分布面积和应力水平却没有明显的增加。

值得注意的是，试样的高应力面积主要集中在中部，而填料的高应力面积主要集中在两端。引起这一现象的原因是，红砂岩和填料的热响应对温度的差异导致了区域应力集中。因此，这些区域与其他区域相比受到的破坏更大，这些区域也更容易出现塑性和脆性裂纹，裂纹演化模式也证实了这一点。

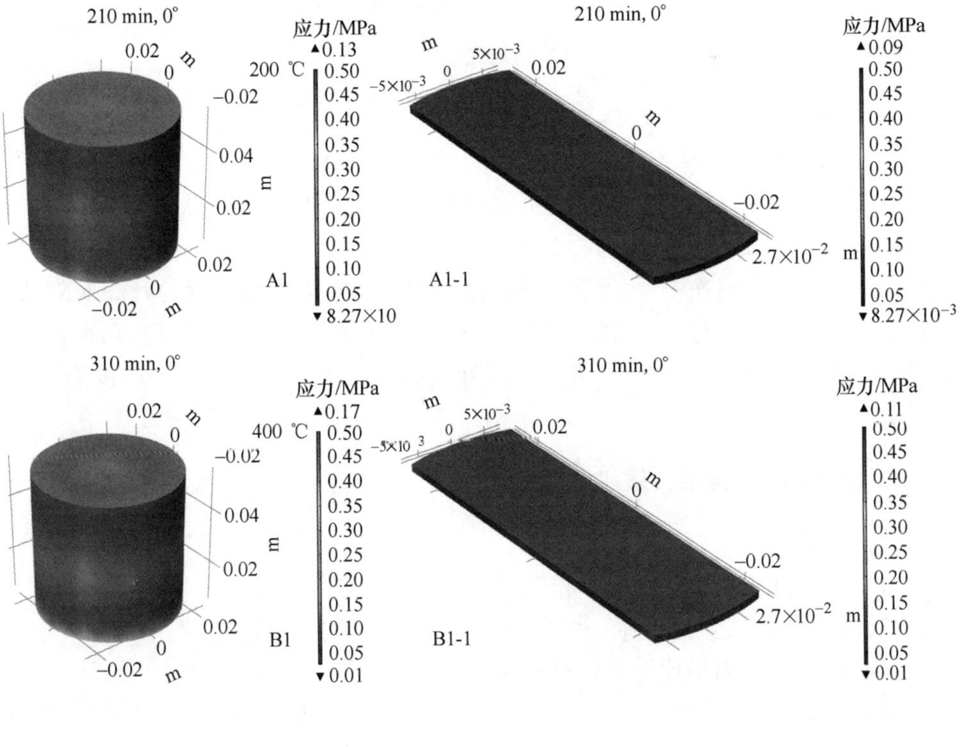

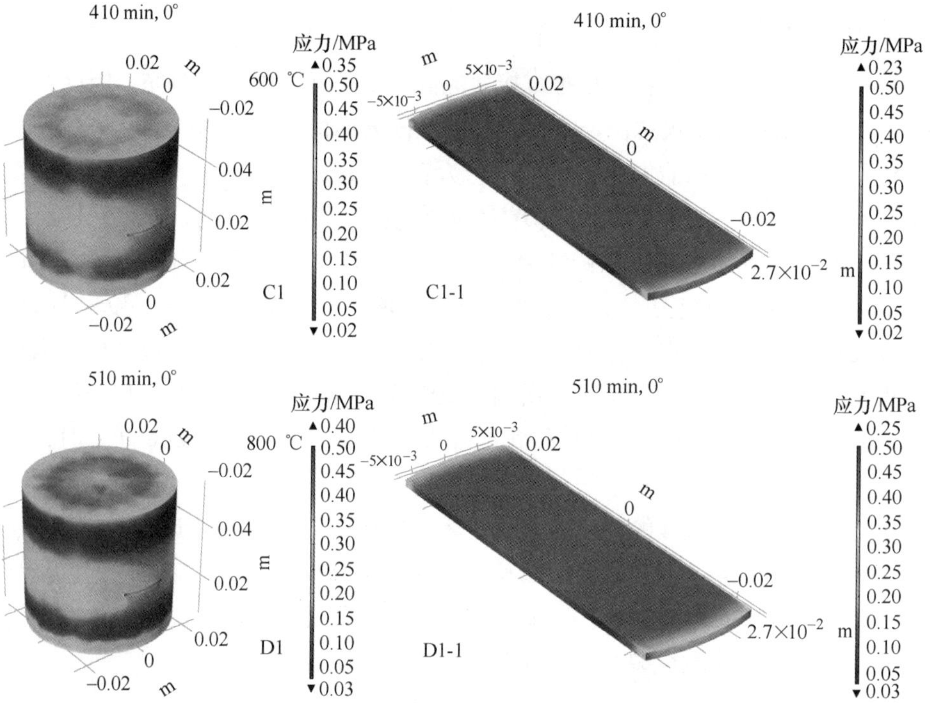

图 5-46　4 种温度（200 ℃、400 ℃、600 ℃和 800 ℃）下含填料的红色砂岩的应力
（扫描书前二维码看彩图）

此外，将模拟中试样的最大应力与实测参数和其他研究人员的研究结果进行了比较。从图 5-47 可以看出，模拟中砂岩的最大应力变化规律与 Chen[14] 的测量结果没有明显差异，这进一步验证了模拟的有效性。由 ENISO25178-6 计算得到的面积参数 S_q 随温度的升高而稳步升高，这可能导致高温后材料内的应力浓度增加，从而加剧了损伤[15]。相反，热扩散率的降低水平随着温度的升高而降低，并在 600 ℃后迅速降低，这意味着砂岩中的温度传递效率降低，热应力的增长减缓[16]。这解释了为什么试样的应力分布面积和应力水平在 600 ℃后没有明显增加。

5.3.8　试样内弹性波的传输机制

该实验满足了三个基本条件：

（1）标准加工精度和截面平整度。

（2）试样与杆之间的界面涂上润滑脂，以减小摩擦效应。

（3）在合适的纵横比下可以忽略惯性效应。

因此，为了研究填料对热处理后试样动态抗压强度的影响，本节讨论界面

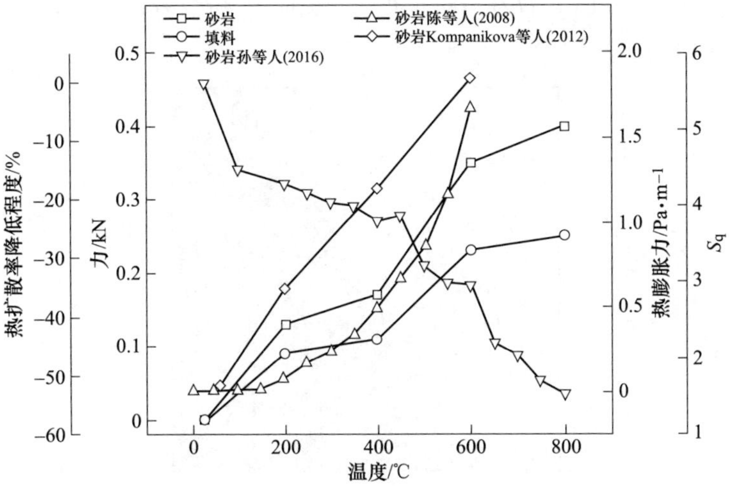

图 5-47 模拟中不同温度下的最大应力和热膨胀力、砂岩的热扩散系数和面积粗糙度参数作为其他研究人员在实验中测量的温度的函数

Ⅱ（填料与砂岩界面）而不是界面Ⅰ（棒与砂岩界面）的应力波的透射和反射模式。正常入射波在样品中产生的透射波和反射波的传播状态如图 5-48 所示。图中，A_1、σ_i、σ_r 和 σ_t 分别为界面Ⅰ处的面积、入射应力、反映应力和透射应力；A_2、σ_{i1}、σ_{r1}和 σ_{t1}分别为界面Ⅱ处的面积、入射应力、反映应力和透射应力；$c_1\rho_1$ 和 $c_2\rho_2$ 分别为填料和砂岩的波阻抗，用材料的波速和密度的乘积表示。

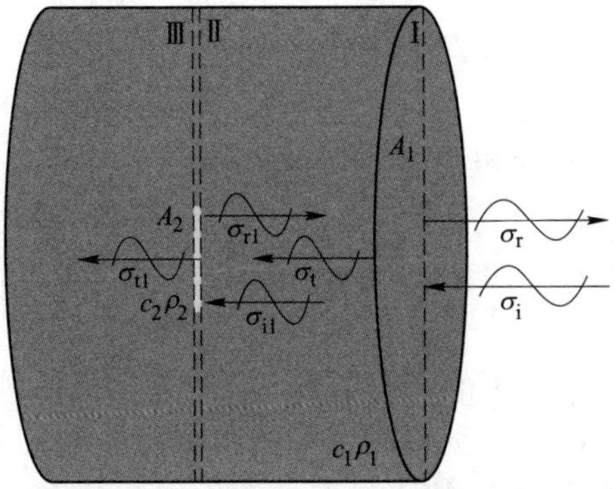

图 5-48 一维应力波在界面Ⅰ、界面Ⅱ和界面Ⅲ处的传播状态

弹性波在一个界面上，在没有相对位移的情况下产生四个波，但在垂直入射时不会产生剪切波。根据一维应力波理论，SHPB 实验中样品的动态应力由一维应力平衡后的透射波来确定。因此，为了理解和讨论，本节将 α 处的入射应力分

解为垂直和平行于界面Ⅱ的力。界面Ⅱ处入射应力（$\sigma_{i1}=\sigma_t$）对应的分解传播模式如图 5-49 所示。

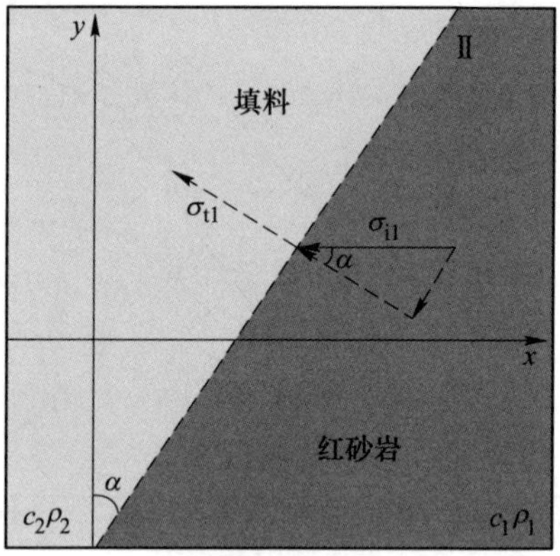

图 5-49　入射波在界面Ⅱ处的传播

需要采用两个假设作为先决条件，即界面Ⅱ内相同的力、质量的连续速度。在此基础上，透射应力和反射应力可以通过式（5-12）来计算[19]：

$$\begin{cases}\sigma_{r1}=\dfrac{A_2c_2\rho_2-A_1c_1\rho_1}{A_2c_2\rho_2+A_1c_1\rho_1}\sigma_{i1}\cos\alpha, k_{r1}=\dfrac{A_2c_2\rho_2-A_1c_1\rho_1}{A_2c_2\rho_2+A_1c_1\rho_1}\cos\alpha \\ \sigma_{t1}=\dfrac{2A_1c_2\rho_2}{A_2c_2\rho_2+A_1c_1\rho_1}\sigma_{i1}\cos\alpha, k_{t1}=\dfrac{2A_1c_2\rho_2}{A_2c_2\rho_2+A_1c_1\rho_1}\cos\alpha\end{cases} \tag{5-12}$$

式中，k_{r1}和k_{t1}分别为反射应力因子和透射应力因子。

当温度在 600 ℃之前时，砂岩的波速和密度与填料相似。换句话说，砂岩与填料的波阻抗相似，填料与砂岩可以看作是一个均匀的整体，因此此时可以认为 A_1 和 A_2 相等。需要指出的是，当 $\alpha=90°$时，入射模式可以认为是填充端面的垂直入射。在 600 ℃前，不同角度的透射应力系数的计算结果如图 5-50 所示。由图可以看出，在各温度水平下，传递应力因子在 $\alpha=60°$时达到最小值，传递应力因子从 0°到 60°持续下降，而从 60°到 90°则相反。与图 5-50 相应的动态抗压强度也有相似的趋势。

相反，当温度达到 600 ℃和 800 ℃时，红砂岩的波阻抗明显降低，但填料阻抗没有降低。在这种情况下，红色砂岩和填料不能再被认为是一个均匀的整体，这意味着需要考虑方程中的 A_1 和 A_2。对应的界面Ⅱ和界面Ⅲ处入射应力的分解传播模式如图 5-51 所示。

需要采用两个假设作为先决条件，即在界面Ⅱ和界面Ⅲ内分别有相同的力、质量的连续速度。在此基础上，透射应力可以通过式（5-13）来计算。

$$\sigma_{t2x}=\frac{2A_2c_1\rho_1}{A_1c_1\rho_1+A_2c_2\rho_2}\sigma_{t1}\cos\alpha,\ k_{t2}=\frac{4A_1A_2c_1\rho_1c_2\rho_2}{(A_1c_1\rho_1+A_2c_2\rho_2)^2}\cos^2\alpha \tag{5-13}$$

式中，k_{t2}为界面Ⅲ处的传递应力因子。

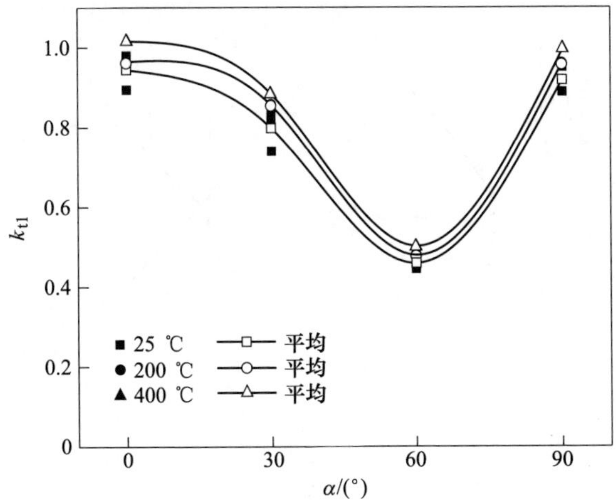

图 5-50 在不同的填充角度和温度下的 k_{t1}

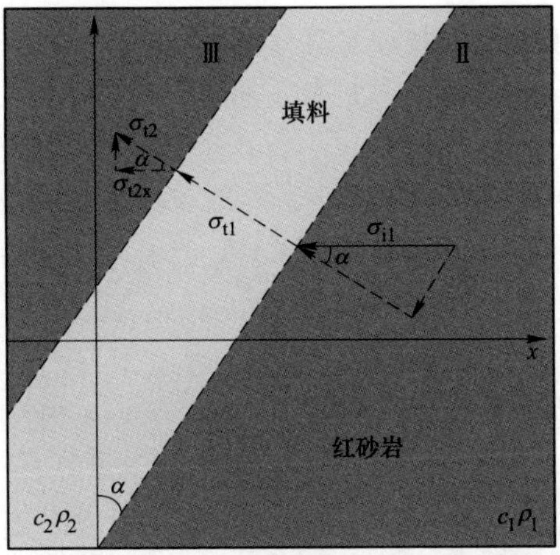

图 5-51 入射波在界面Ⅱ和界面Ⅲ处的传播

相应计算结果如图 5-52 所示。可以看出，在 600 ℃时，透射应力因子从 0°到 30°持续增加，在 $\alpha=30°$时达到最大值，从 30°到 90°透射应力因子又持续下降，在 $\alpha=90°$时达到最小值。同时可以看出，在 800 ℃时，透射应力因子从 0°持续增加到 90°，在 $\alpha=90°$时达到最大值。这在一定程度上，也可以解释与图 5-50 相对应的不同角度的动态抗压强度模式。

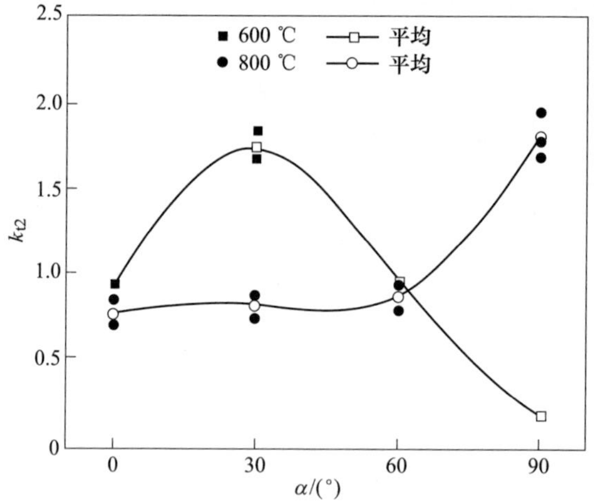

图 5-52　不同的填充角度和温度下的 k_{t2}

5.4　高温岩石动态拉伸力学性质

5.4.1　实验材料与实验方法

岩石静态拉伸实验和动态拉伸实验分别利用加拿大多伦多大学土木工程学院杆直径为 22 mm 的 SHPB 实验装置进行，如图 5-53 所示。

图 5-53　杆直径为 22 mm 的 SHPB 实验系统实物

5.4.2　试样物理性质

实验所用 Laurentian 花岗岩采自位于加拿大圣·劳伦斯北部和魁北克城西北部的 Laurentian 地区。试样矿物组成成分为：长石 60%、石英 33%、黑云母 3%~5%。试样物理及力学参数见表 5-6。为保证试样的均质，试样从完整性和均匀性相对较好的同块花岗岩上钻取所得。图 5-54 所示为巴西圆盘、半圆盘和中间带裂纹的半圆盘试样准备过程。试样直径为 40 mm，厚度为 18 mm，试样两端进行仔细研磨，保证不平行度和不垂直度均小于试样厚度的 0.5%。圆盘试样用于巴西圆盘拉伸实验；半圆盘试样是沿圆盘直径切割而成的，用于半圆弯曲拉伸加载实验；裂纹长度为 4 mm 的半圆盘试样用于动态断裂实验。最后将所制试样用加热炉分别以 100 ℃、250 ℃、450 ℃、600 ℃和 850 ℃ 5 个温度段进行加热，再在炉内以较低的速率自然冷却。

表 5-6 Laurentian 花岗岩物理力学参数

密度/g · cm^{-3}	孔隙率	弹性模量/GPa	泊松比	拉伸强度/MPa	抗压强度/MPa
2.64	0.006	92	0.21	12.8	259

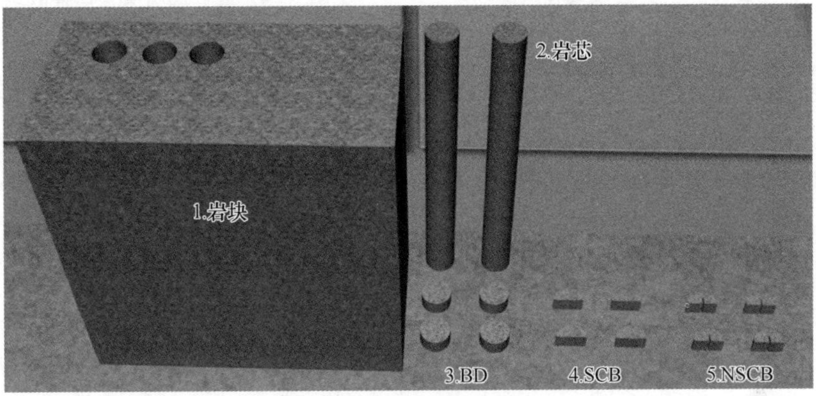

图 5-54 花岗岩试样制备过程
（扫描书前二维码看彩图）

5.4.3 Brazilian 圆盘静态拉伸加载实验

Brazilian 圆盘实验技术是目前使用最多的一种测试材料拉伸强度的方法。实验中静态拉伸实验和动态拉伸实验分别采用 SHPB 实验系统来完成，试样安装如图 5-55 所示。

Brazilian 实验测得的应力、应变是间接的，它主要是通过对圆盘试样施加径向载荷，使圆盘试样中心发生断裂来实现拉伸强度的测试，如图 5-56 所示。

实验过程中，有一块比较均匀的拉伸应力区存在试样中间位置，图 5-57 所示为试样拉伸应力、应变分布。

通过实验记录得到断裂发生时的压力临界值，从而由式（5-14）计算出拉伸强度。

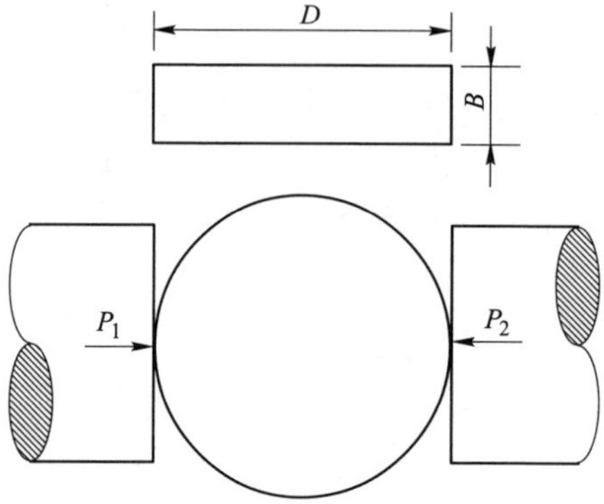

图 5-55　巴西圆盘实验试样

P—载荷；*D*—试样直径；*B*—试样厚度

图 5-56　巴西圆盘实验试样破裂

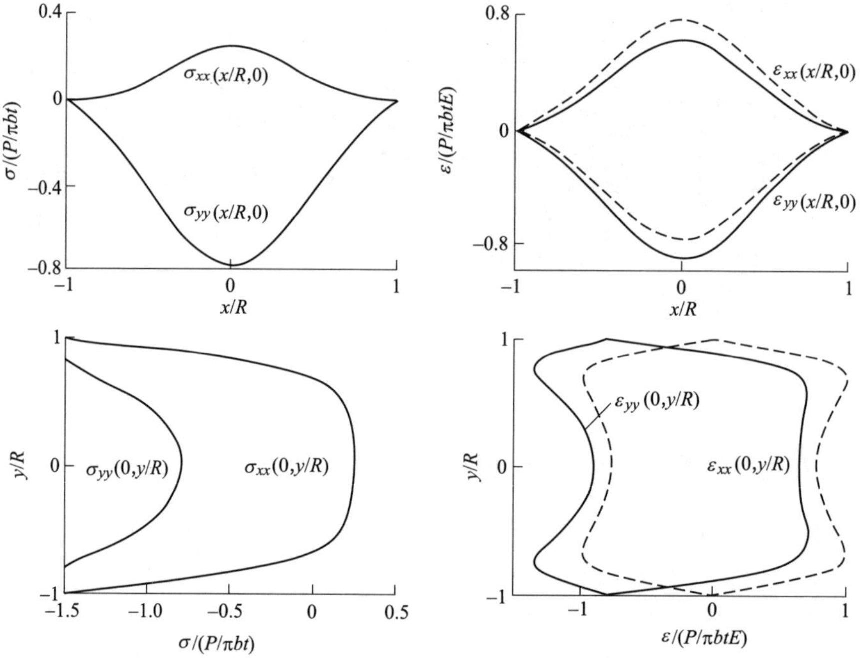

图 5-57　Brazilian 圆盘试样中的应力及应变分布

$$\sigma_t = \frac{2P_{max}}{\pi DB} \tag{5-14}$$

式中，σ_t 为拉伸强度；P_{max} 为试样破坏时的载荷；*D* 和 *B* 分别为圆盘试样的厚度和直径。

一些学者已经把静态应力分析方法应用在动态实验中，但必须满足最基本的要求，就是在动态实验中试样必须达到应力平衡。

5.4.4　Brazilian 圆盘动态拉伸加载实验

在矿岩爆破、土木工程开挖等工程中，岩石破碎、断裂及岩爆等都存在一定的应变率效应。测量岩石在冲击载荷作用下的力学性能至关重要。本节拟在 SHPB 实验系统上采用 Brazilian 劈裂实验法测试高温后 Laurentian 花岗岩的动态拉伸性质。试样安装方法如图 5-58 所示。

动态 Brazilian 实验测量得到的拉伸强度是间接的，和静态拉伸实验类似，它也是通过对试样施加径向载荷使其破裂，但此处载荷为动载荷，然后通过记录试样破坏时的载荷临界值求出应变和加载率。

图 5-58　巴西圆盘拉伸加载实验试样安装

Brazilian 圆盘动态拉伸加载示意如图 5-59 所示。

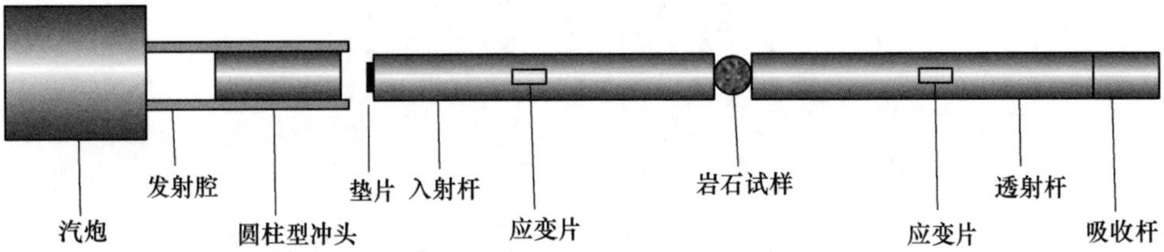

图 5-59　SHPB 上 Brazilian 圆盘拉伸加载示意

5.4.4.1　加载率的确定

图 5-60 所示为巴西圆盘动态拉伸加载实验中拉伸应力随加载时间的变化。从图中可以看出，在应力峰值之前 60~80 μs 之间存在一个线性范围，通常认为该斜率为加载率，用 $\dot{\sigma}_t$ 表示。

5.4.4.2　高温后动态拉伸强度

图 5-61 为不同高温处理后花岗岩动态拉伸强度与加载率的关系，具体实验

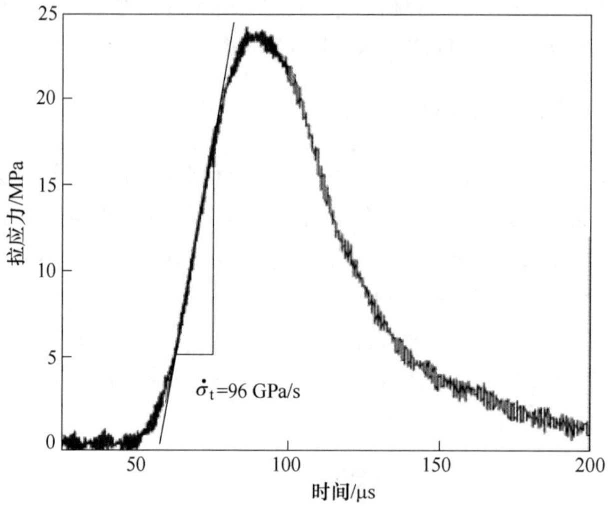

图 5-60　拉伸应力加载过程

结果见表 5-7。由图可以看出，每个温度组的动态拉伸强度随着加载率增大呈线性增长，动态拉伸强度存在率效应。

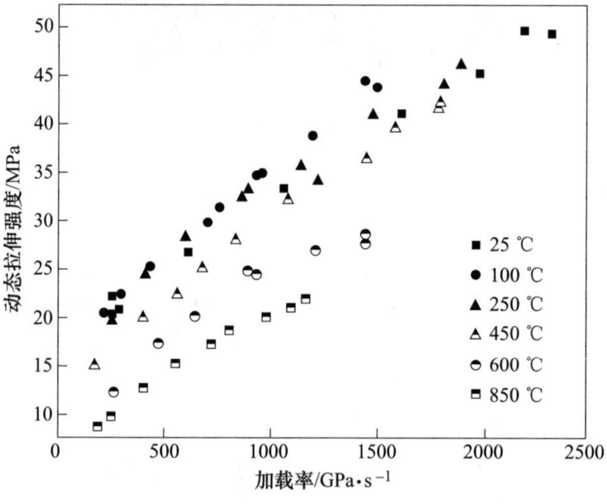

图 5-61　不同高温后动态拉伸强度随加载率的变化规律

图 5-62 为不同温度后加载率在 800～1100 GPa/s 之间的动态拉伸强度平均值，从图中可以看出温度对动态拉伸强度的影响分三个阶段（Ⅰ为增长阶段；Ⅱ为缓慢降低阶段；Ⅲ为快速下降阶段）。第Ⅰ阶段温度在 25～100 ℃时，在相同加载率下试样的动态拉伸强度值从 33.3 MPa 增加到 34.8 MPa，这是由于热作用使岩石晶粒膨胀导致岩石压密。这个现象和 Vishal 等得到的结果一致[17]。第Ⅱ阶段温度在 100～

表 5-7 Brazilian 圆盘动态拉伸强度随温度变化实验结果

序号	25 ℃		100 ℃		250 ℃	
	$\dot{\sigma}_t$ /GPa · s^{-1}	σ_t /MPa	$\dot{\sigma}_t$ /GPa · s^{-1}	σ_t /MPa	$\dot{\sigma}_t$ /GPa · s^{-1}	σ_t /MPa
1	245.4	22.2	211.9	20.5	248.6	19.6
2	254.3	20.3	301.4	22.4	400.6	24.4
3	285.3	20.7	432.9	25.3	592.8	28.4
4	610.6	26.7	702.9	29.8	877.5	32.2
5	1061.4	33.3	760.3	31.3	899.3	33.4
6	1623.1	41.2	937.5	34.7	1142.4	35.6
7	1993.4	45.3	960.6	34.9	1492.1	41.0
8	2205.1	49.6	1200.5	38.7	1906.2	46.0
9	2329.5	49.2	1452.6	44.5	1824.3	45.0
10			1506.9	43.7		

序号	450 ℃		600 ℃		850 ℃	
	$\dot{\sigma}_t$ /GPa · s^{-1}	σ_t /MPa	$\dot{\sigma}_t$ /GPa · s^{-1}	σ_t /MPa	$\dot{\sigma}_t$ /GPa · s^{-1}	σ_t /MPa
1	166.2	15.2	254.2	12.2	180.9	8.6
2	395.3	20	467.6	17.4	247.6	9.7
3	559.9	22.3	644.8	20.1	400.0	12.5
4	670.7	25.1	885.1	24.7	554.3	15.1
5	840.5	27.9	942.4	24.4	712.2	17.2
6	1091.2	32	1214.2	26.8	808.8	18.7
7	1238.1	34.2	1450.6	28.8	986.0	20.0
8	1467.2	36.5	1452.3	27.6	1104.0	21.0
9	1591.2	39.5			1172.5	22.0
10	1799.5	41.4				
11	1813.1	42.2				

450 ℃时，动态拉伸强度呈缓慢地下降，下降率为 10.1%，这可能是由于热应力引起岩石试样内部结构和矿物成分发生改变及微裂纹产生导致的。Dwivedi 等学者测量了一些高温作用下的 Indian 花岗岩也得到拉伸强度下降的结果。然而，Rao 却认为砂岩的静态拉伸强度在 250 ℃以下是呈线性增长的，超过 250 ℃呈下降趋势。岩石内部的水分蒸发和矿物颗粒线膨胀系数的不同而导致裂纹的扩展和

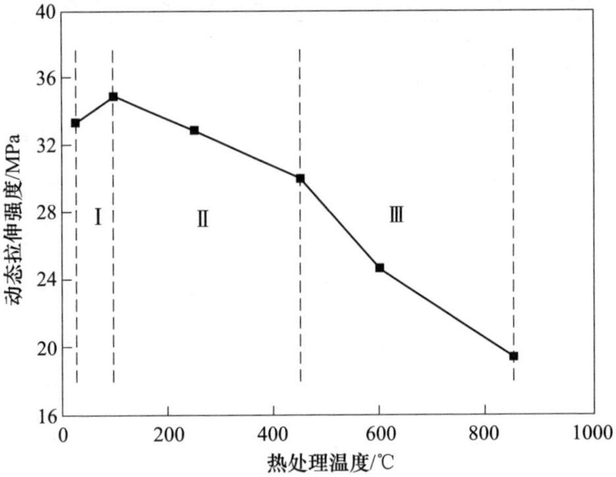

图 5-62　加载率为 800～1100 GPa/s 时动态拉伸强度平均值随温度变化关系

力学性能的劣化。第Ⅲ阶段温度在 450～850 ℃时，岩石的动态拉伸强度呈现出急剧下降的趋势。例如，在温度为 850 ℃、加载率为 800～1100 GPa/s 时，拉伸强度平均值为19.35 MPa，比常温时下降了 41%。出现这种现象的原因是 α-β 石英相变发生在大约 573 ℃[18]，这一相变的产生导致石英晶粒和其他矿物成分线膨胀系数不同从而使试样微裂纹增长和扩张。这也是在 450～850 ℃时岩石动态拉伸强度急剧下降的主要原因。

5.4.4.3　动态拉伸破坏过程

采用高速摄像设备记录花岗岩试样动态拉伸破坏过程。高速摄像机最高拍摄速度可达到 675000 fps。本次拍摄过程影像帧率设置为 125000 fps，即每 8 μs 拍摄一张照片。图 5-63 为作用温度为 600 ℃时一个典型试样动态拉伸破坏过程高速摄影照片，照片左端为入射杆，右端为透射杆。从图中可以看出，花岗岩试样是沿着动载荷加载方向开始破坏的，第一张照片显示试样破坏前的状态，在 40～120 μs 之间试样沿着加载方向产生一个径向裂纹，然后，裂纹继续逐渐扩展，在试样两端沿着主加载方向出现 X 形状的裂纹，如图 5-64 所示。这个现象可以解释为由于冲击载荷产生的应力波反射导致弹性杆多次移动使试样遭受多次加载。最后两张照片显示试样完全破坏，且试样沿着中心线被劈裂呈多个碎块。

5.4.5　半圆盘三点弯动态拉伸加载实验

5.4.5.1　实验原理与实验方法

半圆盘三点弯（Semi-circular Bending，SCB）动态拉伸加载实验与 Brazilian 圆盘动态拉伸实验采用相同的加载平台和测试方法。在 SHPB 实验装置上实现半

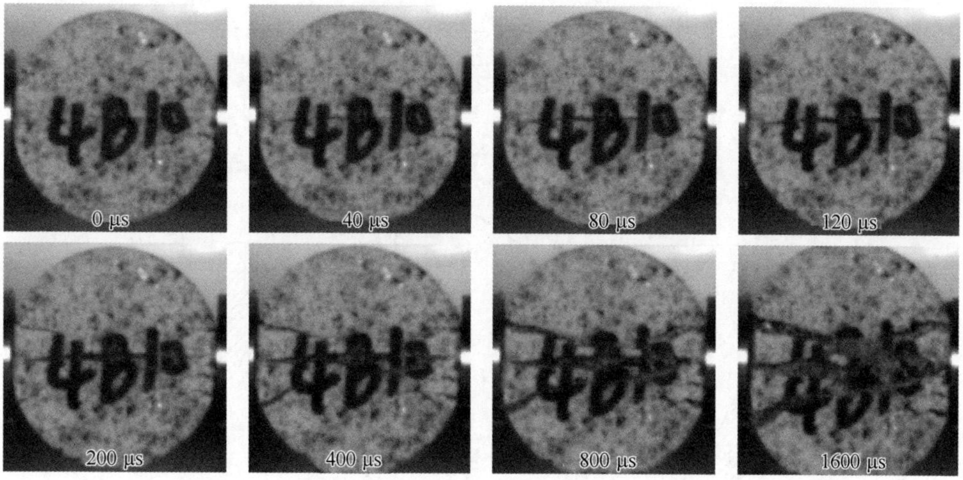

图 5-63 作用温度为 600 ℃时一个典型试样动态拉伸破坏过程高速摄影照片
（扫描书前二维码看彩图）

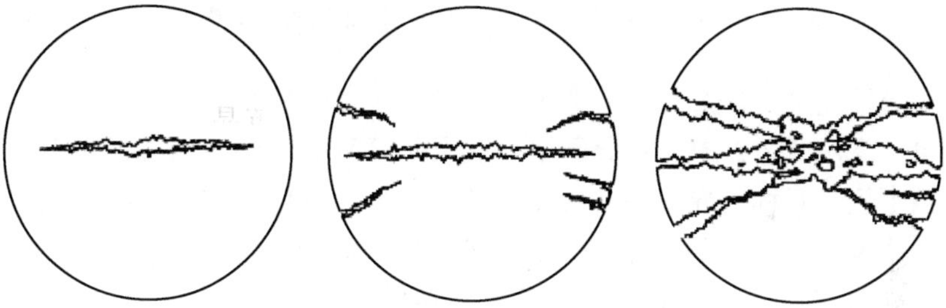

图 5-64 试样破坏模式
（a）初始裂纹；（b）裂纹扩展；（c）裂纹贯穿

圆盘试样动态拉伸强度的测试主要是在 SHPB 装置的透射杆与试样接触端面放置两根小圆柱棒（距离为 S），将试样的圆盘直径面与小圆柱接触，试样另一端与入射杆接触，如图 5-65 所示，实验过程中从入射杆端对试样施加载荷 P，那么小圆柱棒受力大小为 $P/2$，形成一个以圆心为最大应力集中点的三点弯加载，试样半径为 R，厚度为 B。

高温后花岗岩半圆盘三点弯动态拉伸加载实验就是采用此方法进行，将高温处理后的花岗岩试样按不同温度分成 6 组，每组以不同的加载率测试 10~12 个试样。

5.4.5.2 半圆盘三点弯拉伸强度确定

为了确定半圆盘三点弯拉伸强度，本节采用 ANSYS 数值计算软件对半圆盘

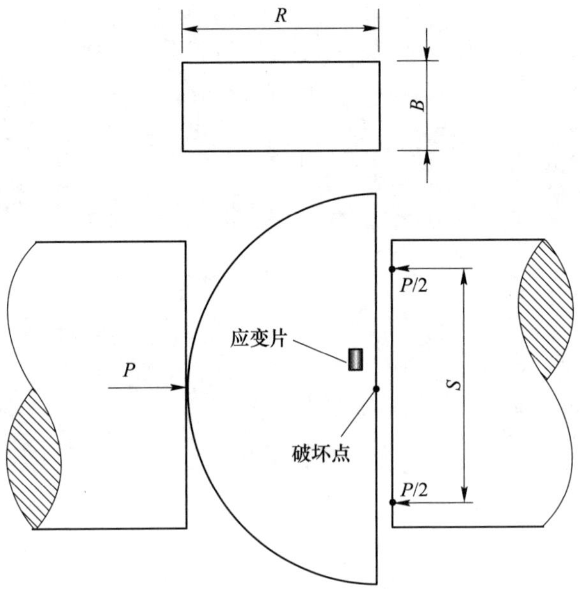

图 5-65　半圆盘三点弯动态拉伸加载实验示意

试样的受力情况进行模拟分析。考虑半圆盘试样结构对称，此处只要建立 1/4 圆模型即可。采用 8 节点单元划分网格，有限元模型由 2357 网格和 7252 个节点组成，模型下侧为对称边界，左右两侧分别施加力 F_1 和 F_2，如图 5-66 所示。根据平面应变假设，分析准静态条件下试样受力状态，两边应力相等，即 $F_1 = F_2 = P(t)/2$，通过实验过程中记录的试样破坏临界压力值求出最大应力集中点的应力值：

$$\sigma_t = \frac{P_{max}}{\pi BR} \cdot Y\frac{S}{2R} \tag{5-15}$$

式中，P_{max}为试样入射端加载力；Y是 $S/2R$ 的无量纲函数。图 5-67 为不同 SCB 试样有限元分析计算得到的 Y 值，根据数值实验可以拟合得到如下公式：

$$Y = 2.22 + 2.87\frac{S}{2R} + 4.54\left(\frac{S}{2R}\right)^2 \tag{5-16}$$

本实验中，$\frac{S}{2R}=0.56$ 和 $Y=5.25$。

5.4.5.3　半圆盘三点弯动态拉伸实验可行性分析

与 Brazilian 圆盘动态拉伸实验一样，半圆盘三点弯动态拉伸实验也是利用 SHPB 装置进行，拉伸强度采用式（5-15）计算，并把式（5-15）中的 P_{max}作为拉伸断裂载荷进行拉伸强度的计算。在动态拉伸实验（半圆盘）的研究论文中，研究者都将静态计算抗拉强度的公式应用到动态冲击实验中，这个做法是否可

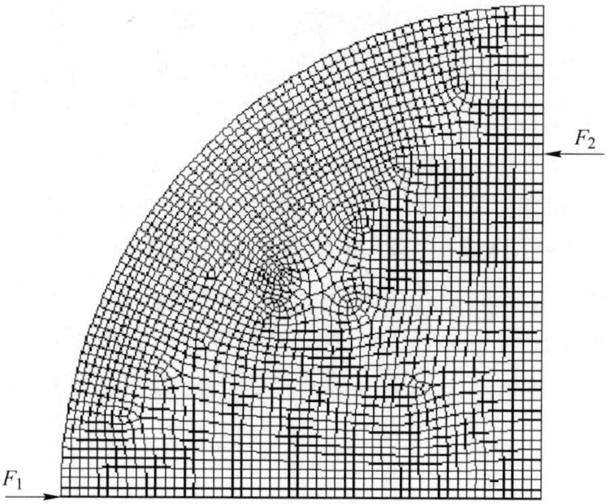

图 5-66 SCB 动态拉伸过程有限元网格图

（F_1 和 F_2 分别指接触点的强度）

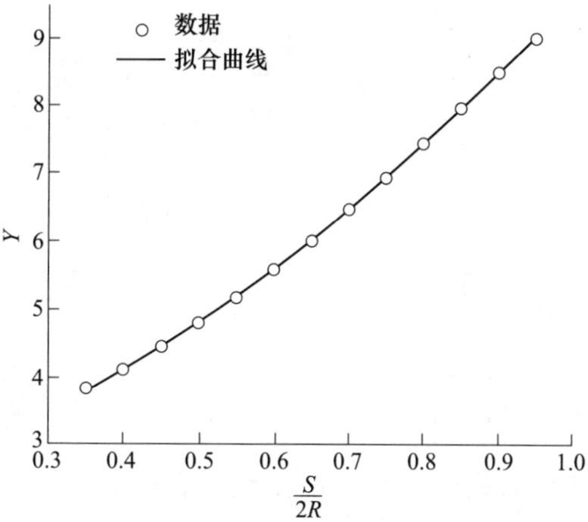

图 5-67 Y 随无量纲几何参数$\frac{S}{2R}$的变化

行，一些学者采用数值模拟的方法对此进行了验证，模拟结果显示采用式（5-15）计算得到的准静态抗拉强度与动态条件下非常接近，并且随着加载时间的增加两者之间的差异会逐渐减小。研究结果表明适用于静态范围内的应力波峰值强度因子的计算公式可以推广到动态加载范围内[19]。

应力强度因子可以采用应变片法来得到[20]，亦可以用裂纹张开位移计算获得应力强度因子，但前者对确定应变片粘贴的位置和裂纹尖端位置的精度要求很高[21]，并且实验过程操作起来比较烦琐。

在传统的 SHPB 实验中，子弹和入射杆直接撞击导致入射波基本为一个矩形波，上升前沿陡峭，且有明显的高频震荡。图 5-68 为没有使用脉冲整形技术下获得的试样加载力曲线。从图中可以看出，试样左侧的加载力 P_1 和右侧的加载力 P_2 存在比较明显的差异，其中 P_1 有比较明显的波动，因此试样两端的加载力没有达到平衡，这就使得试样在实验过程中存在惯性效应。

图 5-69 为动态和准静态条件下获得的拉伸应力曲线。其中动态条件下的加载力选取试样实际测量的结果，而准静态条件下的加载力采用图 5-69 的结果。从图中可以看出，动态和准静态条件下获得的拉伸应力曲线存在很大的差别，其中动态拉伸应力波动比较大，且无法确定动态拉伸应力曲线的加载率。因此，如果没有采用应力波整形技术，选取准静态条件下的方法确定动态应力强度因子是不合适的。

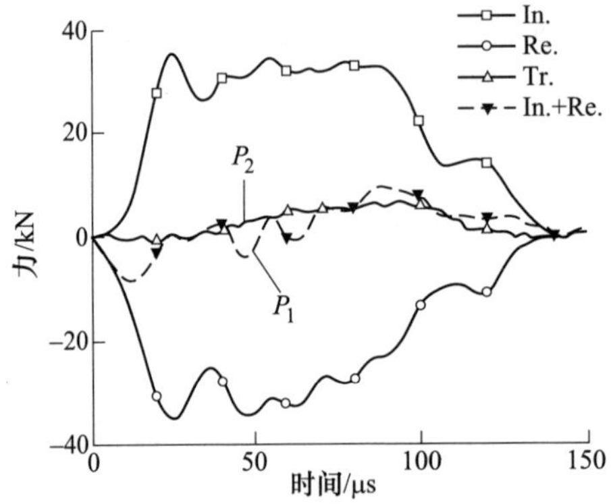

图 5-68　未使用脉冲整形的 SCB 动态实验试样端面载荷和时间关系

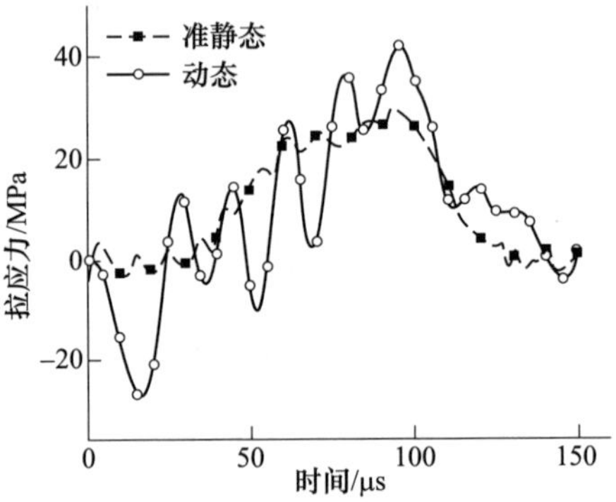

图 5-69　未使用脉冲整形 SCB 动态实验中试样起裂点的拉伸应力和时间关系

图 5-70 为透射杆端加载历史与粘贴在试样表面的应变片信号。从图中可以看出，应变片记录的信号出现两个极值点分别在 39 μs 和 68 μs 时，且第二个点较低，即试样在较低的点开始破坏。而试样加载力的峰值点发生在 96 μs 时，比破坏点延迟了 28 μs。也就是试样应力集中点的应力与远场加载力不一致，表现出明显的惯性效应。

针对上述情况，对 SHPB 实验进行改进，在子弹与入射杆端放置一对 C11000 铜片对入射波整形。图 5-71 所示为使用整形器后应力波波形，从图中可以看出，脉冲整形技术后的半圆盘三点弯动态拉伸实验结果与前面没有使用脉冲整形技术的实验结果形成鲜明的对比，整形后的入射波呈平滑斜面且应力上升时间达到 150 μs，总脉冲宽度为 300 μs，在入射波的峰值前试样端两端面的强度基本一致，完全达到应力平衡。

虽然实验中试样两端达到了加载力平衡，但这并不意味着整个试样中动态力

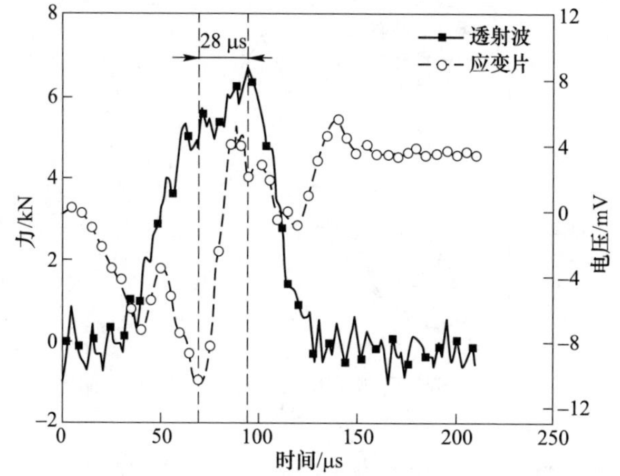

图 5-70 没有使用脉冲整形动态实验应变片记录信号和试样透射杆端载荷记录

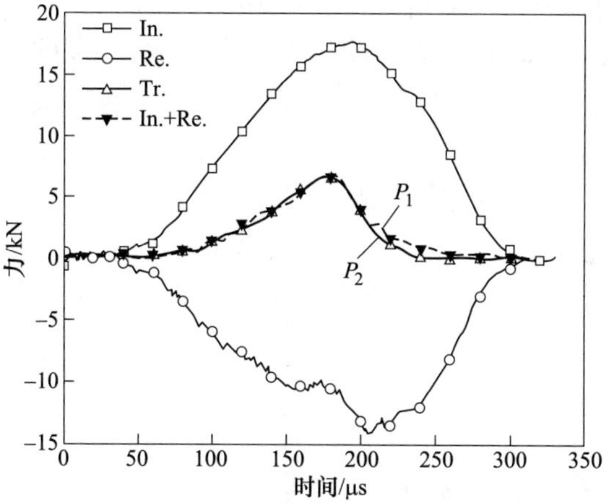

图 5-71 使用脉冲整形后 SCB 动态实验试样两段动态应力平衡示例

平衡。为了验证试样中动态力是否平衡，比较准静态和动态条件下的拉伸应力，结果如图 5-72 所示。图中显示，在准静态和动态条件下测得的拉伸应力在达到峰值之前基本吻合，这说明在动态应力平衡条件下，裂纹尖端的应力场与远场应力相互对应。

图 5-73 为 SCB 试样加载力历史和应变片记录的信号。图中显示，加载力只有一个峰值，峰值点出现在 176.1 μs 时。图 5-73 中实线表示粘在试样表面的应变片获得的信号，它也仅有一个向下的极值点，在 174.3 μs 时，相差只有 1.8 μs。这个现象可以解释为当试样裂纹产生时，卸载波是以声波速度传播到达加载界面的，裂尖与试样透射杆端面的距离为 10.9 mm，声速为 5000 m/s，即第

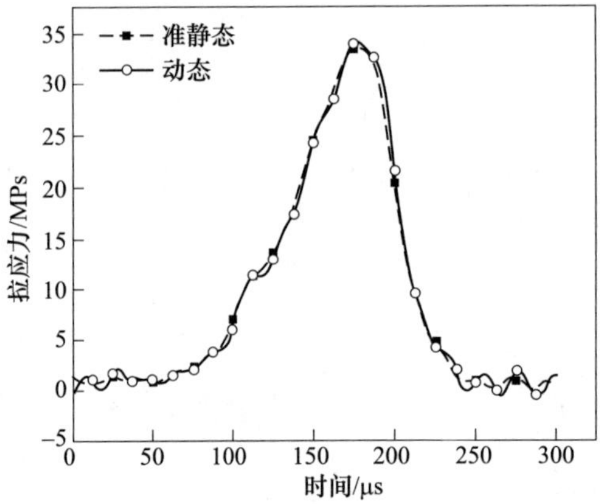

图 5-72　使用脉冲整形 SCB 动态实验中试样起裂点的拉伸应力-时间曲线

一个卸载波需要 2.2 μs 到达透射杆界面。当卸载波到达后透射信号开始卸载。此外，从图 5-73 可以看出透射信号在 174.3～176.1 μs 范围内几乎水平，加载力的变化很小，因此 1.8 μs 的误差对测量岩石动态拉伸强度的影响可以忽略不计。

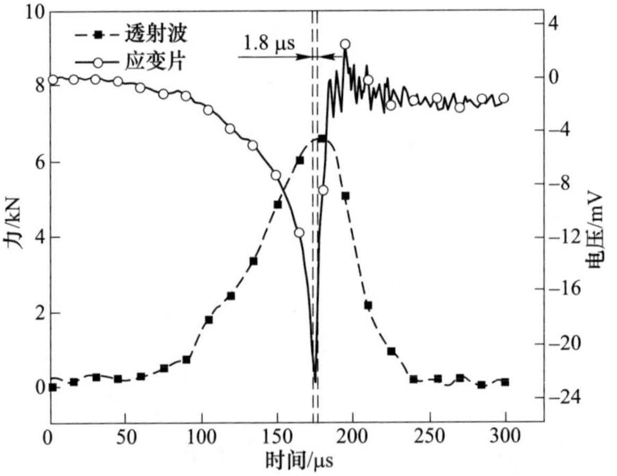

图 5-73　未使用脉冲整形 SCB 动态实验应变片信号和试样透射杆端载荷记录

综上所述，在 SHPB 装置上能够使用合理的脉冲整形技术使试样达到动态应力平衡，使用整形技术后，透射加载力峰值能与裂纹起裂时间同步，因此，试样裂纹尖端的拉伸应力可以通过准静态计算方法得到，这就为半圆盘三点弯动态拉伸实验可行性提供了有力的证据。

5.4.5.4　半圆盘三点弯动态拉伸强度结果与讨论

图 5-74 所示为不同温度处理后 Laurentian 花岗岩半圆盘三点弯动态拉伸强度

与加载率的变化规律。从图中可以看出，随着处理温度的升高，动态拉伸强度总体呈下降趋势，且温度越高降低的幅度越大。但在 100 ℃和 250 ℃时，变化不明显。

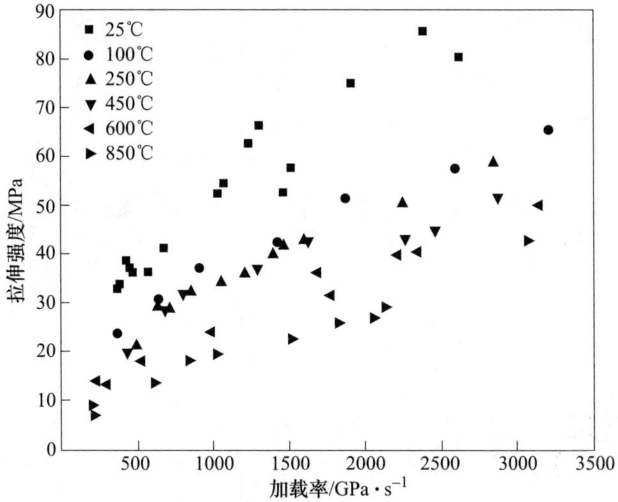

图 5-74 不同处理温度后拉伸强度与加载率关系

图 5-75 所示为不同温度处理后动态拉伸强度与加载率的拟合曲线。从图中可以看出，花岗岩经过不同高温处理后动态拉伸强度与加载率基本呈线性关系增长，动态拉伸强度存在加载率依赖性，这和之前所述的巴西圆盘动态拉伸时间结果相似。

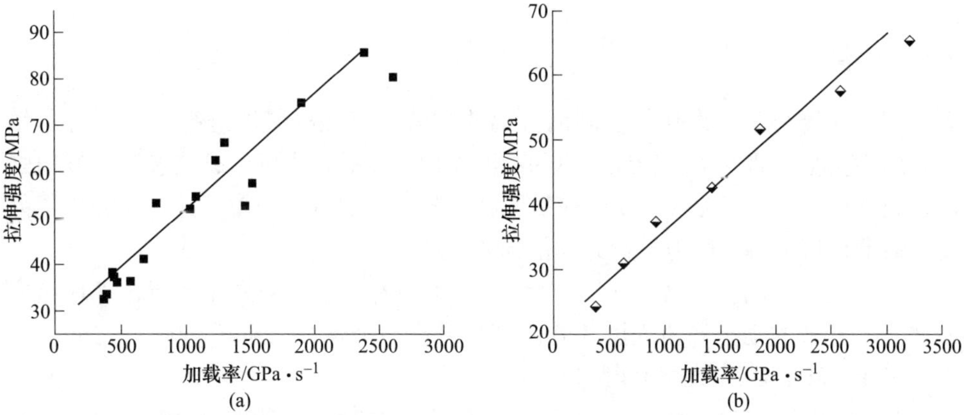

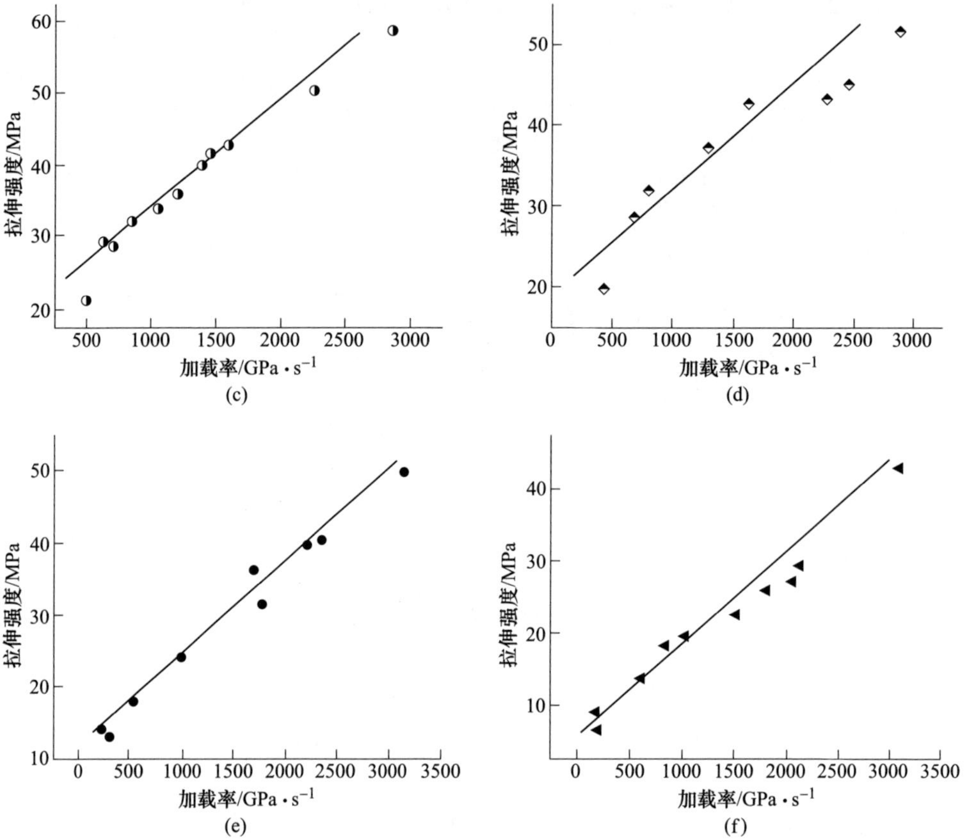

图 5-75　不同温度处理后拉伸强度与加载率拟合曲线

(a) 25 ℃; (b) 100 ℃; (c) 250 ℃; (d) 450 ℃; (e) 600 ℃; (f) 850 ℃

5.5　小结

(1) 完整砂岩动态压缩。利用分离式霍普金森压杆装置进行完整砂芯单轴动态压缩实验，研究了砂岩经历不同高温作用冷却后，密度、纵波波速、峰值强度、破坏模式、块度分布以及高速摄影特性随温度的变化规律，并对比分析了静动态载荷作用下岩石的力学行为。得到如下结论：

1) 经历高温后，砂岩试样动态弹性模量随着温度的升高而下降，表现出应变增大；砂岩的动态峰值强度随着温度的升高而降低，但 400~600 ℃之间降低幅度较小，800 ℃后影响程度尤为显著。

2) 采用高速摄影仪装置，得到了岩石动态破裂过程图像，发现径向裂纹沿加载方向随机分布在岩样四周。同时，初始载荷时岩石破碎形态不具代表性，岩石经应力波多次反射才形成最终的破坏形态。

3）高温处理后岩石在静、动载荷作用下表现为不同的破坏模式特征：静载荷作用时，随着处理温度的升高岩石的破坏模式从常温至 200 ℃时表现为劈裂破坏，到 400~600 ℃时发生劈裂破坏并伴随脆性断裂的产生，800 ℃时发生粉碎性破坏，岩石的破坏模式表现为从弹性到弹脆性到塑性的变化特征；动载荷作用时，随着处理温度的升高岩石破裂的块度逐渐增多，碎块趋于均匀，且在 800 ℃时破碎程度较大且碎块均匀细小呈粉末状，岩石的破坏模式表现为弹性到塑性变形的变化特征。

4）静载荷作用时，各温度段岩样的典型全应力-应变曲线基本分为压密、弹性、屈服和破坏四个阶段，砂岩的变形随作用温度的升高而增大，压密阶段也随着温度的升高而增长，在 400~800 ℃之间，全应力-应变曲线明显比 200 ℃之前杂乱。而动态应力-应变曲线与静态相比基本没有压密阶段，曲线直接成直线状态进入弹性阶段。

5）400 ℃前后，静、动载荷作用下的应力-应变曲线都表现出不同的特征，这说明 400 ℃是砂岩的变形特征发生较大变化的一个临界值。静、动载荷作用下的峰值强度都随着温度的升高而明显降低，基本呈线性关系。静载荷作用下，平均峰值强度从 126.37 MPa 降到 64.76 MPa，降低幅度为 48.8%；动载荷作用时，平均峰值强度从 176.3 MPa 降到 83.1 MPa，降低幅度达到了 52.9%，且动载荷加载时比静载荷时强度大。

6）静、动载荷作用下的峰值应变都随着温度的升高而增大，从 200~400 ℃，峰值应变也是随温度的升高而变大，但是静载荷作用时，应变的增长速率趋急，而动载荷时应变的增长速率趋缓；从 400~800 ℃，岩石的应变随着温度的升高而几乎线性增加，且到 800 ℃的时候两种状态下的峰值应变较为接近。

（2）完整煤岩动态压缩。

1）与静载荷条件相比，动载荷下应力-应变曲线不存在微裂隙闭合阶段，弹性变形阶段的斜率较高，主要是由于动态载荷和内部晶体保持其惯性造成的。随着温度的升高，弹性变形阶段延长，峰值应力迅速减小，峰值应变增大。

2）峰值应变随温度的升高而不断增加，特别是在 100~200 ℃的温度阶段，增加了 115%。峰值应变的突然增加是由于煤岩热膨胀引起的体积增加和密度下降。同时，试样的高孔隙率使动态加载效应不再明显，在冲击载荷下产生较大的变形。

3）当温度超过 200 ℃时，峰值应力和弹性模量均随温度的升高几乎呈线性下降。热损伤随温度的升高呈线性增加，说明高温逐渐破坏煤岩内部结构。虽然试样的结构被损坏，产生了较大的变形，但当强度未降低到零时，它仍有一定的承载力，在高温阶段，峰值应变缓慢增大。总体而言，失水、热膨胀和变形、有机物分解产生的热解气以及高温引起的结构热应力是导致煤岩动态力学特性变化的重要原因，但在不同温度水平下，主要因素是不同的。因此，煤岩的力学行为在不同的温度范围内表现出不同的变化。

4）由于煤岩波阻抗小，在冲击加载过程中，入射能没有60%以上，随着温度的升高，反射能继续增加；在500 ℃时，能量反射率达到83%。

5）在低温期间，样品的吸收能小于透射能；随着温度的升高，传递能量和吸收能量呈现相反的变化：吸收能量增加，透射能减少；100 ℃后的吸收能量大于透射能。

6）样品内部裂纹的数量和样品失效的表面面积可以直接用*SEA*来表示。游离水的蒸发、矿物颗粒的膨胀、结构热应力和有机物分解产生的热解气体是导致煤岩失效演化的重要因素。在不同的温度条件下，不同的因素起着主导作用，*SEA*随温度的演化分为四个阶段。

7）在不同温度条件下，煤岩样品的破坏模式和碎块存在明显差异。在低温阶段，样品出现拉伸失效和剪切失效，*SEA*越高，碎块越小，粉末颗粒越多。在高温条件下，热破坏是岩石破坏的主要作用，试样严重降解，即使吸收的能量很少，也会分解成均匀的碎片和粉末颗粒。

（3）裂隙岩石动态压缩。为了研究红色砂岩包含不同角度填充在热处理的影响温度从25 ℃至800 ℃动态机械响应（应变率范围从43.45~199.6 s^{-1}）和开裂行为，采用改进SHPB测试仪器结合高速摄影获得试样变形、破坏和断裂的宏观信息。此外，还利用SEM和XRD研究了试样损伤和断裂的微观性能。最后，结合损伤理论、模拟理论和一维应力波传播理论，对试样的力学损伤机理进行了讨论和分析。主要结论如下：

1）试样的动态抗压强度在200 ℃时增加，但在600 ℃后急剧下降。当温度为25~400 ℃，在$\alpha=60°$时达到动态抗压强度的最小值。然而，当温度为600 ℃和800 ℃，该值分别在$\alpha=90°$和$\alpha=0°$时实现。

2）400 ℃可以作为试样密度、波速、动态弹性模量和损伤应变能释放率恶化的阈值，也是线膨胀系数和热损伤系数增强的阈值。600 ℃为应变率效应的劣化阈值，填充角越大，应变率效应越弱。

3）高温可改变红砂岩的物理化学性质，其中石英脱水、脱氢、相变、长石塑化、方解石和赤铁矿分解导致微孔和裂纹生长是试样力学性能变化的主要原因。

4）第一层裂纹的扩展方式以拉伸类型为主，但在600 ℃后更容易发生剪切裂纹；第二和第三裂纹以剪切和拉伸-剪切类型为主。此外，在 $\alpha=90°$ 处，裂纹扩展模式最为均匀，第一个裂纹的起始角也最小。

5）热损伤与试样的动态抗压强度以及裂纹膨胀规律有很强的相关性。在热损伤明显的区域，热损伤越大，动态抗压强度越低，剪切裂纹越容易发生。

6）在 600 ℃和 800 ℃时，红砂岩与填料的波阻抗存在显著差异，导致传输波的大小和传播路径发生变化，最终影响试样的动态抗压强度。

（4）岩石动态抗拉力学特性。采用 Brazilian 圆盘和半圆盘加载方法研究了不同高温处理后 Laurentian 花岗岩动态拉伸特性，主要结论如下：

1）温度作用对花岗岩试样物理性质如密度、线膨胀系数和超声波速有一定的影响，密度在常温到 450 ℃时有较小幅度的降低，450~850 ℃时减小的幅度较大。线膨胀系数在 600 ℃之前变化不大，但当温度升高到 600~800 ℃时出现显著的增长。超声波速在温度超过 250 ℃时，出现显著下降。

2）采用 MTS 液压伺服实验机对 Laurentian 花岗岩的静态拉伸性质进行测试，静态拉伸强度在处理温度低于 100 ℃时，下降较明显，降低率达到 30.4%，当温度在 100~450 ℃时，出现微弱的降低；当温度达到 450~600 ℃时拉伸强度急剧下降，下降率达到了 65.9%；当温度达到 600~850 ℃时，拉伸强度又出现比较小的降低。

3）利用 Brazilian 圆盘试样在 SHPB 装置上进行热处理后动态拉伸性质测试，实验中对动态力平衡进行验证，并运用高速摄影仪对试样破坏过程进行拍摄，动态拉伸强度与加载率呈线性关系增长，且加热温度越高，拉伸强度降低；试样在拉伸破坏过程中，两端沿着主加载方向出现 X 形状的裂纹。

4）在 SHPB 装置上采用半圆盘三点弯实验测试动态拉伸强度，并用有限元分析方法验证准静态条件下半圆盘拉伸强度计算公式应用于动态中的可行性。随着处理温度的升高，动态拉伸强度总体呈下降趋势，且温度越高降低的幅度越大。

参 考 文 献

[1] 尹光志，李小双，赵洪宝. 高温后粗砂岩常规三轴压缩条件下力学特性试验研究［J］. 岩石力学与工程学报，2009（3）：7.

[2] 万志军，赵阳升，董付科，等. 高温及三轴应力下花岗岩体力学特性的实验研究［J］. 岩石力学与工程学报，2008（1）：6.

[3] 吴刚，邢爱国，张磊. 砂岩高温后的力学特性［J］. 岩石力学与工程学报，2007，10，22.

[4] Zhou Y X，Xia K，Li X B，et al. Suggested methods for determining the dynamic strength

parameters and mode-Ⅰ fracture toughness of rock materials [J]. International Journal of Rock Mechanics and Mining Sciences, 2012, 49: 105-112.

[5] Li M, Li Z, Liu J, et al. Aluminate cement paste fluid reducer is 2-acrylamido-2-methylpropane sulfonate calcium and N-isopropyl acrylamide copolymer [J]. ACS Omega, 2024, 9 (8): 9090—9097.

[6] Wang P, Yin T, Li X, et al. Dynamic properties of thermally treated granite subjected to cyclic impact loading [J]. Rock Mechanics and Rock Engineering, 2019, 52 (4): 991-1010.

[7] Griffits A A. The phenomenon of rupture and flow in solids [J]. Philosophical transactions of the royal society of London, Series A, 1921: 163-198.

[8] Wong L N Y, Einstein H H. Systematic evaluation of cracking behavior in specimens containing single flaws under uniaxial compression [J]. International Journal of Rock Mechanics and Mining Sciences, 2009, 46 (2): 239-249.

[9] Zhou G, Xu T, Zhu W, et al. A damage-based numerical manifold approach to crack propagation in rocks [J]. Engineering Analysis with Boundary Elements, 2020, 117: 76-88.

[10] Zhou X, Niu Y, Cheng H, et al. Cracking behaviors and chaotic characteristics of sandstone with unfilled and filled dentate flaw [J]. Theoretical and Applied Fracture Mechanics, 2021, 112.

[11] Kolditz O, Grke U J, Shao H, et al. Thermo-Hydro-Mechanical-Chemical Processes in Porous Media: Benchmarks and Examples [J]. Terrestrial Environmental Sciences, 2016, 86 (1): 1-404.

[12] Gautam P K, Verma A K, Maheshwar S, et al. Thermomechanical analysis of different types of sandstone at elevated temperature [J]. Rock Mechanics and Rock Engineering, 2016, 49 (5): 1985-1993.

[13] Huang D, Li Y. Conversion of strain energy in triaxial unloading tests on marble [J]. International Journal of Rock Mechanics and Mining Sciences, 2014, 66: 160-168.

[14] Chen X F, Chow C L. On damage strain energy release rate Y [J]. International Journal of Damage Mechanics, 1995, 4 (3): 251-263.

[15] Kompanikova Z, Gomez-Heras M, Michnova J, et al. Sandstone alterations triggered by fire-related temperatures [J]. Environmental Earth Sciences, 2014, 72 (7): 2569-2581.

[16] Sun Q, Lu C, Cao L, et al. Thermal properties of sandstone after treatment at high temperature [J]. International Journal of Rock Mechanics and Mining Sciences, 2016, 85: 60-66.

[17] Dwivedi R D, Goel R K, Prasad V V R, et al. Thermo-mechanical properties of Indian and other granites [J]. Properties of Infinite Dimensional Hamiltonian Systems, 2008.

[18] Young R P, Nasseri M H B, Tatone B S A, et al. Fracture toughness and fracture roughness interrelationship in thermally treated westerly granite [J]. Birkhäuser Basel, 2009.

[19] 夏开文，程经毅，胡时胜 . SHPB 装置应用于测量高温动态力学性能的研究 [J]. 实验力

学，1998（3）：7.
[20] 李玉龙，刘元镛. 用裂纹张开位移计算三点弯曲试样的动态应力强度因子［J］. 爆炸与冲击，1993（3）：249-258.
[21] 钟卫洲，罗景润，徐伟芳，等. 三点弯曲试样动态应力强度因子计算研究［J］. 实验力学，2005（4）：601-604.

6 高温岩石循环单轴冲击力学性能研究

6.1 引言

近年来，为满足深部开采及相关工程的需要，已经有学者将温度与应变率效应考虑进来，开展了一系列不同温度条件下岩石动力学特性方面的研究，并取得初步研究进展[1-4]。但这些研究多集中在岩石或岩体结构在单次冲击下的动力响应问题。在实际工程应用中，大多数岩体的破坏并不是由单次冲击载荷作用导致的，而是由多种形式的载荷反复多次作用造成的，如炮弹对目标的多次打击、工程岩体的多次爆破以及地震发生后反复的余震对岩体造成破坏等[5]。在以上这些工程实践中所表现出来的典型的非线性动力失稳与疲劳损伤现象，就是在高温与循环冲击荷载的耦合作用下孕育、发展形成的。尽管已经有不少学者认识到了这些问题，并且也相继开展了一系列岩石疲劳力学特性的研究[6-9]，但这些研究多集中于低应变率下的循环加载，并且也没有考虑温度对岩体疲劳损伤的影响。深部岩体地温升高、地应力增大，高温度和高应力对疲劳裂纹扩展的影响是不可忽略的。开展高温及循环冲击组合作用下岩石的动态力学特性及其损伤累积演化规律的研究对于地下结构的长期稳定性建设有着重要的意义，同时还有助于充分了解工程岩体的稳定状态，为深部岩体工程开挖过程中动力失稳、控制灾害等问题提供必要的理论依据和工程指导。

本章针对深部岩体工程遭受高温及频繁动力扰动这一现象，以典型脆性岩石花岗岩为研究对象，基于改进的霍普金森压杆实验装置，开展高温后花岗岩循环冲击扰动实验，研究考虑温度效应的岩石循环冲击累积损伤演化规律，基于岩石的动态强度与变形规律，构建考虑温度效应的动态统计损伤本构模型。

6.2 高温岩石循环单轴冲击实验研究

6.2.1 循环冲击实验概况

6.2.1.1 研究对象选取和制备

循环冲击实验所用试样从一块完整性和均匀性较好的长沙粗粒花岗岩岩体中钻取。通过 X 射线衍射技术测定常温条件下矿物的组成为：石英 46%、长石 38%、黑云母 10%和蒙脱石 6%。根据岩石动态力学性能测试要求[10]，花岗岩被加工成直径为 50 mm，长径比为 1∶1 的圆柱形试样。实验前对试样两端和侧面进行研磨和抛光，以确保其平行度和垂直度均不小于 0.02 mm。为了模拟实际工程中岩石所处的高温环境，岩样在伺服控制高温箱式电阻炉中进行加热冷却处理。按照不同的温度等级，试样分为 25 ℃、100 ℃、200 ℃、400 ℃、600 ℃和 800 ℃六个温度组别，每组至少准备三个试样作对比实验。在室温条件下，花岗岩的一些基本物理力学性能的测试结果见表 6-1。

表 6-1 室温条件下花岗岩试样基本物理力学参数

岩石特性	密度	纵波波速	弹性模量	泊松比	拉伸强度	抗压强度
数值	2.65	4744.34	23.7	0.21	8.6	126
单位	kg/m^3	m/s	GPa	1	MPa	MPa

6.2.1.2 等幅循环冲击载荷的确定

循环冲击荷载的具体取值因实验而异，其对于完成实验至关重要，本节从岩石疲劳损伤理论出发，确定冲击荷载的大小。断裂力学应用于疲劳，则从构件本身存在的裂纹出发，研究裂纹在交变载荷下的扩展特性，来确定构件的安全可靠性，这是对传统疲劳实验和分析方法的重要补充和发展。对于脆性材料的静态断裂，Griffith 理论已经表明，对于一个含有参数初始裂纹 a_0 的构件，在承受静载荷时，只要工作应力 σ 小于临界应力 σ_c， 则构件在静应力水平下工作就是安全可靠的，只有当 $\sigma = \sigma_c$ 或 $K_I = K_{IC}$ 时，才会发生脆性破坏。但如果构件承受的是一个 $\sigma < \sigma_c$ 的交变应力，那么这个初始裂纹 a_0 会在交变应力作用下发生缓慢扩展，当扩展到 $a = a_c$ 时，构件发生失稳破坏。从初始值 a_0 到临界值 a_c 这一段扩展过程，称为疲劳裂纹的亚临界扩展，也称为宏观裂纹 a_0 的剩余寿命阶段。当裂纹扩展到足够大即达到临界尺寸 a_c 时，便会产生失稳扩展而很快断裂。静态荷载作用下的临界应力 σ_c 为：

$$\sigma_c^2 = \frac{2E\gamma}{\pi a} \tag{6-1}$$

式中，γ 为材料的比表面能；E 为材料的弹性模量。

在应力波作用下产生的动态断裂临界应力 σ_c 为：

$$\sigma_c^2 = 1.13\,\frac{\gamma E}{a} \tag{6-2}$$

由此可见，对于确定的裂纹长度，无论是动态还是静态加载，导致裂纹扩展都需要有一与裂纹长度成反比的临界应力门槛值，而且动态比静态的值要大。

李夕兵教授[11]认为动态加载过程中外力的时间因素对断裂过程的影响至关重要，简单说就是当一个幅值为 σ、延时为 τ 的矩形应力波与一个长度为 a 的裂纹碰撞时，如果会扩展裂纹的话，裂纹并不会在脉冲一到达时就立即开始扩展，因为它需要一定的时间使裂纹表面的中心产生足够大的偏离，以便裂纹尖端的应力集中到能足以破坏分子间的黏力，当加载应力波延续时间 $\tau = 1.1a^*/C$ 时，延续时间又只能保证小于 a^* 长度的裂纹扩展。综合时间和幅值的关系，可以得到表面裂纹扩展的条件为：

$$\frac{\sigma^2\tau}{2E} = \frac{1.46\gamma}{3C} = \frac{k\gamma}{3C} \tag{6-3}$$

对任意形状的应力脉冲，上述关系可写为：

$$\frac{1}{2E}\int_0^\tau \sigma^2 \mathrm{d}t \geqslant \frac{k\gamma}{3C} \tag{6-4}$$

该式表明：当外载荷和能量作用密度小于某一值时，材料中的任何裂纹都不可能扩展；而当能量作用密度较大时，则会有许多裂纹扩展。

如图 6-1 所示，考虑应力波在岩石中的衰减以及岩石在各种加载条件所产生的能量耗散，当加载波能量密度减小到一定值时，加载应力波中任意频率的谐波不会与岩石中任何裂纹发生作用，岩石中的所有裂纹均不会发生扩展，因此，这种强度的应力波通过岩石时，不会导致岩石的损伤；又由宏观脆性断裂条件可知，当应力波能量作用密度达到其门槛值即 $\pi\gamma E/(C_p w)$ 时，裂纹高速扩展，应力波通过岩石时产生宏观破坏；当应力波能量介于两者之间时，应力波每次通过时都会导致岩石损伤，裂纹低速扩展，即断裂力学中的亚临界裂纹扩展，在此条件下，反复加载可能导致岩石破裂。

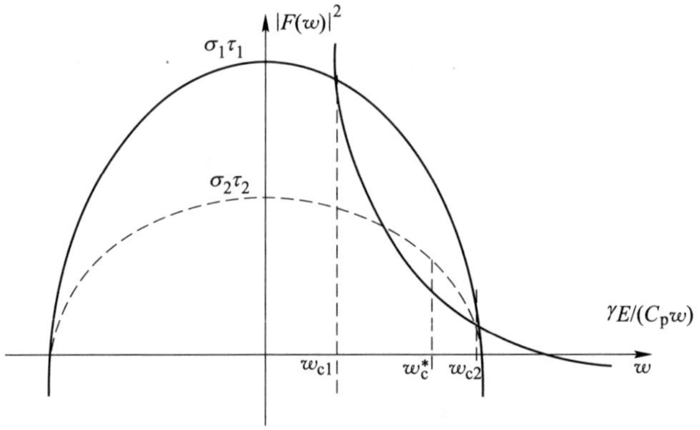

图 6-1　参与裂纹扩展的频率范围[11]

由上述岩石的疲劳损伤理论可知：应力波幅值在岩石疲劳损伤实验中起关键作用。当入射能量作用密度小于损伤阀值下限时，循环荷载不会对岩体产生损伤；然而当入射能量作用密度高于阀值上限时，单次冲击荷载就有可能导致岩石发生宏观破坏。

为达到循环冲击的效果，避免试样被一次冲击破坏，需对试件进行实验性的预冲击。在本研究中，由于花岗岩试样经历了不同高温处理，试样内部产生了不同程度的热损伤，因此，它们的抗载荷能力是不同的。恒定入射应力加载应当满足两个条件：一是入射应力必须达到岩石在常温下的损伤阀值，另一个是确保800 ℃高温处理后的花岗岩试样可以承受至少两次冲击。根据经历25~800 ℃高温处理后花岗岩的静载强度分别为126 MPa、135 MPa、103 MPa、94 MPa、72 MPa和65 MPa可知，经历800 ℃高温处理后的花岗岩静载强度约为常温条件下的50%。对800 ℃高温处理后的多个岩样进行单次预冲击加载，通过多次调整冲击气压和子弹在发射腔中的位置，观察冲击后花岗岩试件外观，以试件破裂或有碎片剥离的状态为临界状态。此时的气压值认定为临界气压值。

图6-2给出了0.4 MPa、0.5 MPa和0.55 MPa三种不同冲击气压条件下800 ℃高温处理后花岗岩单次冲击应力-应变曲线。由曲线可知，三个冲击气压条件下，岩石应力-应变曲线均出现了峰后应变回弹现象，但是0.4 MPa和0.55 MPa气压条件下岩样分别发生了“无明显裂纹产生”和“严重宏观破坏”两种现象；仅有0.5 MPa气压单次冲击后，产生肉眼可见的沿加载方向的拉伸裂纹和垂直于加载方向的卸载裂纹（见图6-3），并且岩样整体保持完好，没有发生大的宏观破坏现象，说明还可以继续承受至少一次同样大小的冲击荷载。因此选择以0.5 MPa冲击气压为等幅循环加载气压。此时入射杆上得到的入射应力大约在180 MPa，入射能为140 J。

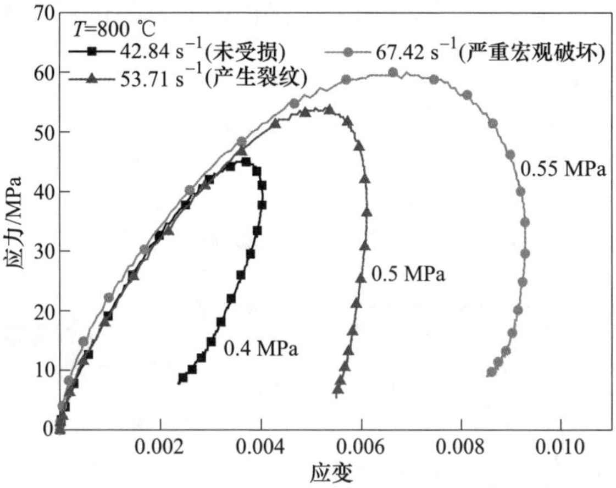

图6-2 岩石预冲击加载应力-应变曲线

图6-4给出了循环冲击实验中记录的典型波形叠加图。可以看出，在每个冲击循环周期入射波形基本重合，这表明实验实现了恒定振幅的循环冲击。随着循环冲击次数的增加，透射波的振幅越来越小，到达时间越来越早，反射波则表现出相反的变化趋势。造成这种现象的主要原因可能是由于冲击荷载多次作用下，岩石内部初始裂纹被扩展、新的裂纹被激活，导致岩石孔隙度和波阻抗增加，损

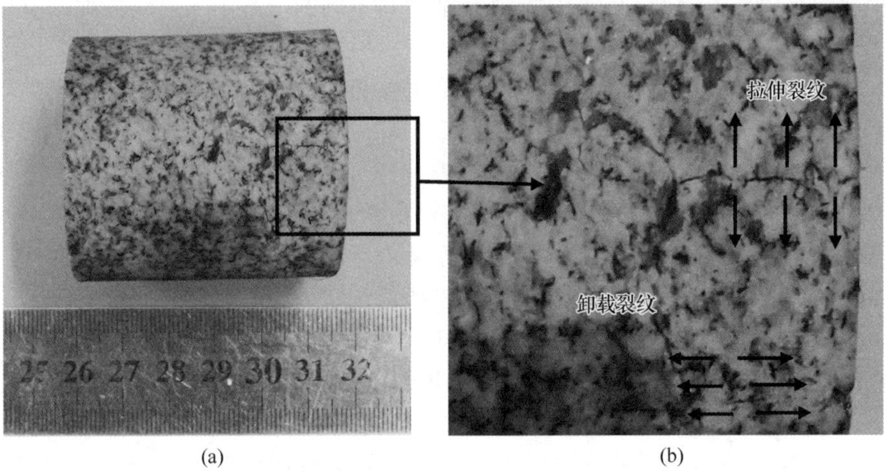

图 6-3　单次冲击后花岗岩表面出现明显裂纹（冲击气压为 0.5 MPa）
（a）整体表观图；（b）局部放大图
（扫描书前二维码看彩图）

伤逐步累积，进而导致反射波越来越大，而透射波越来越小。此外，在前几个循环加载周期中，透射波和反射波幅值变化相对较小，而在最后一次冲击时，透射波幅值迅速减小，反射波幅值迅速增大，这也表明岩石试样是在最后一次冲击时发生了突发性的破坏。

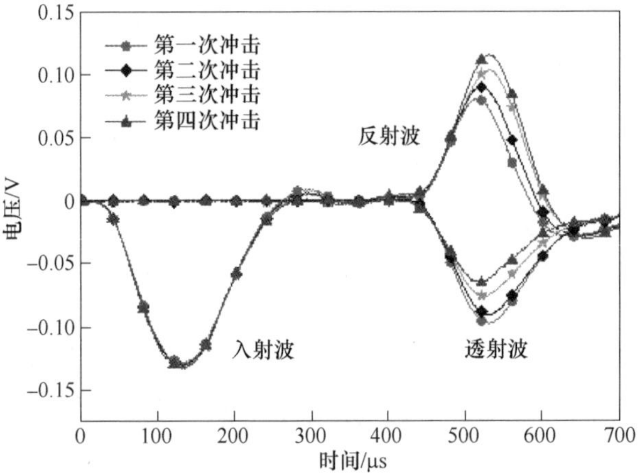

图 6-4　循环加载典型初始应力波

6.2.1.3　动态应力平衡关系验证

一维应力假定是任何 SHPB 实验结果成立的必要条件，只有当应力波在岩样内进行多次来回传播达到应力平衡状态后，才可以忽略动态加载的惯性效应对岩样强度进行计算，认为实验得到的数据是可靠的。图 6-5 给出了循环冲击加载过程中典型应力平衡验证图。由图可知，试样两端透射应力和叠加应力两条曲线重合，表明实验实现了应力平衡，并且在反射波上有一个明显的反射平台，这也表明实验实现了恒定应变率加载。

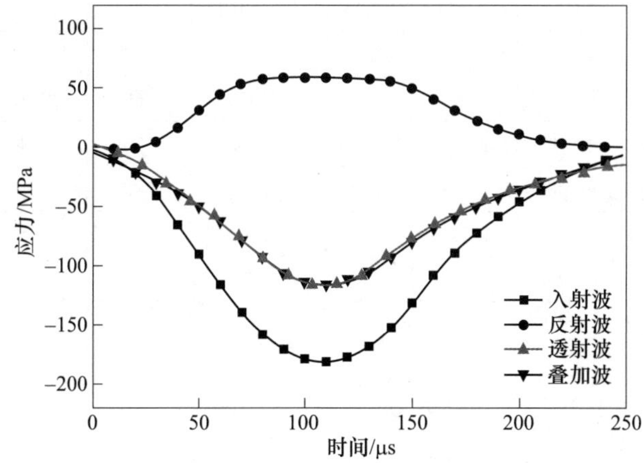

图 6-5　应力平衡验证

6.2.2　结果分析与讨论

对 6 个温度等级，18 个岩样进行了等幅循环冲击扰动实验后，得到如表 6-2 所示的岩石力学实验参数和循环加载实验结果。

表 6-2　岩石力学实验参数和循环冲击荷载下的实验结果

序号	D/mm	L/mm	L/D	ρ /kg·cm^{-3}	P_v /m·s^{-1}	σ_I /MPa	σ_d /MPa	$\dot{\varepsilon}$/s^{-1}	影响排序
D1-1	50.30	49.13	1.024	2.647	5369.52	183	89.27	45.08	13
D1-2	50.32	49.11	1.025	2.644	5503.22	176	84.33	43.25	13
D1-3	50.28	49.12	1.024	2.650	5346.78	185	93.54	47.22	12
D2-1	50.57	49.18	1.028	2.625	4744.34	177	106.87	54.38	15
D2-2	50.01	49.13	1.018	2.617	4920.56	176	103.41	48.59	13
D2-3	49.98	49.12	1.016	2.624	4808.79	167	99.76	49.29	14
D3-1	49.91	49.16	1.015	2.615	3694.12	175	75.33	5.021	10
D3-2	49.91	49.14	1.016	2.606	3866.12	184	77.12	51.37	11
D3-3	50.23	49.12	1.023	2.587	3508.43	173	83.44	48.33	11
D4-1	50.57	49.19	1.028	2.613	3103.22	190	53.21	57	7

续表 6-2

序号	D/mm	L/mm	L/D	ρ /kg · cm^{-3}	P_v /m · s^{-1}	σ_I /MPa	σ_d /MPa	$\dot{\varepsilon}$/s^{-1}	影响排序
D4-2	50.55	49.16	1.028	2.623	3357.24	182	51.94	57.73	8
D4-3	49.44	49.15	1.006	2.598	3144.31	177	47.66	52.10	9
D5-1	49.45	49.19	1.005	2.601	2354.37	172	33.21	60.72	6
D5-2	49.44	49.22	1.004	2.593	2137.82	169	39.32	58.73	4
D5-3	50.35	49.29	1.022	2.589	2605.43	176	30.44	60.42	6
D6-1	50.39	49.52	1.018	2.570	889.25	180	22.06	70.22	3
D6-2	50.31	49.51	1.016	2.553	1256.43	178	29.54	58.24	1
D6-3	50.48	49.50	1.019	2.560	967.45	172	23.50	67.24	2

注：σ_I 为入射应力波峰值强度；σ_d 和 $\dot{\varepsilon}$ 为最后一次冲击破坏时动态强度与应变率。

6.2.2.1　动态应力-应变曲线

A　动态应力-应变曲线共性特征

图 6-6 给出了部分具有代表性的不同高温处理后花岗岩循环冲击压缩应力-应变曲线。可以看出，虽然试样经历了不同的高温热处理，但是得到的应力-应变曲线具有许多相似的变化特征。首先，在应力-应变曲线的上升段，由于动态加载的高应变率效应，应力-应变曲线均没有出现微裂隙压密阶段而是直接进入弹性变形阶段，曲线整体上呈上凸型。

随着处理温度的升高，不同温度处理后花岗岩应力-应变曲线也表现出一定的差异性。当温度处于 25~200 ℃区间，在前几次冲击作用下，应力-应变曲线初始段基本重合，峰后段均出现了明显的应变回弹现象，这是由于在较低振幅的荷载扰动作用下，岩石产生的变形有很大一部分为可恢复的弹性变形而非塑性变形，从而导致初始段弹性模量相近、峰后段弹性应变恢复的现象。并且在低温条件下，随着循环冲击次数的增多，岩石峰值强度并没有发生明显的降低，反而在前几次冲击后有增大的趋势，这可能是由于岩石类材料应变率硬化（动脆）效应的一种表现；另一种可能是前几次冲击加载作用下，压缩波使岩石内部初始裂纹逐渐闭合，岩样变得更加致密。并且在最后一次冲击时，岩石峰值强度急剧下降，这说明低温条件下岩石的疲劳破坏具有突变特征。值得注意的是，即使在最后一次冲击使岩石发生宏观破坏的情况下，应力-应变曲线峰后同样产生了明显的回弹现象，造成该现象的主要原因可能是由于岩样仅仅被击碎成为几个较大的岩块，并没有产生较大的塑性变形所导致。

当温度达到 400 ℃时，随着循环冲击次数的增加，应力-应变曲线上升段斜率减小，岩石峰值强度明显降低，峰后曲线依次经历弹性回弹、塑性跌落和应力

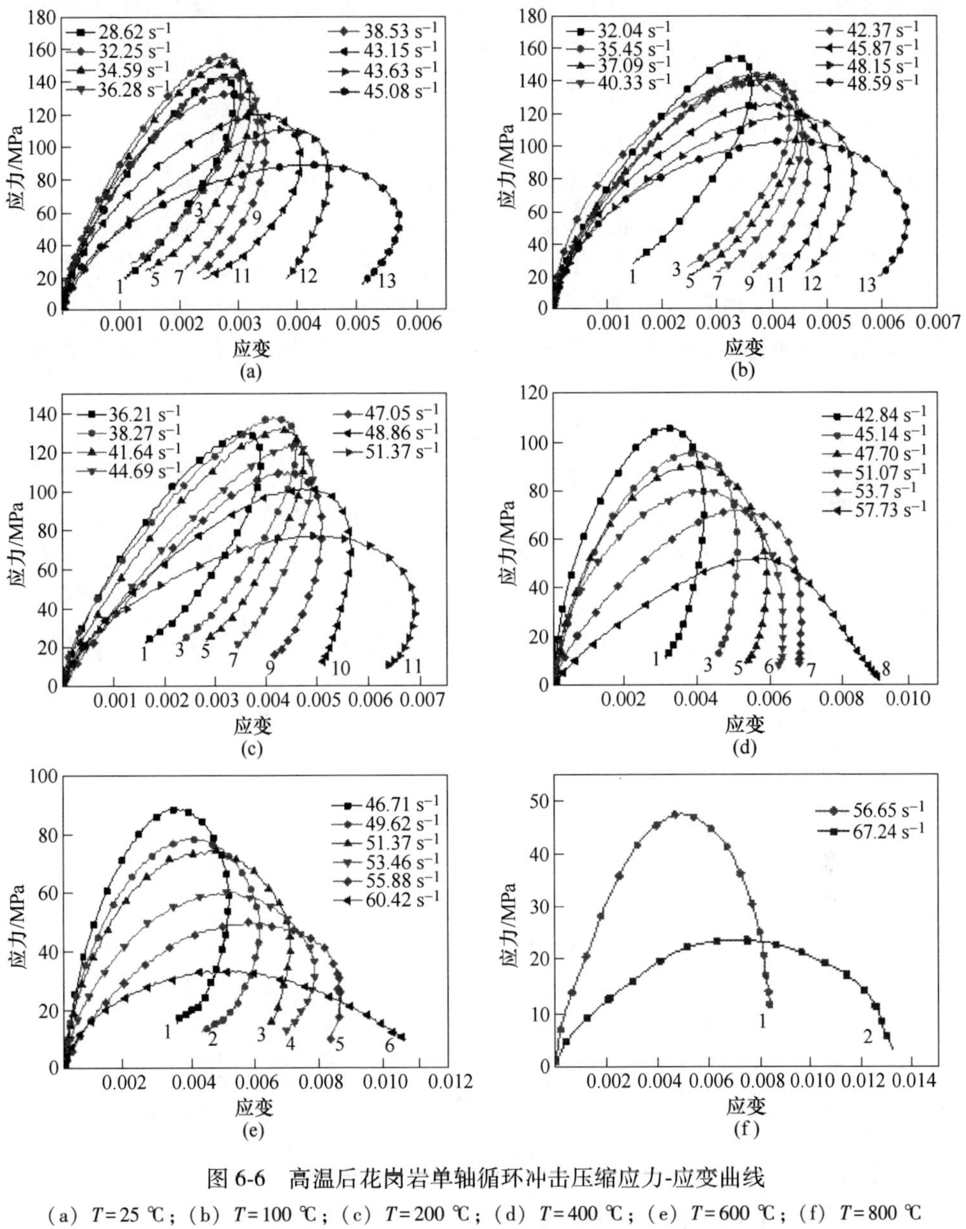

图 6-6 高温后花岗岩单轴循环冲击压缩应力-应变曲线

(a) T=25 ℃;(b) T=100 ℃;(c) T=200 ℃;(d) T=400 ℃;(e) T=600 ℃;(f) T=800 ℃

延展的过程。并且低温条件下的应变率硬化效应消失，高温损伤使得岩石表现出损伤软化（增韧）特征。这种损伤软化现象也从另一个方面说明在高温与冲击荷载重复扰动作用下，花岗岩逐渐发生由准脆性向黏塑性转变的趋势。

在 600~800 ℃高温阶段，随着循环冲击次数的增加，岩石的峰值强度迅速下降，应力-应变曲线回弹现象明显减弱，并且在最后一次冲击过程中，应力-应变曲线在超过屈服点以后出现了一个应力平台，这正是岩石发生脆塑性转变的重要标志。

B　累计扰动冲击次数随温度的改变

相同幅值的外载荷重复作用下，岩石能够承受载荷的作用次数越多说明岩石的疲劳强度越高。图 6-7 给出了不同温度条件下岩石能够承受的累计扰动冲击次数随温度的变化关系。曲线表明，随着处理温度的升高，累计扰动冲击次数近似呈线性降低，而造成该现象的原因正是高温对岩石产生了热损伤，造成了岩石性能的劣化。尽管高温没有使岩石发生宏观热破裂现象，但是处理温度越高，岩石内部颗粒热膨胀就会越剧烈，岩石内部存在的潜在微裂纹就越容易被激活、扩展。

由格里菲斯裂纹扩展理论可知，当两个不同长度的裂纹同时承受相同幅值的应力波扰动作用时，尺寸越大的裂纹其扩展速率就会越快，越能在吸收最少能量或承受最少扰动次数的作用下突破其断裂极限。这也就解释了为何岩石的累积扰动冲击次数与温度呈负相关关系。经回归分析得到冲击次数 N 与温度 T 的函数关系为：

$$N = -0.014T + 13.55 \tag{6-5}$$

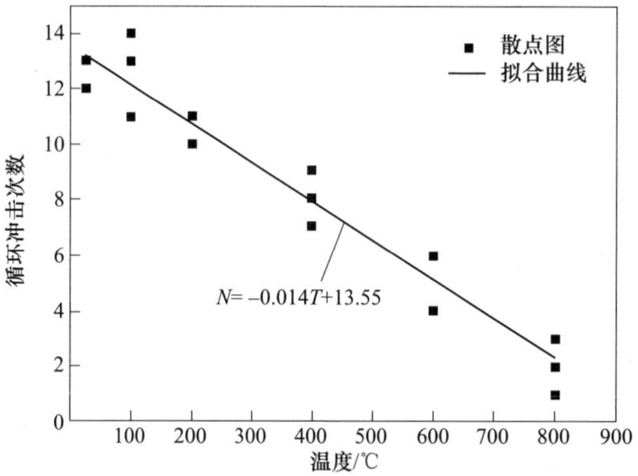

图 6-7　累计扰动冲击次数随温度的变化

6.2.2.2　岩石强度与变形特性

A　峰值强度随循环冲击次数的变化

图 6-8 给出了不同温度处理后花岗岩峰值强度随循环冲击次数的变化规律。由图可知，随着处理温度的升高，岩石动态抗冲击能力明显减小；而随着循环冲击次数的增大，岩石峰值强度整体上呈下降的趋势。但是在不同的温度区间段内岩石强度的变化规律又有所差异。在 25 ℃和 200 ℃两种条件下，花岗岩峰值强

度随循环冲击次数的增加呈现出“先增大，后稳定发展，再突然减小”的变化规律，而在 100 ℃和 400 ℃条件下，岩石峰值强度随着循环冲击次数的增加呈 S 形减小的变化规律。至于 600 ℃和 800 ℃高温条件下，随着冲击次数的增加，峰值强度呈现近似线性降低的趋势。

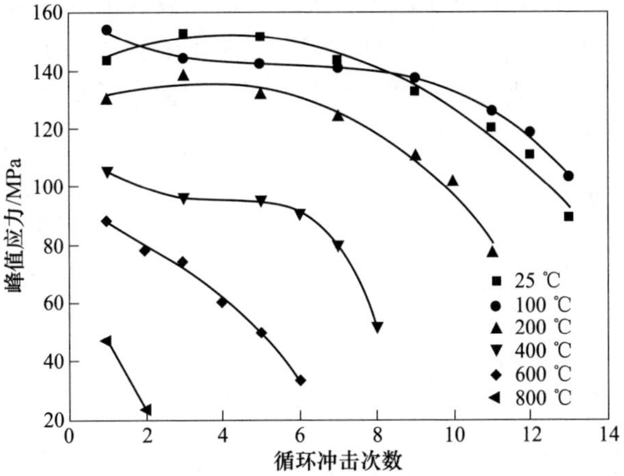

图 6-8 峰值强度与循环冲击次数的关系

造成该现象的主要原因是岩石内部裂纹密度或初始损伤不同：在 25 ℃和 200 ℃两个温度条件下，岩石内部均存在一定数量的微裂纹，一种属于常温下岩石内部固有的初始裂纹，另一种是由于高温作用产生的结构热应力使岩石内部产生热破裂裂纹。这些微观裂纹在前几次应力波作用下首先被压密，峰值强度随着循环冲击次数的增加而增大；但是随着循环冲击作用次数的增多，裂纹被压密至一定程度，岩石开始进入一个疲劳适应阶段，此阶段裂纹压密速率较小或停止被压密；当冲击次数达到一定值以后，应力波又会对岩石产生较为强烈的裂纹扩展作用，峰值强度随着冲击次数的增加而快速减小。另一种较为合理的解释是岩石的应变率强化效应导致了前几次冲击强度的增加。

对于 100 ℃和 400 ℃峰值强度的 S 形减小变化规律，两者可能存在不同的变化机理：100 ℃岩石内部自由水蒸发，矿物颗粒膨胀，新的裂纹还没有形成，因此岩石结构较为致密，前几次冲击加载岩石内部裂纹扩展，峰值强度下降；随着冲击次数继续增大，岩石进入疲劳适应阶段，裂纹扩展速度降低或停止；当冲击次数继续增大就会发生同 25 ℃相似的突变破坏现象，强度突然减小。对于 400 ℃，岩石内部孔隙率较高，随着冲击次数的增加，峰值强度并不能够呈现出压密现象，而是在前几次冲击后峰值强度逐渐降低；随着荷载作用次数的增多，岩石同样也会经历一个疲劳适应阶段。当温度达到 600~800 ℃以后，岩石内部损伤较大，结构异常松散、不稳定，小振幅的外部荷载扰动就有可能导致其裂纹快速扩展，所以不会出现疲劳适应阶段，而是随着扰动次数的增加峰值强度快速下降。

B　最大应变随循环冲击次数的变化

图 6-9 给出了循环加载过程中，岩石最大应变随循环冲击次数的变化曲线。在 25~400 ℃温度段，最大应变随冲击次数的增加表现出倒 S 增长的趋势，这在一定程度上符合花岗岩的疲劳累积损伤特征。而对于 600~800 ℃高温处理后，岩石内部产生了严重的热损伤，循环荷载作用下塑性变形增大，从而导致最大应变随冲击次数的增加而线性增大。

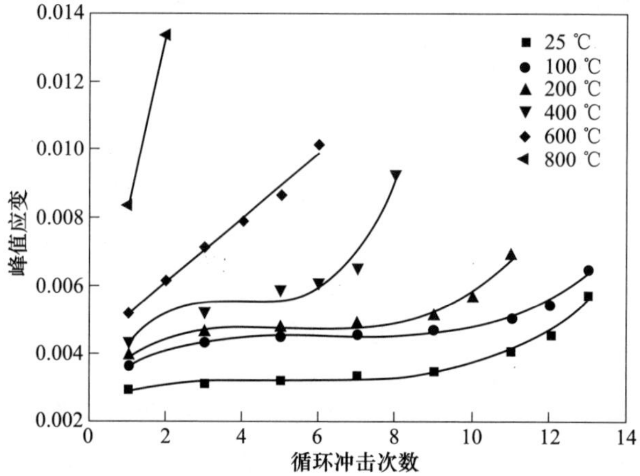

图 6-9　峰值应变与循环冲击次数的关系

C　平均应变率随循环冲击次数的变化

平均应变率表征了岩石的变形增加速率。对于不同高温处理后的花岗岩，随着温度的升高和冲击荷载作用次数的增加，岩样内部逐渐形成热破裂裂纹和疲劳裂纹，岩石的致密性较差，其平均应变率均快速增大，如图 6-10 所示。这表明温度与循环冲击耦合作用下，岩石损伤逐步累积，疲劳变形持续增大。

6.2.2.3　能量耗散特征规律

A　岩石动态加载过程中能量组成与传递规律

基于 SHPB 实验原理，对岩石试样冲击破坏过程的能量特征进行分析。由一维应力波理论和能量守恒定律，当入射杆受到子弹冲击时，能量以波的形式在弹性杆中传播，由于试样和弹性杆波阻抗不同，因此应力波在传播至弹性杆和试样的接触面时发生透射和反射，其余的能量在破岩过程中被耗散。实验过程中的入射能、反射能和透射能可由弹性杆上的入射应力、反射应力和透射应力计算得到。

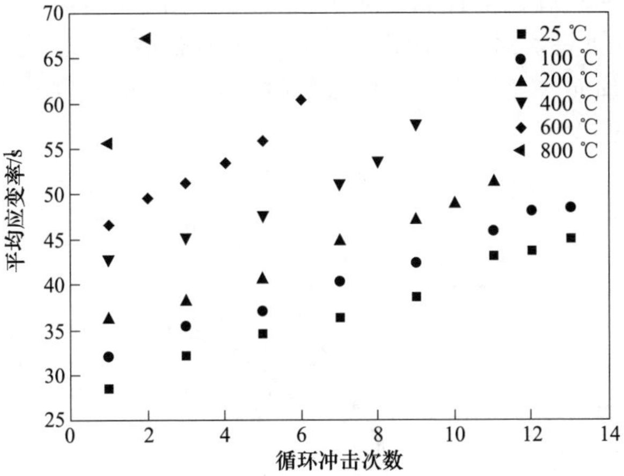

图 6-10 平均应变率随循环冲击次数的变化

$$E_{\mathrm{I}} = \frac{A_0}{\rho_0 C_0}\int_0^{\tau} \sigma_{\mathrm{I}}^2(t)\,\mathrm{d}t \tag{6-6}$$

$$E_{\mathrm{R}} = \frac{A_0}{\rho_0 C_0}\int_0^{\tau} \sigma_{\mathrm{R}}^2(t)\,\mathrm{d}t \tag{6-7}$$

$$E_{\mathrm{T}} = \frac{A_0}{\rho_0 C_0}\int_0^{\tau} \sigma_{\mathrm{T}}^2(t)\,\mathrm{d}t \tag{6-8}$$

式中，E_{I}、E_{R}、E_{T} 分别为入射能、反射能和透射能；$\sigma_{\mathrm{I}}(t)$、$\sigma_{\mathrm{R}}(t)$ 和 $\sigma_{\mathrm{T}}(t)$ 分别为弹性杆上的入射应力、反射应力和透射应力；A_0 和 $\rho_0 C_0$ 分别为弹性杆横截面面积和波阻抗；τ 为应力波的延续时间。

由于试样两端涂了黄油，因此试样与弹性杆之间的摩擦可以忽略不计（即能量损失可以忽略），则试样冲击破坏过程中的总耗散能（E_{L}）可表示为：

$$E_{\mathrm{L}} = E_{\mathrm{I}} - (E_{\mathrm{R}} + E_{\mathrm{T}}) \tag{6-9}$$

试件破坏过程中的耗散能主要包括以下几部分能量[11]：岩石的破碎能、碎片的动能和其他耗散能，如热能。Zhang 等人利用高速摄像仪对 SHPB 实验中岩石碎块的速度进行过测定，并指出岩石破碎能约占总能量的 95%，而其余两种能量不足 5%，因此可以近似认为试样的吸收能等于用于岩石破碎的总耗散能，即 $E_{\mathrm{A}} = E_{\mathrm{L}}$，同时定义单位体积岩石试件在冲击破坏过程中的比能量吸收值为：

$$SEA = \frac{E_{\mathrm{A}}}{V_0} \tag{6-10}$$

式中，SEA 为比能量吸收值；V_0 为试样体积。

B 循环冲击荷载作用下各能量变化规律

动态加载过程中，应力波延续时间对岩石的冲击破碎耗能有一定的影响，为了分析试样冲击加载过程中各能量随时间的演化，图 6-11 给出了典型动态加载条件下的能量-时间关系曲线。由图可知，在加载初始阶段，各能量均随着应力波延续时间的增加而快速增大，当加载延时达到 150 μs 左右，增长速率迅速减缓，能量接近其最大值。

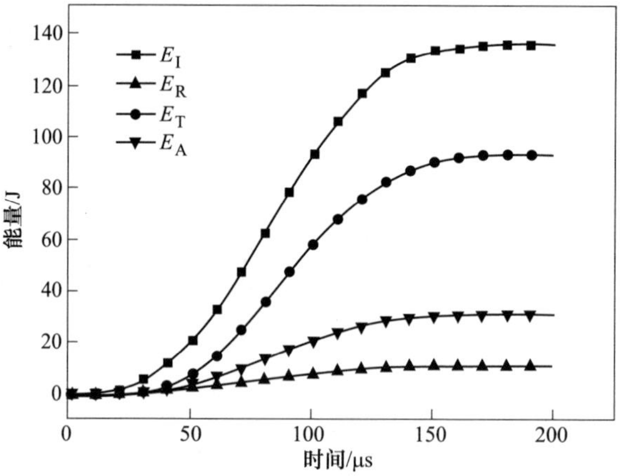

图 6-11　动态加载过程中能量-时间关系曲线

不同高温后花岗岩循环加载过程中各能量随循环冲击次数的变化可参见图 6-12。实验选用的是等幅循环冲击荷载，冲击入射能不会随温度与冲击荷载作用次数的变化而改变，大约稳定于 140 J 左右。反射能的大小表征了岩石内部结构的致密程度及岩石波阻抗的大小，透射能则与岩石的峰值强度呈正相关关系。随着处理温度升高及冲击荷载作用次数的增加，岩石内部累计损伤增大，致密性减小，从而导致岩石波阻抗降低，反射能持续增大。而由于高温与循环荷载作用下岩石发生了疲劳损伤累积，因此岩石强度随冲击次数的增大而持续减小，透射能也随着冲击次数的增加而持续减小。

在岩石动态加载过程中，95%的能量被吸收并用于试件中裂纹扩展及最终破坏。由图 6-12 可以看出，低温条件下岩石能量吸收值随着循环冲击次数的增加而持续增大。这表明随着循环冲击次数的增加，越来越多的能量参与到岩石内部裂纹的扩展，从而导致岩石损伤累积逐渐增大。但是当温度超过 400 ℃以后，岩石能量吸收值增加速率减缓，甚至在 600 ℃ 时能量吸收值随冲击次数的增加反而减小。这表明 600 ℃高温后岩体内部已经产生了较大的损伤，随着冲击次数的增大，只需少量能量就可使试样发生严重破坏，因而能量吸收值降低。

C　累积比能量吸收值随温度的变化

图 6-13 给出了不同高温处理后花岗岩累积比能量吸收值随冲击次数的变化曲线。由图可以看出，随着温度的升高，岩石累积比能量吸收值随冲击次数的增

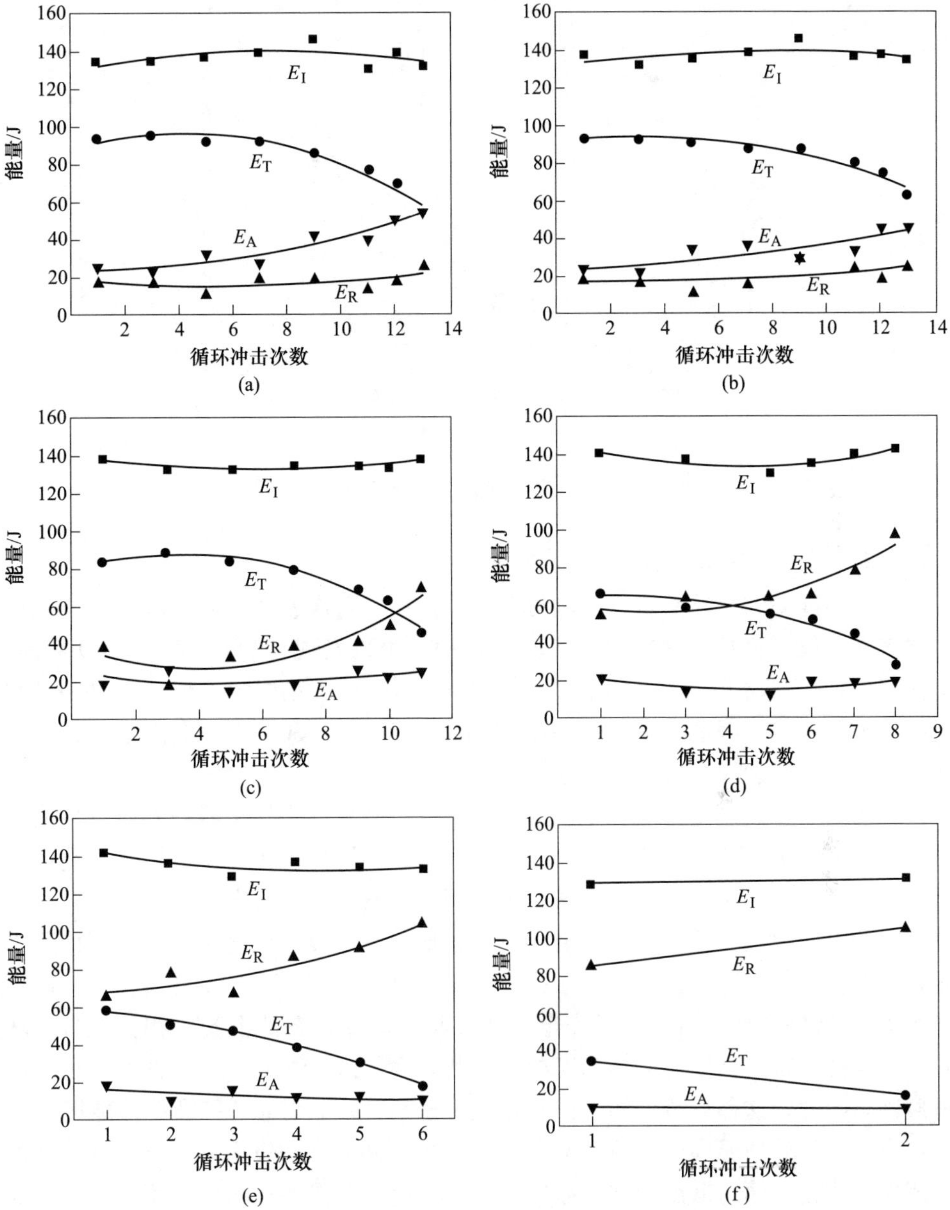

图 6-12 循环加载过程中各能量演化规律

(a) T=25 ℃；(b) T=100 ℃；(c) T=200 ℃；(d) T=400 ℃；(e) T=600 ℃；(f) T=800 ℃

大速率减缓，并且由于能够承受的冲击次数较少，高温岩石最终的累积能量吸收值也相对较低。这表明高温处理后的花岗岩抵抗疲劳荷载能力降低，由温度造成的热损伤要远远大于循环荷载对岩体造成的损伤。

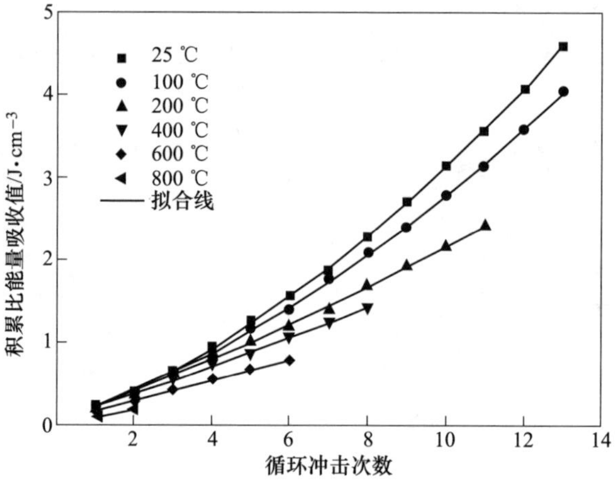

图 6-13 比能量吸收值随累积冲击次数的变化

6.2.2.4 宏观破坏模式与机理

在对不同高温后花岗岩试样进行循环冲击中，每次冲击过后，取下试样观察岩样表面裂纹发育及扩展情况。实验过程中，可以发现在 25~400 ℃温度区间，花岗岩的疲劳破坏模式基本相同，而在 600~800 ℃，花岗岩呈现出了另一种很罕见的破坏模式。因此，图 6-14 中仅给出了 100 ℃与 600 ℃两个典型温度条件下，花岗岩疲劳裂纹扩展与最终破坏模式。

对于 100 ℃高温处理后的情况，花岗岩在前 7 次冲击作用后均没有发生明显的裂纹扩展或破碎现象，直到第 8 次冲击，一些碎片开始从试样的加载端面剥落；在随后的第 9 次冲击后，岩样加载端剥落区域扩大，并产生了一条平行于加载方向的纵向裂纹。随着循环冲击次数的增加，纵向裂纹长度和剥落区域面积都逐渐扩展，并且试样表面又出现了一些肉眼可观察到的呈细白线状的次生裂纹。当经历 11 次冲击加载后，岩样完全破坏。与常规的动态冲击实验相类似，破坏的碎片保持条状，长度与试样高度相等，断裂面与试样纵向平行，破裂面没有摩擦痕迹。因此，这种疲劳损伤可以看作是由于泊松效应引起的劈裂拉伸破坏。

当岩石热处理温度达到 600 ℃以上时，循环冲击扰动作用下岩石表现出来的疲劳损伤演化规律与低温条件下截然不同。试样仅承受了 3 次冲击荷载就在表面产生了明显的纵向裂纹，如图 6-14（b）所示。在第 4 次冲击后，一个垂直于试样轴向方向（加载方向）的横向裂纹开始出现，并且该横向裂纹大约位于花岗岩轴向的中间部位。随着循环冲击次数的进一步增加，两条正交裂纹逐渐扩展并相互贯通，最后在第 6 次冲击后花岗岩表现出了一种罕见的动态破坏模式，即试样一侧被纵向裂纹劈裂为两半，而整个试样被横向垂直裂纹于试样中间部位断裂成两个部分，并且在断裂横截面上发现了许多粉末碎屑。在所有的实验结果中，

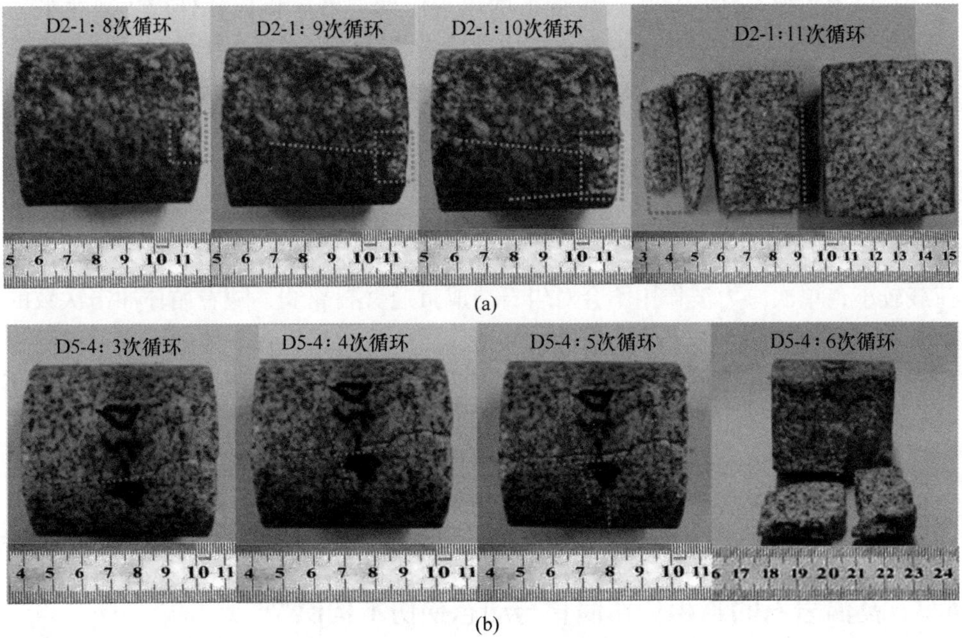

图 6-14 循环冲击加载过程中岩石的裂纹演化与破坏模式

（a）$T=100$ ℃；（b）$T=600$ ℃

（扫描书前二维码看彩图）

当温度低于 600 ℃时，岩样表现为常规的劈裂拉伸破坏，而当温度超过 600 ℃以后，岩石就会呈现出这种复杂的破坏模式。

岩石力学界很少有人对这种破坏形式进行研究。但李天斌等人[12]于 1993 年在对玄武岩的破坏特征研究过程中提出卸载途径下玄武岩的变形破坏特征区别于加载途径的表现是沿卸载方向强烈地扩容和膨胀。单仁亮和竹志强[13]也在花岗岩的动态破坏模式研究中发现了类似的破坏模式，他们称这种损伤模式为“卸载损伤”。在岩石动态加载过程中，应力波对岩石的作用是瞬时的，此时岩石作为一种脆性材料在其内部必然储存了大量的应变能。但是在加载后试样脱离弹性杆，作为外载荷的应力波又会在极短的时间内消失，岩石内部储存的应变能就有可能沿试样加载方向突然释放，产生与加载波同轴的膨胀运动，膨胀运动应当首先在试件两端发生，因而就会出现从两端向中间截面传播的卸载波，两个卸载波的突然叠加就会导致试样在中间截面被“拉断”。

但是在本实验中为何只有当岩石处理温度高达 600 ℃以上时才会出现这种破坏模式？试样断面的粉末碎屑又能说明什么？基于单仁亮等人提出的卸载损伤理论，可以作如下分析：岩石在常规动态加载条件下，由于横向变形较大，泊松效应使岩石产生侧向拉伸应力，随后动态加载应变能的突然释放在岩石中间断面产生卸荷应力，但是卸荷应力产生变形的出现时间要晚于侧向拉伸应力产生的变形，并且在数值上相对较小；在单次快速冲击荷载作用下，由于泊松效应，岩石发生劈裂拉伸破坏或剧烈的粉碎性破坏。Li 和 Zou 等人[14]的研究成果也表明，在冲击速率较低的情况下，入射杆中紧随反射拉伸波之后存在一个压缩波的传播（即卸载波），而当冲击速率较高时，无压缩波出现。所以本实验中无法观察到这种“卸荷破坏”现象。

但是高温与低幅值的循环冲击扰动可为卸载破坏的发生提供条件。由于冲击荷载较小，单次应力波作用不会对岩石造成贯通劈裂裂纹，随着循环冲击次数的增多，试样内部储存一定的应变能，卸荷应力产生的损伤在岩体中间部位逐渐累积。同时，高温处理后岩石强度的急剧下降，也为卸载应力波在岩体内部产生卸载裂纹提供了条件。随着循环冲击次数的增加，岩石侧向裂纹首先扩展，在较多次的损伤累积下横向卸载裂纹也会逐步累积，两种裂纹互相贯通，最终岩石发生劈裂与卸荷的多重破坏模式。试样断面的粉末碎屑正是由于多次冲击后卸载应力波反复叠加作用造成的。

6.3 高温岩石的累积损伤演化与动态损伤本构模型

6.3.1 损伤变量定义方法讨论

岩石作为一种天然地质材料，其内部存在大量的初始微缺陷、微孔洞，因此某种意义上来讲其本身就是一种历经一定损伤的材料。深部岩体处于复杂的温度场与应力场之中，高温、静应力及频繁动力扰动均会影响岩石内部裂纹的扩展或闭合，从而影响工程岩体的力学响应。岩石损伤是评价岩石力学性能的重要指标。选择正确的损伤变量是对材料进行损伤演化分析的前提。损伤变量的定义应满足以下几个条件[15]：

（1）具有明确的物理意义。

（2）演化规律应与实验数据有较好的一致性。

（3）损伤参数容易确定。

（4）能够考虑材料的初始损伤。

目前，定义损伤变量的方法可分为微细观参量（如微裂纹密度）和宏观参量，如弹性模量法、声波波速法、能量法、最大应变法、残余应变法、声发射法和密度法等。

花岗岩经历高温处理后发生脆塑性转化，并且在循环冲击过程中岩石也会产生较大的塑性变形，而基于应变等效性假说的弹性模量法不适用于定义具有较大不可逆塑性变形特征的弹塑性损伤行为[16]。此外，采用 SHPB 加载方法在加载后由于试样脱离弹性杆，无法准确记录到破坏后岩样的残余变形，因此残余应变法同样受到限制。声波波速法作为一种简便、经济的定义方法广泛应用于岩石的累积损伤学术研究中，且在工程岩体损伤及爆破振动测试[17]中也有着广泛的现场应用案例。

本节通过对比分析纵波波速法、最大应变法和能量耗散法，对循环冲击作用下花岗岩的疲劳损伤演化规律进行详细的分析和探讨。

6.3.1.1 纵波波速法

由弹性波动理论可知，介质纵波波速与其弹性模量和密度有关。纵波波速的大小在一定程度上能够反映岩石内部微裂隙密度。因此，可以利用介质纵波波速定义其损伤变量：

$$D = 1 - \left(\frac{v_p}{v_{pf}}\right)^2 \tag{6-11}$$

式中，D 为损伤因子；v_p 为各向同性产生损伤岩石的纵波波速；v_{pf} 为无损伤岩石的纵波波速。

图 6-15 展示了纵波波速表征的岩石循环加载条件下累积损伤随冲击次数的变化关系。以常温试样没有开始加载时的初始纵波波速作为基准损伤，岩石初始损伤值不等于 0，而岩石破坏后的损伤值为 1。在低温条件下，累积损伤随冲击次数变化呈现倒 S 形增长规律。400 ℃高温后，由于初始热损伤较大，循环冲击扰动作用下累积损伤快速发展。以上规律符合不同温度条件下岩石的疲劳损伤特性，因此纵波波速可以用来表征岩石的损伤演化。但是在低温阶段波速表征的损伤值较低，这可能是由于岩石产生纵向裂纹，纵波传播方向与裂纹扩展方向平行，波的传播没有受到阻碍。

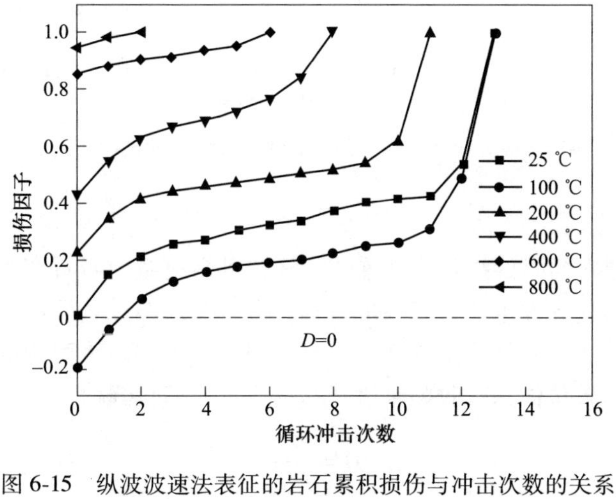

图 6-15 纵波波速法表征的岩石累积损伤与冲击次数的关系

6.3.1.2 最大应变法

循环冲击加载过程中，岩石产生的最大应变包括弹性应变和塑性应变（残余应变）两部分，但是由于 SHPB 加载的特殊性，塑性应变很难准确测量。最大应变在一定程度上也可以反映出岩石抵抗外界荷载变形的能力，损伤因子 D 的计算表达式可表示为：

$$D = \frac{\varepsilon_{\max}^{n} - \varepsilon_{\max}^{1}}{\varepsilon_{\max}^{N} - \varepsilon_{\max}^{1}} \tag{6-12}$$

式中，$\varepsilon_{\max}^{1}$、$\varepsilon_{\max}^{n}$ 和 $\varepsilon_{\max}^{N}$ 分别为循环冲击过程中第一次、第 n 次和最后一次的峰值应变。

由图 6-16 可知，在低温阶段，随着循环冲击次数的增加，损伤变量有明显的初始阶段、低速阶段和加速阶段，能够反映第一次冲击产生的损伤，最后一次冲击产生的损伤值为 1，并且当温度升高至 600 ℃以上时，随着循环冲击次数的增大，损伤快速累积，这些都能较好地反映岩石不同温度条件下的动态疲劳力学性，但是该方法没有考虑岩石的初始热损伤。

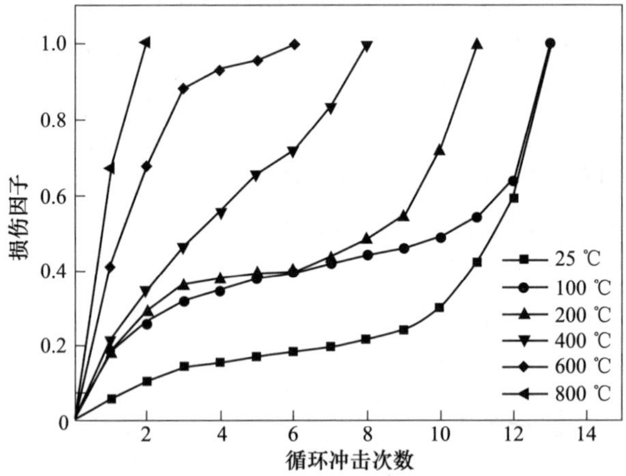

图 6-16　最大应变法表征的岩石累积损伤与冲击次数的关系

6.3.1.3　能量耗散法

无论是高温对岩石的损伤劣化作用，还是外界荷载使岩石产生变形，其本质都是岩石材料与外界发生能量交换的过程，即认为岩石产生损伤行为是由于能量的耗散作用引起的，并且能量耗散和岩石的损伤行为都是不可逆的。本节采用岩石加载过程中的单位体积吸收能来表征其损伤累积演化规律：

$$D = \frac{E_{\mathrm{VN}}}{E_{\mathrm{SUM}}} \tag{6-13}$$

式中，E_{VN} 为第 n 次冲击时试件的累积单位体积吸收能；E_{SUM} 为整个循环作用过程中材料的耗散能总和。

图 6-17 给出了能量表征的岩石累计损伤与冲击次数的关系。不同温度条件

下岩石的初始损伤值不同，温度越高，岩石初次加载产生的损伤值越大；随着循环冲击次数的增大，不同温度下的岩石累积损伤值均呈现出近似线性增大的趋势，不能反映循环冲击过程中岩石疲劳力学性能的初始阶段、低速阶段和加速阶段，因此不适宜采用此变量表征岩石损伤。

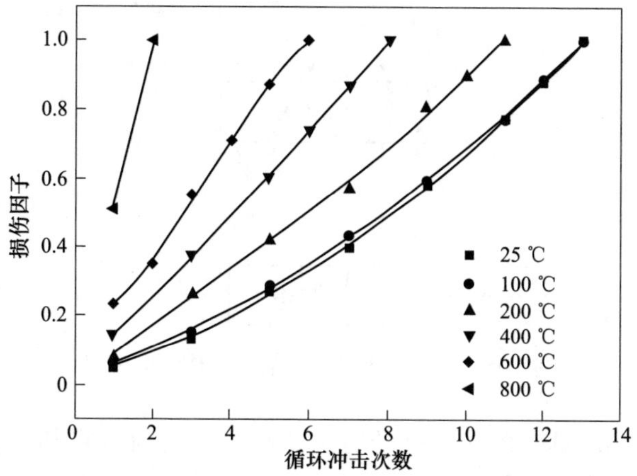

图 6-17　能量表征的岩石累积损伤与冲击次数的关系

6.3.2　基于 Weibull 分布的岩石动态损伤本构模型

一个合理的岩石本构模型的建立，离不开一定条件和理论的假设。高温作用会使岩体内部自由水蒸发、裂隙扩张甚至矿物成分发生转变，随之而来的是岩石力学性能的劣化，高应变率加载条件下岩石又会表现出明显的应变率强化效应。Krajcinovic D 等人从岩石材料内部微裂隙分布的随机性出发，将连续损伤理论和统计强度理论有机地结合起来，提出了一个统计损伤模型，为开展岩石类材料本构模型的研究开辟了一条崭新的途径。随后，曹文贵[18]、李树春[19]、朱晶晶等人[20]基于 Weibull 分布的岩石统计损伤演化规律，考虑岩石的应变率效应、初始损伤和残余强度特征，对本构模型进行了修正，使其能够应用于高应变下的岩石损伤演化描述。

本节在前人研究的基础之上，首先基于 Weibull 假设构建岩石的损伤演化方程，然后基于应变等效性假设得到常温条件下岩石的动态损伤本构模型，结合动态实验得到应力-应变曲线变化和温度对岩样物理力学性能的影响，在模型参数中引入温度影响因素，即可得到考虑温度影响的岩石动态统计损伤本构模型。

6.3.2.1　损伤演化方程的建立

岩石内部存在着大量的微裂纹、微裂隙，其分布是随机、无序的，岩石内部的微单元强度服从某种统计学规律，这一观点已基本成为岩石力学界的共识。基于 Weibull 分布的岩石损伤本构模型构建应遵循以下基本假定：

（1）由于岩石类材料同时具有统计损伤特性和黏性液体的特性，因此岩石单元可以看成是粘缸 η_b 和损伤体 D_a 的组合体，由粘缸和损伤体并联组成，如图 6-18 所示。

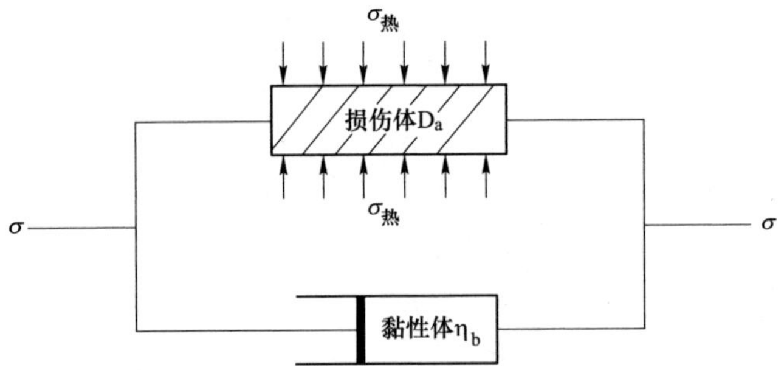

图 6-18　考虑温度效应的岩石损伤组合模型

（2）损伤体 D_a 具有各向同性的特征，在损伤之前可将其看作是线弹性的，服从胡克定律，破坏后不再具有承载能力。黏性体 η_b 没有损伤特性，且在静载作用下，黏性体不发挥作用；当加载速率超过一定值后，黏性体将发挥作用，其遵循的本构关系为：

$$\sigma_b = \eta \cdot \frac{d\varepsilon}{dt} \tag{6-14}$$

式中，σ_b 为黏性体应力；η 为黏性系数，反映了岩石的黏性特征。

（3）基于岩石材料的非均质性，假设岩石微元强度 F 服从 Weibull 分布，其概率密度函数为：

$$P(F) = \frac{m}{F_0} \cdot \left(\frac{F}{F_0}\right)^{m-1} \cdot \exp\left[-\left(\frac{F}{F_0}\right)^m\right] \tag{6-15}$$

式中，F 为微元体强度的分布变量；m 和 F_0 为 Weibull 分布的两个参数，反映了岩石材料的物理力学性质。

（4）岩石在其损伤演化过程中，微元体的破坏具有不规则性和随机性，并且微元体强度服从 Weibull 分布假设。因此，可以把岩石微元破坏的概率作为动态损伤变量：

$$D = \int_0^F P(y)\,dy = 1 - \exp\left[-\left(\frac{F}{F_0}\right)^m\right] \tag{6-16}$$

6.3.2.2　微元强度的确定

Drucker-Prager 强度准则计入了中间主应力的作用，并考虑了静水压力对屈服过程的影响，能够反映剪切引起的膨胀（扩容）性质，且参数简单，在模拟岩石材料的弹塑性特征时，得到了广泛的应用[21]，基于该强度准则可计算岩石的微元强度：

$$F = f(\sigma) = \alpha I_1 + \sqrt{J_2} = k \tag{6-17}$$

式中，α、k 为与岩体黏聚力 c 和内摩擦角 φ 有关的参数，$\alpha = \sin\varphi / \sqrt{9 + 3\sin^2\varphi}$；$I_1$ 为应力张量的第一不变量；J_2 为应力偏量的第二不变量。

与广义胡克定律相结合可得：

$$I_1 = \frac{(\sigma_1 + 2\sigma_3)E\varepsilon_1}{\sigma_1 - 2\mu\sigma_3} \tag{6-18}$$

$$\sqrt{J_2} = \frac{(\sigma_1 - \sigma_3)E\varepsilon_1}{\sqrt{3}(\sigma_1 - 2\mu\sigma_3)} \tag{6-19}$$

式中，σ_3 为围压应力；σ_1 为轴向动应力；ε_1 为轴向应变；E、μ 分别为岩石的弹性模量与泊松比。

在单轴冲击压缩条件状态下，$\sigma_2 = \sigma_3 = 0$，$\varepsilon = \varepsilon_1$，从而岩石的微元强度为：

$$F = \left(\alpha_0 + \frac{1}{\sqrt{3}}\right) E\varepsilon \tag{6-20}$$

6.3.2.3 高温动态本构模型

如图 6-18 所示，当微元体承受水平方向的单轴冲击荷载时，由并联组合体的关系可知：

$$\begin{cases} \varepsilon = \varepsilon_a = \varepsilon_b \\ \sigma = \sigma_a + \sigma_b \end{cases} \tag{6-21}$$

根据应变等效性假设，损伤体的本构关系为：

$$\sigma_a = E\varepsilon(1 - D) = E\varepsilon \exp\left[-\left(\frac{F}{F_0}\right)^m\right] \tag{6-22}$$

将损伤体和黏性体的本构关系代入式（6-21），即得组合体的本构关系为：

$$\sigma = E\varepsilon \exp\left[-\left(\frac{F}{F_0}\right)^m\right] + \eta \cdot \frac{d\varepsilon}{dt} \tag{6-23}$$

冲击荷载作用下高温岩体微缺陷的扩张过程是荷载和温度共同作用的结果，结合不同温度后岩体冲击压缩应力-应变曲线变化规律，随着温度的升高，岩体峰后延性增加，其力学性能发生了由准脆性向黏塑性的转化，因此岩体的黏度系数也必然会随着温度的升高而发生相应的变化。黏度系数是表征岩石颗粒间结构强度和内聚力大小的重要指标，因此可以尝试通过建立黏度系数 η 和温度 T 的关系 $\eta = f(T)$，将温度因素引入本构模型，得到岩体的高温动态本构模型：

$$\sigma = E\varepsilon \exp\left[-\left(\frac{F}{F_0}\right)^m\right] + f(T) \cdot \frac{d\varepsilon}{dt} \tag{6-24}$$

6.3.2.4 模型参数的计算

本构模型中存在的参数主要包括以下三种：

(1) 岩石材料常数 E 、η 和 φ。

(2) 实验应变率 $\mathrm{d}\varepsilon/\mathrm{d}t$。

(3) 损伤模型参数 F_0 和 m 。

为了模型计算的简便，需要确定每个参数的取值或者相互之间的关系，在应力-应变曲线的峰值点处（$\sigma_{\max}$，ε_{m}）有：

$$\frac{\mathrm{d}\sigma}{\mathrm{d}t}\bigg|(\sigma_{\max},\varepsilon_{\mathrm{m}})=0 \tag{6-25}$$

联合式（6-23）和式（6-24），计算可得：

$$F_0=\left(\alpha_0+\frac{1}{\sqrt{3}}\right)E\varepsilon_{\mathrm{m}}\cdot m^{\frac{1}{m}} \tag{6-26}$$

$$m=\frac{1}{\ln(E\varepsilon_{\mathrm{m}})-\ln\left(\sigma_{\max}-\eta\dfrac{\mathrm{d}\varepsilon}{\mathrm{d}t}\right)} \tag{6-27}$$

岩体的弹性模量 E、峰值应力 $\sigma_{\max}$、峰值应变 ε_{m} 和加载应变率 $\mathrm{d}\varepsilon/\mathrm{d}t$ 都可由实验结果得到，唯有黏度系数 η 随着温度的改变难以确定；由式（6-27）可知，参数 m 可以建立与 η 的函数关系 $m=\psi(\eta)$。将式（6-20）、式（6-26）和式（6-27）代入本构模型（6-24），计算可得：

$$\sigma=E\varepsilon\exp\left[-\frac{1}{m}\left(\frac{\varepsilon}{\varepsilon_{\mathrm{m}}}\right)^m\right]+\eta\cdot\frac{\mathrm{d}\varepsilon}{\mathrm{d}t}=E\varepsilon\exp\left[-\frac{1}{\psi[f(T)]}\left(\frac{\varepsilon}{\varepsilon_{\mathrm{m}}}\right)^{\psi[f(T)]}\right]+f(T)\cdot\frac{\mathrm{d}\varepsilon}{\mathrm{d}t} \tag{6-28}$$

式（6-28）即为同时考虑温度与外载荷影响的动态损伤本构模型，该模型将黏度系数作为温度相关变量，不仅引入了温度影响因素，而且拟合结果还可以进一步分析热效应对岩体黏度系数的影响规律。

6.3.2.5 本构模型的验证

为了验证高温后花岗岩动态统计损伤本构模型的合理性与适用性，采用已建立好的损伤本构模型对实验结果进行拟合，得到实验结果与模型曲线的对比分析。由于数据较多，本节只给出了 400 ℃高温处理后花岗岩循环冲击曲线本构模型的验证。

由图 6-19 可知，不同循环周期，理论模型计算得到的曲线与实验结果相当吻合，能够很好地反映不同温度后花岗岩循环冲击动态强度与变形规律。但是模型曲线和实验结果之间还是存在一些偏差，模型不能够反映实测曲线峰后产生的回弹现象，但是对于计算循环冲击荷载条件下的累积损伤特性并不影响。

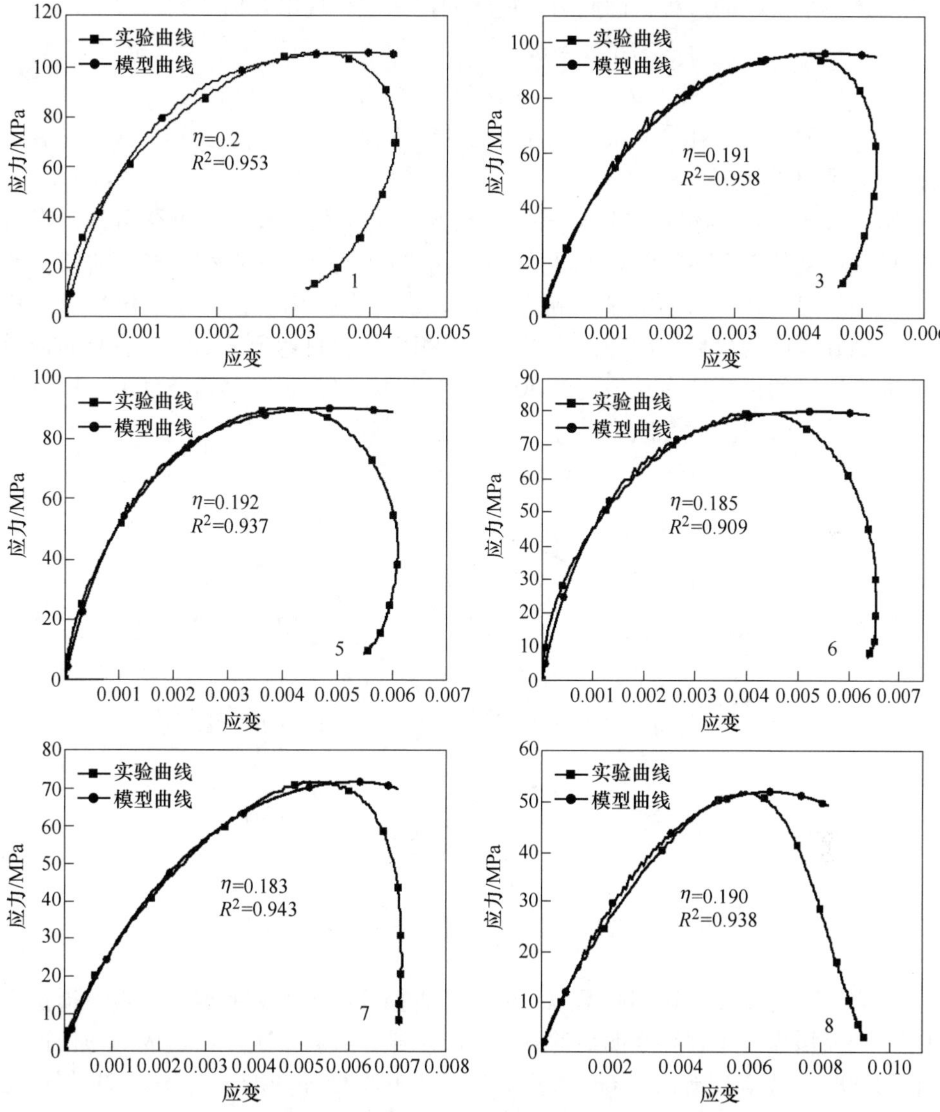

图 6-19 循环冲击实验应力-应变曲线与模型曲线的比较（T=400 ℃）

6.3.3 循环加载过程中岩石的累积损伤演化

6.3.3.1 累积损伤演化规律

荷载对岩石造成的损伤是不可逆的，在循环冲击加载过程中，每次冲击对岩石造成的损伤都是在前一次冲击损伤的基础之上的，根据岩石高温动态损伤本构模型可计算得到每一循环后岩石的损伤值。计算得到的损伤值不能是简单地求和而应当是一个累积的过程，因此岩石最终的损伤度呈现出叠加效应：

$$D_{n累积}=\begin{cases}D_1,n=1\\D_{(n-1)累积}+D_n(1-D_{(n-1)累积}),n\geqslant 2\end{cases}\tag{6-29}$$

式中，D_n 为岩石试样在第 n 次循环冲击后的计算损伤值；$D_{n累积}$ 为第 n 次冲击后岩石试样的累积损伤值。

图 6-20 给出了高温后花岗岩累积损伤与冲击次数的关系。由图可知，当岩石热处理温度处于 25~200 ℃区间时，岩石的损伤演化存在典型的初始阶段、低速阶段和加速阶段。并且在岩石破碎前的几次冲击作用后，岩石损伤累积值较小，直到破碎前的最后一次冲击，岩石总累积损伤也只达到了 60%左右。而最后一次冲击造成的损伤值占总损伤的 40%，这说明，低温循环冲击条件下，岩石在最后一次冲击时发生脆性断裂破坏。

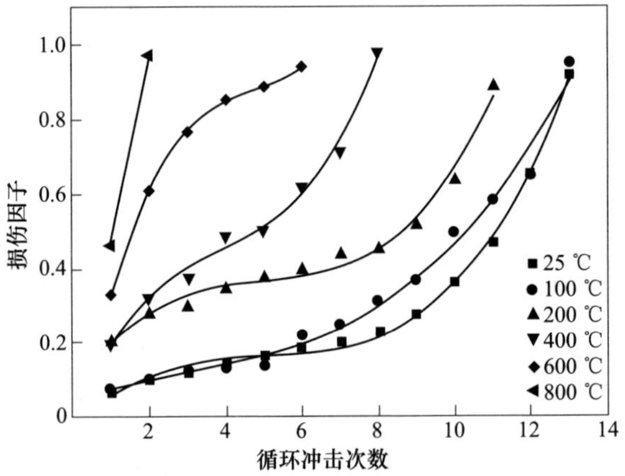

图 6-20　高温后花岗岩累积损伤与冲击次数的关系

当岩石经历温度到达 400 ℃以上时，随着循环冲击次数的增加，岩石损伤累积速率明显增大，不再存在明显的疲劳适应阶段，最后一次冲击造成的损伤占总损伤的 30%。当温度升高至 600 ℃时，随着前几次循环冲击，岩石损伤累积快速增大，破坏前的损伤累积已经接近 90%，这说明高温作用已经使岩石产生了较大的损伤，较小的外载荷动力扰动就可使岩石发生快速的损伤软化。

6.3.3.2　温度对岩石累积损伤特性的影响

根据不同高温后岩石循环冲击荷载条件下的统计损伤本构模型，计算得到模型参数。图 6-21 给出了初次加载条件下岩石黏度系数随温度的变化关系曲线。从图中可以看出，不同温度条件下岩体的黏度系数 η 与热处理温度 T 呈多项式函数关系，即

$$\eta=0.448-0.0022\times T+7.22E-6\times T^2-9.75E-9\times T^3+0.44\times T^4\tag{6-30}$$

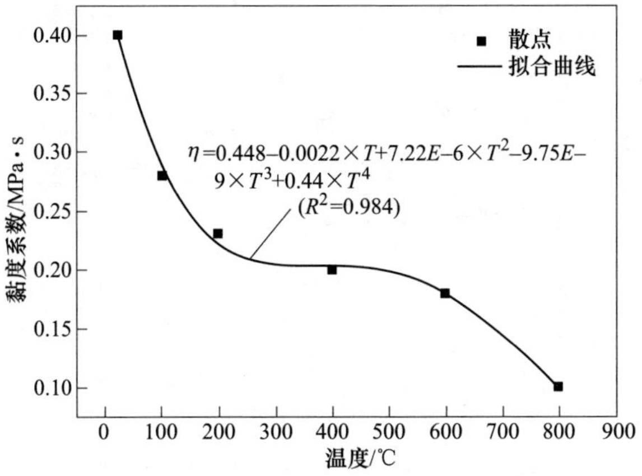

图 6-21 花岗岩黏度系数随温度的变化曲线

由图 6-21 可知，黏度系数随着处理温度的升高而持续减小，并且在 200 ℃之前，黏度系数由常温条件下的 0.4 迅速减小至 0.23，降幅达 42.5%；当温度处于 200~600 ℃区间，岩石黏度系数基本保持在一个较稳定的数值区间（η = 0.18~0.23）。当温度超过 600 ℃以后，黏度系数又一次发生快速减小至 0.1。导致该现象产生的主要原因是：200 ℃之前高温作用使岩石内部自由水蒸发，孔隙率增大，岩样颗粒间结构遭到破坏，颗粒间内聚力减小，从而直接导致花岗岩黏性系数急剧下降；而当温度超过 200 ℃以后，高温作用已经使岩样内部产生了比较大的损伤，并且随着温度继续升高，由于矿物颗粒的线膨胀系数不同，颗粒之间将会产生结构热应力，这也在一定程度上抑制了黏度系数的下降；但是当温度超过 600 ℃以后，花岗岩内部一些熔点较低的矿物或有机质发生热熔现象，又一次导致岩石颗粒间内聚力减小。

结合不同温度条件下的岩石内部结构变化及岩石黏度系数变化规律，可以认为黏度系数的大小在一定程度上能够反映出岩石结构的致密性和损伤的大小。图 6-22 给出了花岗岩黏度系数与循环冲击次数关系。由图可知，在 25 ℃条件下，随前几次循环冲次数的增加，黏度系数先快速下降，然后稳定于一个较小的值，大约为 0.22，这表明循环冲击对岩石造成累积损伤。100~600 ℃温度区间内，随着循环冲击次数增大，黏度系数缓慢减小，说明此时岩石由于高温作用产生了较大损伤，结构热应力抑制了黏度系数的减小。当温度升高至 800 ℃，随着冲击次数增大，黏度系数快速减小，说明此时岩石的结构热应力已经不再占据主导地位，岩石在高温作用下发生较为严重的破坏。

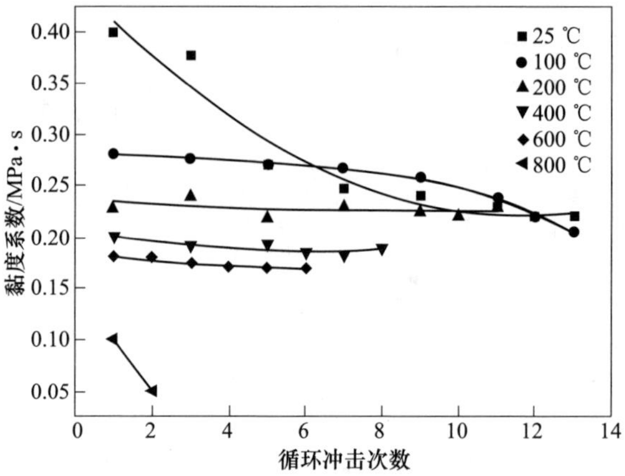

图 6-22　花岗岩黏度系数与循环冲击次数关系

6.4　小结

本章主要基于 SHPB 实验系统开展了高温后花岗岩单轴循环冲击压缩实验，对循环加载过程中岩石的强度与变形特性、能量耗散规律及宏观破坏模式与机理进行了分析。在上述分析的基础之上，分别采用纵波波速法、能量耗散法和最大应变法表征岩石的动态累积损伤演化规律，在常温损伤本构模型的基础上引入温度影响因素构建考虑温度效应的岩石动态统计损伤本构模型，并通过实验验证其合理性。得到的主要结论如下：

（1）循环冲击加载过程中，试样破坏前的几次冲击作用下应力-应变曲线初始段基本重合，曲线峰后出现明显的应变回弹效应；低温条件下的前几次冲击，岩石表现出应变率硬化效应。随着温度与冲击次数的增大，岩石损伤加剧，上升段弹性模量减小，应变回弹现象消失，岩石表现出损伤软化（增韧）特征。

（2）循环冲击加载过程中，岩石内部裂纹密度与初始损伤的大小对于峰值强度随冲击次数的变化规律有着重要影响；岩石初始损伤越大能够承受的冲击载荷作用次数越少。在 25~400 ℃温度段，最大应变随冲击次数的增加表现出倒 S 增长曲线，这在一定程度上符合花岗岩的疲劳累积损伤特征。而对于 600~800 ℃高温处理后，岩石内部产生了严重的热损伤，岩石性质发生脆-塑性转变，从而导致最大应变随冲击次数的增加而线性增大。

（3）岩石入射能保持恒定，随着循环冲击作用次数增加，反射能增大，透射能减小；400 ℃之前能量吸收值随冲击次数的增大而增大，表明越来越多的能量参与到岩石内部裂纹的扩展；400 ℃以后高温使岩体内部产生了较大的损伤，能量吸收值随冲击次数的增加反而减小。

（4）岩石热处理温度处于 25~400 ℃阶段时，循环冲击过程中由于泊松效应，试样表面产生一条平行于加载方向的纵向裂纹，纵向裂纹扩展贯通最终导致岩石发生劈裂破坏。600 ℃以上的高温处理后，循环加载过程中试样表面分别出现纵向拉伸裂纹和横向断裂裂纹，并随着冲击次数增大，两条正交裂纹逐渐扩展并相互贯通，最终岩石发生劈裂破坏和卸荷破坏的混合破坏模式。

（5）分别采用纵波波速法、最大应变法和能量耗散法来表征岩石的动态累积损伤演化。结果表明，最大应变法符合岩石的疲劳损伤规律，但是没有考虑岩石的初始热损伤；能量耗散法不具备初始阶段、低速阶段、加速阶段；纵波波速法能够表征岩石的初始损伤，最终损伤值为 1，且具备初始阶段、低速阶段、加速阶段，因此可用来表示岩石循环加载作用下的累积损伤。

（6）采用本构模型计算岩石的累积损伤演化，结果表明：低温条件下（<400 ℃），岩石的累积损伤呈现初始阶段、低速阶段、加速阶段，并且最后一次冲击对岩石造成的损伤值较大，岩石发生突然破坏；当温度超过 400 ℃以后，岩石累积损伤速率增大，不再具备三阶段疲劳损伤规律。

（7）随着处理温度的升高，岩石黏性系数呈现 S 形减小趋势。200 ℃之前，随着处理温度升高，黏性系数快速减小；当温度处于 200~600 ℃区间，岩石黏度系数基本保持在一个较稳定的数值区间（$\eta = 0.18 \sim 0.23$）；当温度超过 600 ℃以后黏度系数又一次发生快速减小至 0.1。这与温度对岩石造成的热损伤变化规律相近。

参 考 文 献

[1] Liu S, Xu J. Effect of strain rate on the dynamic compressive mechanical behaviors of rock material subjected to high temperatures [J]. Mechanics of Materials, 2015, 82: 28-38.

[2] Yin T, Li X, Xia K, et al. Effect of thermal treatment on the dynamic fracture toughness of laurentian granite [J]. Rock Mechanics and Rock Engineering, 2012, 45 (6): 1087-1094.

[3] Yao W, Xu Y, Wang W, et al. Dependence of dynamic tensile strength of longyou sandstone on heat-treatment temperature and loading rate [J]. Rock Mechanics and Rock Engineering, 2016, 49 (10): 3899-3915.

[4] 宋凯文，黄俊红，罗忆，等. 循环冲击荷载下的礁灰岩力学特性研究 [J]. 岩石力学与工程学报，2023，42 (S2)：3956-3965.

[5] 朱晶晶. 循环冲击载荷下岩石力学特性与损伤模型的试验研究 [D]. 长沙：中南大学，2012.

[6] 葛修润，卢应发. 循环荷载作用下岩石疲劳破坏和不可逆变形问题的探讨 [J]. 岩土工程学报，1992 (3)：56-60.

[7] Liu E, He S. Effects of cyclic dynamic loading on the mechanical properties of intact rock samples under confining pressure conditions [J]. Engineering Geology, 2012, 125: 81-91.

[8] Wang Z, Li S, Qiao L, et al. Fatigue behavior of granite subjected to cyclic loading under triaxial compression condition [J]. Rock Mechanics and Rock Engineering, 2013, 46 (6):

1603-1615.

[9] Bagde M N, Petroš V. Fatigue properties of intact sandstone samples subjected to dynamic uniaxial cyclical loading [J]. International Journal of Rock Mechanics and Mining Sciences, 2005, 42 (2): 237-250.

[10] Zhou Y X, Xia K, Li X B, et al. Suggested methods for determining the dynamic strength parameters and mode-I fracture toughness of rock materials [J]. International Journal of Rock Mechanics and Mining Sciences, 2012, 49: 105-112.

[11] 李夕兵．岩石动力学基础与应用［M］．北京：科学出版社，2014.

[12] 李天斌，王兰生．卸荷应力状态下玄武岩变形破坏特征的试验研究［J］．岩石力学与工程学报，1993，12（4）：321-327.

[13] 单仁亮，竹志强．大理岩、花岗岩冲击破坏模式的研究［C］//第六届全国岩石动力学学术会议文集．中国岩石力学与工程学会岩石动力学专业委员会，1998：13-18.

[14] Li X, Zou Y, Zhou Z. Numerical simulation of the rock SHPB test with a special shape striker based on the discrete element method [J]. Rock Mechanics and Rock Engineering, 2014, 47: 1693-1709.

[15] Xiao J Q, Ding D X, Jiang F L, et al. Fatigue damage variable and evolution of rock subjected to cyclic loading [J]. International Journal of Rock Mechanics and Mining Sciences, 2010, 47 (3): 461-468.

[16] 鞠杨，谢和平．基于应变等效性假说的损伤定义的适用条件［J］．应用力学学报，1998，15（1）：43-49.

[17] 梅年峰．循环动荷载作用下脆性岩石疲劳损伤力学特性研究［D］．武汉：中国地质大学，2014.

[18] 曹文贵，赵明华，刘成学．基于 Weibull 分布的岩石损伤软化模型及其修正方法研究［J］．岩石力学与工程学报，2004，23（19）：3226-3231.

[19] 李树春，许江，李克钢，等．基于 Weibull 分布的岩石损伤本构模型研究［J］．湖南科技大学学报（自然科学版），2007，22（4）：65-68.

[20] 朱晶晶，李夕兵，宫凤强，等．单轴循环冲击下岩石的动力学特性及其损伤模型研究［J］．岩土工程学报，2013，35（3）：531-539.

[21] 周凤玺，李世荣．广义 Drucker-Prager 强度准则［J］．岩土力学，2008（3）：747-751.

7 温压耦合作用下岩石单轴冲击力学性能研究

7.1 引言

矿产资源深部开采[1-2]、岩芯钻探[3]、地热资源开发利用[4-5]、深部核废料储存[6-7]以及岩石建筑物火灾后重建[8-10]等岩石工程都处于高温状态。目前国内开采最深的矿山达到1000 m，南非姆波尼格金矿开采深度已达4000 m，工作环境温度达到60 ℃。我国在青海省首次钻获236 ℃的高温干热岩。核废料深埋处花岗岩的近场温度会达到250 ℃。可见，许多实际岩石工程都会处于温度场中。此外，岩石工程还受到爆破（如矿山微震事件的发生时间都与爆破的发生时间有密切的联系)、机械凿岩和高阶段落矿（如 VCR 采矿法落矿）等动载荷扰动[11]，导致岩石结构发生损伤甚至破坏。岩石的动态力学性质与静态相比有很大的不同[12-14]，因此，研究岩石在温度和应力场共同作用下（即温压耦合作用下）的动态力学性能具有重要意义和价值。

实时高温下状态的“实时”表示把岩石经过加热到某一温度下达到保温时间时，在该温度下开展实验，这与岩石热处理后进行实验的温度条件迥然不同。岩石用高温热处理后再进行实验包含冷却过程，而实时高温条件则是一直保持高温状态，直到实验完成后再开始冷却。已有的研究表明，不管是静态还是动态实验，岩石在高温下的力学性质与热处理后相比是迥然不同的[15-17]。热处理后的岩石力学性质的室内实验可以看作是将岩石工程中的高温试样取出冷却至室温后进行研究，而研究岩石在实时高温下力学性质的优势主要表现在可以还原工程现场的高温状态。

7.2 温压耦合作用下岩石单轴冲击压缩破坏行为

7.2.1 实验试样与实验方法

实验选用完整性和均匀性相对较好的中等强度的粉砂岩，根据动态力学性能测试要求[21]制作试件，加工成 ϕ50 mm×30 mm 的圆柱体，并对试件的两端进行仔细研磨，两端表面平行度在 0.05 mm 以内，表面平整度在 0.02 mm 以内，试样基本尺寸和加工精度均符合岩石实验标准。粉矿岩试样力学参数为：抗压强度 118.25 MPa，弹性模量 15.47 GPa，泊松比 0.29，内摩擦角 67°。

实验设备如图 7-1 所示。实验在自行研制的温压耦合与动力扰动实验系统上进行，该实验系统系在动静组合加载 SHPB 装置上安装一个加热装置。其中，炉壳用不锈钢板制成，加热炉膛采用耐火材料碳化硅制成的 ϕ100 mm×150 mm 圆柱形，四周绕有加热元件 Cr27Al7Mo2 高电阻电炉丝，炉膛与炉壳之间用高铝泡沫砖、保温棉砌筑成保温层。为减少炉口热损失，提高炉膛内温度均匀性，在炉口两端各安放一块可上下移动、用耐火材料制成的挡热板。加热装置额定功率为 1. 5 kW，最高加热温度可达 850 ℃。温度控制采用智能温度控制器（PID 调节）。

实验共有 64 个试样，按每 4 个分为 1 组，把升温范围分 20 ℃（常温）、50 ℃、100 ℃、200 ℃和 300 ℃五个温度水平，给每组圆柱体试样按 0 MPa、20 MPa、40 MPa、60 MPa 和 80 MPa 五个级别施加不同的轴向压力并放入加热炉内以电炉最大功率升温，升温速率为每 3 min 升温 10 ℃，分别加热到相应的温度水平并保持恒温 2 h。

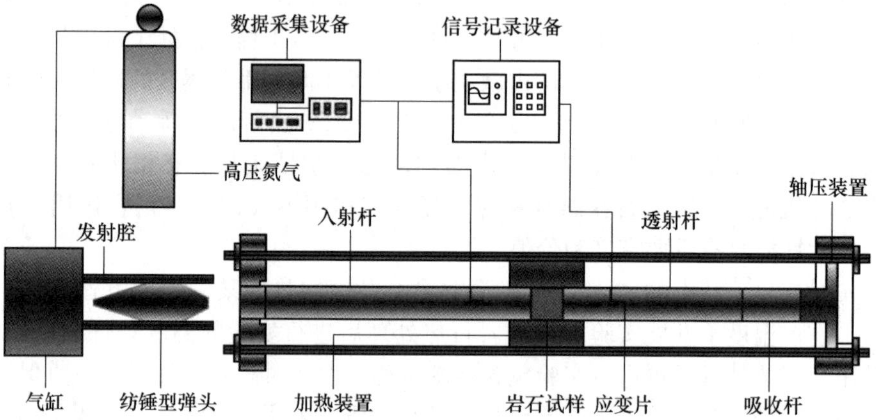

图 7-1　温压耦合作用下岩石冲击实验系统

7. 2. 2　应力-应变曲线

图 7-2 为相同轴压情况下不同温度粉砂岩典型全应力-应变曲线。实验结果表明，粉砂岩的承载强度与其所受温度影响密切相关。从图 7-2 可以看出，当粉砂岩处于相同的轴向静压时，全应力-应变曲线破坏载荷先升高后降低。

7. 2. 3　动态压缩强度

图 7-3 给出粉砂岩峰值强度散点值和拟合值随温度的变化规律。从图中可以看出，粉砂岩在各温度段的单轴抗压动态强度具有较大的离散性，这是由于岩石是一种较典型的非均质材料，由不同矿物质组成且普遍包含不同尺度的缺陷，这些缺陷包括岩矿颗粒边界、岩石内部固有孔洞以及裂隙等自身结构差异，尽管在实验前严

格把握岩石试样的物理特性，且同组试样均取自同一岩芯、岩石的超声波速度以及表象上的原生微裂纹等也近于相同，但实验结果仍具有较大的离散性。

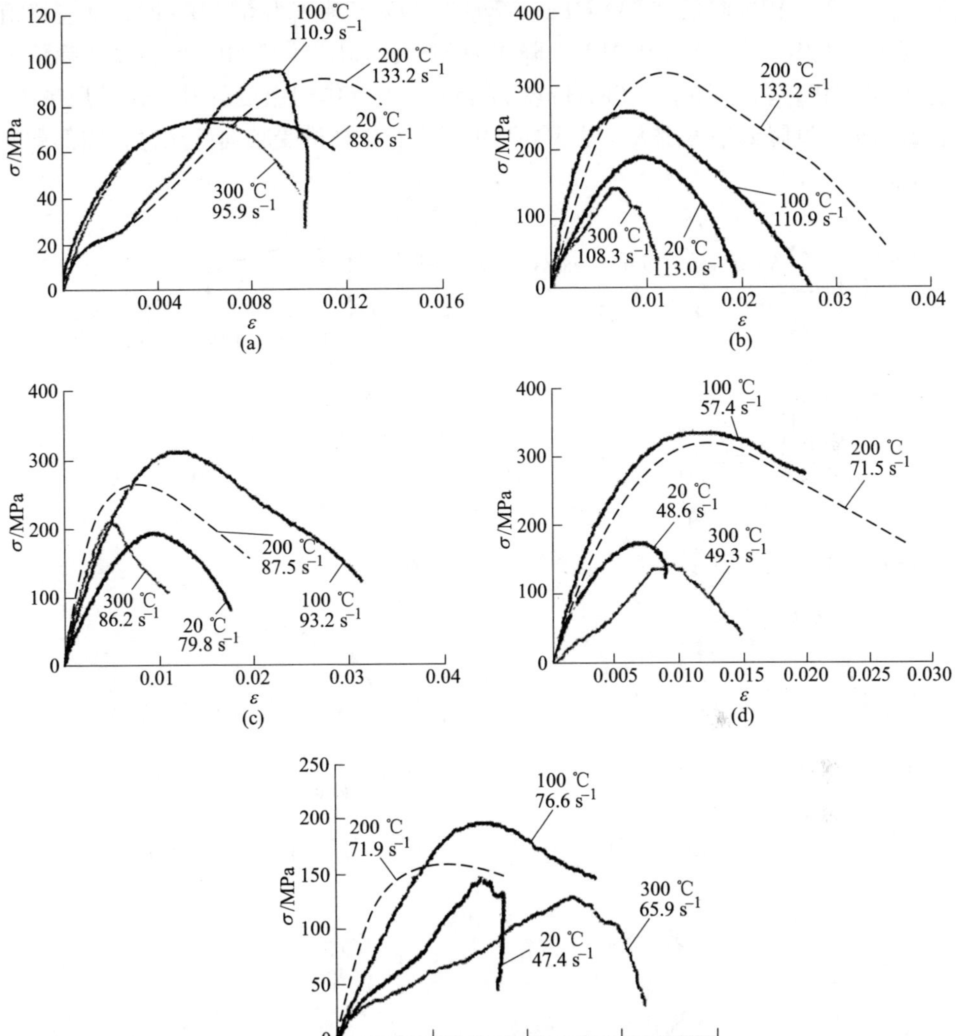

图 7-2　相同轴压情况下不同温度粉砂岩典型全应力-应变曲线

（a）轴压 0 MPa；（b）轴压 20 MPa；（c）轴压 40 MPa；（d）轴压 60 MPa；（e）轴压 80 MPa

从整体看，粉砂岩随温度变化的规律比较明显：温度对粉砂岩的动态强度影响很大，随着温度的升高岩石的峰值强度有先升后降的趋势。从图 7-3 可知，粉砂岩的强度从常温到 100 ℃这个过程呈上升趋势，而从 100 ℃升至 300 ℃时，粉砂岩动态峰值强度随温度变化呈下降趋势。在 100～300 ℃，轴压为 0 MPa 时，动态峰值强度从 105 MPa 降低到 83 MPa，降幅达 21%；轴压为 20 MPa 时，动态峰值强度从 316 MPa 降低到 218 MPa，降幅为 31%；轴压为 40 MPa 时，动态峰值强度从 325 MPa 降低到 232 MPa，降幅为 29%；轴压为 60 MPa 时，动态峰值强度从 318 MPa 降低到 219 MPa，降幅为 32%；轴压为 80 MPa 时，动态峰值强度从 205 MPa 降低到 134 MPa，降幅为 35%。随着作用温度的升高，轴压越大，岩石动态强度降低幅度越大。这主要是由于岩石试样遭受轴向静压时，内部微裂

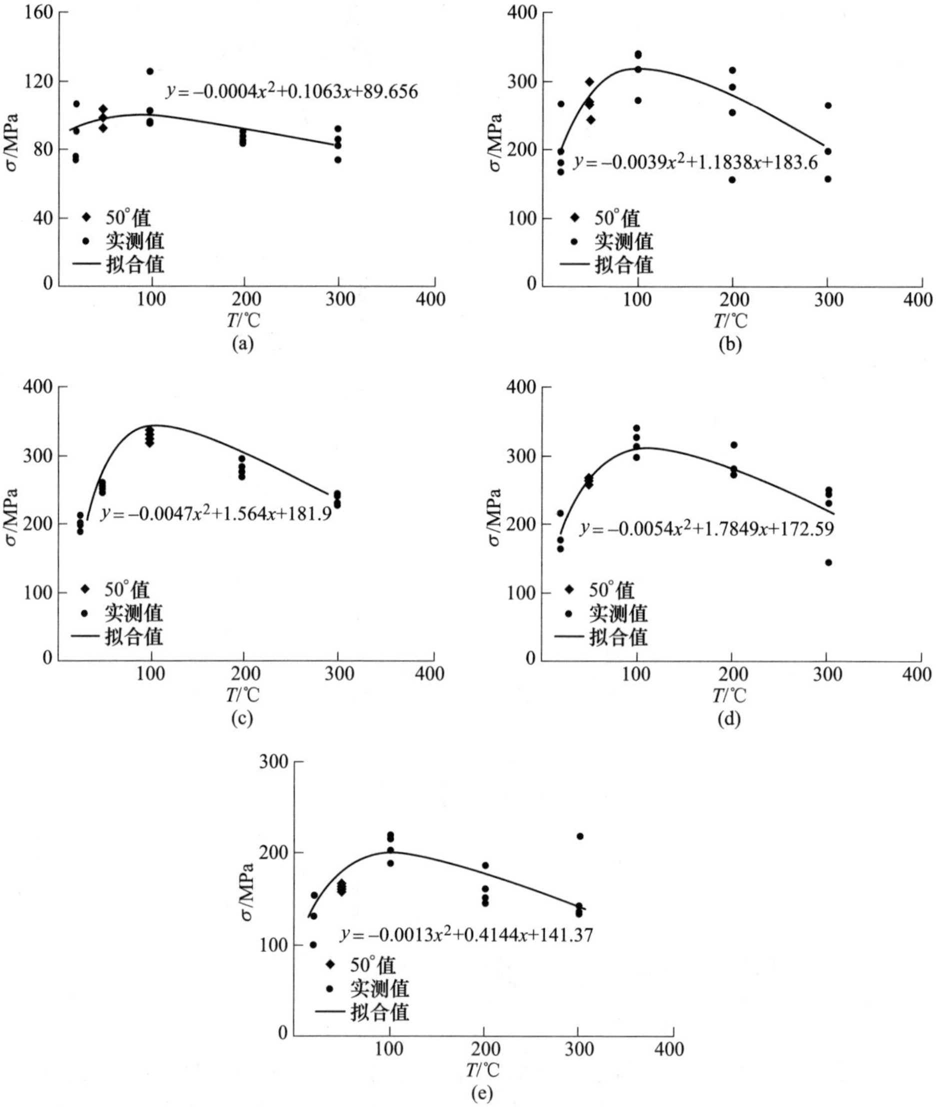

图 7-3　相同轴压情况下砂岩峰值强度随温度变化散点和拟合曲线

（a）轴压 0 MPa；（b）轴压 20 MPa；（c）轴压 40 MPa；（d）轴压 60 MPa；（e）轴压 80 MPa

纹和孔隙闭合导致强度增加，而当轴向静压增加到大于试样内部颗粒之间的最大摩擦力时，作用温度增高，微裂纹增加，表现为岩石承载力下降。

经回归分析（见表 7-1），岩石的动态强度与温度之间的关系可用式（7-1）表示：

$$\sigma_{1d} = aT^2 + bT + \sigma_{cd} \tag{7-1}$$

式中，σ_{1d} 为单轴抗压动态强度，MPa；σ_{cd} 为温度为 0 ℃时岩石的单轴抗压动态强度，MPa；a、b 为温度对岩石强度的影响系数；T 为温度，℃。

表 7-1 不同轴压下粉砂岩动态强度与温度关系对比

轴压/MPa	冲击破坏强度/MPa	相关系数 R^2
0	$\sigma_{1d} = -0.0004T^2 + 0.1063T + 89.656$	0.94
20	$\sigma_{1d} = -0.0039T^2 + 1.1838T + 183.6$	0.96
40	$\sigma_{1d} = -0.0047T^2 + 1.564T + 181.9$	0.93
60	$\sigma_{1d} = -0.0054T^2 + 1.7849T + 172.59$	0.96
80	$\sigma_{1d} = -0.0013T^2 + 0.4144T + 141.37$	0.90

7.2.4 温压耦合作用下岩石动态破坏过程

ANSYS/LS-DYNA 程序是一个具有拉格朗日算法、非线性、显式、三维的结构（连续体力学问题）有限元分析程序。ANSYS 是融结构、流体、电场、磁场、声场分析于一体的大型通用有限元分析软件，具有独一无二的多场耦合分析功能，对自然界四大场——力场、流场、热场、磁场实现全面分析；LS-DYNA 为主要解决高速碰撞、爆炸和金属成型等动力学冲击问题的非线性动力学分析有限元程序，特别适于大位移、大转动、大应变动态分析。

为了分析实时高温条件下岩样的破坏过程，选取程序中 Solid164 单元对弹性杆和试样进行有限元网格划分，该单元采用线性函数（低阶单元），是八节点六面体单元，可以采用某些节点重复退化为六节点楔形单元、五节点锥形单元。对有限元模型添加钢材和现场实测的岩石力学参数，包括弹性模量、密度、泊松比、线膨胀系数、导热系数以及本构模型等，取常温下砂岩的线膨胀系数为 8.5×10^{-6} ℃$^{-1}$、导热系数为 2.5 W/(m·K)，钢的线膨胀系数为 13.6×10^{-6} ℃$^{-1}$、导热系数为 29 W/(m·K)，然后对模型赋予温度载荷。以上操作完成之后，便可对模型进行热分析计算。

重新进入前处理器，转换单元类型，通过 LDREAD 命令读取热分析结果并将其作为下一步计算的载荷。给定模型边界条件，约束中心节点位移，在输入杆自由端输入轴向压力，而输出杆自由端进行全约束。由于在温度引起的结构热应力和轴向应力的作用下，岩石内部结构损伤，因此将温度的影响转化为热应力进行计算。静载计算结束后实现温压耦合作用下岩石试样的预应力状态，再施加动载荷完成高温高压耦合作用下岩石动态冲击破坏过程的模拟计算。

图 7-4 给出了轴向静压力为 20 MPa 时试样在不同温度作用下的破坏过程。由于篇幅所限，这里只给出试样与入射杆接触端和剖面破坏过程模拟结果。当冲击载荷作用于岩石试样后，试样侧面出现裂纹，这是由于试样侧面为自由面，压缩波经反射后形成拉伸波，尽管拉伸强度不大，但对于抗拉强度较低的岩石类材料，易导致拉伸破坏。加载初期，试样前后端面单元并没有发生破坏，应力波在多次反射后导致裂纹贯穿，使试样迅速断裂。随着温度的升高，岩石破裂的时间提前，破碎程度也加大，尤其在 300 ℃时岩石的破碎程度明显大于 100 ℃和 200 ℃。

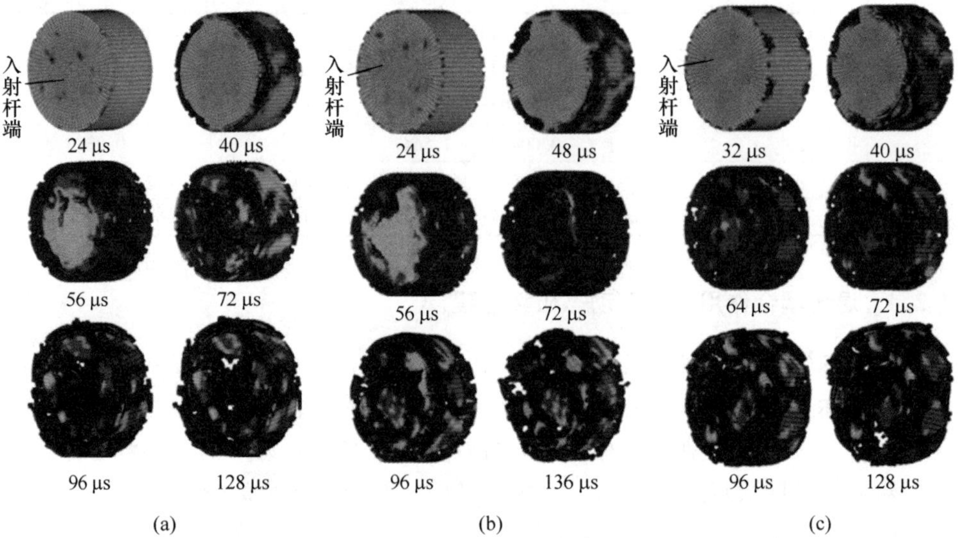

图 7-4　轴向静压 20 MPa 时试样在不同温度作用下的破坏过程
(a) 100 ℃；(b) 200 ℃；(c) 300 ℃
(扫描书前二维码看彩图)

如图 7-5 所示，当轴向静压增大到 60 MPa 时，岩石的破坏模式与图 7-4 中的情形相似，首先在试样侧面产生裂纹，最终贯穿整个试样内部，且岩石在冲击载荷加载初期就出现明显裂纹，这是由于岩石在 60 MPa 的预压力作用下，内部的空隙已经完成了裂纹闭合、扩展、贯通的过程，导致裂纹出现。且随着温度的升高，和图 7-4 中的情形相似，岩石的破碎程度增大，且破裂时间提前，这是由于岩石在高温的作用下内部水分蒸发，部分空隙发生热膨胀导致抗压强度降低，表现为破碎程度较大。为了进一步验证数值模拟的可靠性，利用高速摄影仪对常温无静压作用下的岩石动态破坏过程进行拍摄，图 7-6 给出了常温无静压作用下岩石动态破坏过程，图 7-7 给出了常温无静压作用下岩石动态破坏高速摄影图。由于在高温作用下利用高速摄影仪对岩石的破坏过程进行拍摄存在一定的困难，因此利用常温下无静压的岩石动态破坏过程高速摄影图与数值模拟结果进行对比分析，结果表明数值模拟结果与实验结果具有较好的一致性。

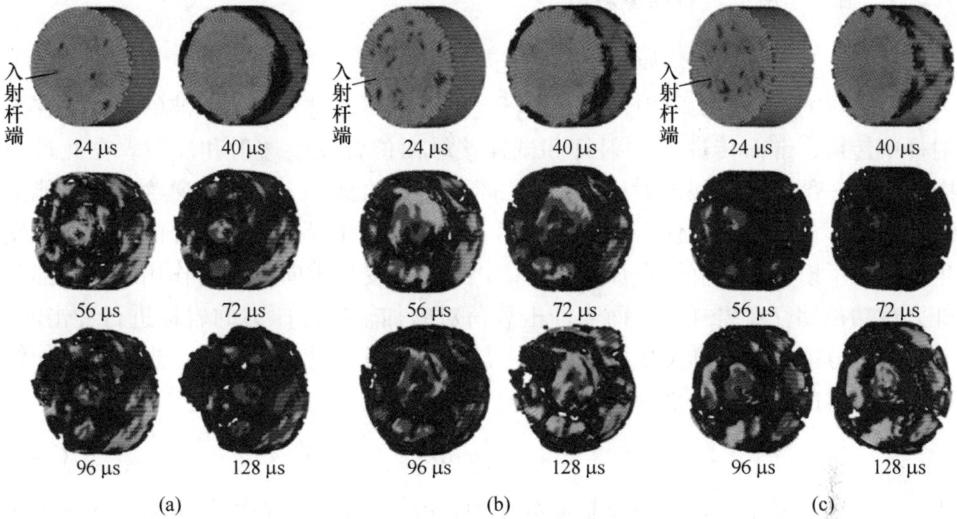

图 7-5 轴向静压 60 MPa 时试样在不同温度作用下的破坏过程

(a) 100 ℃；(b) 200 ℃；(c) 300 ℃

(扫描书前二维码看彩图)

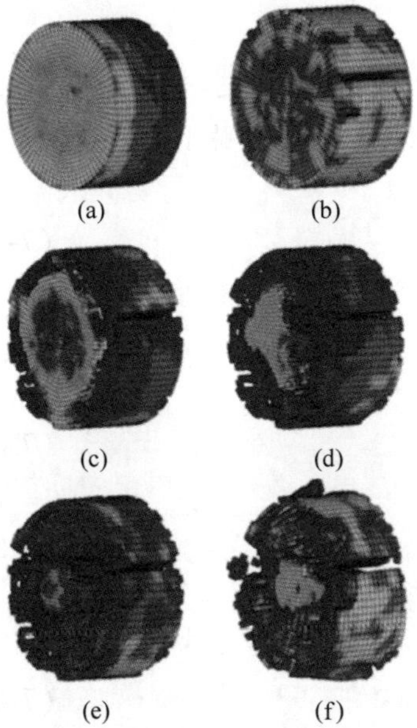

图 7-6 常温无静压下岩石动态破坏过程

(a) 24 μs；(b) 40 μs；(c) 56 μs；(d) 72 μs；(e) 96 μs；(f) 128 μs

(扫描书前二维码看彩图)

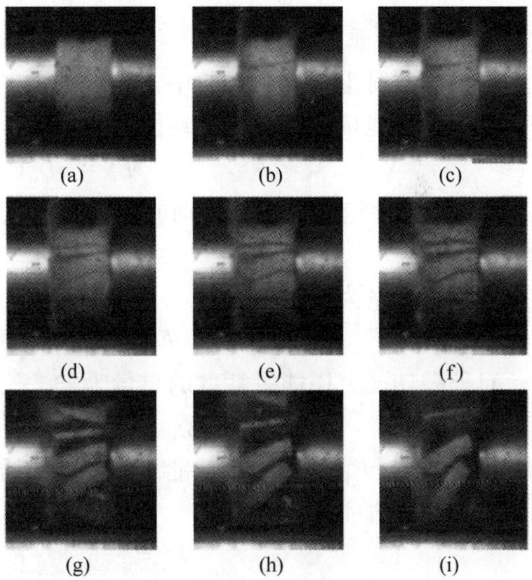

图 7-7 常温无静压下岩石动态破坏过程高速摄影图

(a) 0 μs；(b) 64 μs；(c) 88 μs；(d) 104 μs；(e) 120 μs；(f) 136 μs；(g) 260 μs；(h) 340 μs；(i) 460 μs

(扫描书前二维码看彩图)

7.2.5 温压作用下岩石能量耗散

7.2.5.1 动静组合加载过程的能量耗散

在常规的 SHPB 实验中，当入射杆受到子弹撞击时，能量以波的形式先在入射杆中传播，继而传递到入射杆和试样接触面位置发生透射和反射。在此过程中，能量一部分反射回入射杆中，另一部分传递给试样。其中传递给试样的能量又分为两部分，一部分使岩样发生破坏，另一部分在岩样和透射杆的接触面上发生透射、反射。在动静组合加载实验中，当岩样受到轴向静压力作用时，其部分外力做功被储存在岩样中，而当冲击载荷对施加轴向静压力的岩样进行冲击时，其中一部分能量使岩样发生破坏，另一部分能量发生透射、反射。岩样被施加轴向静压力时的变形能密度 w_s为：

$$w_s = \int \sigma_1 \mathrm{d}\varepsilon_1 \tag{7-2}$$

式中，σ_1为试样中某一点所受轴向静压力；$\mathrm{d}\varepsilon_1$为试样中某一点在轴向静压力作用下发生的变形。

轴向静压力下的应变能 W 可以认为是全应力-应变曲线与应变轴形成的封闭区域的面积，即 $W = \int_0^{\varepsilon} \sigma(t)\mathrm{d}\varepsilon(t)$。

7.2.5.2 能量耗散计算

在动静载荷组合加载实验中，当岩样发生破坏时碎块会飞溅出去，同时这部分碎块会损耗能量。碎块弹射动能可表示为：

$$E_d = \eta U_e V_r \tag{7-3}$$

式中，η 为弹性应变能转化为动能的比例系数；U_e为单位体积的弹性应变能；V_r为岩样体积。

入射能总量为：

$$E_{\text{in-total}} = V_r w_s + E_I \tag{7-4}$$

对外做功或无用能量耗散的总量为：

$$E_{\text{out-total}} = E_R + E_T + E_d \tag{7-5}$$

式中，E_I、E_R、E_T 分别为入射能、反射能和透射能。

岩样总吸收能为：

$$E_a = E_{\text{in-total}} - E_{\text{out-total}} \tag{7-6}$$

当在动静载荷组合加载作用下，岩样破坏发生状态为一维时，则岩样总吸收能可表示为：

$$E_a = V_r \int \sigma_1 \mathrm{d}\varepsilon_1 + \frac{A_e C_e}{E_e} \int_0^t [\sigma_I^2(t) - \sigma_R^2(t) - \sigma_T^2(t)]\mathrm{d}t - E_d \tag{7-7}$$

从式（7-7）可以看出，当轴向静压力不变，岩样吸收能总量随着冲击载荷的增加而增大；而当冲击载荷不变时，岩样的吸收能总量随着轴向静压力的增加而增大，且增大到一定值后又呈下降趋势。当轴向静压力为 0 时，式（7-7）可简化为常规 SHPB 实验的能量计算公式。

一维动静载荷组合加载下岩石应变能密度表示为：

$$U = E_a / V_r \tag{7-8}$$

当动静组合加载实验中岩样的破坏是在一维状态下发生的，则岩样的能量吸收率 η_a、反射率 η_R 和透射率 η_T 可以分别表示为：

$$\eta_a = E_a / E_{in\text{-}total} \tag{7-9}$$

$$\eta_R = E_R / E_{in\text{-}total} \tag{7-10}$$

$$\eta_T = E_T / E_{in\text{-}total} \tag{7-11}$$

7.2.5.3 能量耗散规律

根据式（7-3）~式（7-11），结合实验数据可计算温-压耦合作用下岩石受动力扰动过程中试样的能量耗散情况。图 7-8 所示为温度为 20 ℃（常温）、100 ℃、200 ℃、300 ℃时改变轴向预压力而动载荷不变时的能量耗散规律。

由图 7-8 可知，当保持冲击载荷不变，试样处于常温状态，能量反射率随轴向静压增大呈现先降低后升高的趋势，而能量吸收率和透射率都是呈现先升高后降低的趋势，极点对应的轴向静压力分别为 20 MPa、20 MPa、60 MPa；当试样处于 100 ℃时，能量吸收率和透射率均呈现先降低后升高的趋势，而透射率呈现先升高后降低的趋势，极点对应的轴向静压均为 20 MPa；当试样处于 200 ℃和 300 ℃时，动载荷保持不变，能量吸收率和透射率均呈现先升高后降低的趋势，反射率呈降低的趋势，能量吸收率和透射率曲线极点对应的轴向静压均为 20 MPa，反射率曲线极点对应的轴向静压为 0 MPa。从图 7-8（a）~（d）中可以发现一个共同点，即岩石试样分别处于 20 ℃（常温）、200 ℃和 300 ℃时，动载荷保持不变，轴向静压为 20 MPa，能量吸收率最大。究其原因是，在经历 200~300 ℃高温后，岩石内部产生的缺陷、剥离、裂隙以及在晶体内发展的热裂在轴向静应力作用下闭合，吸收能量，轴向静应力为 20 MPa 时能量吸收率达到最大值。当试样处于 100 ℃时，不加轴向载荷，能量吸收率达到最大，主要原因是内部含有较多水分的岩石在 100 ℃时内部水分大量蒸发而形成较大孔隙。从图 7-8 还可发现，能量吸收率并不随着轴向静压升高而一直升高，当达到一定程度时会出现下降的趋势。

7.2.6 损伤本构关系

7.2.6.1 温度作用下岩石一维动静加载的本构模型

岩石本构模型建立的理论假设：

（1）岩石同时具有统计黏性液体的特性和损伤特性，因此岩石单元可以看

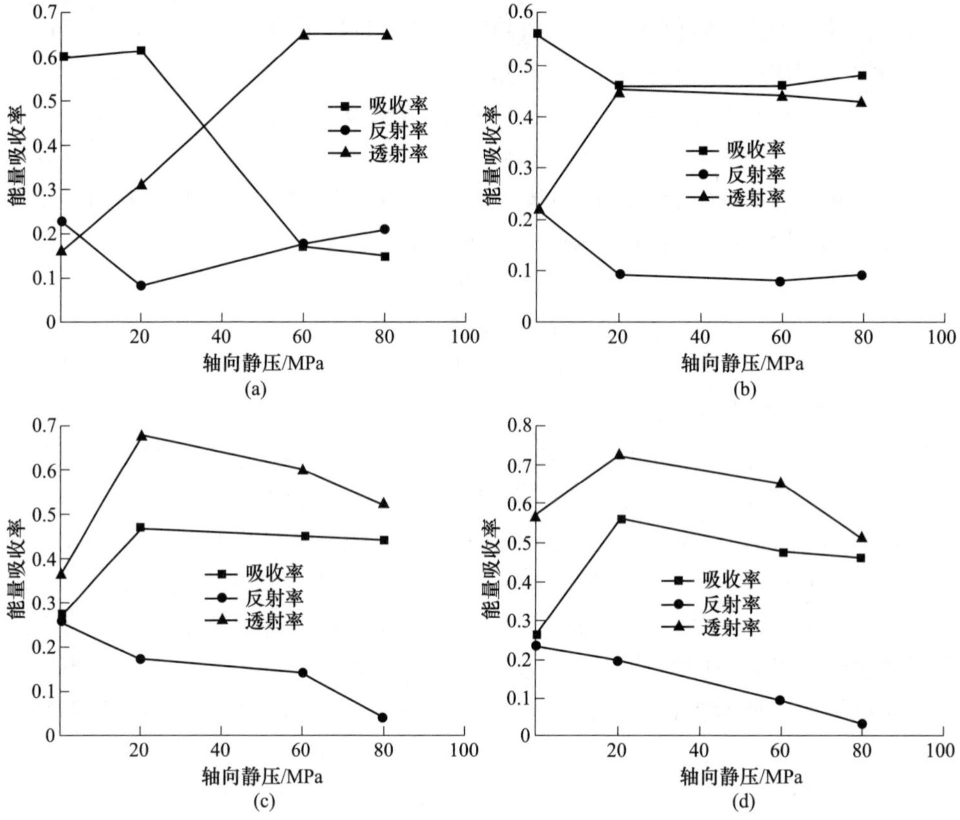

图 7-8　不同温度作用下岩石动静组合加载过程中能量耗散随轴向静压的变化规律

（a）20 ℃（常温）；（b）100 ℃；（c）200 ℃；（d）300 ℃

成是粘缸 η_b 和损伤体 D_a 的组合体，由粘缸 η_b 和损伤体 D_{a1} 并联再与损伤体 D_{a2} 串联，如图 7-9 所示。

（2）损伤体 D_a 具有各向同性损伤特性，在损伤之前是线弹性的，平均弹性模量为 E，强度服从参数为（m，α）的概率分布。

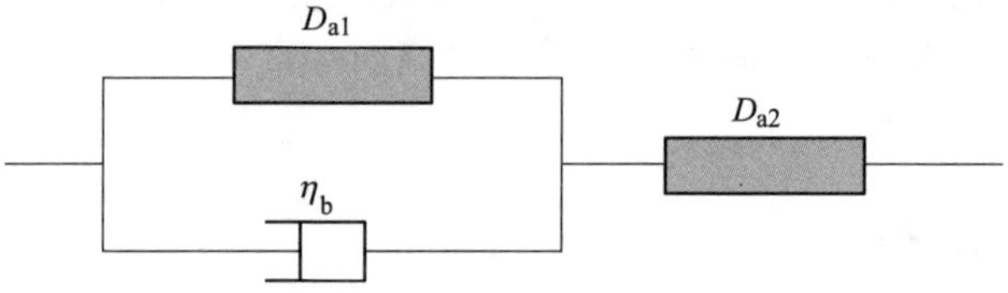

图 7-9　岩石单元组合体模型

（3）损伤发生后，参数 D 按照岩石的受力状态可表示为两种形式：

一维加载时 $$D = 1 - \left[\left(\frac{\varepsilon_a}{\alpha}\right)^m + 1\right]\exp\left[-\left(\frac{\varepsilon_a}{\alpha}\right)^m\right],\ \varepsilon_a \geqslant 0 \tag{7-12}$$

二维和三维加载时 $$D = 1 - \exp\left[-\left(\frac{\varepsilon_a}{\alpha}\right)^m\right],\ \varepsilon_a \geqslant 0 \tag{7-13}$$

本构关系 σ-ε 可表示为：

$$\sigma_a = E\varepsilon_a(1 - D),\ \varepsilon_a \geqslant 0 \tag{7-14}$$

（4）粘缸不存在损伤特性，其本构关系为：

$$\sigma_b = \eta\frac{d\varepsilon_b}{dt} \tag{7-15}$$

（5）单元体在损伤之前是黏弹性体。

（6）为了数学分析方便，假设单元体在损伤之前的应力 σ 和应变 ε 关系符合线性微分方程。

（7）为了简单起见，动静组合载荷损伤岩体对本构关系的影响可由黏弹性体本构关系根据应变等效原理得到。

上述假设的组合体模型能够描述动静组合加载岩石的本构模型，但未能考虑温度的影响。本节在此基础上，引入线膨胀系数描述岩石在高温作用下产生的热开裂、热损伤，引入衰减系数描述温度对介质黏性的影响，并假设随温度升高，介质黏性线性衰减，由此建立温压耦合与动力扰动下岩石的本构模型，如图 7-10 所示。

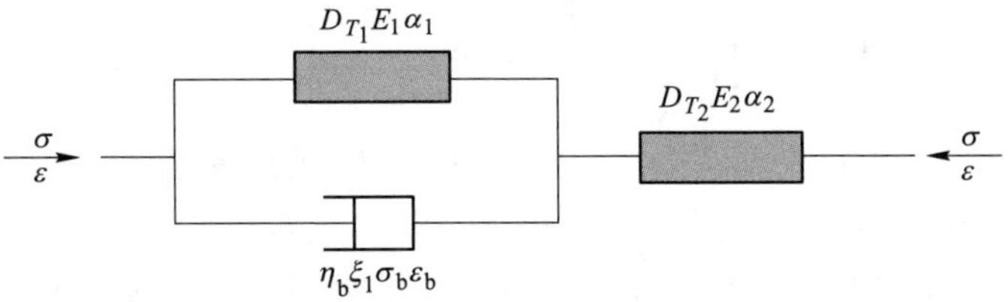

图 7-10 温度作用下一维动静加载的本构模型

图 7-10 中，T 为相对于室温的变化量；E_1、E_2 分别为损伤体损伤之前的平均弹性模量；α_1、α_2 分别为损伤体线膨胀系数；η_b 为模型中粘缸的黏性参数；ξ_1 为相应的黏性衰减系数，则 $\eta_b' = \eta_b - \xi_1 T$；$D_{T_1}$、$D_{T_2}$ 为损伤变量。设总应力为 σ，总应变为 ε。

组合体中损伤体和粘缸的应力及应变满足如下关系：

$$\begin{cases}\sigma = \sigma_{a1} + \sigma_b = \sigma_{a2}\\ \varepsilon = \varepsilon_1 + \varepsilon_2\\ \varepsilon_1 = \varepsilon_b\\ \dot{\varepsilon}_1 + \dot{\varepsilon}_2 = \dot{\varepsilon}\end{cases} \tag{7-16}$$

对于损伤体：

$$\sigma = E_2\varepsilon_2(1 - D) - E_2\alpha_2 T \tag{7-17}$$

$$\dot{\sigma} = E_2\dot{\varepsilon}_2(1 - D) - E_2\alpha_2\dot{T} \tag{7-18}$$

对于损伤和粘缸组合体：

$$\sigma = E_1(1 - D)\varepsilon_1 - E_1\alpha_1 T + (\eta - \xi T)\dot{\varepsilon} \tag{7-19}$$

将 ε_2 代入式（7-19），整理可得考虑温度的组合体本构关系为：

$$\frac{\eta - \xi T}{E_2(1 - D)}\dot{\sigma} + \left[1 + \frac{E_1(1 - D)}{E_2(1 - D)}\right]\sigma + \frac{(\eta - \xi T)\alpha_2}{1 - D}\dot{T} + E_1(\alpha_1 + \alpha_2)T = (\eta - \xi T)\dot{\varepsilon} + E_1(1 - D)\varepsilon \tag{7-20}$$

从式（7-20）可以看出，组合体的损伤本构关系可由黏弹性本构关系用有效弹性模量 $E(1 - D)$ 代换损伤体在损伤之前的弹性模量 E 得到。

为了对式（7-20）进行求解，先不考虑其损伤特性。由式（7-20）得到组合体的黏弹性本构方程为：

$$(\eta - \xi T)\dot{\sigma} + (E_1 + E_2)\sigma + E_2(\eta - \xi T)\alpha_2\dot{T} + E_1E_2(\alpha_1 + \alpha_2) = E_2[(\eta - \xi T)\dot{\varepsilon} + E_1\varepsilon] \tag{7-21}$$

将式（7-21）中的 E_1 和 E_2 分别用 $E_1[1 - D(t + t_0)]$ 和 $E_2[1 - D(t + t_0)]$ 代替，根据式（7-12），有：

$$D(t + t_0) = 1 - \left[\left(\frac{\varepsilon_0 + \varepsilon_r(t)}{\alpha}\right)^m + 1\right]\exp\left[-\left(\frac{\varepsilon_0 + \varepsilon_r(t)}{\alpha}\right)^m\right] \tag{7-22}$$

以上各式中，根据之前实验研究结果可知，E_1 值取静载线弹性模量；E_2 的初值可取以岩石在不同应变率时的动静组合载荷加载对应的应力-应变曲线的线性变形模量；a 为峰值应力对应的全应变；m 表示概率分布曲线的形状系数，选取 0~6；η 在 0~1000 GPa · s 在范围内取任意值，一般都不影响应力-应变曲线；t_0 为静载荷加载时间的实测值；$\varepsilon_r(t)$ 为动静组合载荷加载时产生的应变。

7.2.6.2　模型参数确定与实验验证

相同轴向静应力不同温度下的各项本构模型拟合参数见表 7-2，相同温度不同轴向静应力下的各项本构模型拟合参数见表 7-3。

表 7-2　粉砂岩在相同轴向静应力不同温度下的本构模型拟合参数

拟合参数	温度/℃				
	20	50	100	200	300
平均应变速率 c/s^{-1}	89	85	91	83	90
模量参数 E_1/GPa	20	20	20	20	20
模量参数 E_2/GPa	29.5	30	31.5	27.5	28.5

续表 7-2

拟合参数	温度/℃				
	20	50	100	200	300
初始时间 t_0/s	50	50	50	50	50
黏性系数 η/GPa · s	0~1000	0~1000	0~1000	0~1000	0~1000
概率分布参数 $\alpha(\times 10^{-3})$	8	6.5	7.4	8.3	8.5
概率分布参数 m	6	5	4.5	5.5	5

表 7-3 粉砂岩在相同温度不同轴向静压力下的本构模型拟合参数

拟合参数	轴向静压力/MPa				
	0	20	40	60	80
平均应变速率 c/s^{-1}	101	98	88	93	99
模量参数 E_1/GPa	20	20	20	20	20
模量参数 E_2/GPa	25	28	32	34.5	42.5
初始时间 t_0/s	0	20	30	40	50
黏性系数 η/GPa · s	0~1000	0~1000	0~1000	0~1000	0~1000
概率分布参数 $\alpha(\times 10^{-3})$	6.7	9.1	2.0	1.6	6.3
概率分布参数 m	3.7	2.8	4.7	3.6	4.2

将表 7-2、表 7-3 的本构模型拟合参数代入式（7-21）和式（7-22），在 MATLAB 计算软件里得出本构曲线。两幅本构模型得到的本构曲线与实验结果的对比如图 7-11 所示，其他结果类似。由图可以看出：所建立的本构模型参数合理，能较好地描述并预测实验结果。

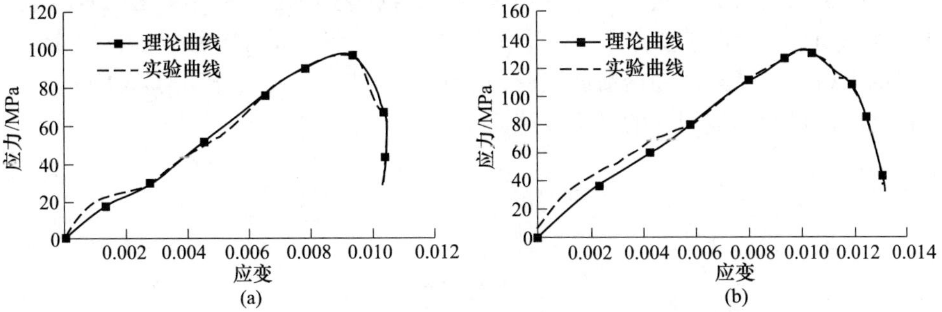

图 7-11 温度作用下动静组合加载本构模型理论曲线与实验曲线对比

（a）轴压为 0 MPa、温度为 100 ℃；（b）轴压为 80 MPa、温度为 20 ℃

7.3　温压耦合作用下岩石单轴冲击拉伸破坏行为

7.3.1　实验试样与实验方法

实验选用完整性和均匀性相对较好的红砂岩，根据动态巴西劈裂测试要求[21]制作试件，加工成 ϕ50 mm×25 mm 的圆盘，如图 7-12 所示，并对试件的两端进行仔细研磨，两端表面平行度在 0.05 mm 以内，表面平整度在 0.02 mm 以内，试样基本尺寸和加工精度均符合岩石实验标准。红砂岩试样力学参数为：抗压强度 64.95 MPa，拉伸强度 3.84 MPa，弹性模量 15.31 GPa，泊松比 0.20。砂岩成分为石英（59.57%）、长石（18.45%）、方解石（8.79%）、绿泥石（5.62%）、云母（4.57%）及少量其他矿物成分（见图 7-13）。

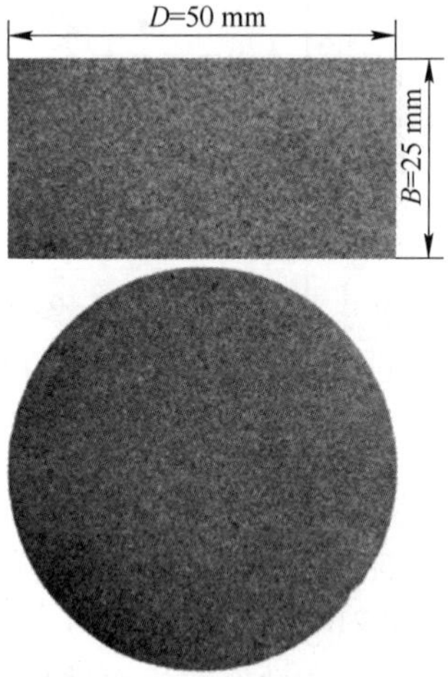

图 7-12　巴西圆盘试样

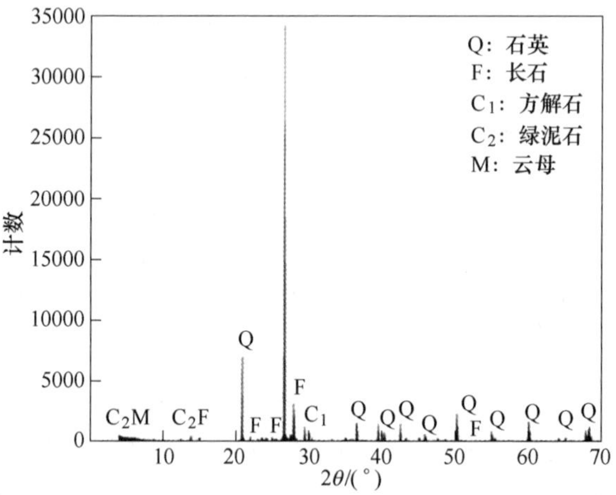

图 7-13　试样矿物成分（XRD）

动态巴西圆盘劈裂实验[21]借鉴了静态巴西劈裂实验，图 7-14 是巴西圆盘试样在动态间接拉伸时的受力形变示意图。图中，ε_{I}、ε_{R} 和 ε_{T} 分别表示杆上应变片测量的入射波、反射波和透射波应变，u_1 和 u_2 分别表示入射杆和透射杆两个端面的位移。试样两个端面处的平均载荷 $P(t)$ 为：

$$P(t)=\frac{1}{2}A_{\mathrm{b}}E_{\mathrm{b}}[\varepsilon_{\mathrm{I}}(t)+\varepsilon_{\mathrm{R}}(t)+\varepsilon_{\mathrm{T}}(t)] \tag{7-23}$$

利用正弦波加载达到应力平衡时：

$$\varepsilon_{\mathrm{I}}+\varepsilon_{\mathrm{R}}=\varepsilon_{\mathrm{T}} \tag{7-24}$$

将式（7-24）代入式（7-23）中可得：

$$P(t)=A_{\mathrm{b}}E_{\mathrm{b}}\varepsilon_{\mathrm{T}}(t) \tag{7-25}$$

动态巴西劈裂抗拉强度 $\sigma_{\mathrm{t}}^{\mathrm{D}}$ 按式（7-26）进行计算：

$$\sigma_{\mathrm{t}}^{\mathrm{D}}(t)=\frac{2P_{\max}}{\pi Dt} \tag{7-26}$$

式中，$P_{\max}$ 是实验时的最大载荷；D 是试样的直径；t 是试样的厚度。

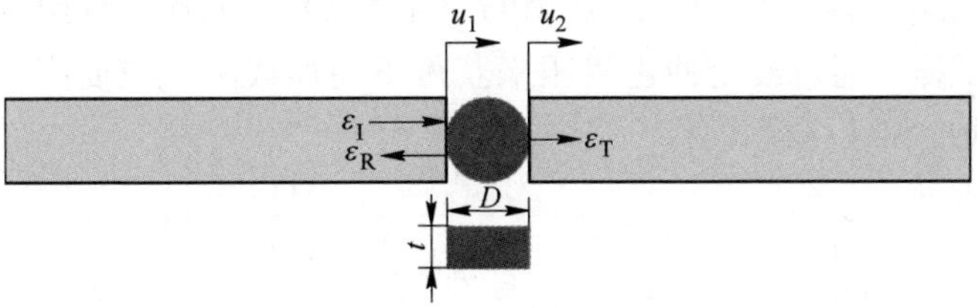

图 7-14　巴西圆盘的受力形变示意

7.3.2　动态应力平衡验证及加载率和拉伸强度的确定

应力平衡是保证动态实验结果有效性的前提，可以通过比较整个加载过程中试样两端的应力进行校准。图 7-15 是示波器记录的一个典型的动态巴西劈裂电压信号，入射杆上应变片记录的是入射波和反射波，而透射杆上记录的是透射波。图 7-16 是将图 7-15 的电信号处理后的应力平衡图，可以看出，入射应力和反射应力叠加以后的曲线在峰值前期几乎与透射应力的曲线重合，这说明在峰前时期，试件两端受力几乎相等，此时可以忽略惯性效应。

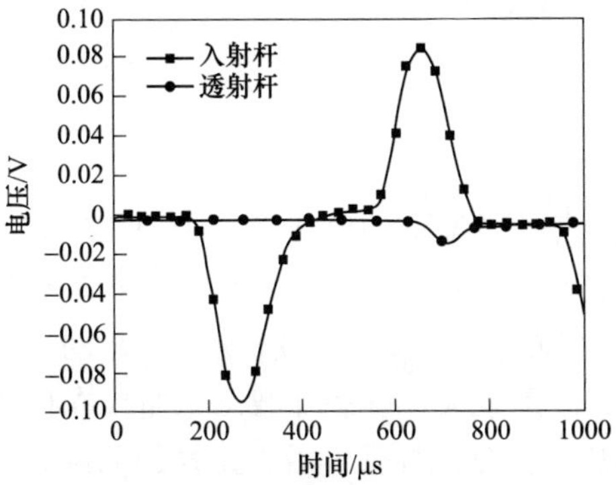

图 7-15　示波器记录的电压信号

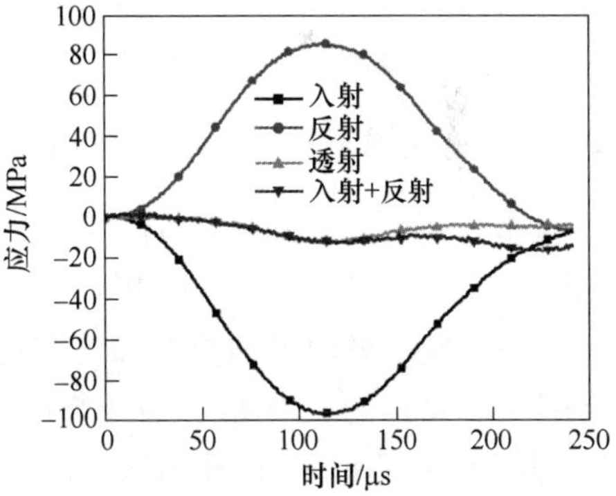

图 7-16　应力平衡图

岩石是一种典型的脆性材料，其屈服强度和破坏模式与加载速率或应变速率的增加有关，也称为率效应。事实上，以应变率为变量来研究岩石的率效应一般只适用于压缩实验，对于动态巴西劈裂实验而言，用加载率作为变量来表征岩石的率效应更为合适。因此，为了得到不同温度条件下砂岩的加载速率效应，实验中通过调节压缩气体的压力来改变冲头的冲击速度。

根据 ISRM 推荐的岩石动态拉伸特性测量方法[21]，当试样达到应力平衡时，可以利用试样的应力-时间曲线来确定加载率和拉伸强度，如图 7-17 所示，可以看出在 50~75 μs 之间应力存在一段近似线性增加的区域，该线性阶段的斜率定义为试样的加载率，即 333 GPa/s。根据式（7-26）可知，应力-时间历程曲线的最高点为试样的拉伸强度，为 13.85 MPa。在本节中，每个温度组（25~600 ℃）测试 5~7 个试样，通过改变冲击气压来获得不同加载率（应变率）条件下试样的动态拉伸强度和破坏模式。

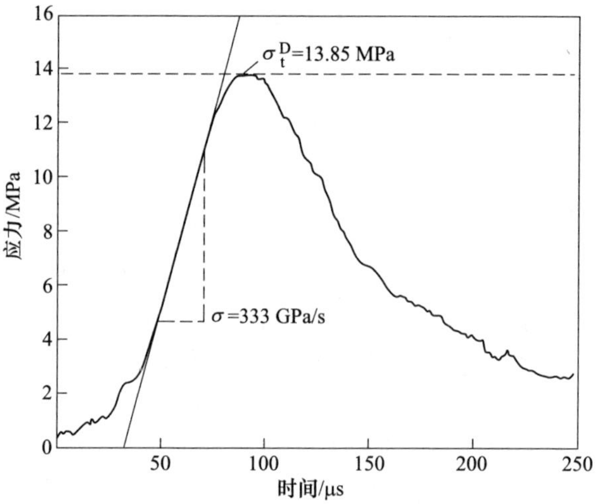

图 7-17　应力-时间曲线

7.3.3　实时高温下拉伸应力-位移曲线

调节气压可以获得不同的加载率。在实时高温下的气压调节有 0.27 MPa、0.30 MPa、0.32 MPa、0.35 MPa、0.37 MPa、0.40 MPa 和 0.45 MPa 共 7 个梯度。实时高温下各温度的拉伸强度与位移的关系曲线如图 7-18 所示。在动态加载条件下，试样的应力-位移曲线与静态的区别较大。静态加载下，曲线在应力达到峰值前期存在一定的压密区，而且当应力达到试样强度后，试样的承载力瞬间消失。砂岩在高温下的动态应力-位移曲线不存在任何压密阶段，而且当应力达到试样强度后，试样的承载力并没有消失，而是随着位移增加在缓慢减小，表明在动态加载条件下，砂岩受力超过其强度以后仍然具有一定的承载力。在实时高温的环境下，砂岩的率效应也很明显。同一温度下，随着冲击气压的增大，拉伸强度增大。

图 7-19 描绘的是试样拉伸强度随温度变化的分布，并将加载率在 200 GPa/s、260 GPa/s 和 300 GPa/s 左右的数据点连接成点线。从图中可以看出，砂岩的拉伸强度随温度的变化不具有单调性，整体上看，随着温度的增大，拉伸强度呈现

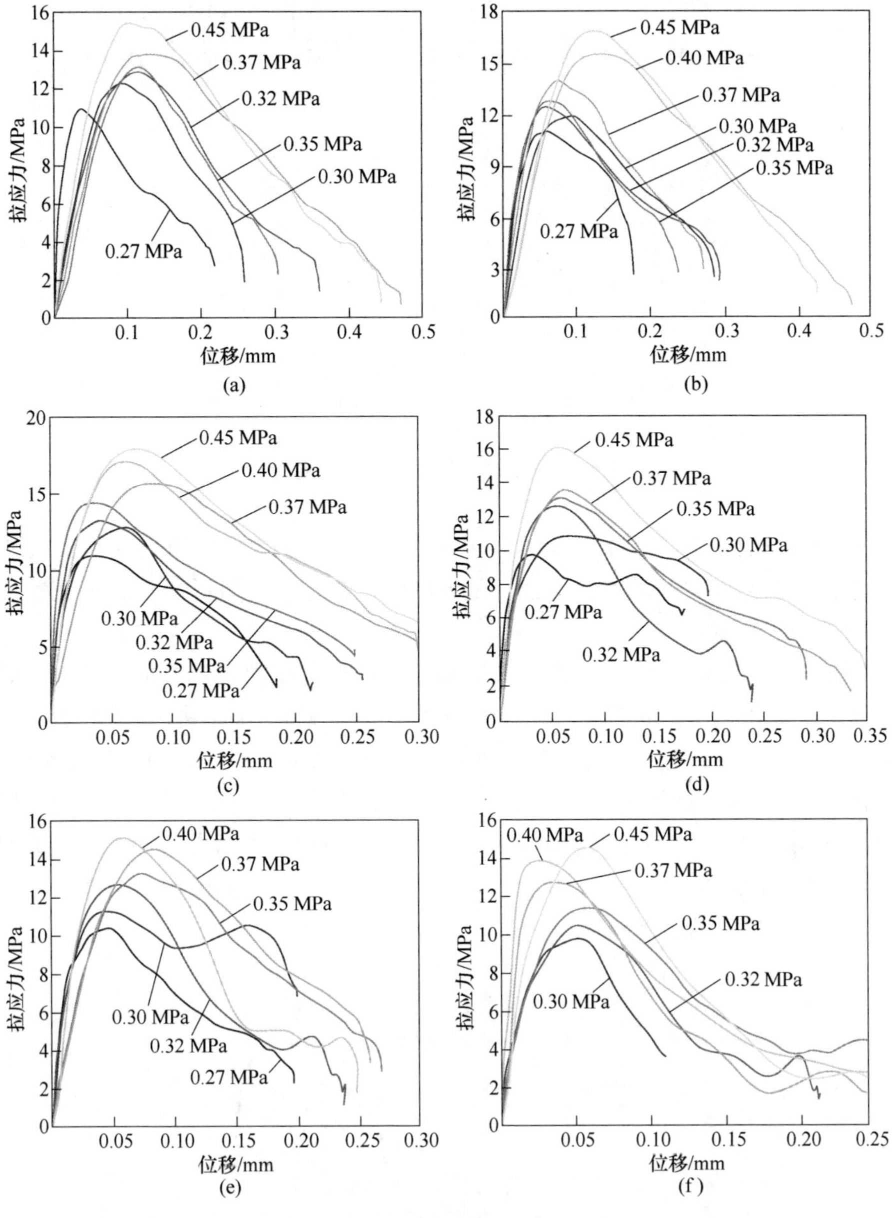

图 7-18 实时高温下拉伸应力-位移曲线

(a) 100 ℃；(b) 200 ℃；(c) 300 ℃；(d) 400 ℃；(e) 500 ℃；(f) 600 ℃

出先增大后减小的趋势。这一现象也能从图中的点线图变化规律体现出来。从25~300 ℃，试样的拉伸强度持续增大，当温度超过 300 ℃后，拉伸强度开始减小。实验中 25 ℃最大的拉伸强度为 14.54 MPa，300 ℃下最大的拉伸强度为

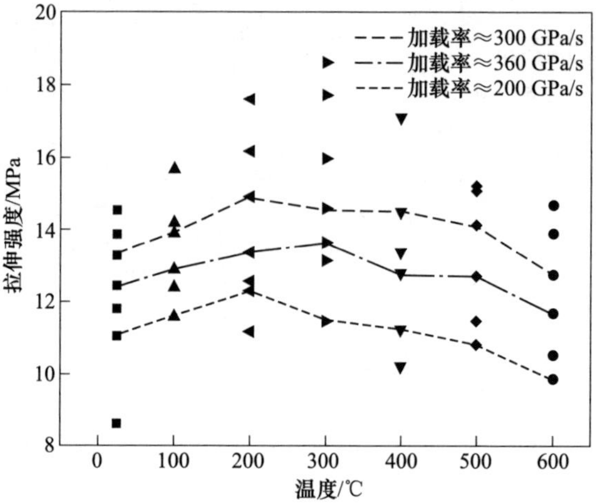

图 7-19　高温下砂岩拉伸强度与温度的关系

18.65 MPa，相比 25 ℃增大了 28%。可见实时高温对砂岩拉伸强度有很大的影响。总的来说，砂岩的动态拉伸强度随温度的变化趋势可以近似看成是一条开口向下的抛物线形状。

图 7-20 所示为砂岩圆盘试样在不同温度下的动态抗拉强度和加载率之间的关系。从图中可以看到，砂岩在高温下依然存在率效应，即：加载率在 150～400 GPa/s 范围内，各个温度下的动态拉伸强度都随着加载率的增大而近似线性增大。因此砂岩在高加载率下的强度大于在低加载率下的强度。此外，从 25 ℃的数据中可以看到，试样在最小加载率 144 GPa/s 时的动态拉伸强度为 8.57 MPa，是静态拉伸强度 3.84 MPa 的 2.23 倍，说明试样在 25 ℃的动态拉伸强度远大于静态拉伸强度。出现这种现象的原因如下。

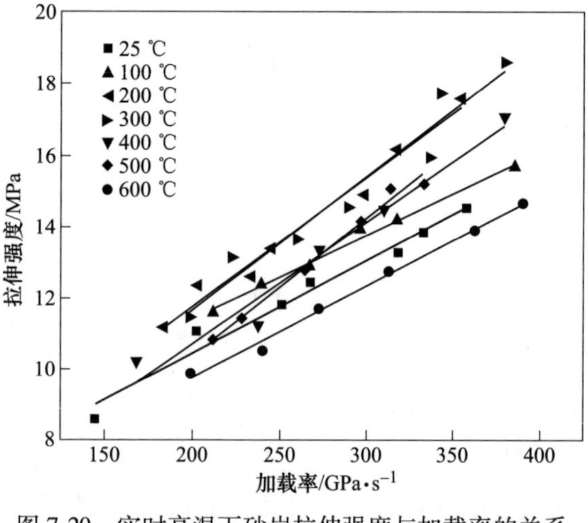

图 7-20　实时高温下砂岩拉伸强度与加载率的关系

（1）岩石在高加载率下的破坏主要是由穿晶裂纹造成的，而在低加载率和静态荷载下的破坏多是由晶间裂纹引起的，等量穿晶裂纹的形成比晶间裂纹要多消耗能量[18]。

（2）在静态条件下，一条最大或临界裂纹是决定试样破坏的主要因素，而在动态荷载下，试样的宏观破坏是由许多裂纹组合造成的[27]。由此可以推测本次实验所研究的砂岩在实时高温下（100~600 ℃）的静态拉伸强度远远小于动态拉伸强度。砂岩试样在高温下的动态拉伸强度的加载率依赖性与其他学者关于动态压缩强度[16,19]和动态断裂韧性研究结论[20-21]是一致的，这充分说明了岩石材料的加载率效应不会因为高温的存在而改变。

对于动态拉伸强度，除了考虑加载率的影响外，温度也是一个不可忽略的因素。从图 7-20 中各温度下拉伸强度的线性趋势线可以看出，随着温度的增大，试样的动态拉伸强度总体上呈先增大后减小的趋势，而且在较大加载率下，这种增大趋势更明显。从 25 ℃到 200 ℃，动态拉伸强度一直保持增大，100 ℃是强度增加的过渡区。300 ℃的拉伸强度相对于 200 ℃基本没有变化，在本次所研究的温度中，可以认为 200 ℃和 300 ℃这两个温度之间存在一个使砂岩的动态拉伸强度达到最大的温度。当温度为 400 ℃时，试样的动态拉伸强度相比 300 ℃已经降低了，由于整个的降低幅度随着加载率的升高基本是一致的，因此这个时候拉伸强度的减小可以认为受加载率的影响较小，即温度对强度的影响起主导作用。然而试样的动态拉伸强度并没有一直减小，400 ℃和 500 ℃的强度大致相同，而且两者的强度趋势线与 100 ℃有交叉点。当加载率较小时，100 ℃的强度较大；当加载率较大时，400 ℃和 500 ℃的强度较大。400 ℃和 500 ℃是强度降低时的过渡区，但整体强度依然比 25 ℃大。当温度到达 600 ℃时，试样的动态拉伸强度相比 500 ℃在总体上明显减小了许多，从 500 ℃到 600 ℃是等温度梯度内变化最明显的一个阶段，而且从图 7-21 中可以看出 600 ℃的拉伸强度比 25 ℃小。

值得注意的是，在本次研究的高温范围内（100~600 ℃），除了 600 ℃以外，试样在其他高温下的动态拉伸强度在一定程度上都比常温状态的大。由于试样在 600 ℃下的动态拉伸强度整体上比 25 ℃低，因此可以认为 600 ℃是一个门槛温度。

图 7-21 所示为实时高温下温度、加载率和拉伸强度三者之间的关系。可见，温度和加载率都对拉伸强度有影响。但是相比之下，加载率对拉伸强度的影响占主导地位，因为加载率的变化所导致的拉伸强度变化更加明显。这可能是因为岩石的矿物颗粒和微观结构对动载荷很敏感。

7.3.4 破坏模式

只有当圆盘试样沿着加载方向靠近圆盘中心处首先出现开裂时，动态 BD 实

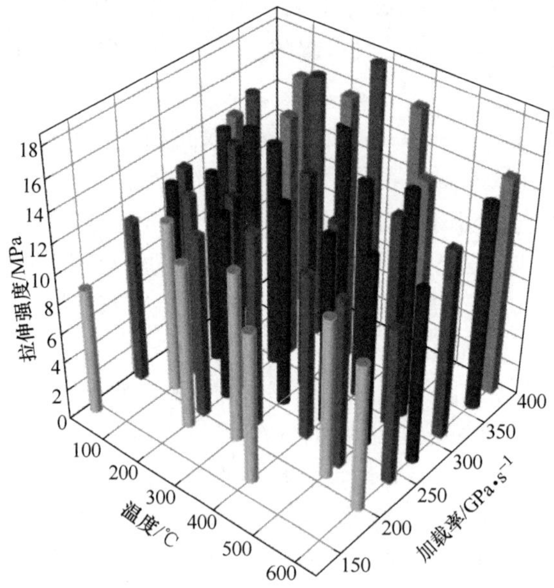

图 7-21　实时高温下温度、加载率和拉伸强度关系

验才是有效的[13,22]。为了对每个试样结果的准确性进行验证，利用高速摄像机监测裂纹的萌生与扩展过程。Zhou 等人[23]将干湿循环后砂岩圆盘的有效拉伸破坏模式分成两种：第一种类型在圆盘试样中央沿着加载方向只有一条裂纹，并在杆与试样的接触位置形成两个楔形破碎区；第二种类型是先产生中心裂纹，然后在试样端部出现 4 条二次裂纹，最终裂纹相互联结在圆盘中间形成破碎带。Gong 等人[24]利用实验与模拟结合的方法发现，随着加载率的增大，岩石的动态间接拉伸破坏类型从Ⅰ型转变为 X 型。岩石的动态拉伸破坏模式除了受加载率的影响外，还和温度有关，即：随着热处理温度的升高，试样两端的剪切带会越来越大[25-26]。

巴西圆盘试样的破坏过程如图 7-22 所示。砂岩在高温下有效的动态拉伸破坏模式可以分为两种类型：第一种类型是圆盘试样中心只有一条拉伸裂纹，在杆与试样接触的端面有两个较小的楔形剪切破碎区，这种破坏模式称为“Ⅰ型”；第二种类型就是在试样两个端面形成的二次裂纹向圆盘中心扩展，二次裂纹组成的形状看起来像字母 X，这种破坏模式称为“X 型”。

图 7-23 所示为 7 个试样在不同温度下的破坏模式。从图中可以看出，在加载率相当时，砂岩圆盘的破坏模式基本上不受温度的影响，都是Ⅰ型破坏，只是两端楔形破坏区的大小不同。图 7-24 所示为 600 ℃冲击完成后将每个破碎试样拼接后组成的形态。可以看出，在同一温度下，随着加载率的增大，破坏模式从Ⅰ型向Ⅱ型转变。值得注意的是，图 7-24 中最后一个试样 U66 上有一块区域被

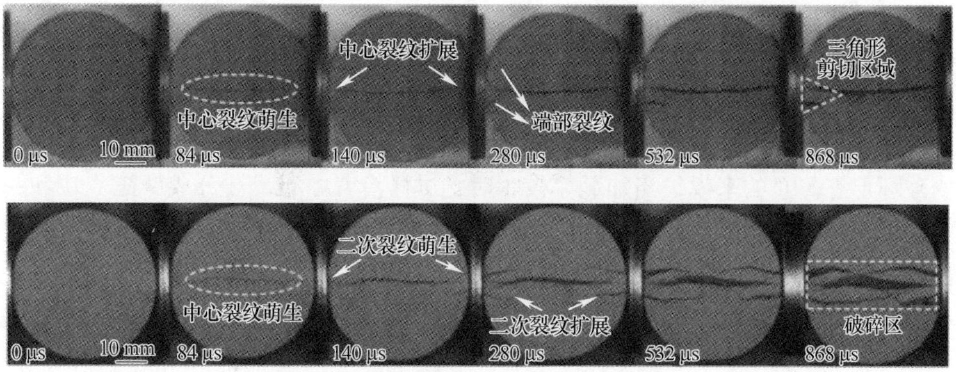

图 7-22 实时高温下砂岩圆盘破坏模式（入射杆在左端，透射杆在右端）
（扫描书前二维码看彩图）

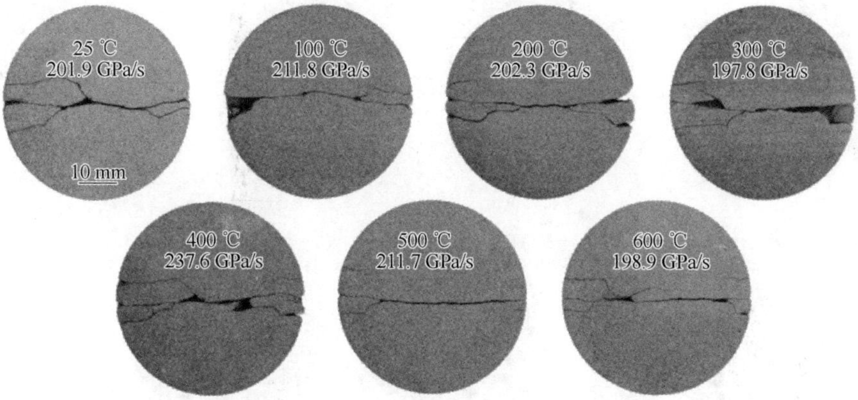

图 7-23 实时高温状态各温度下砂岩破坏形态

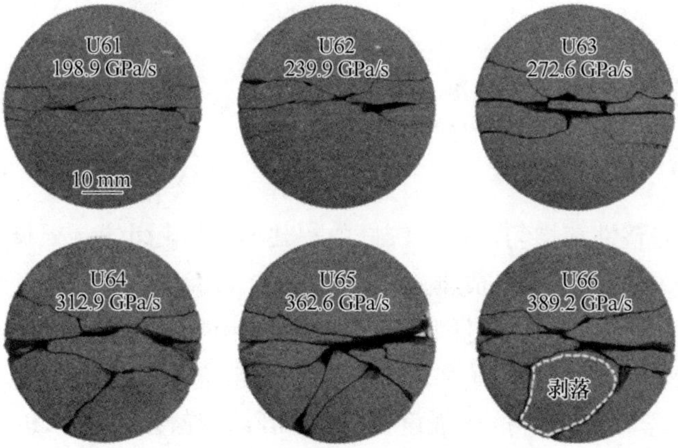

图 7-24 实时高温下 600 ℃试样破坏形态

白色虚线标记了出来，这是因为这块碎片不像其他贯穿试样整个厚度的碎片，而是从砂岩圆盘表面直接剥落下来的。这表明在实时高温条件下，当温度过高时，高温对岩石的强度和结构影响很大。试样在入射杆和透射杆的快速挤压下，一些岩块沿着因高温加热产生的结构弱面发生剥落。图 7-25 所示为高温下不同温度的破坏形态。总的来说，当加载率较小时，试样沿着中心线被分成两瓣大块和一些小的三角形剪切区（Ⅰ型）；当加载率增大时，试样的两瓣大块变小，试样被分成若干小块，三角形剪切区增大，而且试样表面会有碎片剥落，此时想要将碎片拼接成圆盘就比较困难了（Ⅱ型）。由此可见，在实时高温状态下，加载率相对温度而言对砂岩圆盘拉伸破坏模式的影响起主导性作用。这一现象表明加载率在实时高温状态下对岩石力学性质的影响更加显著，也进一步说明了岩石这种脆性材料对加载率的依赖性很强。

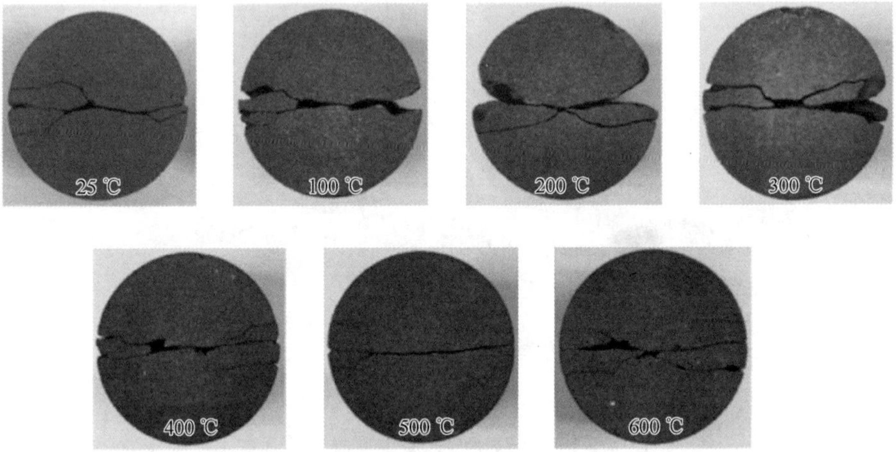

图 7-25　实时高温状态不同温度下试样破坏形态

7.4　温压耦合下岩石单轴冲击断裂实验

7.4.1　实验试样与实验方法

实验选用完整性和均匀性相对较好的福建 G654 花岗岩，根据动态力学性能测试要求[12]制作试件，加工成半径 $R=50$ mm、厚度 $B=25$ mm、预制裂纹长度 $a=13.3$ mm 的半圆盘试样（见图 7-26）。试样表面平行度在 0.05 mm 以内，表面平整度在 0.02 mm 以内，试样基本尺寸和加工精度均符合岩石实验标准。福建 G654 花岗岩力学参数为：抗压强度 174.78 MPa，弹性模量 28.94 GPa，泊松比 0.20，Ⅰ型断裂韧度 1.349 MPa · $m^{0.5}$，Ⅱ型断裂韧度 3.45 MPa · $m^{0.5}$。花岗岩成分为云母（43.27%）、长石（28.39%）、石英（12.46%）、辉石（8.58%）、角闪石（4.73%）和绿泥石（2.57%）（见图 7-27）。

采用改进 SHPB 装置进行动态断裂实验。在动态断裂实验中，试样的 Ⅰ 型动态应力强度因子为：

$$K_{\mathrm{I}}(t)=\frac{P(t)\sqrt{\pi a}}{2RB}Y_{\mathrm{I}} \tag{7-27}$$

式中，$P(t)$ 为入射杆和透射杆两端压力的平均值，同式（7-25）；Y_{I} 为 Ⅰ 型无量纲应力强度因子[36]。

$$Y_{\mathrm{I}}=-1.297+9.516\beta+(-0.47-16.457\beta)\alpha+(1.071+34.401\beta)\alpha^2\quad(0.2\leqslant\alpha\leqslant0.6,\ 0.5\leqslant\beta\leqslant0.8) \tag{7-28}$$

式中，α 为无量纲裂纹长度，$\alpha=a/R$；β 为无量纲跨距，$\beta=S/(2R)$。

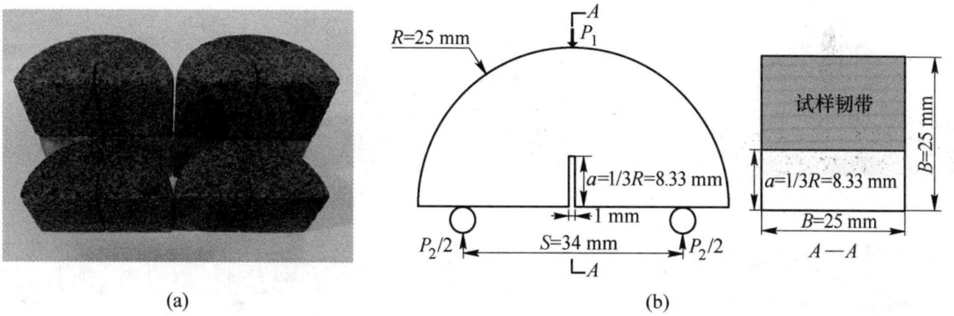

图 7-26 SCB 试样
（a）制备的 SCB 试样；（b）SCB 试样具体尺寸

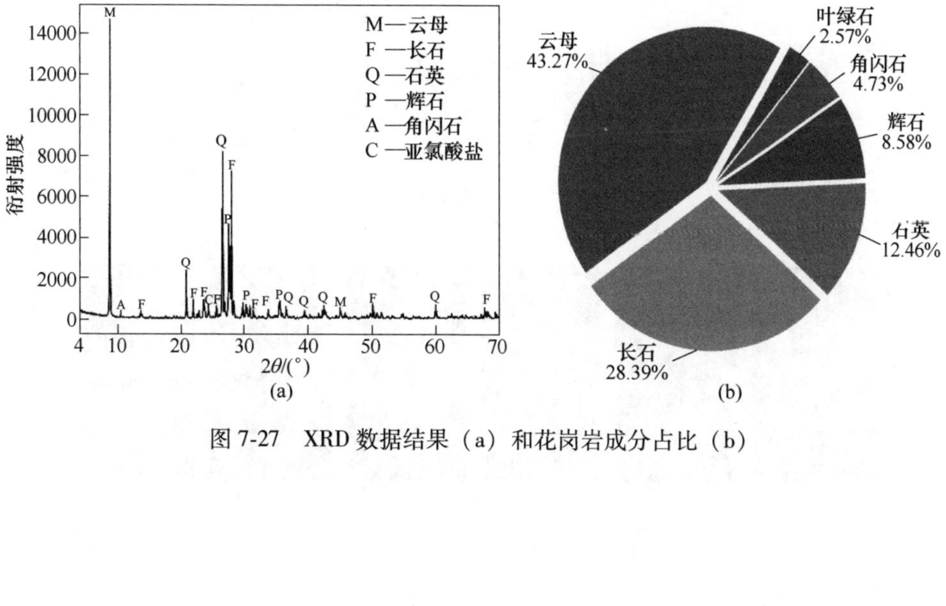

图 7-27 XRD 数据结果（a）和花岗岩成分占比（b）

7.4.2　动态应力平衡验证及加载率的确定

采用改进 SHPB 装置（见图 7-28）进行动态断裂实验，每个温度组测试 8 个试样，通过改变冲击气压来获得不同加载率条件下试样的动态Ⅰ型断裂韧度。

在计算动态断裂韧度（K_{IC}^{d}）之前，需要验证 NSCB 试件的断裂模式。不同温度下 NSCB 试件的典型断裂过程及断面如图 7-29 所示。从图 7-29 可以看出，在 60~71 μs 时，各温度条件下试样的裂纹开始扩展，经过 5 μs，裂缝几乎完全贯穿试样，并将试件分成均匀的两个部分。还可以注意到试样的端口十分光滑，这表明 NSCB 试件发生了Ⅰ型断裂。断裂模型与文献［37］中描述的 NSCB 试件断裂过程相同。

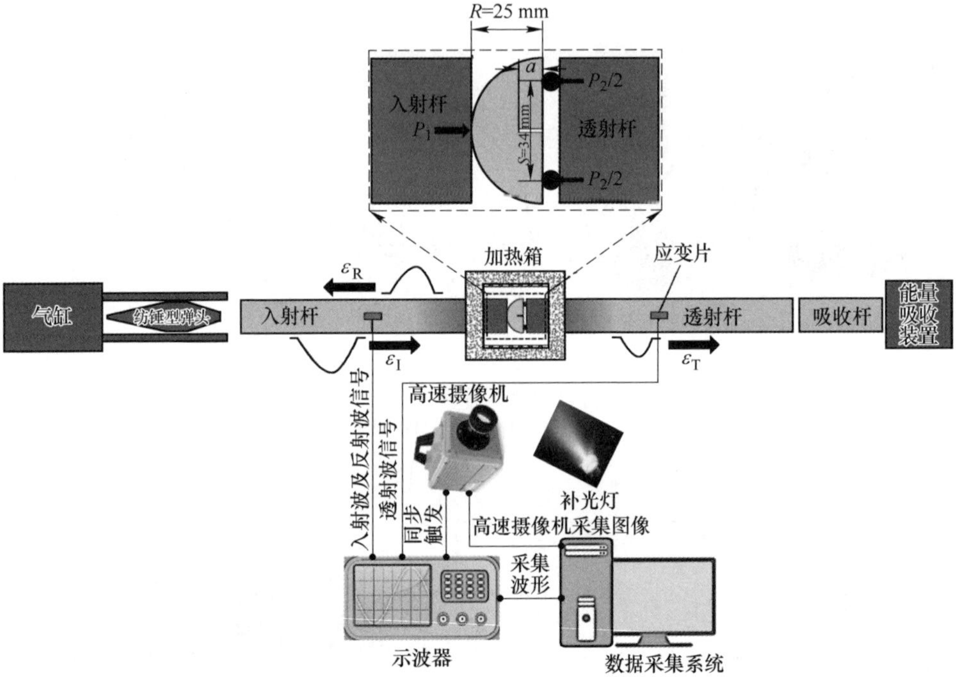

图 7-28　动态Ⅰ型断裂测试装置

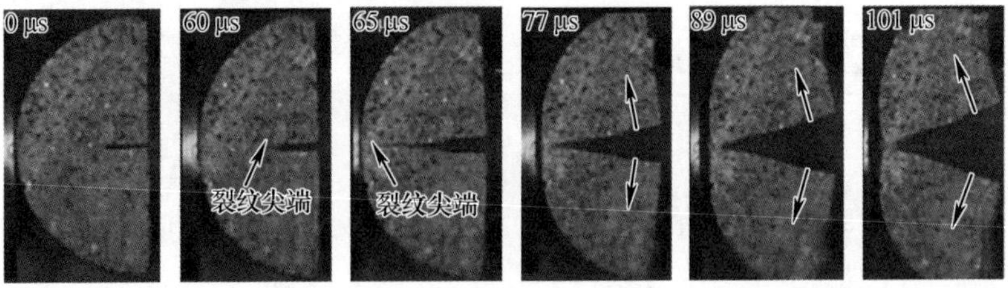

(a)

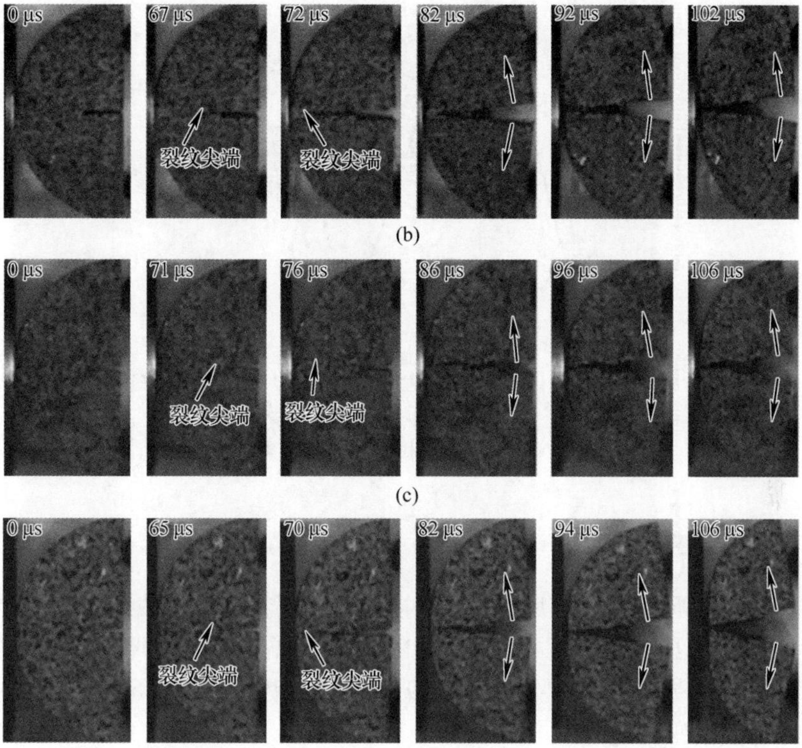

图 7-29 不同温度条件下 NSCB 试样的断裂过程和断面

（a）$T=25$ ℃；（b）$T=100$ ℃；（c）$T=200$ ℃；（d）$T=400$ ℃

（扫描书前二维码看彩图）

以上分析验证了断裂实验的有效性。因此可根据式（7-27）获得 NSCB 试件的动态应力强度因子（SIF)-时间曲线，典型的动态 SIF-时间曲线如图 7-30 所示。根据 ISRM 建议方法[12]，加载率取动态 SIF-时间曲线峰前线性段的斜率，而动态Ⅰ型断裂韧度 K_{IC}^{d} 取动态应力强度因子-时间曲线的最大值。需要注意的是，一些文献[29-30]表明裂纹起裂时刻与峰值荷载不同步。但在本节中，裂纹在 5 μs 时间范围内就穿透试样。从图 7-30 可以看出，SIF 峰值时刻出现在 72 μs，即使裂纹起裂时刻发生在 67 μs，峰值时刻 SIF 值（9.17 MPa · $m^{0.5}$）也仅比 67 μs 时刻 SIF 值（9.04 MPa · $m^{0.5}$）大 1.44%。此外，XU 等人[31]在数值研究中指出，裂纹起裂时刻与峰值时刻的时间差仅为 4.62～5.95 μs，表明裂纹起裂时刻与峰值时刻基本同步。因此，本节采用 SIF 的峰值作为动Ⅰ型断裂韧度并不会严重高估动Ⅰ型断裂韧度。

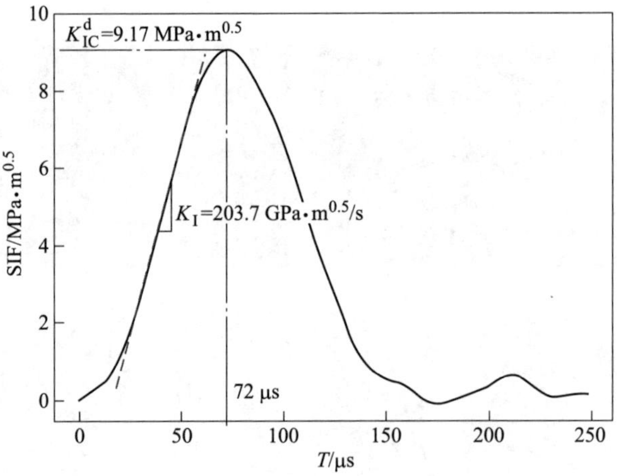

图 7-30　NSCB 试样加载率和动态断裂韧度确定

7.4.3　动态Ⅰ型断裂韧度

图 7-31 为不同温度处理后 NSCB 试样动态断裂韧性和加载速率的变化情况。从图 7-31 可以看出，动态断裂韧性随加载速率的增加呈线性增加，且相同加载率条件下试样的动态Ⅰ型断裂韧度呈现明显增长趋势，这种现象与 7.3 节中砂岩的动态拉伸强度变化基本相同。

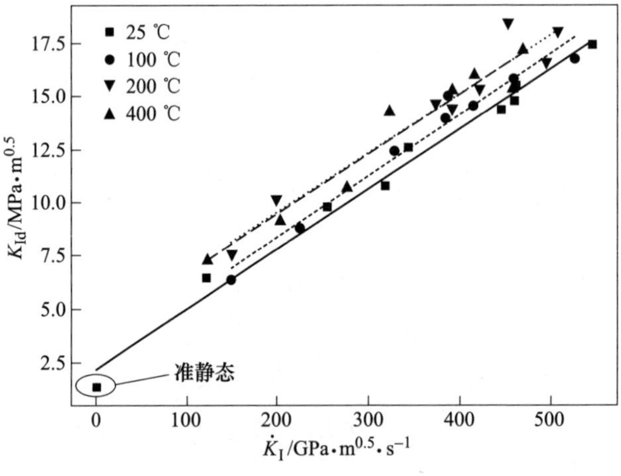

图 7-31　不同温度条件下 NSCB 试样动态Ⅰ型断裂韧度随加载率的变化

不同温度处理后花岗岩的扫描电镜图像如图 7-32 所示。在温度为 25 ℃和 100 ℃时，花岗岩未观察到明显的热裂纹，说明花岗岩加热到 100 ℃时未发生热损伤。当温度升高到 200 ℃和 400 ℃时，花岗岩出现了明显的热裂纹，表明热损伤发

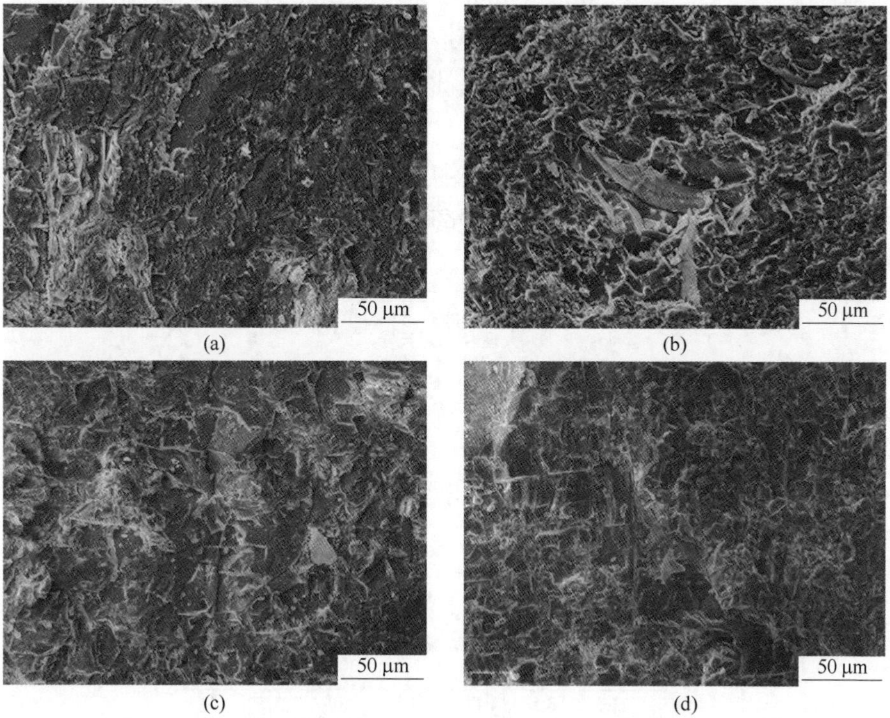

图 7-32 不同温度处理后的花岗岩 SEM 图像
(a) 25 ℃;(b) 100 ℃;(c) 200 ℃;(d) 400 ℃

生在温度升高阶段。然而，高温后的显微照片可能不能反映岩石在环境高温下的性质，因为根据岩石类型和温度条件的不同，热损伤可能发生在加热阶段、冷却阶段，也可能同时发生在加热和冷却阶段[32-34]。DAOUD 等人[34]利用声发射（AE）技术研究了三种侵入火成岩在循环加热和冷却处理过程中的声发射特征，结果表明，Slaufrudalar 花岗岩的加热和冷却阶段都可能发生热损伤，而 Santorini 安山岩和 Seljadalur 玄武岩的热损伤主要发生在冷却阶段。虽然温度可以促进微裂纹的扩展和形成，但高温也可以促进自由水的蒸发和原生裂纹的闭合，这对岩石强度有一定的积极影响。然而，对于研究中使用的花岗岩，即使温度达到 400 ℃，也可能尚未发生热损伤。这就是温度对动态断裂韧性有强化作用的原因。

因此，可以判断，岩石力学的温度效应存在一个阈值。当温度低于阈值时，岩石强度随温度增加而增加。但是，当温度升高到超过阈值时，岩石强度会被削弱。在文献[16,35-36]中，温度阈值在 400～600 ℃范围内。值得一提的是，石英的 α-β 相变发生在 573 ℃左右[37-38]。当温度超过这一温度点时，热效应对岩石在高温下的动态特性的影响将被逆转。

本节只测试了花岗岩在 25 ℃、100 ℃、200 ℃、400 ℃四个温度阶段下的动态断裂韧度。理论上，当温度高于 400 ℃时，也可以进行动态断裂实验。然而，当试样加热到超过 400 ℃时，杆件可能会发生回火，其弹性参数可能会永久改变。因此，为了延长系统的使用寿命，只在 25~400 ℃的温度范围内进行了动态断裂实验。但考虑到在增强型地热系统（EGS）中，150~350 ℃的高温干燥岩石足以进行干热岩开发[39]，因此实验结果仍然有意义。图 7-33 为本研究的实验结果与 Zhang 等人[20]和 Yin 等人[21]的研究结果对比。从图中可以看出，动态断裂韧度主要取决于加载速率。

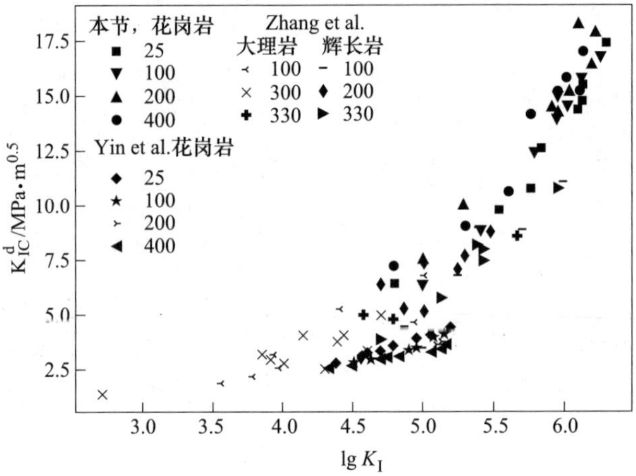

图 7-33 不同温度不同岩石类型实时高温下动态 I 型断裂韧度对比

参考文献

[1] Cai Meifeng, Edwin T Brown. Challenges in the mining and utilization of deep mineral resources [J]. Engineering, 2017, 3 (4): 432-433.

[2] Horst Wagner. Deep Mining: A rock engineering challenge [J]. Rock Mechanics and Rock Engineering, 2019, 52 (5): 1417-1446.

[3] Fomin S, Hashida T, Chugunov V, et al. A borehole temperature during drilling in a fractured rock formation [J]. International Journal of Heat and Mass Transfer, 2005, 48 (2): 385-394.

[4] Zhao Jian. Geothermal testing and measurements of rock and rock fractures [J]. Geothermics, 1994, 23 (3): 215-231.

[5] 蔺文静，刘志明，王婉丽，等．中国地热资源及其潜力评估［J］．中国地质，2013，40 (1): 312-321.

[6] Dwivedi R D, Goel R K, Prasad V V R, et al. Thermo-mechanical properties of Indian and other granites [J]. International Journal of Rock Mechanics and Mining Sciences, 2008, 45 (3): 303-315.

[7] Li Xiang, Zhang Kai, Heinz Konietzky, et al. Experimental study on the dynamic mechanical

behaviors of silicon carbide ceramic after thermal shock [J]. Nuclear Materials and Energy, 2020, 24: 100774.

[8] Ozguven A, Ozcelik Y. Investigation of some property changes of natural building stones exposed to fire and high heat [J]. Construction and Building Materials, 2013, 38: 813-821.

[9] Birbhushan Chakrabarti, Tim Yates, Andrew Lewry. Effect of fire damage on natural stonework in buildings [J]. Construction and Building Materials, 1996, 10 (7): 539-544.

[10] 张玉良，孙强，李进学，等. 高温焙烧后黏土孔隙与力学特征研究 [J]. 岩石力学与工程学报，2015，34 (7)：1480-1488.

[11] 李夕兵. 岩石动力学基础与应用 [M]. 北京：科学出版社，2014.

[12] Zhou Y X, Xia K, Li X B, et al. Suggested methods for determining the dynamic strength parameters and mode-I fracture toughness of rock materials [J]. International Journal of Rock Mechanics and Mining Sciences, 2012, 49: 105-112.

[13] Xia Kaiwen, Yao Wei. Dynamic rock tests using split Hopkinson (Kolsky) bar system—A review [J]. Journal of Rock Mechanics and Geotechnical Engineering, 2015, 7 (1): 27-59.

[14] Zhang Q B, Zhao J. A review of dynamic experimental techniques and mechanical behaviour of rock materials [J]. Rock Mechanics and Rock Engineering, 2014, 47 (4): 1411-1478.

[15] Yin Tubing, Shu Ronghua, Li Xibing, et al. Comparison of mechanical properties in high temperature and thermal treatment granite [J]. Transactions of Nonferrous Metals Society of China, 2016, 26 (7): 1926-1937.

[16] Liu Shi, Xu Jinyu. Effect of strain rate on the dynamic compressive mechanical behaviors of rock material subjected to high temperatures [J]. Mechanics of Materials, 2015, 82: 28-38.

[17] 吴刚，王德咏，翟松韬，等. 高温下大理岩力学性质的试验研究 [J]. 岩石力学与工程学报，2012，31 (6)：1237-1244.

[18] Zhang Q B, Zhao J. Quasi-static and dynamic fracture behaviour of rock materials: Phenomena and mechanisms [J]. International Journal of Fracture, 2014, 189 (1): 1-32.

[19] Wang Z L, Shi H, Wang J G. Mechanical behavior and damage constitutive model of granite under coupling of temperature and dynamic loading [J]. Rock Mechanics and Rock Engineering, 2018, 51 (10): 3045-3059.

[20] Zhang Z X, Yu J, Kou S Q, et al. Effects of high temperatures on dynamic rock fracture [J]. International Journal of Rock Mechanics and Mining Sciences, 2001, 38 (2): 211-225.

[21] Yin Tubing, Zhang Shuaishuai, Li Xibing, et al. A numerical estimate method of dynamic fracture initiation toughness of rock under high temperature [J]. Engineering Fracture Mechanics, 2018, 204: 87-102.

[22] Dai Feng, Huang Sheng, Xia Kaiwen, et al. Some fundamental issues in dynamic compression and tension tests of rocks using split hopkinson pressure bar [J]. Rock Mechanics and Rock Engineering, 2010, 43 (6): 657-666.

[23] Zhou Zilong, Cai Xin, Ma Dan, et al. Dynamic tensile properties of sandstone subjected to

wetting and drying cycles [J]. Construction and Building Materials, 2018, 182: 215-232.

[24] 宫凤强，王进，李夕兵．岩石压缩特性的率效应与动态增强因子统一模型 [J]. 岩石力学与工程学报，2018，37（7）：1586-1595.

[25] Vinet L, Zhedanov A. The new experimental techniques with the split hopkinson pressure bar [J]. Presented at Intern. conf. on High Energy Rate Fabrication, 2010: 17-21.

[26] S Nemat-Nasser, J B Isaacs. Direct measurement of isothermal flow stress of metals at elevated temperatures and high strain rates with application to Ta and TaW alloys [J]. Acta Materialia, 1997, 45 (3): 907-919.

[27] Kuruppu M D, Obara Y, Ayatollahi M R, et al. ISRM-suggested method for determining the mode I static fracture toughness using semi-circular bend specimen [J]. Rock Mechanics and Rock Engineering, 2014, 47: 267-274.

[28] Zhang Q B, Zhao J. Determination of mechanical properties and full-field strain measurements of rock material under dynamic loads [J]. International Journal of Rock Mechanics and Mining Sciences, 2013, 60: 423-439.

[29] Dai F, Xu Y, Zhao T, et al. Loading-rate-dependent progressive fracturing of cracked chevron-notched Brazilian disc specimens in split Hopkinson pressure bar tests [J]. International Journal of Rock Mechanics and Mining Sciences, 2016, 88: 49-60.

[30] Xu Y, Dai F, Xu N W, et al. Numerical investigation of dynamic rock fracture toughness determination using a semi-circular bend specimen in split Hopkinson pressure bar testing [J]. Rock Mechanics and Rock Engineering, 2015, 49: 731-745.

[31] Atkinson B K, Macdonald D, Meredith P G. Acoustic response and fracture mechanics of granite subjected to thermal and stress cycling experiments [J]. Ser rock Soil Mech, 1984.

[32] Browning J, Meredith P, Gudmundsson A. Cooling dominated cracking in thermally stressed volcanic rocks [J]. Geophysical Research Letters, 2016, 43: 8417-8425.

[33] Daoud A, Browning J, Meredith P G, et al. Microstructural controls on thermal crack damage and the presence of a temperature-memory effect during cyclic thermal stressing of rocks [J]. Geophysical Research Letters, 2020, 47: e2020GL088693.

[34] Yin T B, Wang C, Wu Y, et al. A waveform modification method for testing dynamic properties of rock under high temperature [J]. Journal of Rock Mechanics and Geotechnical Engineering, 2021, 13: 833-844.

[35] Ping Q, Wu M J, Yuan P, et al. Dynamic splitting experimental study on sandstone at actual high temperatures under different loading rates [J]. Shock and Vibration, 2020: 8867102.

[36] Nasseri M H B, Schubnel A, Young R P. Coupled evolutions of fracture toughness and elastic wave velocities at high crack density in thermally treated Westerly granite [J]. International Journal of Rock Mechanics and Mining Sciences, 2007, 44: 601-616.

[37] Heuze F E. High-temperature mechanical, physical and Thermal properties of granitic rocks—A review [J]. International Journal of Rock Mechanics and Mining Science & Geomechanics

Abstracts, 1983, 20 (1): 3-10.

[38] Isaka A, Ranjith P G, Rathnaweera T. The use of super-critical carbon dioxide as the working fluid in enhanced geothermal systems (EGSs): A review study [J]. Sustainable Energy Technologies and Assessments, 2019, 36: 100547.

8 热冲击对岩石材料的动力学影响特性

8.1 引言

岩石的热冲击现象存在于地热资源的开发、隧道或地下硐室、核废料储存等多种工程中，如图 8-1 所示。岩石材料在受热或降温的过程中，由于快速升温和降温产生较大的温差，产生热冲击现象，对岩石材料的微观结构产生不良影响，因此岩石材料物理力学性质发生劣化，影响岩石工程的稳定性。

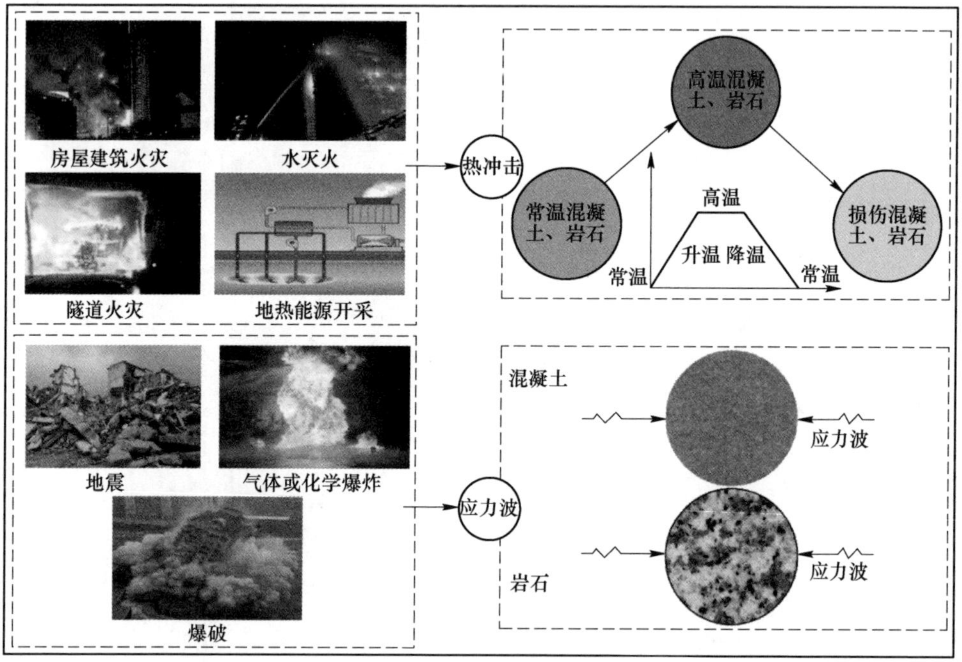

图 8-1　常见的热冲击与冲击荷载

造成热冲击的原因可分为两种：加热和冷却。岩石在加热过程中，内部的矿物颗粒受热发生热膨胀，颗粒间由于存在相互约束而产生热应力。当岩石内部累积的热应力超过颗粒间的胶结极限后，岩石就会产生热致裂纹。与加热过程不同，岩石在冷却过程中矿物颗粒因温度下降发生收缩而产生拉应力，当拉应力超过矿物颗粒强度极限时，岩石矿物就会发生破坏产生冷却裂纹。

此前的研究对升温速率以及冷却方式对岩石产生的热冲击缺乏系统深入的研究。然而，热冲击是岩石工程中较为常见且不可忽略的因素，因此本章以桥梁、地下硐室或隧道等包含岩石材料的构筑物火灾及灾后受动力作用为背景，对热冲击作用下岩石材料的动力学行为，包括动态压缩及拉伸特性进行深入、系统的研究，揭示热冲击作用对岩石材料动力学行为的影响规律和作用机理，为岩石工程设计以及灾后稳定性分析及重建提供必要的指导及理论支撑。

8.2 实验材料、设备和内容

8.2.1 实验材料

实验选用的岩石材料为花岗岩和砂岩。用于动态压缩的试样为长 50 mm、直径 50 mm 的圆柱试样；用于动态拉伸的试样为长 25 mm、直径 50 mm 的圆盘试样。制备完成的标准试样尺寸如图 8-2 所示。

图 8-2 制备的岩石试样

(a) RSC 动态压缩试样；(b) GC 动态压缩试样；(c) RST 动态拉伸试样；(d) GT 动态拉伸试样

8.2.2 实验设备

实验所用的主要仪器为可控智能升温炉、岩石超声波测试仪以及改进后的霍普金森压杆实验系统（SHPB），如图 8-3 所示。

可控智能升温炉的型号为 SX-12-13，主要包括加热炉体和智能温度控制器，炉膛长 350 mm、宽 260 mm、高 170 mm，智能温度控制器的控制精度为±1 ℃。加热元件为 ϕ14 mm×200 mm 的双排硅碳棒。可控智能升温炉的额定温度、功率和电压分别为 1300 ℃、12 kW 和 380 V，最大升温速率可达 40 ℃/min。

岩石超声波测试仪的型号为 HS-YS4A，通过发射端发射超声波和接收端接收超声波的时差获得试样的超声波速。

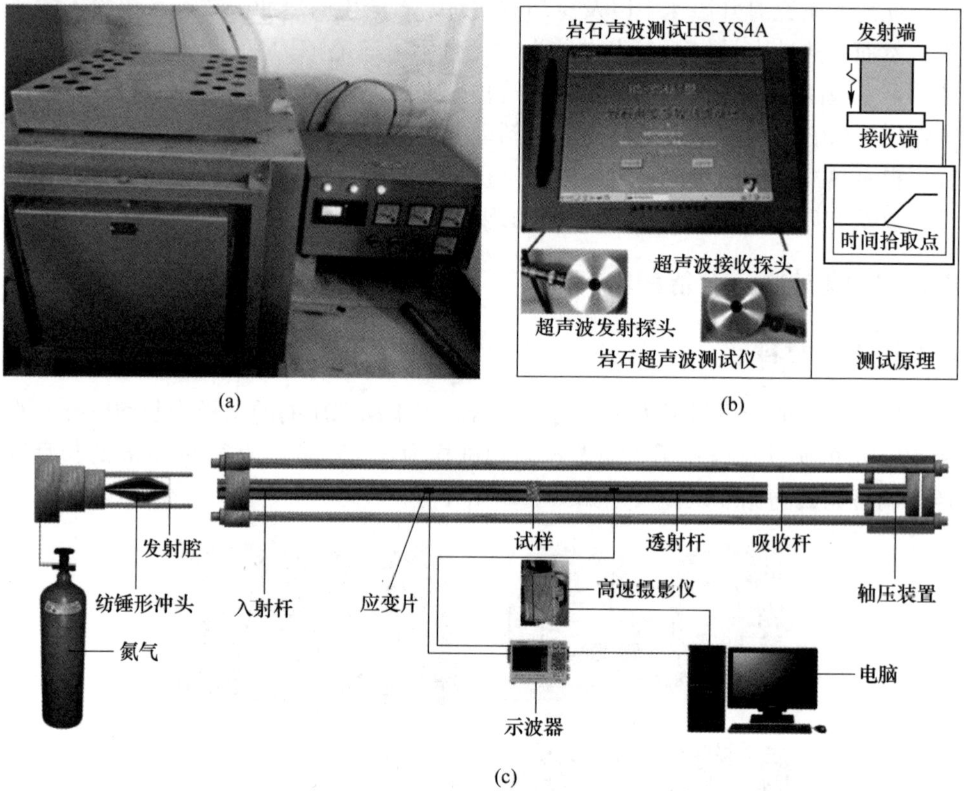

图 8-3　实验设备

（a）可控智能升温炉；（b）岩石超声波测试仪及测试原理；（c）霍普金森压杆实验系统

改进后的霍普金森实验装置主要由氮气罐、纺锤形冲头、发射腔、入射杆、透射杆、吸收杆、轴压装置、高速摄影仪、超动态应变仪及计算机组成。优化后的纺锤形冲头能够产生半正弦波，如图 8-4 所示，可保证实现应变率几乎恒定的加载实验。超动态应变仪（CS-1D 型）和示波器（DL750 型）用于应变及波形记录。高速摄像仪（FASTCAM SA1. 1）主要由摄像装置、打光装置和数据采集处理装置组成，其芯片为 12bitsCMOS，传感器能够记录动态变化过程，可完成对岩石试样动态冲击过程的记录。

8.2.3　主要研究内容

（1）热冲击岩石材料的宏观物理特性。岩石材料试样以相同缓慢的升温和降温速率、相同的额定温度、不同的受热时间热处理后进行物理参数的测量，包括质量、密度及纵波波速的测量，获得受热时间对其物理特性的影响规律，找出

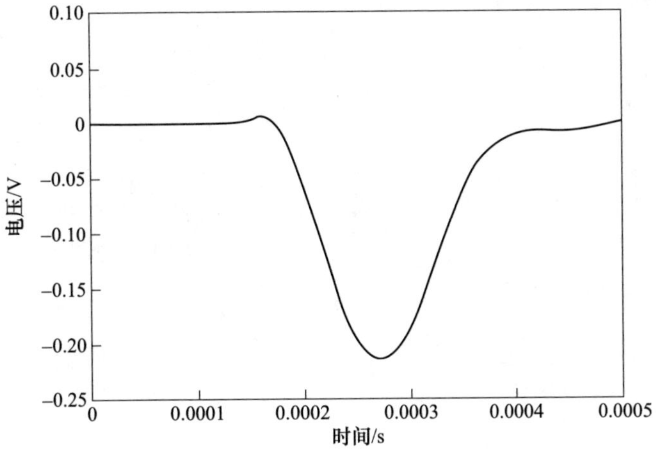

图 8-4 纺锤形冲头产生的半正弦波形

受热时间与物理参数间的量化关系。

（2）热冲击对岩石材料的动态压缩特性及破坏机理。岩石试样以不同的升温速率、相同缓慢的降温速率、相同的额定温度和受热时间热处理后进行冲击加载实验，获得热冲击对岩石试样动态压缩特性的影响规律，主要包括动态抗压强度、弹性模量、峰值应变及破坏特性，确定热冲击出现时升温速率阈值范围，找出升温速率与力学参数间的量化关系。

（3）热冲击岩石材料的动态拉伸特性及破坏机理。通过对岩石试样以不同的升温速率、相同缓慢的降温速率、相同的额定温度和受热时间热处理后进行动态巴西劈裂实验，获得热冲击对岩石试样动态拉伸特性的影响规律，主要包括动态抗拉强度和破坏特性，找出升温速率与力学参数间的量化关系。

（4）热冲击岩石材料的损伤特性及动态损伤模型。通过引入损伤变量建立考虑受热时间、温度及热冲击（以升温速率表征）的岩石试样动态损伤模型，并进行验证。

8.3 热冲击作用下岩石材料宏观物理特性

热冲击采用升温速率与降温速率控制，其中降温速率无法定量，因此取炉内缓慢降温和遇水快速降温两种降温方式。当升温速率与降温速率达到一定值时，热冲击将出现。

8.3.1 热冲击岩石材料的质量

8.3.1.1 升温

升温速率达到一定值后，试样将受到热冲击的作用，岩石材料的质量与升温速率间的关系如图 8-5 所示。

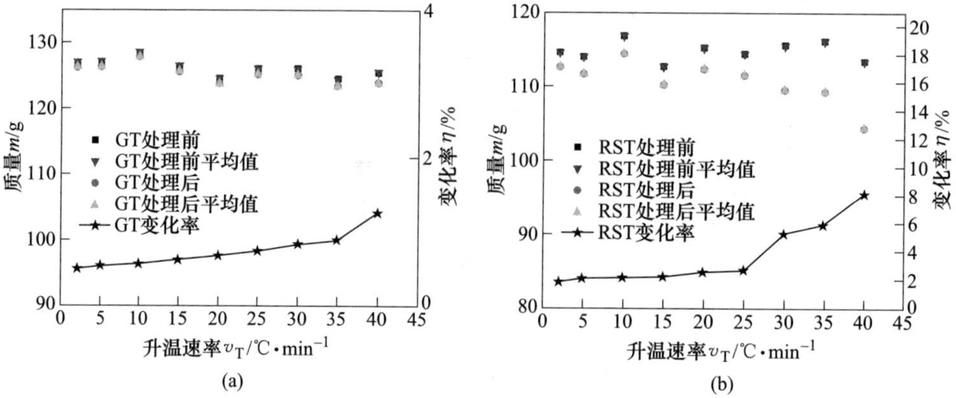

图 8-5　岩石试样质量与升温速率的关系

（a）花岗岩；（b）红砂岩

实验结果表明，虽然不同试样尺寸间的结果存在细微不同，但试样尺寸的影响较小，几乎可忽略。不同升温速率作用下岩石试样的质量不同，特别是当升温速率较大，出现热冲击作用时，试样部分表面物质因热冲击的作用而脱落，试样质量有较大的减小。

当升温速率由 2 ℃/min 上升到 40 ℃/min 时，花岗岩的质量变化较小，平均质量变化率仅由 0.49%上升到 1.26%，不到 1%的变化；红砂岩的平均质量变化率则由 1.77%增加到 8.38%，增加了 6.61%。特别是当升温速率达到 25 ℃/min 后，红砂岩的平均质量变化率变化较大，表明此时随升温速率的增长，红砂岩试样质量的损失较大。

8.3.1.2　快速降温

快速降温采用水冷的方式进行，试样经过水冷后采用智能加热炉对试样进行烘干。快速降温条件下，岩石试样质量与升温速率的关系如图 8-6 所示。与缓慢降温的岩石试样平均质量相似，随升温速率的增加，试样的质量逐渐减小，平均变化率逐渐增大，试样的质量较缓慢降温的试样小，这是由于在降温的过程中，快速降温产生的热冲击作用使得部分物质从试样中剥落，导致质量相应减小。

当升温速率由 2 ℃/min 上升到 40 ℃/min 时，花岗岩的平均质量变化率由 0.67%上升到 1.87%，质量略有减小；红砂岩的平均质量变化率则由 7.38%上升到 14.44%。

8.3.2　热冲击岩石材料的密度

8.3.2.1　升温

图 8-7 所示为岩石材料的质量与升温速率间的关系。随升温速率的增加，热

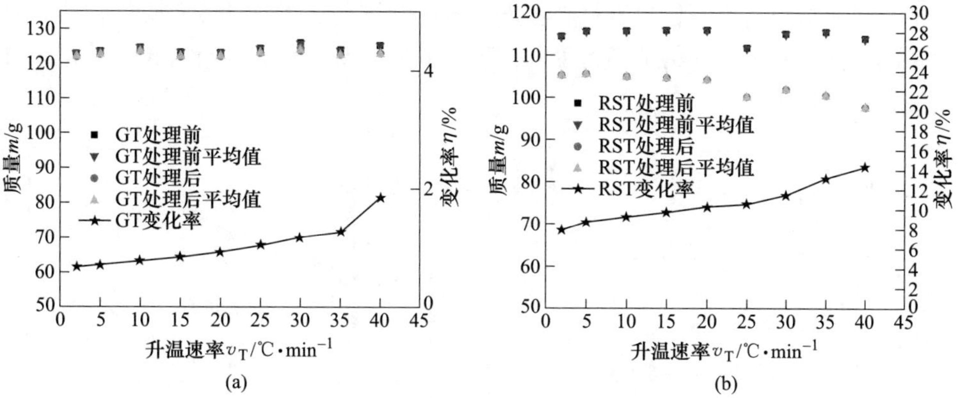

图 8-6 快速降温条件下岩石试样质量和变化率同升温速率的关系

（a）花岗岩；（b）红砂岩

冲击逐渐出现，岩石材料的密度逐渐降低，不同材料表现出局部差异性。当升温速率由 2 ℃/min 上升为 40 ℃/min 时，花岗岩的平均密度由 2608. 86 kg/m^{3}降为 2568. 21 kg/m^3，仅减小了 1. 32%，而红砂岩的平均密度由 2330. 79 kg/m^{3}减少为 2193. 01 kg/m^3，减少了 7. 24%。

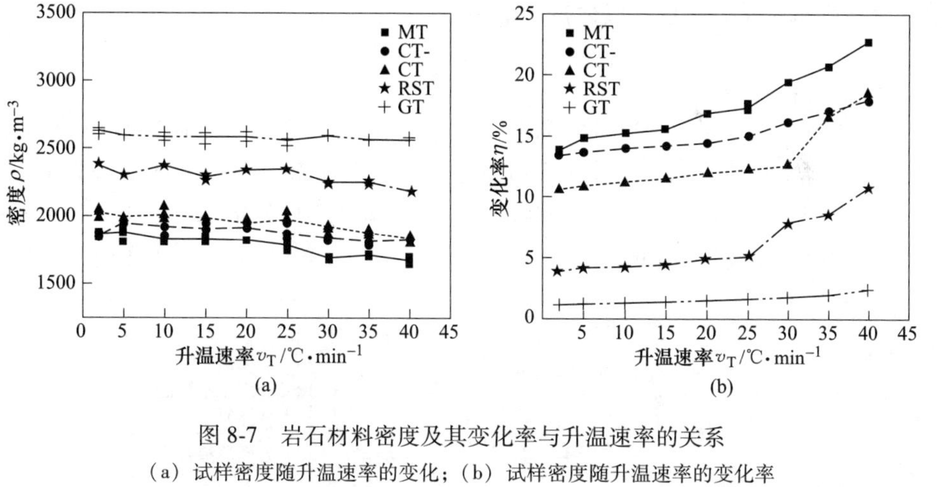

图 8-7 岩石材料密度及其变化率与升温速率的关系

（a）试样密度随升温速率的变化；（b）试样密度随升温速率的变化率

热冲击对花岗岩的密度影响最小。升温速率增加达到一定值时，试样内部将受到热冲击的作用，裂纹在热冲击产生的热应力作用下扩展贯通，试样体积膨胀，同时表面物质剥落，使得试样质量减小，最终导致试样的密度随着升温速率的增加而降低。

8. 3. 2. 2 快速降温

快速降温采用水冷的方式进行，试样经过水冷后采用智能加热炉对试样进行烘干。快速降温条件下，岩石材料密度与升温速率的关系如图 8-8 所示。随升温速率的增加，岩石试样的平均密度同样逐渐降低，变化率则逐渐增大，对花岗岩密度的影响最小。

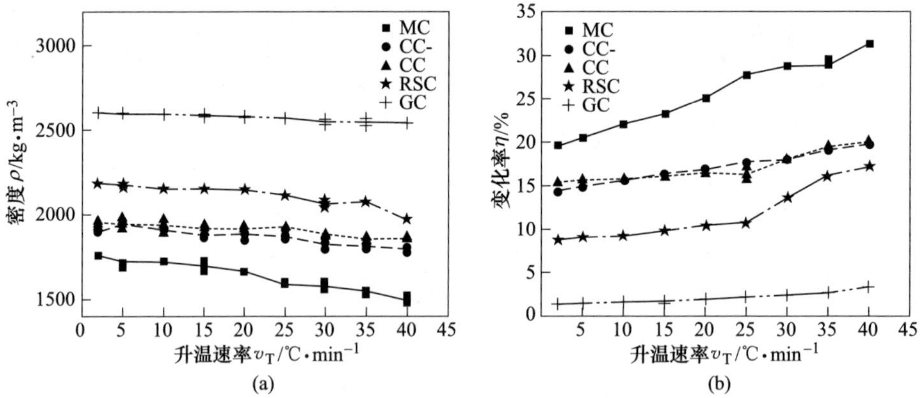

图 8-8　快速降温条件下岩石试样密度及其变化率同升温速率的关系

（a）密度与升温速率的关系；（b）密度变化率与升温速率的关系

8.3.3　热冲击对岩石材料纵波波速的影响

8.3.3.1　升温

由图 8-9 可知，岩石材料的纵波波速随升温速率的增加呈线性减小的趋势。试样尺寸对实验结果的影响几乎可以忽略。当升温速率由 2 ℃/min 上升为 40 ℃/min 时，花岗岩的平均纵波波速由 4009.32 m/s 降为 3174.46 m/s，与未处理试样的纵波波速相比较，分别降低了 19.59%和 36.56%，由于热冲击的作用，平均纵

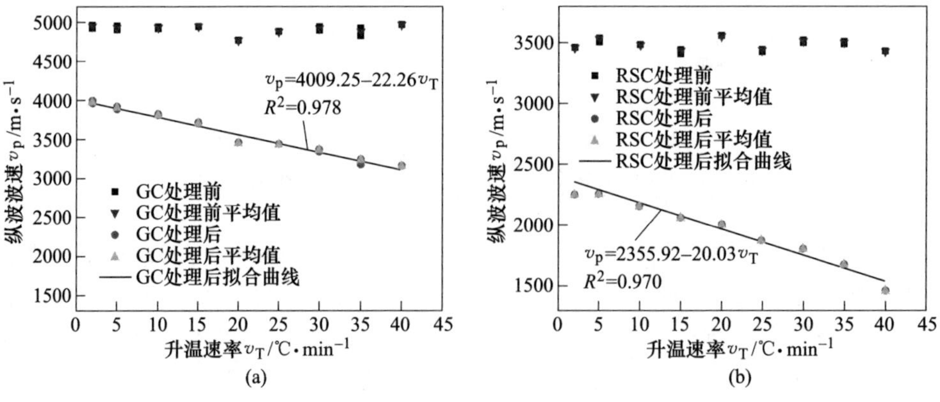

图 8-9　岩石材料纵波波速与升温速率的关系

（a）花岗岩；（b）红砂岩

波波速降低了 16.97%；红砂岩试样的平均纵波波速由 2250.04 m/s 降至 1459.78 m/s，与未处理试样的平均波速相比，分别减少了 34.82%和 57.29%，由于热冲击的作用，平均纵波波速降低了 22.47%。

在升温的过程中，由于热冲击的作用，试样内部产生热应力，导致试样内部裂纹扩展、贯通，试样内部裂纹的数量增多、尺寸增大，进而使得试样内部结构发生较大变化，而缺陷对波的传播产生阻隔作用，因此波传播的能量衰减增大，最终导致岩石材料的纵波波速随升温速率的增加逐渐减小。

如图 8-10 所示，随升温速率增加，岩石材料的纵波波速变化率呈线性增大。

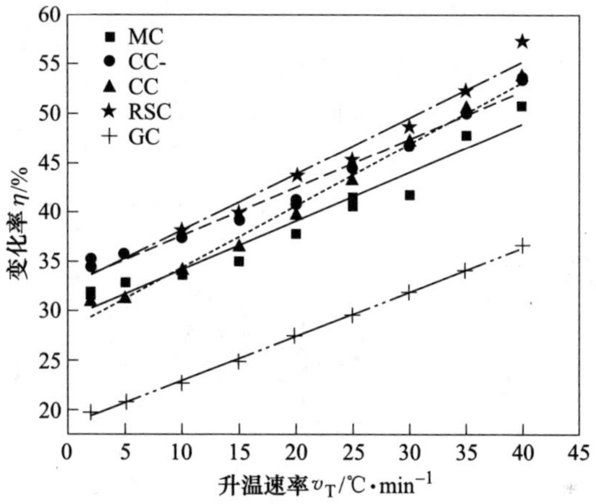

图 8-10 岩石材料纵波波速变化率与升温速率的关系

8.3.3.2 快速降温

快速降温采用水冷的方式进行，试样经过水冷后采用智能加热炉对试样进行烘干。快速降温条件下，岩石试样纵波波速与升温速率的关系如图 8-11 所示。岩石试样的纵波波速随升温速率的增加逐渐减小，不同材料表现出细微的差别。与未处理试样相比，当升温速率由 2 ℃/min 上升为 40 ℃/min 时，花岗岩的纵波波速由 3135.21 m/s 降为 2253.31 m/s，分别减少了 36.66%和 54.70%，相差 18.04%；红砂岩的纵波波速由 1288.62 m/s 降为 634.19 m/s，分别降低了 62.57%和 81.91%，相差 19.34%。降温的过程中，由于快速降温产生热冲击的作用，试样内部产生热应力，导致试样内部裂纹扩展、贯通，试样内部裂纹的数量增多、尺寸增大，对波的传播产生阻隔作用，使得波传播的能量衰减增大，从而相比缓慢降温，快速降温试样的纵波波速变得更小。

快速降温条件下，岩石试样纵波波速变化率随升温速率的变化如图 8-12 所示，试样纵波波速变化率随升温速率的增加线性增大。

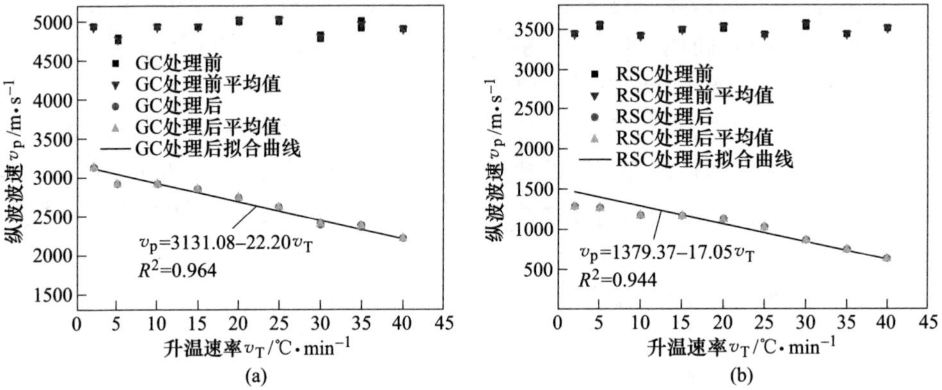

图 8-11　快速降温条件下岩石纵波波速与升温速率的关系

（a）花岗岩；（b）红砂岩

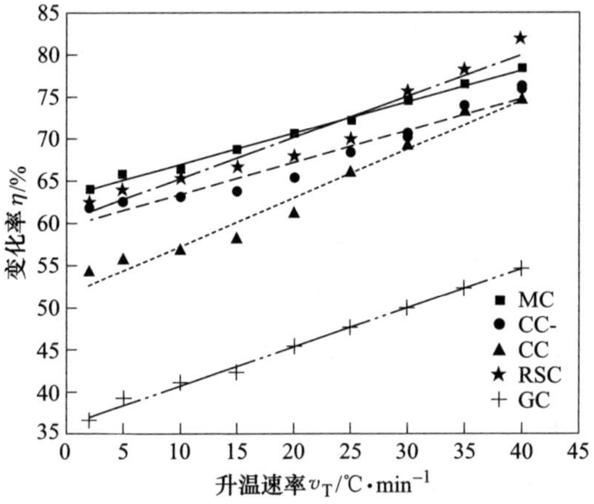

图 8-12　快速降温条件下岩石材料纵波波速变化率与升温速率的关系

8.4　热冲击作用下岩石材料动态压缩力学实验

本节中热冲击对岩石材料动态压缩特性的研究包括两个部分：一个为升温阶段产生的热冲击，通过升温速率衡量；另一个为降温阶段产生的热冲击，通过降温速率衡量。由于目前降温速率无法定量测定，因此实验选用炉内缓慢降温和遇水快速降温两种降温方式。

热冲击以升温速率与降温速率表征，升温速率分为 0 ℃/min、2 ℃/min、5 ℃/min、10 ℃/min、15 ℃/min、20 ℃/min、25 ℃/min、30 ℃/min、35 ℃/min 和 40 ℃/min；额定温度为 650 ℃；恒温时间为 60 min；降温速率分为缓慢和快速两种，即炉内缓慢降温和遇水快速降温。

降温阶段热冲击，升温速率为 2 ℃/min，温度为 25 ℃、150 ℃、250 ℃、350 ℃、450 ℃、550 ℃、650 ℃、750 ℃、850 ℃及 950 ℃；恒温时间为 60 min；降温速率分为缓慢和快速两种。

8.4.1 不同升温速率下岩石材料的动态压缩特性

8.4.1.1 动态应力-应变曲线

图 8-13 所示为不同升温速率下岩石材料的动态应力-应变曲线。由图可知，随升温速率的升高，大温差产生的热冲击对岩石材料动态应力-应变曲线产生很大影响。

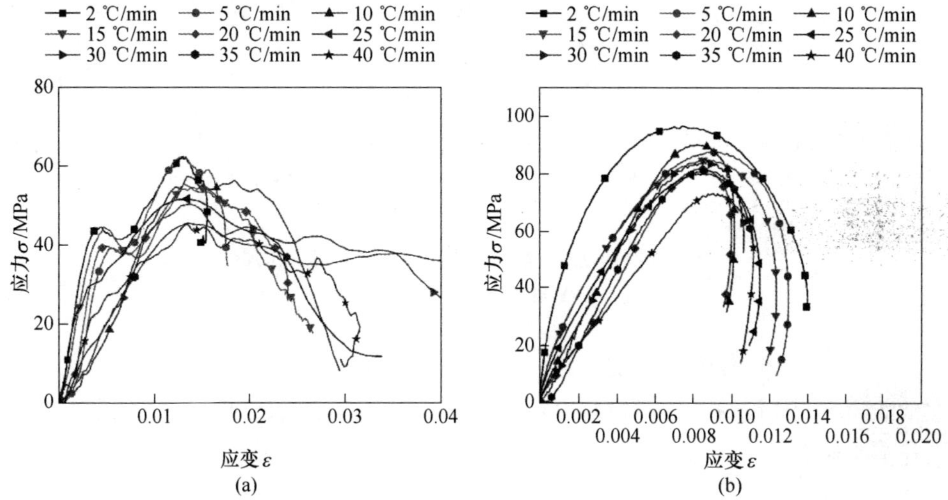

图 8-13 不同升温速率下岩石材料的应力-应变曲线

（a）红砂岩；（b）花岗岩

整体而言，随着升温速率升高，应力-应变曲线的峰值逐渐下降，峰值前的曲线斜率逐渐下降，但不同材料表现出一定的差异性。如图 8-13 所示，当升温速率由 2 ℃/min 上升为 40 ℃/min 时，岩石材料的动态应力-应变曲线的峰值下降了近 20 MPa，说明热冲击对岩石材料的影响更大。

8.4.1.2 动态抗压强度

如图 8-14 所示，5 ℃/min 前，岩石材料的动态抗压强度变化不大，说明在此期间基本不产生热冲击作用。对于红砂岩，当升温速率由 2 ℃/min 上升到 40 ℃/min时，其平均动态抗压强度由 60.31 MPa 降为 44.52 MPa，下降了 15.79 MPa，减少了 26.18%；而花岗岩的平均动态抗压强度由 92.95 MPa 降为 73.76 MPa，减少了 19.19 MPa，下降了 20.64%。由图 8-14 可知，当升温速率为 5~40 ℃/min 时，岩石材料的动态抗压强度随升温速率的增加线性下降。红砂岩及花岗岩的动态抗压强度 σ_d 与升温速率 v_T 的关系可分别由式（8-1）、式（8-2）表征。

$$\sigma_d = 64.06 - 0.76v_T,\quad 5 \leqslant v_T \leqslant 40 \tag{8-1}$$

$$\sigma_d = 96.96 - 0.91v_T,\quad 5 \leqslant v_T \leqslant 40 \tag{8-2}$$

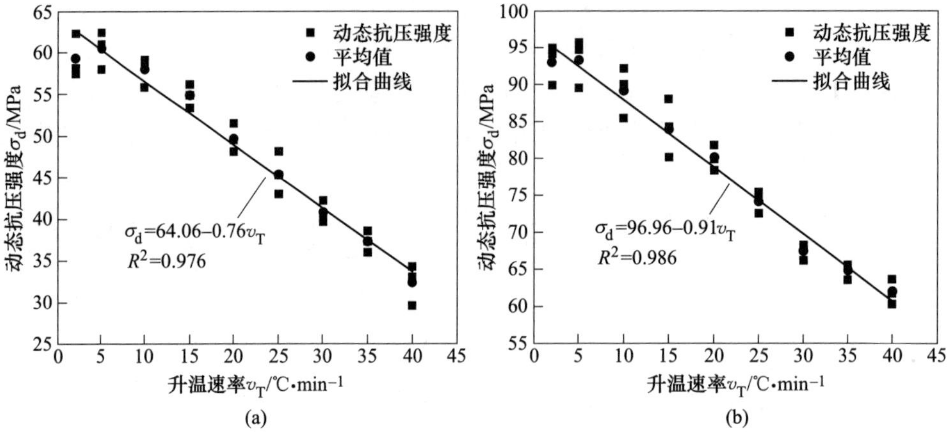

图 8-14　不同升温速率下岩石材料的动态抗压强度

（a）红砂岩；（b）花岗岩

8.4.1.3　动态峰值应变

如图 8-15 所示，岩石材料的峰值应变随升温速率的增加，略有增长，但变化并不明显。

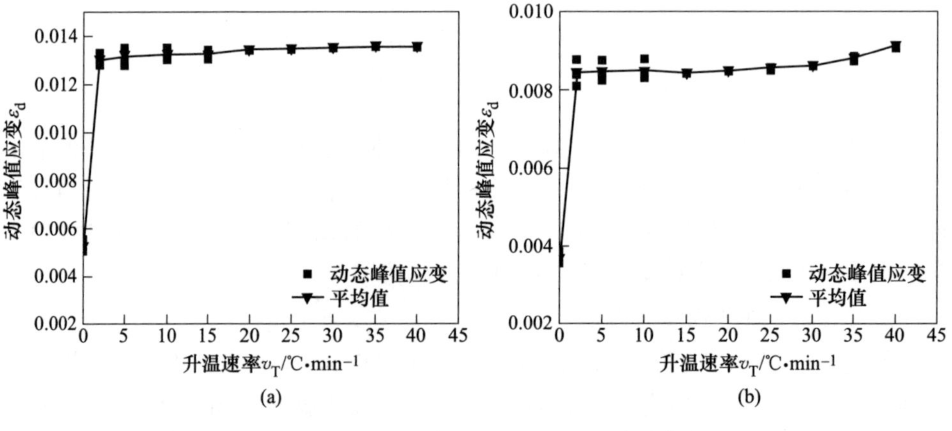

图 8-15　不同升温速率下岩石材料的动态峰值应变

（a）红砂岩；（b）花岗岩

当升温速率由 2 ℃/min 上升为 40 ℃/min 时，红砂岩的平均动态峰值应变由

0.013 增长到 0.01353，增长幅值为 0.00053，仅增长 4.08%，这是由于本身的峰值应变已经较大，随热冲击的产生增长较小；同样，对于花岗岩，当升温速率由 2 ℃/min 上升为 40 ℃/min 时，平均动态峰值应变由 0.00841 上升到 0.00913，增长了 8.43%。随升温速率的升高，热冲击逐渐出现并增大，热应力相应增大，使得岩石材料内部裂纹的数量逐渐增加、尺寸逐渐增大，当受到动荷载时，动载荷首先对裂纹进行压密，从而峰值前的变形能力增大，动态峰值应变略有增大。

8.4.1.4 动态弹性模量

动态弹性模量反映了材料在动态压缩时的弹性变形能力，为动态应力-应变曲线弹性变形段的斜率，如图 8-16 所示，整体而言，岩石材料的动态弹性模量随升温速率的升高逐渐减小，也即随热冲击的增大逐渐降低，但升温速率对不同材料的影响不一。

如图 8-16（a）所示，5 ℃/min 前，红砂岩的动态弹性模量变化不大，当升温速率由 2 ℃/min 升为 5 ℃/min 时，平均动态弹性模量由 5.50 GPa 降为 5.43 GPa，仅减少 0.07 GPa，几乎未变，而当升温速率达到 40 ℃/min 时，此时热冲击较大，红砂岩的平均动态弹性模量降为 4.17 GPa，与 2 ℃/min 相比，下降了 24.03%。当升温速率为 2 ℃/min 和 5 ℃/min 时，热冲击未产生，花岗岩的平均动态弹性模量分别为 15.32 GPa 和 15.16 GPa，变化不大，当升温速率由 5 ℃/min 上升到 40 ℃/min 时，平均动态弹性模量由 15.16 GPa 降为 10.09 GPa，减少了 5.07 GPa，与 2 ℃/min 相比，下降了近 1/3。当升温速率不大于 5 ℃/min 时，岩石材料的动态弹性模量几乎不变，线弹性变形能力几乎不下降，这是由于在此期间未产生热冲击，试样内部结构未改变。而当升温速率为 5~40 ℃/min 时，试样内部逐渐产生热冲击并逐渐增大，热冲击产生的热应力使得原生裂纹扩

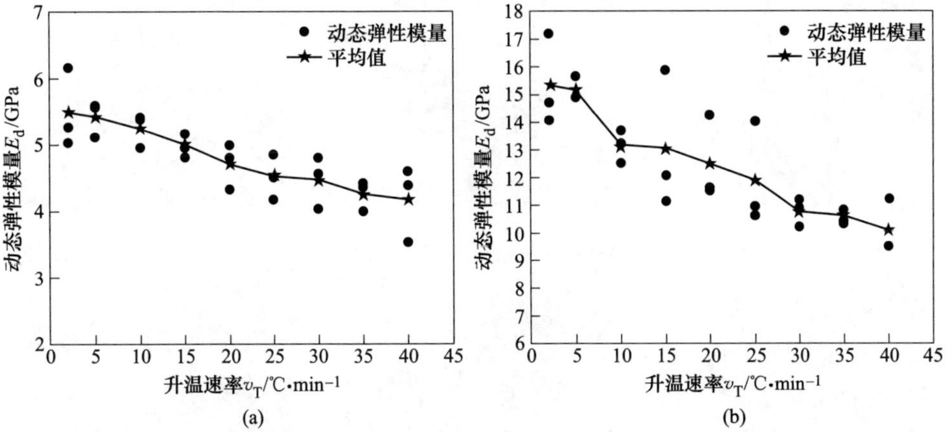

图 8-16 不同升温速率下岩石材料的动态弹性模量

（a）红砂岩；（b）花岗岩

展、贯通，新生裂纹萌生、扩展进而贯通，材料内部裂纹的数量逐渐增多，尺寸逐渐增大，使得试样动态抗压强度降低。另外，动态峰值应变逐渐增大，导致岩石材料的动态弹性模量相应减小。

8.4.1.5　破碎特性及破坏模式

如图 8-17 和图 8-18 所示，当升温速率为 2 ℃/min 时，红砂岩和花岗岩破坏成一块较大的碎块和许多大小相近的小碎块，破坏模式为“X”型，如图 8-19（a）所示。40 ℃/min 前，随升温速率的增加，试样的破坏模式同样为“X”型，但破坏区的面积逐渐增大［见图 8-19（b）］。当升温速率为 40 ℃/min

图 8-17　热冲击红砂岩的破坏

图 8-18　热冲击花岗岩的破坏

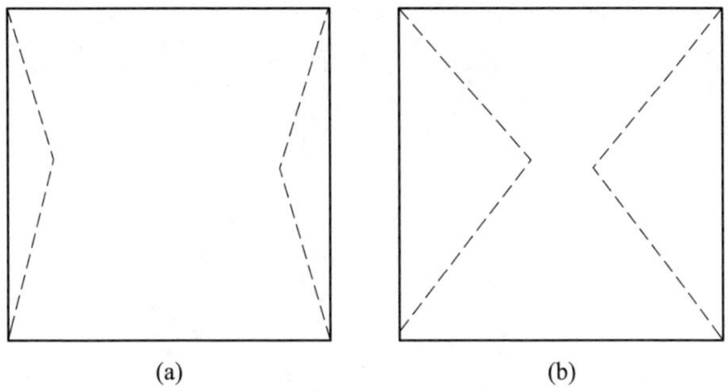

图 8-19 破坏模式

时，红砂岩破坏成许多大小不一的碎块，花岗岩则破坏成两块较大的碎块和大量粉末。随升温速率的升高，热冲击逐渐产生，热冲击产生的热应力使得材料内部微缺陷逐渐增多，尺寸逐渐增大，在相同冲击荷载下，试样的破碎程度逐渐变大。

8.4.2 不同降温速率下岩石材料的动态压缩特性

8.4.2.1 动态应力-应变曲线

图 8-20 所示为不同升温速率遇水快速降温条件下岩石材料的动态应力-应变曲线。

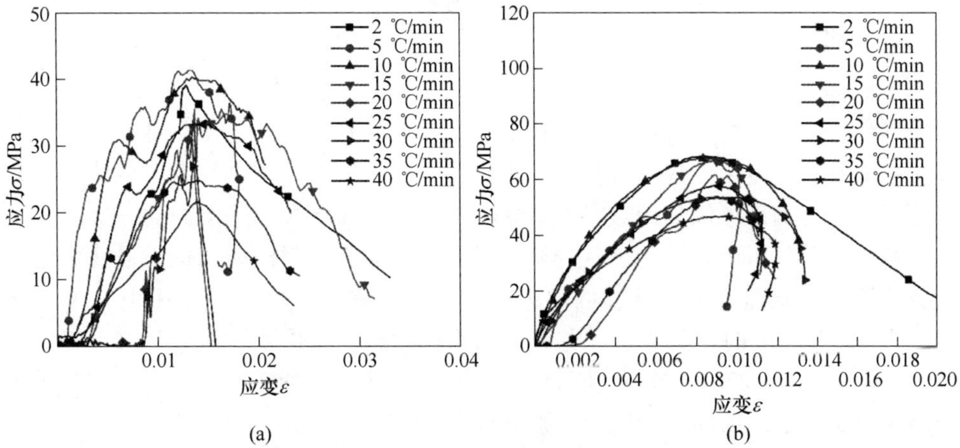

图 8-20 不同升温速率遇水快速降温条件下岩石材料的应力-应变曲线

(a) 红砂岩；(b) 花岗岩

遇水快速降温条件下，岩石材料的动态应力-应变曲线随升温速率的变化在 5 ℃/min前，动态应力-应变曲线的峰值变化不大，5 ℃/min 后，随升温速率的增加，岩石材料动态应力-应变曲线的峰值逐渐减小。

图 8-21 所示为不同温度遇水快速降温条件下岩石材料的动态应力-应变曲线。

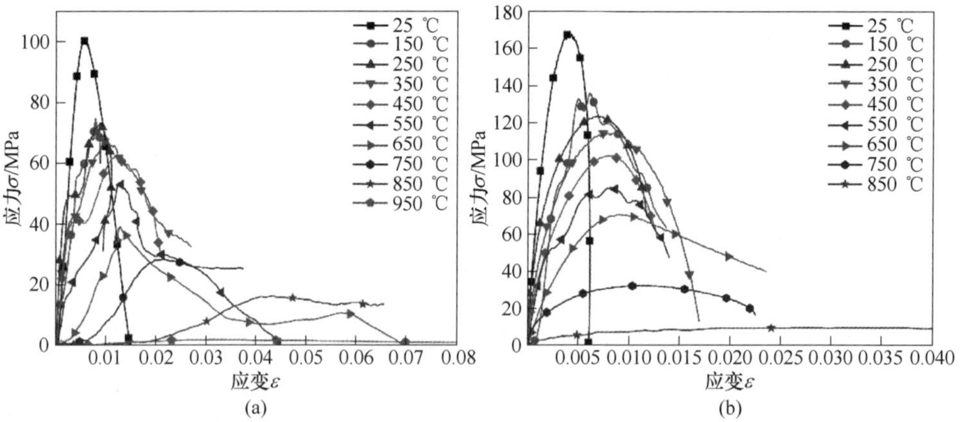

图 8-21　不同温度遇水快速降温条件下岩石材料的应力-应变曲线

（a）红砂岩；（b）花岗岩

遇水快速降温条件下，材料的动态应力-应变曲线随温度的变化存在差异性。随着温度的升高，岩石材料的动态应力-应变曲线的峰值逐渐下降，上升阶段的斜率逐渐减小。950 ℃后，花岗岩在降温阶段遇水冷却热冲击的作用下，发生宏观破裂，不具备承载能力，而红砂岩在实验温度范围内，遇水快速降温热冲击的作用下，仍然具有一定的抗压能力，但此时曲线的峰值很小。

8.4.2.2　动态抗压强度

不同降温速率下，岩石材料的动态抗压强度随升温速率的变化如图 8-22 所示。整体而言，与炉内缓慢降温相比，遇水快速降温条件下，岩石材料的动态抗压强度较小，这是由于快速降温条件下产生了热冲击，而在热冲击产生的热应力作用下，试样内部微缺陷的数量逐渐增加、尺寸逐渐增大，试样的动态抗压强度逐渐减小。5 ℃/min 前，遇水快速降温条件下，岩石材料的动态抗压强度变化不大，说明低升温速率下，试样内部未产生热冲击作用。当升温速率由 2 ℃/min 上升到 40 ℃/min 时，红砂岩和花岗岩的平均动态抗压强度分别由 39.68 MPa 和 68.26 MPa 降为 22.75 MPa 和 46.48 MPa，幅值分别减少了 16.93 MPa 和 21.78 MPa，与 2 ℃/min 相比，分别降低了 76.78%和 31.90%。

由图 8-22 可知，快速降温条件下，升温速率为 5～40 ℃/min 时，岩石材料的动态抗压强度随升温速率的增加线性减小。红砂岩和花岗岩的动态抗压强度随升温速率的变化可分别由式（8-3）、式（8-4）表征。

$$\sigma_d = 42.63 - 0.46v_T,\quad 5 \leqslant v_T \leqslant 40 \tag{8-3}$$

$$\sigma_d = 19.78 - 0.04v_T,\quad 5 \leqslant v_T \leqslant 40 \tag{8-4}$$

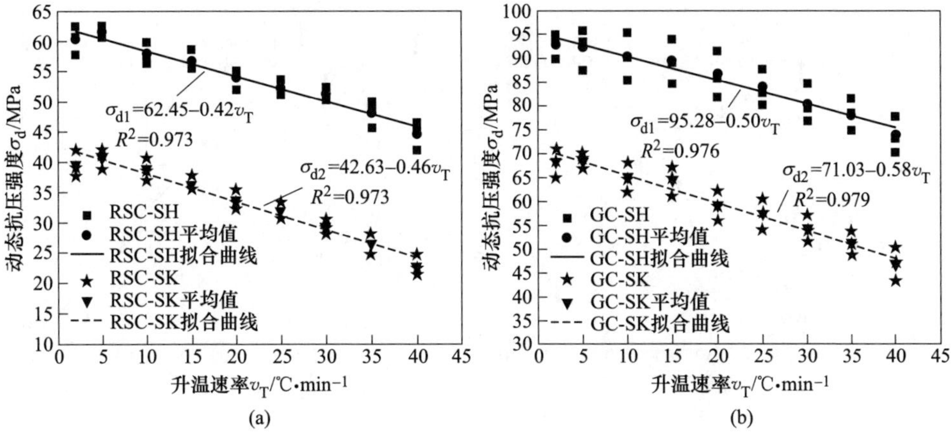

图 8-22　不同升、降温速率下岩石材料的动态抗压强度

（a）红砂岩；（b）花岗岩

（SH 和 SK 分别表示缓慢降温和快速降温）

升温速率与降温速率间存在一定影响，快速降温产生的强度损失随升温速率的变化可表示为 $\sigma=\sigma_{d1}-\sigma_{d2}$，红砂岩和花岗岩的动态抗压强度损失可分别由式（8-5）、式（8-6）表示。

$$\sigma = 42.63 - 0.46v_T,\quad 5 \leqslant v_T \leqslant 40 \tag{8-5}$$

$$\sigma = 71.03 - 0.58v_T,\quad 5 \leqslant v_T \leqslant 40 \tag{8-6}$$

不同降温速率下，岩石材料的动态抗压强度随温度的变化如图 8-23 所示。遇水快速降温条件下，岩石材料的动态抗压强度比炉内缓慢降温条件下小，这是由于快速降温条件下产生了热冲击，而在热冲击产生的热应力作用下试样内部微缺陷的数量逐渐增加、尺寸逐渐增大，试样的动态抗压强度逐渐减小。随着温度的升高，遇水快速降温条件下，岩石材料动态抗压强度整体变化规律与炉内缓慢降温相似，均逐渐减小，同时存在一定的差异性。950 ℃后，花岗岩的动态抗压强度降为 0。这个实验温度范围内，遇水快速降温条件下红砂岩则仍然存在一定的抗压能力，不过动态抗压强度已很小，950 ℃时，其动态抗压强度仅有 2.29 MPa。

遇水快速降温条件下，岩石材料的动态抗压强度随温度的升高非线性减小，可由二次函数表征。25~950 ℃，红砂岩的动态抗压强度随温度的变化可由拟合式（8-7）表征。25~850 ℃之间，花岗岩的动态抗压强度与温度的关系则可由式（8-8）表示。

$$\sigma_d = 92.78 - 6.45\times10^{-2}T - 3.05\times10^{-5}T^2,\quad 25 \leqslant T \leqslant 950 \tag{8-7}$$

$$\sigma_d = 155.98 - 9.09\times10^{-2}T - 9.10\times10^{-5}T^2,\quad 25 \leqslant T \leqslant 850 \tag{8-8}$$

热冲击作用对岩石材料动态抗压强度的弱化作用明显。降温阶段，遇水快速

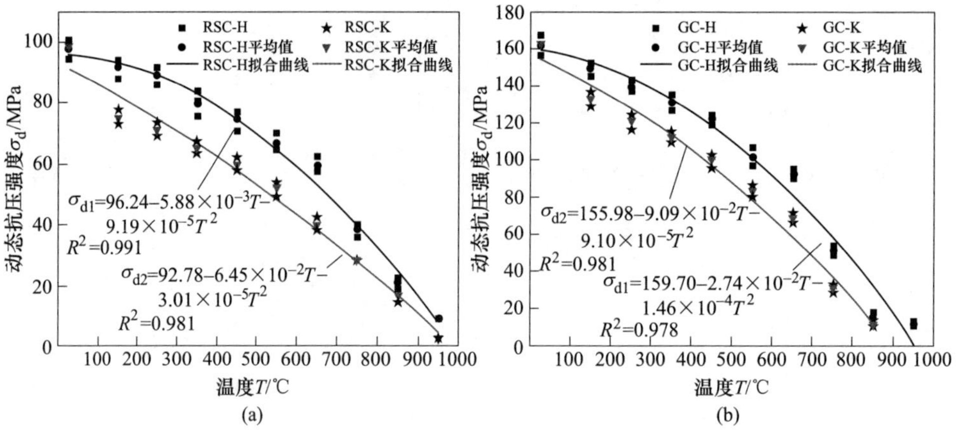

图 8-23　不同温度及降温速率下岩石材料的动态抗压强度

（a）红砂岩；（b）花岗岩

（H 和 K 分别表示缓慢降温和快速降温）

降温产生的热冲击对岩石材料动态抗压强度的损失与温度存在一定关系。热冲击作用下，红砂岩与花岗岩动态抗压强度损失随温度的变化可分别由式（8-9）、式（8-10）表示。

$$\sigma = 3.46 + 0.57 \times 10^{-2}T - 6.18 \times 10^{-5}T^2,\quad 25 \leqslant T \leqslant 950 \qquad (8\text{-}9)$$

$$\sigma = 3.72 + 6.35 \times 10^{-2}T - 5.50 \times 10^{-5}T^2,\quad 25 \leqslant T \leqslant 850 \qquad (8\text{-}10)$$

8.4.2.3　动态弹性模量

图 8-24 为不同降温速率下岩石材料动态抗压强度随升温速率的变化关系。

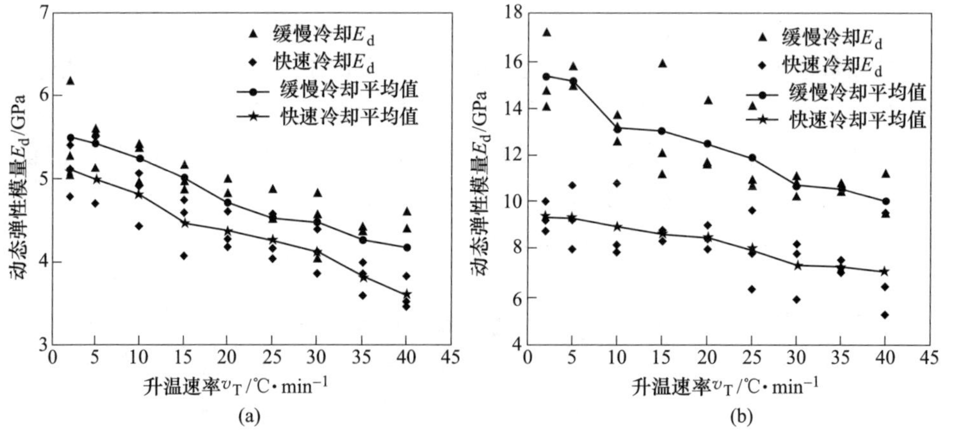

图 8-24　不同升、降温速率下岩石材料的动态弹性模量

（a）红砂岩；（b）花岗岩

如图 8-24 所示，当升温速率为 2 ℃/min 时，炉内缓慢降温与遇水快速降温

条件下，红砂岩和花岗岩的动态弹性模量分别由 5.50 GPa 和 15.33 GPa 降为 5.11 GPa 和 9.37 GPa，幅值分别减少了 0.4 GPa 和 5.96 GPa。当升温速率为 25 ℃/min时，红砂岩和花岗岩的动态弹性模量分别由 4.52 GPa 和 11.89 GPa 降为 4.26 GPa 和 7.98 GPa，幅值分别减少了 0.26 GPa 和 3.91 GPa。当升温速率为 40 ℃/min 时，红砂岩和花岗岩的动态弹性模量则分别由 4.17 GPa 和 10.09 GPa 降为 3.60 GPa 和 7.08 GPa，幅值分别下降了 0.57 GPa 和 3.01 GPa。岩石材料的动态弹性模量随降温速率的增加而减小，这是由于遇水快速降温使得试样内部产生热冲击，热冲击产生的热应力促使材料内部裂纹的数量逐渐增多、尺寸逐渐增大，试样内部结构发生较大变化，动态抗压强度减小，动态应力-应变曲线上升阶段的斜率减小，从而材料的动态弹性模量相应减小。

随升温速率的增加，岩石材料的动态弹性模量逐渐减小，不同材料表现出的情况不尽相同。

如图 8-24 所示，当升温速率由 2 ℃/min 上升到 40 ℃/min 时，红砂岩和花岗岩的平均动态弹性模量分别由 5.11 GPa 和 9.37 GPa 减少为 3.60 GPa 和 7.08 GPa，分别下降了 85.75%和 24.36%。随升温速率的增加，试样内部热冲击作用逐渐产生，材料内部缺陷在热应力的作用下数量逐渐增多、尺寸逐渐增大，动态抗压强度逐渐减小，使得动态应力-应变曲线上升阶段的斜率减小，因此动态弹性模量相应减小。

不同温度及降温速率下岩石材料的动态弹性模量如图 8-25 所示。降温阶段，遇水快速降温对岩石动态弹性模量产生了较大影响，这是由于遇水快速降温使得试样内部产生热冲击作用，热冲击产生的热应力促使材料内部裂纹的数量逐渐增多、尺寸逐渐增大，试样内部结构发生不同程度的变化，动态抗压强度减小。另外，动态应力-应变曲线上升阶段的斜率减小，从而其动态弹性模量相应减小。

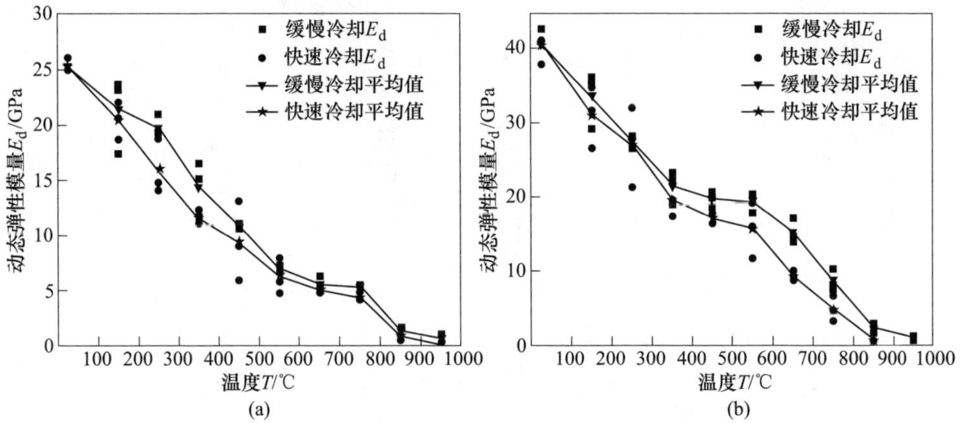

图 8-25 不同温度及降温速率下岩石材料的动态弹性模量

(a) 红砂岩；(b) 花岗岩

当温度由 25 ℃上升为 850 ℃时，花岗岩的动态弹性模量由 40.69 GPa 降为 0.58 GPa，减小了近 40 GPa。25～950 ℃时，红砂岩的动态抗压强度由25.30 GPa 减小为 0.07 GPa，此时红砂岩的动态弹性模量很小。

8.5　热冲击作用下岩石材料动态拉伸力学实验

本节中热冲击对岩石材料动态拉伸特性的研究同样包括两个部分：一个为升温阶段产生的热冲击，通过升温速率衡量；另一个为降温阶段产生的热冲击，通过降温速率衡量。由于目前降温速率无法定量测定，因此实验选用炉内缓慢降温和遇水快速降温两种降温方式。

实验所用的材料为红砂岩和花岗岩。以升温速率与降温速率表征热冲击，升温阶段的升温速率分为 0 ℃/min、2 ℃/min、5 ℃/min、10 ℃/min、15 ℃/min、20 ℃/min、25 ℃/min、30 ℃/min、35 ℃/min 和 40 ℃/min 十个等级，其中 0 ℃/min 为未处理试样；实验的额定温度为 650 ℃，恒温时间为 60 min，降温速率分为炉内缓慢降温和遇水快速降温两种。对遇水降温后的试样采用智能升温炉烘干。

8.5.1　不同升温速率下岩石材料的动态拉伸特性

8.5.1.1　动态拉伸应力-应变曲线

图 8-26 为不同升温速率下岩石材料的动态拉伸应力-应变曲线。从图中可知，随升温度速率的增加，动态拉伸应力-应变曲线的峰值逐渐下降，斜率逐渐减小，不同材料的动态拉伸应力-应变曲线随升温速率的升高表现出局部变化不一。

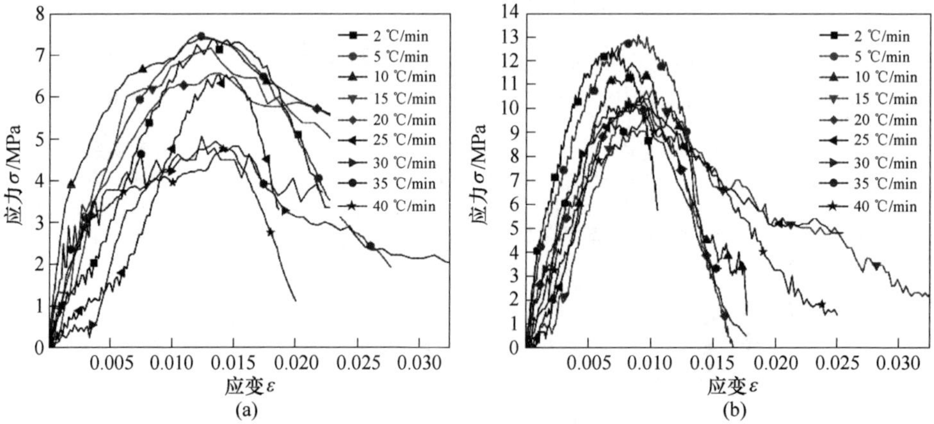

图 8-26　不同升温速率下岩石材料的拉伸应力-应变曲线
（a）红砂岩；（b）花岗岩

8.5.1.2　动态拉伸强度

岩石材料的动态拉伸强度随升温速率的变化与动态抗压强度随升温速率的变

化相似，且变化原因一样。

如图 8-27 所示，整体上，岩石材料的动态拉伸强度随升温速率的增加逐渐减小。

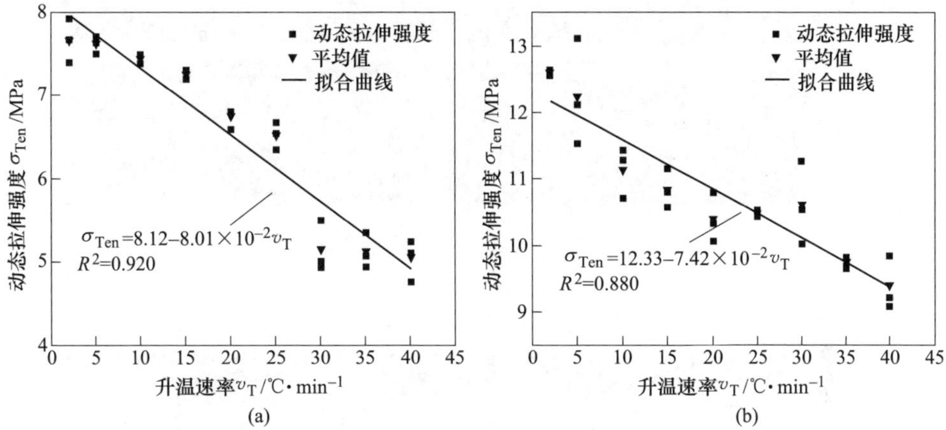

图 8-27　不同升温速率下岩石材料的动态拉伸强度

(a) 红砂岩；(b) 花岗岩

对于红砂岩，当升温速率由 2 ℃/min 上升到 5 ℃/min 时，平均动态抗压强度由 7.66 MPa 减小为 7.61 MPa，仅降低了 0.05 MPa，由于热冲击未产生，试样内部结构未发生改变，拉伸强度基本未变。当升温速率达到 40 ℃/min 时，红砂岩的平均动态抗拉强度降为 5.04 MPa，下降了近 34.21%。当升温速率由 2 ℃/min上升到 5 ℃/min 时，花岗岩的平均动态拉伸强度由 12.61 MPa 下降为 12.26 MPa，减少 0.35 MPa，降低了 2.78%。当升温速率持续上升，达到 40 ℃/min时，虽然花岗岩较致密，但由于热冲击使得试样内部原生裂纹扩展、贯通，新生裂纹萌生、扩展及贯通，裂纹的数量增多，尺寸增大，因此花岗岩的平均动态拉伸强度降为 9.38 MPa，下降了近 25.58%。

红砂岩和花岗岩的动态拉伸强度随升温速率线性减小，可分别由式（8-11）、式（8-12）表征。

$$\sigma_{Ten} = 8.12 - 0.0801 v_T, \quad 5 \leqslant v_T \leqslant 40 \tag{8-11}$$

$$\sigma_{Ten} = 12.33 - 0.0742 v_T, \quad 5 \leqslant v_T \leqslant 40 \tag{8-12}$$

8.5.1.3　破坏过程及模式

A　破坏过程

采用高速摄影仪对热冲击岩石材料的动态拉伸过程进行了观测，图 8-28、图 8-29 所示分别为红砂岩和花岗岩的动态拉伸破坏过程。

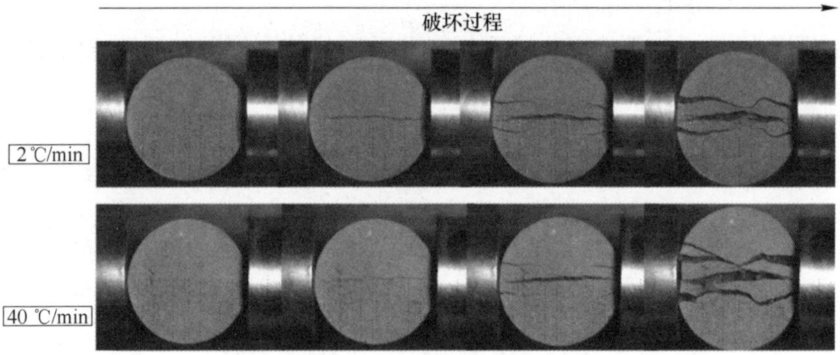

图 8-28　不同升温速率的红砂岩破坏过程

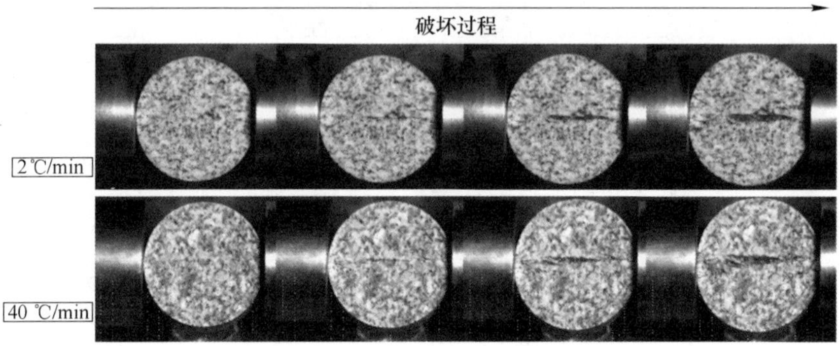

图 8-29　不同升温速率的花岗岩破坏过程

红砂岩试样破坏的过程中，首先在试样的中心产生一条径向的微裂纹，随后试样两端产生数条微小裂纹，最后几条裂纹扩展、贯通，试样发生破坏，随升温速率的增大，试样的破裂区变大，且试样破坏成两块较大的半圆盘碎块和数块小碎片。当升温速率为 2~40 ℃/min 时，随升温速率增加，花岗岩试样首先在中心产生一条径向微裂纹，直至扩展、贯通，试样发生破坏，且破坏成两块大半圆盘碎块。

B　破坏模式

图 8-30 和图 8-31 所示为不同升温速率下破坏后的岩石材料。从图中可知，试样破坏成两块大半圆盘碎块。随升温速率的增加，热冲击逐渐产生，试样内部裂纹在热应力的作用下数量增多、尺寸增大，导致在受到拉伸应力时，试样的破裂区逐渐增大。相同升温速率下红砂岩的破裂区最大，其次为花岗岩，这是由于常温下，花岗岩较为致密，而红砂岩内部微缺陷较多，在热冲击的作用下，红砂岩的内部结构变化较大。如图 8-32 所示，随升温速率的增加，试样的破坏模式由图 8-32（a）逐渐转变为图 8-32（c）。

(a)　(b)　(c)

图 8-30　不同升温速率的红砂岩破坏图

(a) 2 ℃/min；(b) 20 ℃/min；(c) 40 ℃/min

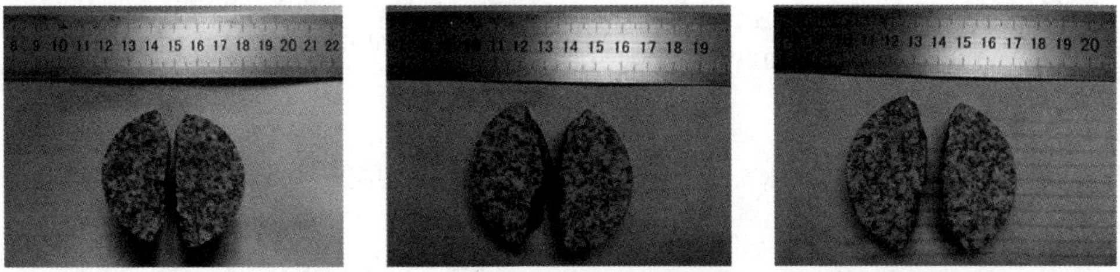

(a)　(b)　(c)

图 8-31　不同升温速率的花岗岩破坏图

(a) 2 ℃/min；(b) 20 ℃/min；(c) 40 ℃/min

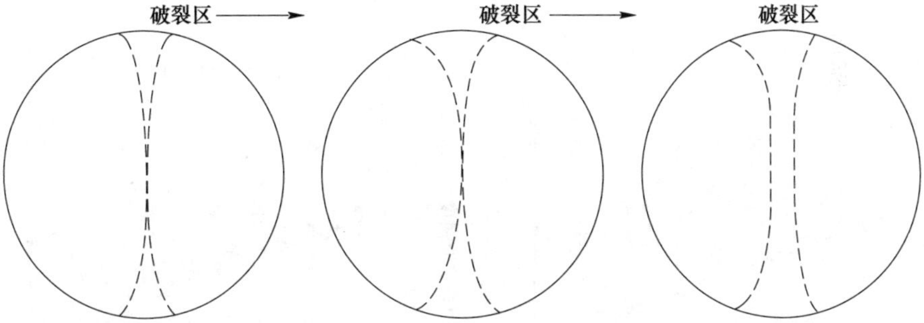

(a)　(b)　(c)

图 8-32　破坏模式

8.5.2　降温速率对岩石材料动态拉伸特性的影响

本节岩石材料的加载率为 150~250 GPa/s。

8.5.2.1　动态拉伸应力-应变曲线

与炉内缓慢降温相似，遇水快速降温条件下，随升温速率的增加，岩石材料的动态拉伸应力-应变曲线变化较大，主要表现为曲线峰值逐渐下降，如图 8-33 所示。

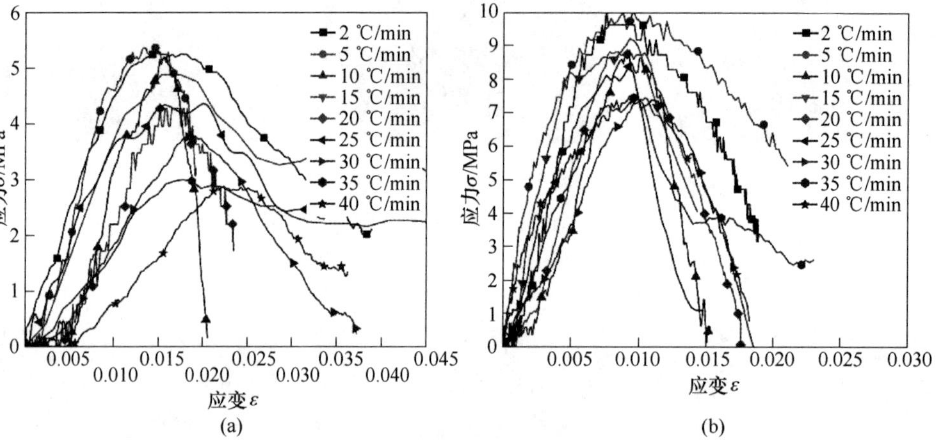

图 8-33　遇水快速降温条件下岩石材料的拉伸应力-应变曲线

（a）红砂岩；（b）花岗岩

8.5.2.2　动态拉伸强度

如图 8-34 所示，整体而言，遇水快速降温条件下岩石材料的动态拉伸强度随升温速率的升高逐渐减小，由于材料不同，动态拉伸强度随升温速率的变化存在一定的差异性。

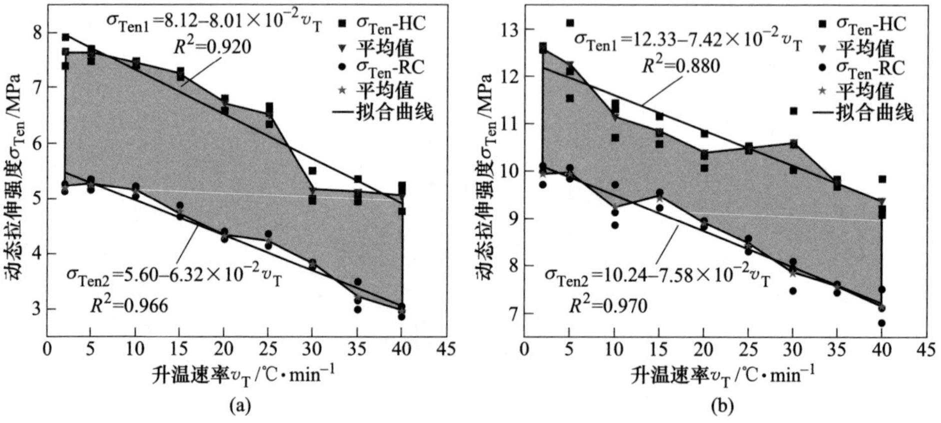

图 8-34　不同降温速率下岩石材料的拉伸强度

（a）红砂岩；（b）花岗岩

（HC 和 RC 分别表示缓慢降温和快速降温）

对于岩石材料，其变化规律与炉内缓慢降温条件下相似。遇水快速降温条件下，红砂岩和花岗岩的动态拉伸强度随升温速率的升高大致呈线性减小的趋势，动态拉伸强度与升温速率之间的关系可分别由式（8-13）、式（8-14）表征。

$$\sigma_{\mathrm{Ten}} = 5.60 - 0.0632v_{\mathrm{T}},\ 5 \leqslant v_{\mathrm{T}} \leqslant 40 \tag{8-13}$$

$$\sigma_{\mathrm{Ten}} = 10.24 - 0.0758v_{\mathrm{T}},\ 5 \leqslant v_{\mathrm{T}} \leqslant 40 \tag{8-14}$$

遇水快速降温使得材料内部产生热冲击作用，从图 8-34 中可看出，由遇水快速降温引起的拉伸强度损失与升温速率也有关。红砂岩和花岗岩的动态拉伸强度损失可分别由式（8-15）、式（8-16）表征。

$$\sigma = 2.52 - 0.0169v_{\mathrm{T}},\ 5 \leqslant v_{\mathrm{T}} \leqslant 40 \tag{8-15}$$

$$\sigma = 2.09 + 0.016v_{\mathrm{T}},\ 5 \leqslant v_{\mathrm{T}} \leqslant 40 \tag{8-16}$$

如图 8-35 所示，试样中心的红色及绿色区为最大主应变较大的区域，试样在加载过程中首先在此发生破坏。炉内缓慢降温条件下红砂岩的最大主应变为 0.0404，而遇水快速降温条件下，其最大主应变为 0.0288，减小了近 1/4，试样破坏发生的变形较小。破坏区随降温速率的增加，逐渐变大。由此可间接反映出遇水快速降温产生的冲击使得试样内部结构发生较大变化，逐渐弱化。

如图 8-35 及图 8-36 所示，红砂岩的 y 方向最大应变与试样的最大主应变相近，试样最大主应变垂直于加载方向。图 8-37 所示为整个过程中试样中心点 O 的 y 方向位移。随降温速率的增加，O 点的位移逐渐变小，试样在拉伸应力作用下发生破坏需要的形变减小。由此可侧面反映出高降温速率产生的热冲击使得试样内部结构发生较大变化，试样内部裂纹的数量逐渐增加、尺寸逐渐增大。

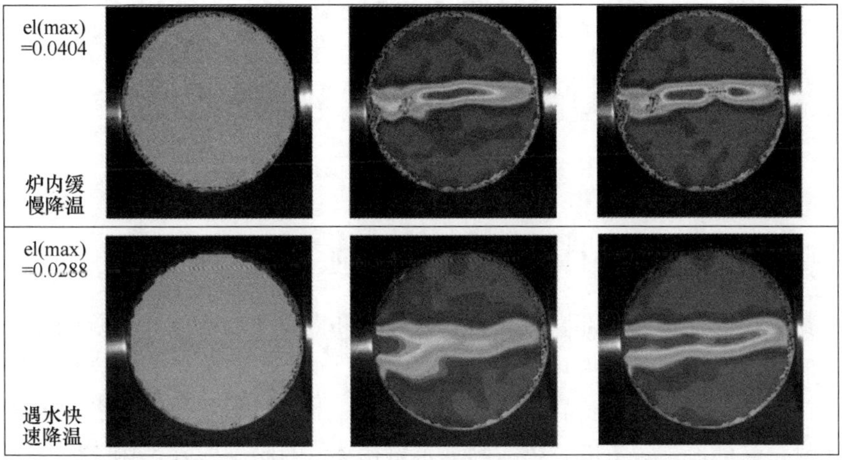

图 8-35 不同降温速率下红砂岩的最大主应变

（扫描书前二维码看彩图）

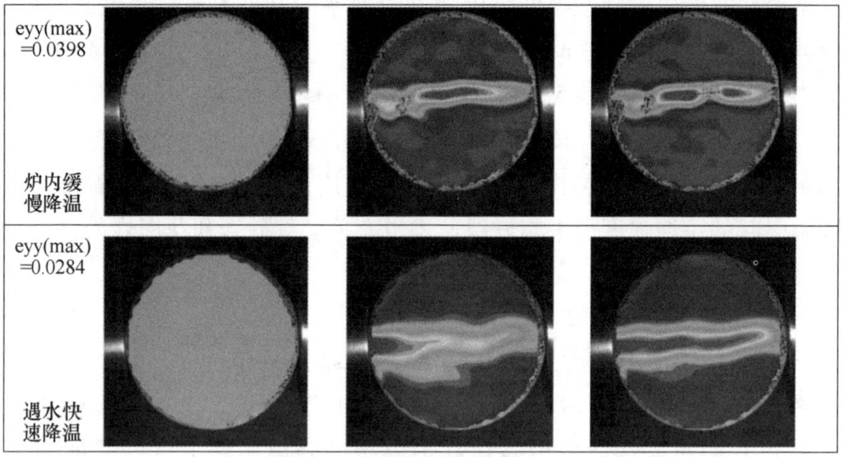

图 8-36　不同降温速率下红砂岩的 y 方向的应变

（扫描书前二维码看彩图）

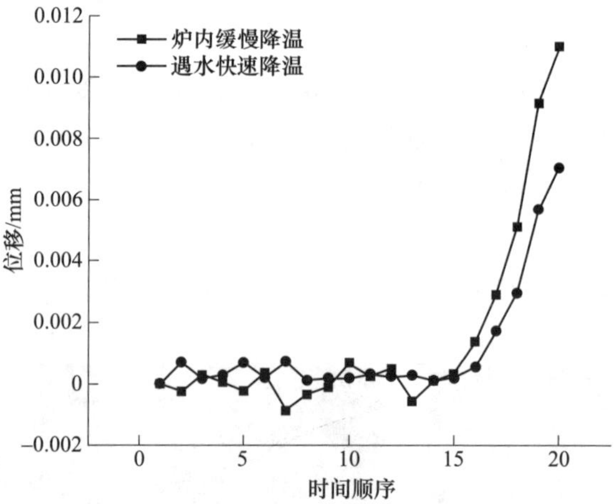

图 8-37　不同降温速率下 O 点的 y 方向位移

8.6　高温作用下岩石材料损伤与破坏机理

材料的损伤是材料内部微缺陷包括微裂纹和微孔洞的萌生、扩展和交汇过程中产生的物理力学性质的劣化，在一定程度上反映了材料受外界因素影响产生的物理力学特性的弱化情况。岩石材料为非均质、非连续材料，存在各向异性，采用损伤变量这个连续参数能较为清晰地定量描述岩石材料受外部因素影响产生的物理及力学性质弱化的情况。在岩石结构的火灾中，材料承受火灾高温的作用，同时在火灾及火灾灭火的过程中，还有可能承受大温差产生的热冲击作用。另外，桥梁、地下硐室或隧道等包含岩石材料的建（构）筑物的火灾中，废料的多少及火灾源的大小决定了材料受热时间的长短。探究受热时间、温度及热冲击对岩石材料的损伤特性的影响可为实际工程的设计及稳定性分析提供一定的数据基础和理论参考依据。

而动态损伤本构模型能够从宏观上反映岩石材料在动荷载下的损伤特性，有利于岩石工程的设计及动力学响应特征的分析。目前存在的材料的本构模型主要分为弹性、塑性、黏弹性、黏塑性和损伤本构模型等。材料的损伤本构模型研究也是本构模型研究的热点之一。

材料损伤变量的描述需要满足 4 个条件，分别为反映材料的损伤特性、精度高、使用的参数少和参数容易确定。目前，主要可从宏观和微观方面定义损伤变量。宏观参数定义的损伤主要包括弹性模量定义损伤、纵波波速定义损伤、应变定义损伤、材料缺陷面积定义损伤、材料缺陷体积定义损伤和材料缺陷数量定义损伤。

本节中的材料损伤选用岩石材料动态实验的动态弹性模量计算获得，具体见式（8-17）。

$$D = 1 - E_2/E_1 \tag{8-17}$$

式中，D 为材料的损伤；E_1 和 E_2 为材料损伤前后的动态弹性模量。

8.6.1 受热时间对岩石材料损伤特性的影响

受热时间对岩石材料损伤特性的影响见表 8-1。

表 8-1 不同受热时间下岩石材料的损伤

受热时间 t/min	红砂岩损伤因子	花岗岩损伤因子	受热时间 t/min	红砂岩损伤因子	花岗岩损伤因子
0	0.00	0.00	180	0.75	0.55
	0.00	0.00		0.73	0.68
	0.00	0.00		0.73	0.64
	0.00	0.00		0.74	0.62
60	0.73	0.51	240	0.75	0.66
	0.74	0.56		0.80	0.68
	0.71	0.50		0.70	0.68
	0.73	0.52		0.75	0.67
120	0.73	0.60	480	0.83	0.76
	0.75	0.60		0.85	0.78
	0.72	0.62		0.85	0.80
	0.73	0.61		0.84	0.78

续表 8-1

受热时间 t/min	红砂岩损伤因子	花岗岩损伤因子	受热时间 t/min	红砂岩损伤因子	花岗岩损伤因子
540	0.85	0.78			
	0.85	0.76			
	0.84	0.81			
	0.85	0.78			

如图 8-38 所示，整体而言，岩石材料的损伤随受热时间的增加逐渐线性增大，可由一次函数表征，不同材料的斜率存在差异。红砂岩和花岗岩的损伤与受热时间的关系可分别由式（8-18）、式（8-19）表征。

$$D = 0.70 + 2.77 \times 10^{-4}t,\ 60 \leqslant t \leqslant 540 \tag{8-18}$$

$$D = 0.53 + 5.11 \times 10^{-4}t,\ 60 \leqslant t \leqslant 540 \tag{8-19}$$

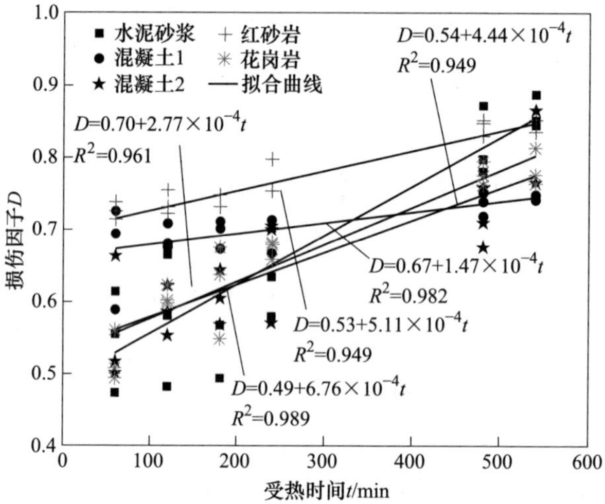

图 8-38　不同受热时间下岩石材料的损伤

8.6.2　温度对岩石材料损伤特性的影响

温度对岩石材料损伤结果见表 8-2。未处理岩石材料试样的损伤为 0 。

如图 8-39 所示，岩石材料损伤随温度的升高非线性增加，可由二次函数表征。红砂岩和花岗岩的损伤与温度的关系可分别由式（8-20）、式（8-21）表示。

$$D = -0.15 + 1.96 \times 10^{-3}T - 8.16 \times 10^{-7}T^2,\ 150 \leqslant T \leqslant 950 \tag{8-20}$$

$$D = -0.09 + 8.17 \times 10^{-4}T - 1.39 \times 10^{-7}T^2,\ 150 \leqslant T \leqslant 950 \tag{8-21}$$

表 8-2 不同温度下岩石材料的损伤

温度 T/℃	红砂岩损伤因子	花岗岩损伤因子	温度 T/℃	红砂岩损伤因子	花岗岩损伤因子
25	0.00	0.00	550	0.73	0.51
	0.00	0.00		0.74	0.56
	0.00	0.00		0.71	0.50
	0.00	0.00		0.73	0.52
150	0.07	0.13	650	0.76	0.58
	0.09	0.28		0.80	0.65
	0.32	0.11		0.79	0.64
	0.16	0.17		0.78	0.62
250	0.26	0.34	750	0.78	0.75
	0.23	0.32		0.78	0.81
	0.17	0.31		0.80	0.79
	0.22	0.32		0.79	0.78
350	0.35	0.43	850	0.96	0.95
	0.54	0.45		0.96	0.95
	0.41	0.53		0.93	0.93
	0.43	0.47		0.95	0.94
450	0.59	0.54	950	0.98	0.97
	0.58	0.51		0.98	0.98
	0.56	0.49		0.96	0.98
	0.58	0.51		0.98	0.98

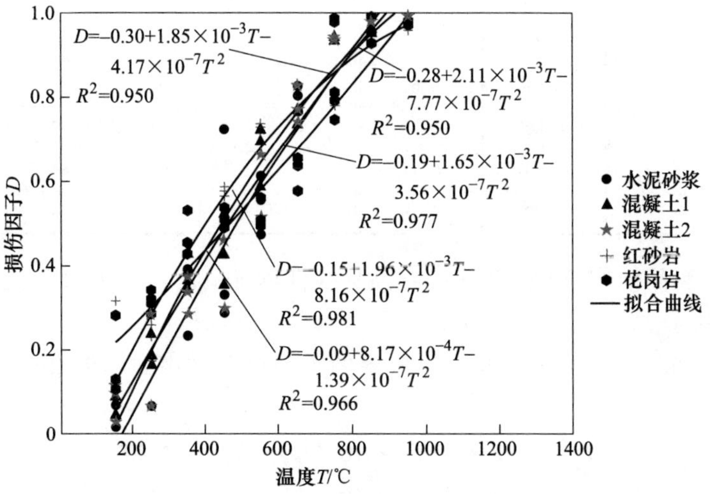

图 8-39 不同温度下岩石材料的损伤

8.6.3　热冲击对岩石材料损伤特性的影响

热冲击对岩石材料损伤特性的影响结果见表 8-3。以升温速率表征热冲击，且认为未处理岩石材料试样的损伤为 0。

表 8-3　热冲击作用下岩石材料的损伤

升温速率 v_T/℃ · min^{-1}	红砂岩损伤因子	花岗岩损伤因子	升温速率 v_T/℃ · min^{-1}	红砂岩损伤因子	花岗岩损伤因子
0	0.00	0.00	20	0.81	0.65
	0.00	0.00		0.83	0.72
	0.00	0.00		0.80	0.71
	0.00	0.00		0.81	0.69
2	0.76	0.58	25	0.81	0.66
	0.80	0.65		0.82	0.74
	0.79	0.64		0.83	0.73
	0.78	0.62		0.82	0.71
5	0.80	0.63	30	0.84	0.73
	0.78	0.61		0.82	0.73
	0.78	0.63		0.81	0.75
	0.79	0.63		0.82	0.74
10	0.79	0.66	35	0.83	0.74
	0.79	0.69		0.83	0.73
	0.80	0.67		0.84	0.74
	0.79	0.68		0.83	0.74
15	0.81	0.61	40	0.82	0.72
	0.80	0.70		0.83	0.77
	0.80	0.73		0.86	0.77
	0.80	0.68		0.84	0.75

岩石材料的损伤随升温速率的升高呈线性增加的趋势，可由一次函数表征，如图 8-40 所示。

红砂岩和花岗岩的损伤与升温速率的关系可分别由式（8-22）、式（8-23）表征。

$$D = 0.78 + 1.47 \times 10^{-3} v_T,\ 2 \leqslant v_T \leqslant 40 \tag{8-22}$$

$$D = 0.63 + 3.41 \times 10^{-3} v_T,\ 2 \leqslant v_T \leqslant 40 \tag{8-23}$$

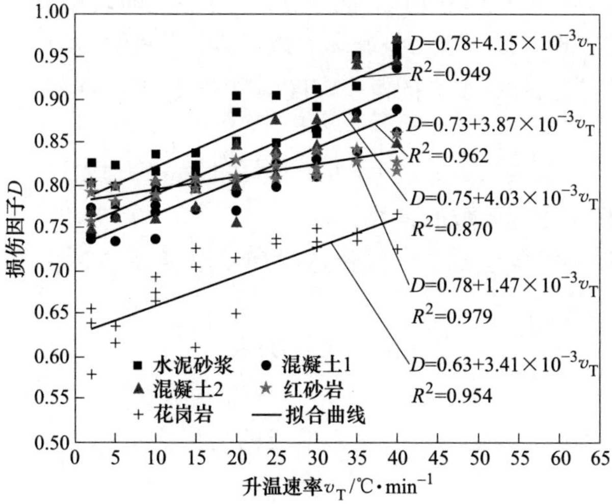

图 8-40 不同升温速率下岩石材料的损伤

8.6.4 热冲击岩石材料的损伤本构模型

8.6.4.1 基本假设

微元体模型（见图 8-41）由损伤体和黏性体组合而成，具有各向同性损伤特性的损伤体和不具备损伤特性的黏性体并联连接，损伤体和黏性体与受热时间、温度及升温速率有关。

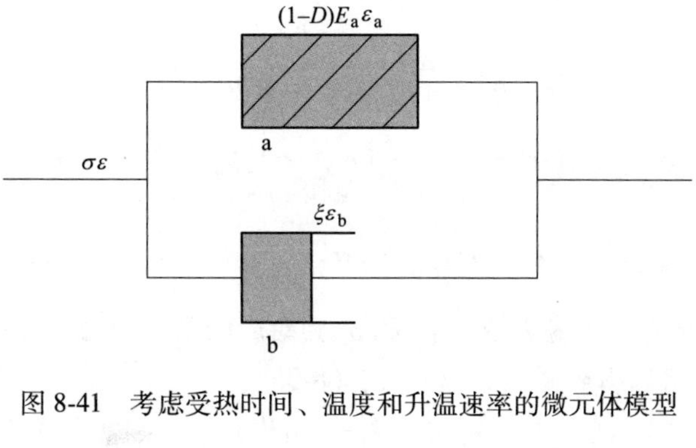

图 8-41 考虑受热时间、温度和升温速率的微元体模型

（1）黏性体 b 的本构关系遵循式（8-24），仅温度对黏性体产生影响，且随温度的增加，黏性系数满足式（8-25）。

$$\sigma_b = \xi \frac{d\varepsilon}{dt} \tag{8-24}$$

$$\xi = \xi_0 - \mu T \tag{8-25}$$

式中，ξ 为黏性体 b 的黏性系数；μ 为黏性系数随温度的衰减系数。

（2）微元体表现为线弹性，且破坏后微元体承载能力为 0，微元体的强度服从 Weibull 分布，微元体强度 k 的概率密度函数见式（8-26）。

$$P(k)=\frac{m}{F}\times\left(\frac{k}{F}\right)^{m-1}\times\exp\left[-\left(\frac{k}{F}\right)^{m}\right] \tag{8-26}$$

式中，m、F 为概率密度函数的参数。

（3）密度函数中参数 m、F 与受热时间、温度及热冲击有关且存在如下关系：

$$m=(1-D)m_0 \tag{8-27}$$

$$F=(1-D)F_0 \tag{8-28}$$

式中，D 为受热时间、温度和升温速率造成的损伤；m_0 和 F_0 为未处理条件下密度函数的两个基本参数。

8.6.4.2　强度破坏准则

假设当微元体强度达到 γ 时会发生破坏，且强度为与材料的内摩擦角及黏聚力有关的一个常数。同时，微元体的破坏遵从 Drucker-Prager 破坏准则：

$$H=\gamma=\alpha_0 I_1+\sqrt{J_2} \tag{8-29}$$

式中，H 为微元体强度；I_1 为应力张量第一不变量；J_2 为应力张量第二不变量。

α_0 可由材料的内摩擦角 φ 计算获得：

$$\alpha_0=\sin\varphi/\sqrt{9+3\sin^2\varphi} \tag{8-30}$$

应力张量第一不变量 I_1 及应力张量第二不变量 J_2 可分别由式（8-31）和式（8-32）计算获得。

$$I_1=\sigma'_x+\sigma'_y+\sigma'_z=\sigma'_1+\sigma'_2+\sigma'_3 \tag{8-31}$$

$$\begin{aligned}J_2&=\frac{1}{6}[(\sigma'_x-\sigma'_y)^2+(\sigma'_x-\sigma'_z)^2+(\sigma'_z-\sigma'_y)^2]+(\tau'_{xy})^2+(\tau'_{xz})^2+(\tau'_{zy})^2\\&=\frac{1}{6}[(\sigma'_1-\sigma'_2)^2+(\sigma'_1-\sigma'_3)^2+(\sigma'_2-\sigma'_3)^2]\end{aligned} \tag{8-32}$$

式中，σ'_1、σ'_2、σ'_3 为有效应力 σ_1、σ_2 和 σ_3 为对应的名义应力。

由胡克定律可以得到式（8-33）~式（8-35）。

$$\varepsilon_1=\frac{\sigma'_1-2\mu\sigma'_3}{E} \tag{8-33}$$

$$\sigma'_1=\frac{\sigma_1}{1-D} \tag{8-34}$$

$$\sigma'_2=\sigma'_3=\frac{\sigma_2}{1-D}=\frac{\sigma_3}{1-D} \tag{8-35}$$

联立式（8-32）~式（8-35）可得到 I_1 和 J_2：

$$I_1 = \frac{(\sigma_1 - 2\sigma_2)E\varepsilon_1\sigma_1}{\sigma_1 - 2\mu\sigma_2} = \frac{(\sigma_1 - 2\sigma_3)E\varepsilon_1\sigma_1}{\sigma_1 - 2\mu\sigma_3} \tag{8-36}$$

$$J_2 = \frac{(\sigma_1 - 2\sigma_2)E\varepsilon_1\sigma_1}{\sqrt{3}\sigma_1 - 2\mu\sigma_2} = \frac{(\sigma_1 - 2\sigma_3)E\varepsilon_1\sigma_1}{\sqrt{3}\sigma_1 - 2\mu\sigma_3} \tag{8-37}$$

一维冲击荷载下材料微元体的破坏强度为：

$$H = (\sin\varphi / \sqrt{9 + 3\sin^2\varphi} + 1/\sqrt{3})E\varepsilon \tag{8-38}$$

8.6.4.3 冲击荷载下损伤本构模型的建立

如图 8-41 所示，组合体的应力可由损伤体与黏性体的应力计算获得，而组合体的应变则等于损伤体的应变，且等于黏性体 b 的应变，见式（8-39）、式（8-40）。

$$\sigma = \sigma_a + \sigma_b \tag{8-39}$$

$$\varepsilon = \varepsilon_a = \varepsilon_b \tag{8-40}$$

式中，σ、σ_a 和 σ_b 分别为组合体的应力，损伤体的应力和黏性体的应力；ε、ε_a 和 ε_b 分别为对应的应变。

损伤体的本构关系为：

$$\sigma_a = E\varepsilon\exp\left\{-\left[\frac{k}{(1-D)F_0}\right]^{(1-D)m_0}\right\} \tag{8-41}$$

组合体的本构关系为：

$$\sigma = E\varepsilon\exp\left\{-\left[\frac{k}{(1-D)F_0}\right]^{(1-D)m_0}\right\} + (\xi_0 - \mu T)\frac{d\varepsilon}{dt} \tag{8-42}$$

由 8.3 节可知，材料的损伤与受热时间、温度及热冲击（升温速率表征）有关，损伤随受热时间和升温速率的升高线性增加，而随温度的升高非线性增加，可分别由式（8-43）~式（8-45）表征。

$$D_1 = A + Bv_T,\ 2 \leqslant v_T \leqslant 40 \tag{8-43}$$

$$D_2 = C + Ot,\ 60 \leqslant T \leqslant 540 \tag{8-44}$$

$$D_3 = G + KT + LT^2,\ 25 \leqslant T \leqslant 950 \tag{8-45}$$

式中，A、B、C、O、G、K 和 L 为与材料相关的常量。

由上可知，损伤与受热时间、温度及热冲击（升温速率）的关系可由式（8-46）表示。

$$\begin{gathered} D = D_1 + D_2 + D_3 = A + Bv_T + C + Ot + G + KT + LT^2 \\ 60 \leqslant t \leqslant 540,\ 25 \leqslant T \leqslant 950,\ 2 \leqslant v_T \leqslant 40 \end{gathered} \tag{8-46}$$

8.6.4.4 参数计算与模型验证

A 参数计算

组合体本构关系中的参数主要有 m_0 和 F_0，由前面章节获得的应力-应变曲线，峰值应力、应变和动态弹性模量，可获得 m_0 和 F_0。

由于应力-应变曲线极值点的导数为 0，可得：

$$\frac{\mathrm{d}\varepsilon}{\mathrm{d}t}=0 \tag{8-47}$$

材料未处理时，对式（8-47）两边求导可得：

$$\frac{\mathrm{d}\varepsilon}{\mathrm{d}t}=E\exp\left[-\frac{(\sin\varphi/\sqrt{9+3\sin^2\varphi}+1/\sqrt{3})E\varepsilon}{(1-D)F_0}\right]^{(1-D)m_0}\times$$
$$\left\{1-\left[\frac{(\sin\varphi/\sqrt{9+3\sin^2\varphi}+1/\sqrt{3})E\varepsilon}{(1-D)F_0}\right]^{(1-D)m_0}\times\right.$$
$$\left.\left[\frac{(\sin\varphi/\sqrt{9+3\sin^2\varphi}+1/\sqrt{3})E\varepsilon}{(1-D)F_0}\right]^{(1-D)m_0-1}\right\} \tag{8-48}$$

由式（8-47）和式（8-48）可得：

$$F_0=(\sin\varphi/\sqrt{9+3\sin^2\varphi}+1/\sqrt{3})E\varepsilon_{\mathrm{m}}\times[(1-D)m_0]^{\frac{1}{(1-D)m_0}} \tag{8-49}$$

联立式（8-42）和式（8-49）可得：

$$m_0=\frac{1}{\ln(E\varepsilon_{\mathrm{m}})-\ln\left[\sigma_{\mathrm{m}}-(\xi_0-\mu T)\dfrac{\mathrm{d}\varepsilon}{\mathrm{d}t}\right]} \tag{8-50}$$

因此，可由未处理试样冲击实验曲线的峰值应力、应变值、应变率、动态弹性模量、ξ_0 和 μ 计算获得模型的参数 F_0 和 m_0。

B　模型验证

通过未处理试样动态压缩实验的峰值应力、应变及其他参数计算得到的参数见表 8-4。

表 8-4　损伤本构模型的拟合参数

σ_{d}/MPa	E_{d}/GPa	ε_{m}	φ/(°)	ξ_0	μ	应变率/s	m_0	F_0
162.84	37.97	0.00377	30	0.4	0.00005	70.23	16.72	124.94

因为内摩擦角 φ、黏性系数 ξ_0 和 μ 对模型的影响较小，所以根据实际情况选取较为合理的值。

部分实验曲线与模型曲线的对比如图 8-42～图 8-47 所示。从图中可以看出，模型参数得到的曲线与实验曲线具有较好的一致性，模型可靠。

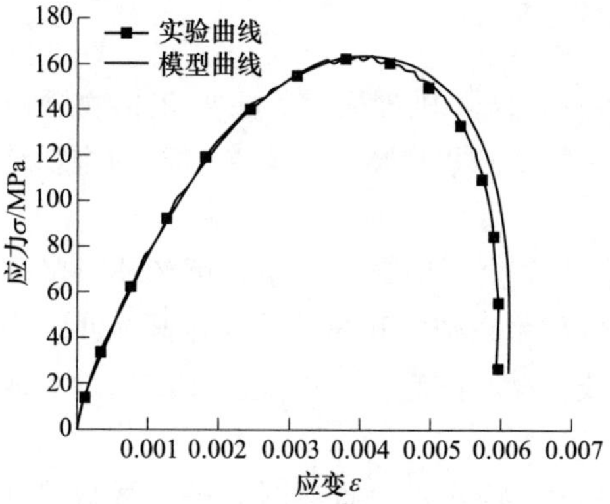

图 8-42 未处理花岗岩验证曲线

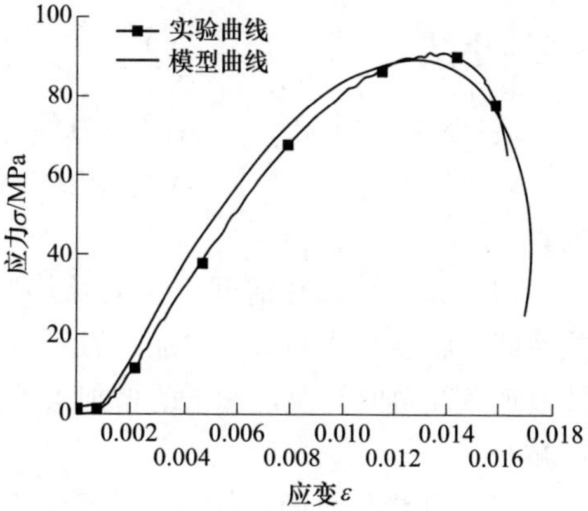

图 8-43 受热时间为 480 min 花岗岩的验证曲线

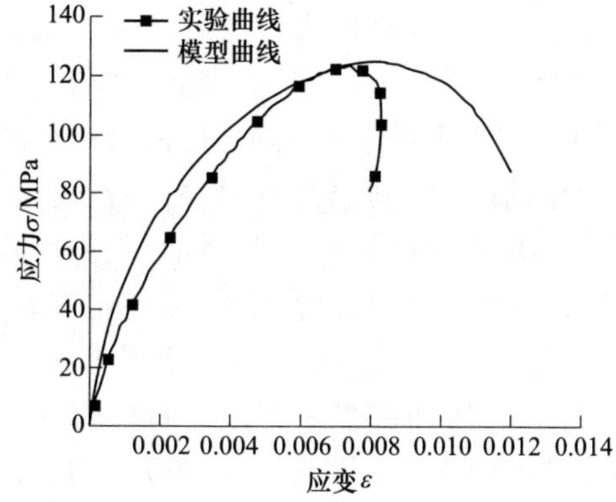

图 8-44 450 ℃花岗岩的验证曲线

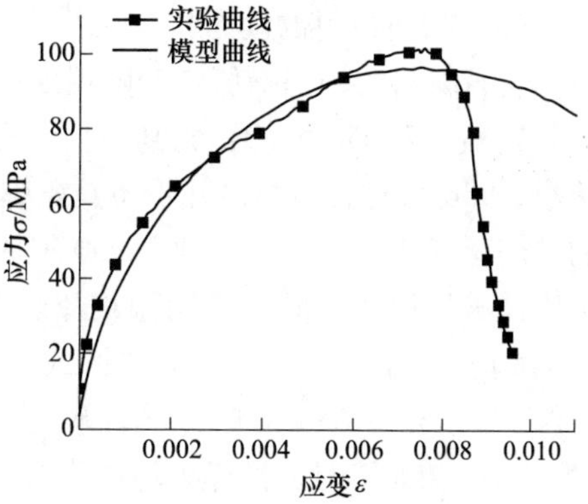

图 8-45 550 ℃花岗岩的验证曲线

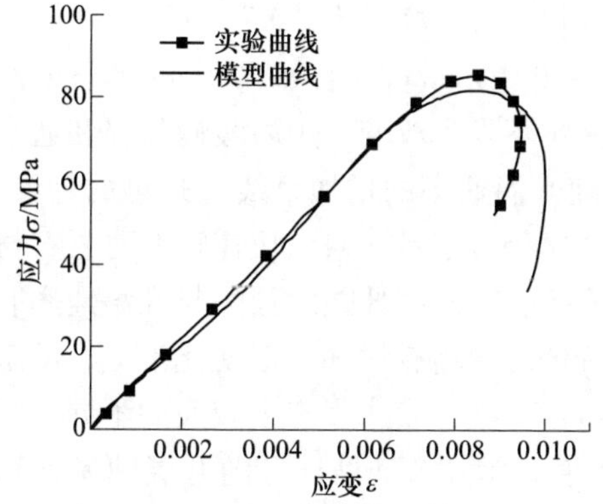

图 8-46 升温速率为 20 ℃/min 花岗岩的验证曲线

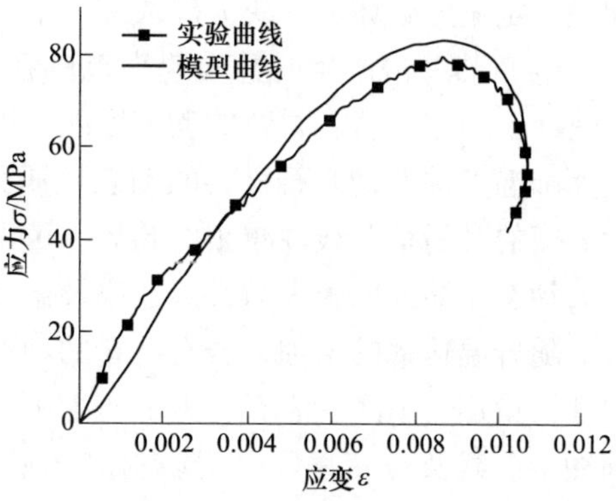

图 8-47 升温速率为 20 ℃/min 花岗岩的验证曲线

8.7　小结

通过对热冲击岩石材料的动力学行为及其破坏机理研究，主要包括物理特性、动态压缩特性、拉伸特性、宏细观结构特征和损伤特性，本章得到的主要结论为：

（1）尺寸对受热时间、温度及热冲击的实验结果影响较小，可忽略。随受热时间、温度及热冲击的增加，岩石材料的质量、密度和纵波波速逐渐减小。纵波波速随受热时间及热冲击的增加大致呈线性减小的趋势，而随温度的增加非线性减小。

（2）随受热时间的增加，由于持续受热，易分解物质逐渐分解，微缺陷如裂纹等尺寸增大，内部结构发生较大变化，岩石材料的动态抗压强度逐渐减小，且大致呈线性减小的趋势，峰值应变逐渐增大，动态弹性模量逐渐减小。

（3）岩石材料的动态抗压强度随温度的升高非线性减小，可用二次函数表征。岩石材料的动态峰值应变随温度的升高逐渐增加，650 ℃前，随温度的升高变化较小，而 650 ℃后，急剧增长。岩石材料的动态弹性模量随温度的升高逐渐减小，950 ℃时，材料已几乎不具备弹性变形的能力。随温度的升高，岩石材料的破碎程度逐渐增大，特别是 950 ℃时，材料破碎成粉末状，且不同材料的破碎程度与破坏模式不同。不同温度下，红砂岩的破碎程度和破坏模式差异较大，350 ℃前，试样沿加载方向破坏成一个较大碎块和几块小碎片，破坏模式为“Ⅰ”型；550~650 ℃时，试样破坏成一块大碎块和许多小碎块，破坏模式为“X”型；750 ℃时，试样破坏成许多大小均匀的小碎块；当温度为 950 ℃时，试样破坏成大量的粉末和少量小碎块。550 ℃前，花岗岩试样沿加载方向破坏成一块较大的碎块和几块小碎片，破坏模式为“Ⅰ”型；而 650 ℃时，试样沿加载方向呈一定角度破坏成一块大碎块和许多小碎块，破坏模式为“X”型。

（4）热冲击产生的升温速率范围在 5~10 ℃/min 之间，5 ℃/min 前，未产生热冲击作用，岩石材料的动态压缩特性基本不发生改变。炉内缓慢降温和遇水快速降温条件下，岩石材料的动态抗压强随升温速率的增加呈线性减小的趋势，随温度的升高呈非线性减小的趋势，可由二次函数表示。遇水快速降温对岩石材料的动态压缩强度损失与升温速率及温度有关，动态拉伸强度损失与升温速率有关。随升温速率的增加，岩石材料的动态峰值应变略有增加，但变化不大，动态弹性模量逐渐下降，岩石材料的压缩破坏特性及破坏模式表现出较大的不同。相同冲击荷载及应变率下，岩石材料的破坏模式为“X”型，且随升温速率的增加，“X”型的破坏面积逐渐增大。

（5）5 ℃/min 前，未产生热冲击，岩石材料的动态拉伸特性基本未改变。炉内缓慢降温和遇水快速降温条件下，岩石材料的动态拉伸强度随升温速率的增加线性减小，可由一次函数表征，且不同材料表现出的影响程度不一。随升温速率的增加，岩石材料的拉伸特性不同，试样破坏成两块较大的半圆盘碎块，且破裂区逐渐变大。相同升温速率下红砂岩的破裂区最大，其次为花岗岩。遇水快速降温对岩石材料动态拉伸强度损失与升温速率有关，可由一次函数表征。

（6）随受热时间的增加，岩石材料内部裂纹的数量逐渐增加，尺寸逐渐增大，表面逐渐出现裂纹。350 ℃前，岩石材料的表面特征与未处理前略有改变，表面出现小气孔。350 ℃后，气孔的数量逐渐增多，裂纹逐渐增多，特别是950 ℃时，表面裂纹的数量急剧增多，尺寸增大。650 ℃后，花岗岩的表面出现明显的裂纹，特别是850 ℃后，裂纹的数量急剧增加。随温度的升高，材料的自由水和结合水蒸发、易分解物质分解，晶体间膨胀产生的热应力促使岩石材料内部裂纹逐渐萌生、扩展及贯通，包括原生裂纹的扩展、贯通和新生裂纹的萌生、扩展、贯通，使得裂纹的数量增多、尺寸增大，材料内部结构发生巨大变化。升温阶段，随升温速率的升高热冲击逐渐产生，热冲击产生的热应力促使材料内部裂纹逐渐萌生、扩展及贯通，包括原生裂纹的扩展、贯通和新生裂纹的萌生、扩展、贯通，试样内部裂纹的数量增多、尺寸增大。降温阶段，与炉内缓慢降温相比，遇水快速降温条件下，试样内部裂纹的数量更多、尺寸更大。

（7）岩石材料的损伤随受热时间与升温速率的增加线性增加，而随温度升高非线性增加，可由二次函数表征。建立了考虑受热时间、温度和升温速率的花岗岩动态损伤本构模型：

$$\sigma = E\varepsilon\exp\left\{-\left[\frac{k}{(1-D)F_0}\right]^{(1-D)m_0}\right\} + (\xi_0 - \mu T)\frac{\mathrm{d}\varepsilon}{\mathrm{d}t}$$

并验证了其可靠。

9 非常规升温作用下岩石动力学响应研究

9.1 氧气作用下高温岩石动态压缩力学实验

温度对岩石的影响已经得到了深入的研究。然而，氧气在岩石加热过程中的作用一直被忽视。地下煤气化或煤矿火灾发生在好氧环境中，而地热开采和核废料处理发生在真空中。了解氧对受热岩石损伤机制和力学性能的影响，对于准确评价上述工程的安全性和稳定性具有重要意义。

9.1.1 实验材料与实验设备

为了研究氧气对动态载荷条件下热处理砂岩力学性能的影响，本节在传统加热炉的基础上，自主研制了可在真空或有氧环境下加热岩石的膨胀管式加热炉。如图 9-1 所示，该设备主要包括一个两侧都有预留孔的炉体、一个石英管、一个氧气罐、一个真空泵和一个控制系统。石英管可沿预留孔插入炉体加热，两侧分别为封口、密封阀、充气阀、进风口、出风口、真空表。如图 9-2 所示，将试样置于石英管中，组装管式炉的各部件。当样品在真空环境中加热时，首先，打开密封阀并关闭充气阀，然后打开真空泵，直到真空表压力降至-0.1 MPa，并继续工作 10 min，最后关闭密封阀，打开加热炉；当试样在有氧环境下加热时，先开启密封阀，然后开启充气阀，氧气罐中的氧气沿着进风口流入石英管，通过试

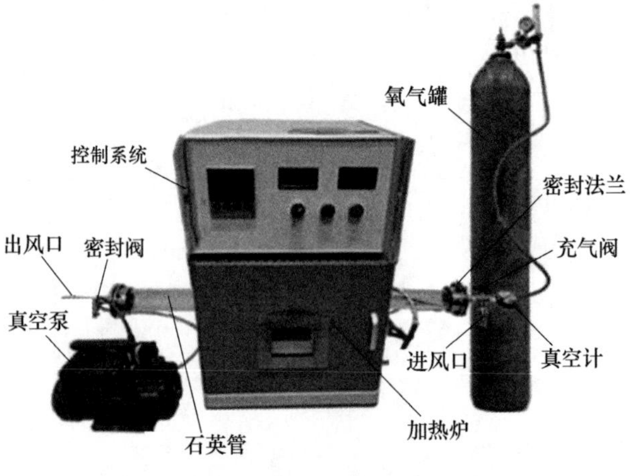

图 9-1　可燃管式炉

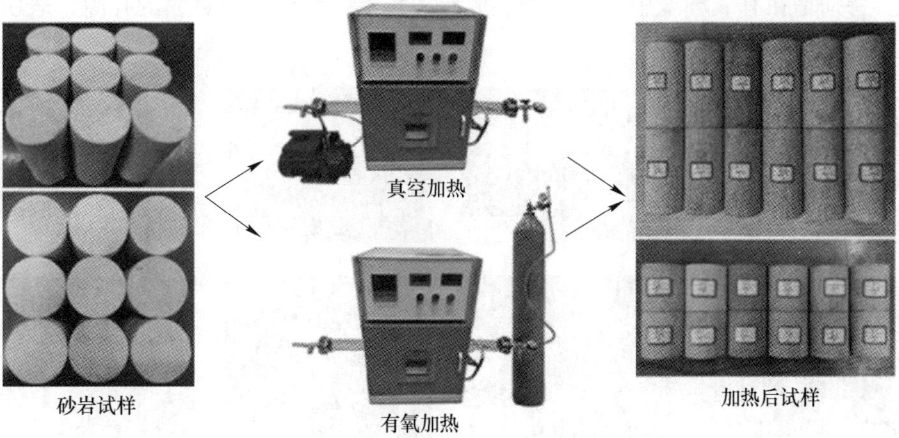

图 9-2 试样分别在真空和氧气环境中加热

样后，从出风口排出，最后打开加热炉，在好氧环境下对岩样进行加热。

岩石试样选用的是红砂岩。所有试样分为 6 组，其中一组代表室温(25 ℃)。其他组分别在 200 ℃、400 ℃、600 ℃、800 ℃和 1000 ℃下进行热处理，每个温度组试样的一半在真空环境中加热，另一半在有氧环境中加热。所有样品均以 2 ℃/min 的速率加热。在达到规定的温度后，炉膛温度保持 2 h，以确保试样内部被均匀加热。最后，将炉以 2 ℃/min 的速率冷却到室温，以防止试样因热冲击而开裂。

9.1.2 真空和有氧环境下加热的砂岩微观结构演化

经过热处理后，用扫描电子显微镜来表征其微观结构，在真空和好氧环境下加热到不同温度的砂岩试样的 SEM 图像，如图 9-3 所示。在热处理过程中，沿晶界形成的晶间裂纹和穿晶裂纹渗透到矿物颗粒内部[1]。当同一方向的裂缝合并到一定程度时，形成较大的空洞。SEM 结果表明：在加热到 1000 ℃时，氧对砂岩的微观结构演化有显著的影响。在 25 ℃时，试样内部结构致密完整，没有可见的裂缝。当温度升高到 200 ℃时，两种环境下加热的试样均出现少量的晶间开裂，且差异并不显著。穿晶裂纹主要发生在 400 ℃以上的好氧环境中加热的试样中，可能是由于高温下矿物与氧发生反应所致。相比之下，在真空加热的试样中没有观察到穿晶裂纹。在好氧环境下，当温度达到 600 ℃时，观察到晶间裂纹和穿晶裂纹的耦合裂纹模式，与在真空环境下加热的试样相比，整体裂纹密度明显较高。在 800 ℃以上，热处理造成的损伤导致在真空环境中加热的试样穿晶开裂。矿物氧化反应引起的损伤导致了不同加热环境之间裂纹发展的明显差异。当温度上升到 1000 ℃时，裂纹团聚将砂岩从一个完整的结构转变为一个破碎的结构。特别是在有氧环境中，更多的裂缝层和较差的结构导致更大的孔隙，表明更严重的热损伤。

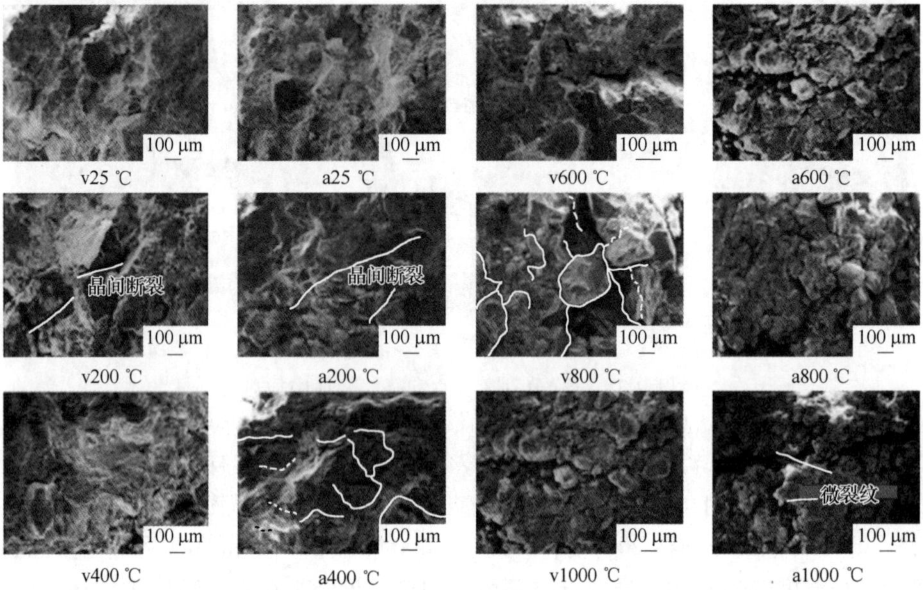

图 9-3　砂岩的 SEM 图像

（v 表示真空环境中加热，a 在有氧环境中加热；实线表示晶间裂纹，虚线表示穿晶裂纹）

（扫描书前二维码看彩图）

200 ℃后，在有氧环境中加热的样品的 P 波速度始终低于在真空中加热的样品。两种加热环境下砂岩的 P 波速变化如图 9-4 所示。两种不同加热条件下，砂岩 P 波波度差异不断加大，这意味着在 200 ℃之后，好氧环境加热下试样产生了

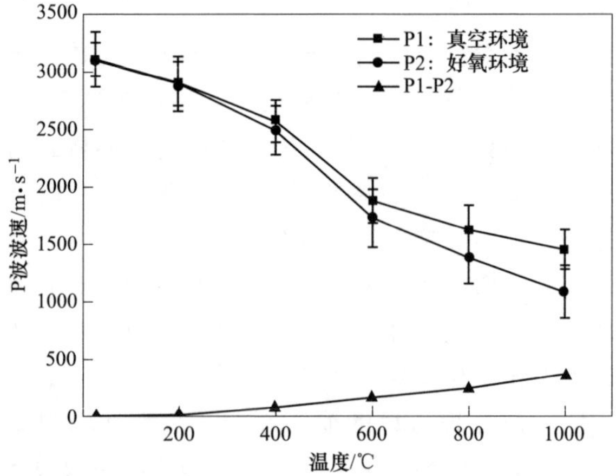

图 9-4　两种加热环境下砂岩的 P 波速变化

更多的微裂隙。值得注意的是，P 波速度变化再现的微裂纹演化模式与 SEM 图像结果是一致的。

9.1.3 真空和有氧环境下加热的砂岩的动态抗压强度和泊松比

砂岩试样在不同环境加热到不同温度下的动态压缩应力-应变代表性曲线如图 9-5 所示。可以看出，随着温度的升高，试件的动态抗压强度显著降低。当温度超过 400 ℃时，在真空环境下加热的试样的抗压强度高于在好氧环境下加热的试样，且其增量随温度的升高而增大。图 9-6 显示了不同加热环境下动态泊松比与温度之间的关系。可以看出，试样的动态泊松比随温度的升高而降低，特别是当温度超过400 ℃时，下降率显著增加。真空加热条件下，砂岩动态泊松比始终较高。

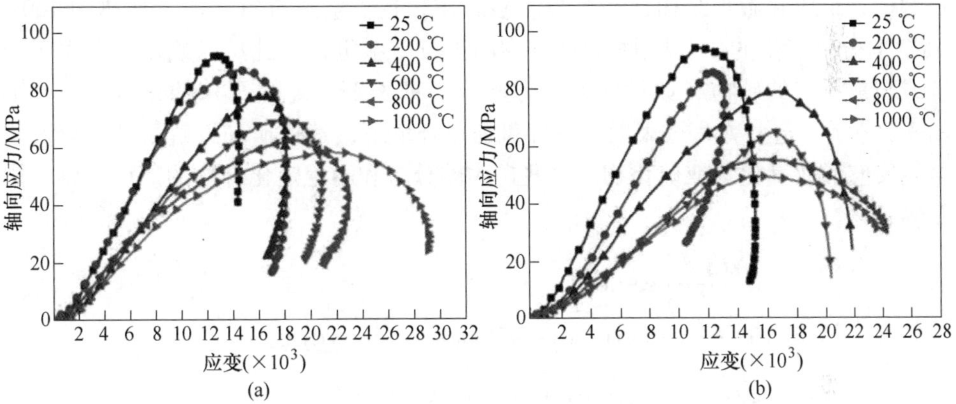

图 9-5 真空和好氧环境中试样在不同温度下的动态压缩应力-应变曲线

（a）真空环境；（b）好氧环境

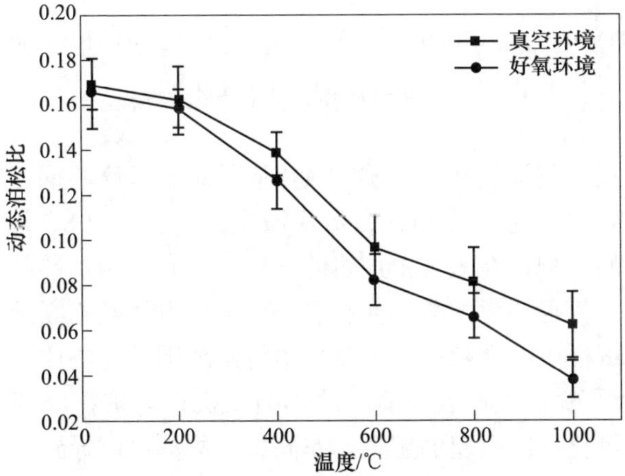

图 9-6 两种坏境下动态泊松比随温度的变化

在真空环境中比在好氧环境中加热的砂岩温度相同。这种弹性随温度的升高而降低的现象，表明试样的硬度随温度的增加有下降的趋势，而这种趋势在有氧环境中更为明显[2]。

9.1.4　氧致热损伤机制

岩石的热损伤通常归因于热处理过程中微观结构的退化和矿物成分的变化。因此，以往的研究一般是基于岩石矿物在高温下的物理化学变化，包括矿物脱水、分解、相变、分子断裂等[3]，来探索岩石微观结构和矿物组成的变化，分析其热损伤机制。

在 400 ℃以上的真空和有氧环境下加热的砂岩的 SEM 图像和 XRD 图谱存在显著差异，说明某些矿物在高温下与氧发生化学反应，导致两种环境下加热的岩石的矿物组成和微观结构存在差异。砂岩矿物在真空或有氧环境下加热到 400~1000 ℃分解产生的化合物通过 XRD 谱图进行了鉴定，由此可以确定在高温下分解或与氧反应的矿物（如黄铁矿、方解石、钾长石、高岭石）的化学方程，如图 9-7 所示。这些方程式表明，在好氧加热环境下，黄铁矿和方解石的分解产物与氧反应形成氧化物或硫化物。这些矿物的分解和不稳定化合物的形成加剧了岩石的破坏。

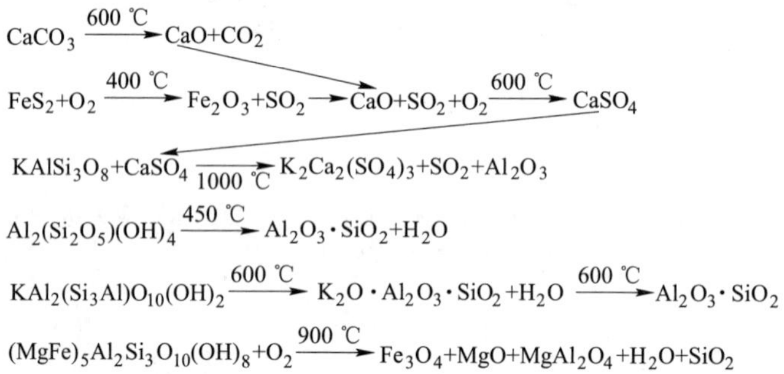

图 9-7　砂岩矿物高温化学反应方程

此外，由于在好氧加热环境中矿物氧反应的难易程度不同，矿物分解呈现出非同步特征，导致岩石进一步损伤，形成微裂纹。如图 9-8、图 9-9 所示，受岩石矿物氧化反应的影响，在氧气中加热的试样比在真空中加热的试样出现更多的晶间开裂和空洞。值得注意的是，在有氧条件下，氧气被不断地提供给试样进行氧化反应，砂岩试样中的孔隙确保了试样中特定范围的矿物质可以被氧化。

图 9-10 展示了砂岩在有氧环境下的热损伤机理。矿物分解、不稳定的氧化物形成以及矿物氧化反应引起的矿物的非同步性质都可能导致岩石损伤[4]。以上分析表明，在 400 ℃后，黄铁矿、伊利石和方解石的分解产物发生氧化反应，

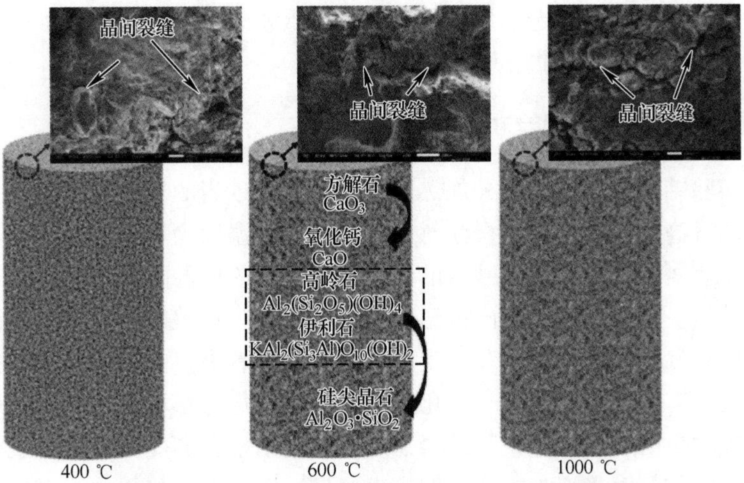

图 9-8　真空环境中的矿物分解与砂岩的微观结构

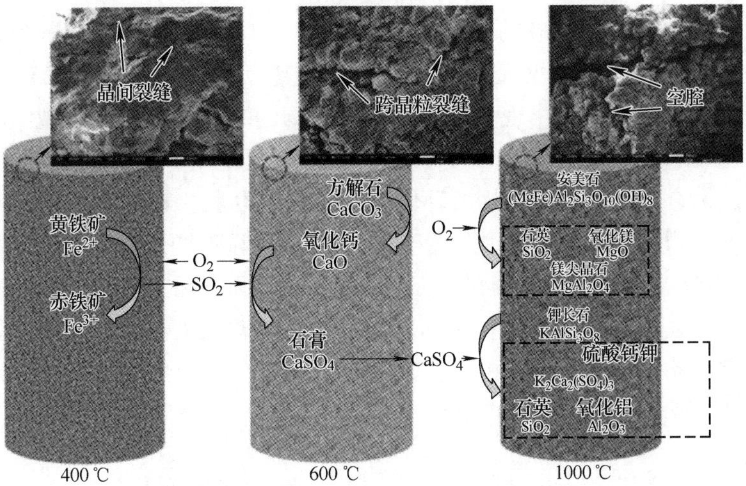

图 9-9　高温氧化反应对砂岩微观结构的影响

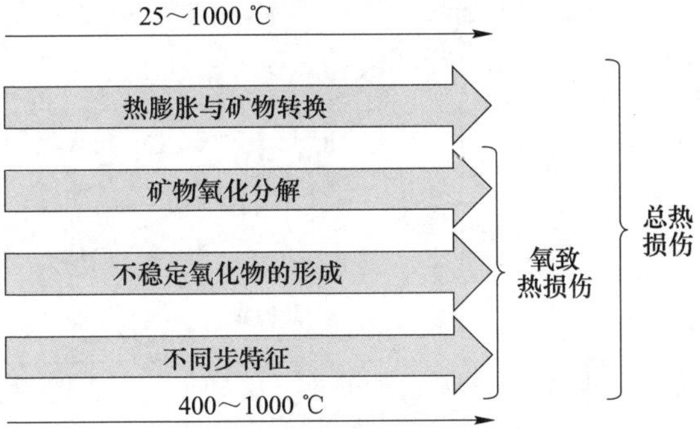

图 9-10　有氧环境中的热损伤机制

促进矿物分解，产生不稳定的氧化物，从而导致砂岩在好氧环境下加热产生微裂纹，最终造成更严重的热损伤。

9.1.5　氧化反应对砂岩强度和泊松比的影响

力学实验结果表明，在两种加热环境下处理的砂岩的抗压强度和动态泊松比随着温度的升高逐渐降低。值得注意的是，其阈值温度为 400 ℃。在这个阈值温度以上，在有氧环境中加热的砂岩的强度和动态泊松比的降低率明显高于在真空中加热的砂岩。巧合的是，该阈值温度与好氧环境中黄铁矿氧化的初始温度相吻合，这可以从砂岩的矿物组成和微观结构的变化中看出。随着温度持续升高，超过阈值温度会有更多的矿物参与氧化反应。在两种加热环境下，砂岩强度和动态泊松比的差异更为明显。这说明砂岩强度和动态泊松比的变化与矿物氧化反应密切相关。有氧加热时静态泊松比的转变点温度高于真空加热。这可以用氧化反应降低了砂岩从脆性变为塑性的阈值温度来解释。

根据砂岩矿物氧化反应的阈值温度，在 25～1000 ℃的温度范围内，抗压强度和泊松比的变化可分为两个阶段，如图 9-11 所示。第Ⅰ阶段（25～400 ℃），在两种加热环境中都没有出现黄铁矿或其他矿物的氧化，砂岩的微观结构和矿物组成的变化几乎相同，而抗压强度和泊松比的变化基本相同。第Ⅱ阶段（400～1000 ℃），无论是在真空还是好氧环境中，方解石和黏土矿物都分解，石英经历了 α-β 相变，微裂纹数量大量增加，岩石的热损伤显著增加，抗压强度和动态泊松比大幅下降。然而，在好氧环境中，黄铁矿、伊利石和方解石分解产物的一系列氧化反应，以及氧化钙与硫化物的反应。这意味着抗压强度和动态泊松比的恶化更为严重。此外，随着温度的升高，上述氧相关化学反应变得更加活跃，对砂

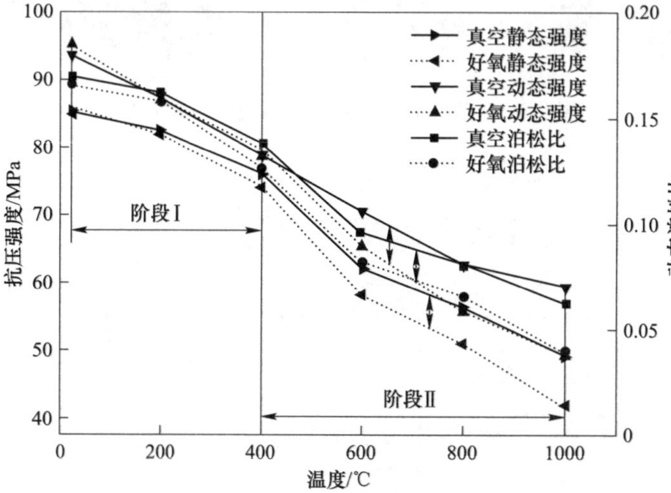

图 9-11　两种加热环境下砂岩强度和动态泊松比的差异

岩抗压强度和动态泊松比的负面影响也更加明显。静态泊松比转变表明岩石的脆性向着韧性转变。

从图 9-12 可以看出，与有氧环境相比，真空条件下脆性-延性转变点从 600 ℃提高到 800 ℃，说明矿物氧化反应加速了脆性向延性的转变。最后，需要注意的是，在 400 ℃以下不同加热环境下，试样的抗压强度和泊松比略有差异，且随温度的升高而增大。这可能是由于在 400 ℃以下矿物质的氧化极其缓慢。几乎可以忽略不计的氧化和试样离散度导致了力学性能的差异，随着温度的升高，氧化反应的速度逐渐加快，力学性能的差异也逐渐增大。

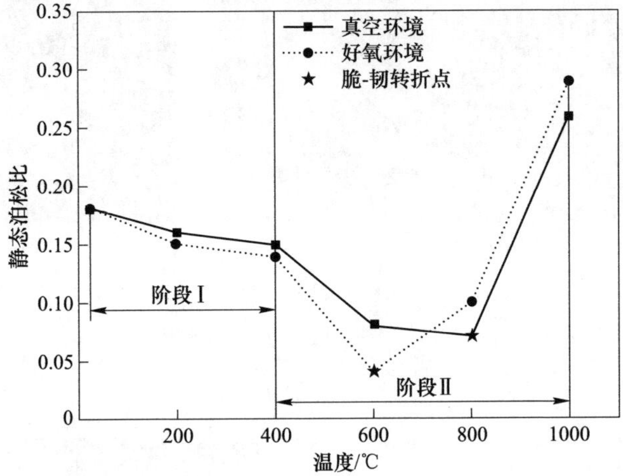

图 9-12 两种加热环境下脆性-韧性转变和静态泊松比的差异

9.2 明火作用下岩石动态力学实验

岩石结构和岩石建筑，如地下道路、房屋和古代城堡，会受到火灾引起的高温的影响。在实际工程中，火灾后的岩石可能会迅速冷却，例如地下火灾的灭火过程。过去已经做了许多关于高温对岩石物理和机械性质影响的实验。然而，它们大多是用电炉加热的，电炉加热速度慢，加热均匀。在实际工程火灾中，岩石的加热是迅速而不均匀的。受灾后的岩石工程建筑会遭受到爆破开挖和机械凿岩产生的动力扰动。因此本节旨在研究明火处理后花岗岩的动态压缩破坏特性，采用改进的 SHPB 装置对花岗岩进行动态压缩与巴西劈裂实验，探讨明火作用后岩石的动态力学性能。

9.2.1 实验设备与实验方法

为了研究明火加热对花岗岩力学性能的影响，采用 SHPB 设备进行巴西动态裂解实验。在进行动态分裂实验之前，样品在明火加热装置上进行加热（见

图 9-13)。加热样品有 7 种不同的加热时间：6 组分别加热 1 min、2 min、5 min、10 min、20 min、40 min、60 min，另有一组在室温下不处理以供对比。如图 9-14 示，通过在岩样底部附近的钻孔中放置热电偶来测量试样的温度。为保证每组样品的明火加热温度相等，保持燃烧器阀门位置不变；一旦达到加热时间，气体阀

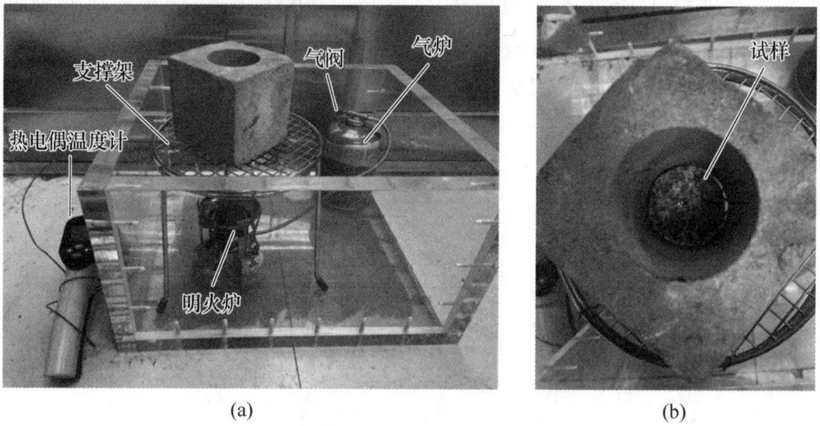

图 9-13　明火加热装置

（a）设备整体图片；（b）样品俯视图

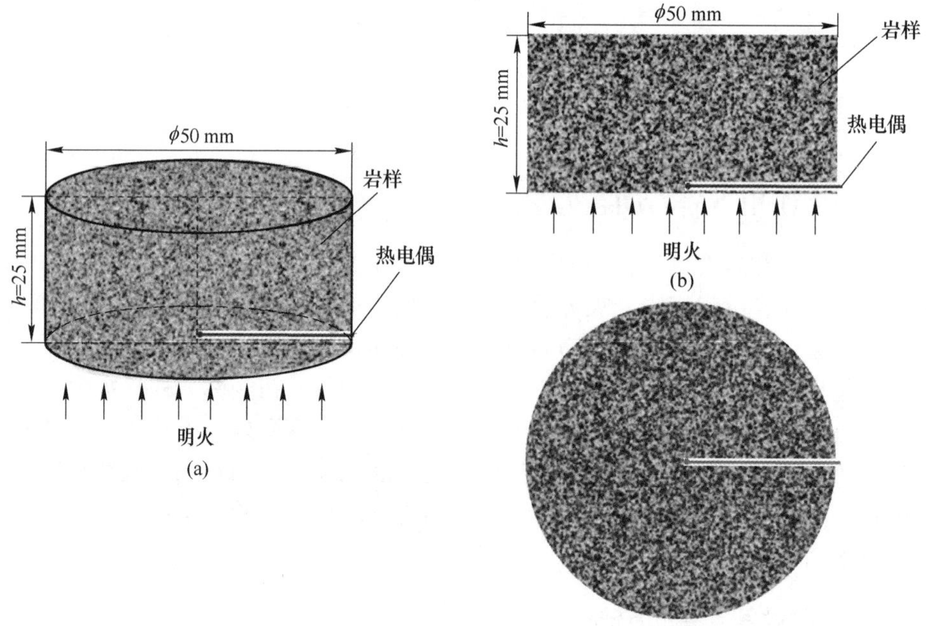

图 9-14　电偶测温示意图

（a）剖视图；（b）侧视图；（c）俯视图

门关闭。在本次实验中，加热升温过程参考 ISO 834 火灾升温曲线，ISO 834 是一种更为常见的火灾升温曲线。ISO 834 中火灾的公式为：

$$T - T_0 = 345\lg(8t + 1) \tag{9-1}$$

式中，T_0 为初始温度；T 为 t 时刻的温度。

如图 9-15 所示，过程中测得的加热曲线与 ISO 834 火灾曲线相似。在冷却阶段，样品在室内以低速率冷却至室温。

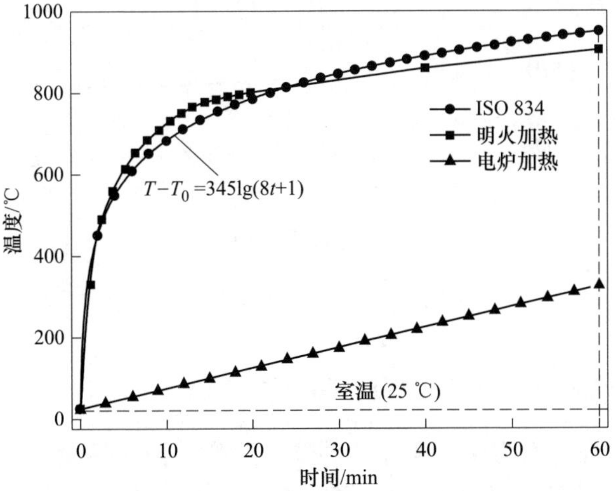

图 9-15 明火加热实验的升温曲线与 ISO 834 曲线对比

9.2.2 纵波波速变化

纵波波速是岩石一项重要的物理性质，它能间接反映明火加热后花岗岩物理力学性质的变化。本次研究对明火加热前和明火加热后的花岗岩分别进行了纵波波速测试，利用 HS-YS4A 岩石声波参数测试仪测量岩石的纵波速度。

对明火处理前后花岗岩进行纵波测试并整理分析，不同明火加热时间与不同冷却条件下花岗岩的纵波波速变化规律如图 9-16 所示。研究结果表明，经过明火加热和冷却处理后，花岗岩的纵波速度有不同程度的下降。在空气冷却条件下，随着加热时间的增加，纵波速度显著降低。加热 1 min 后，纵波速度缓慢下降，平均纵波速度降至 4609. 20 m/s，比未加热样品低约 1. 5%。当加热时间为 1~20 min 时，纵波速度急剧下降，平均每分钟下降 87. 96 m/s。加热时间超过 20 min后，纵波速度趋于稳定。加热 60 min 后，平均波速为 2969. 83 m/s，仅为未处理样品纵波速度的 61. 3%。与空气冷却处理相比，水冷处理下平均纵波速度的变化规律相似，但下降速度更快。例如，对加热时间为 1 min、5 min 和 60 min 的花岗岩试样进行水冷处理，平均纵波速度分别降低约 6. 5%、24. 4%和 43. 1%，空气冷却条件下纵波速度降低率分别为 1. 5%、17. 1%和 38. 7%。

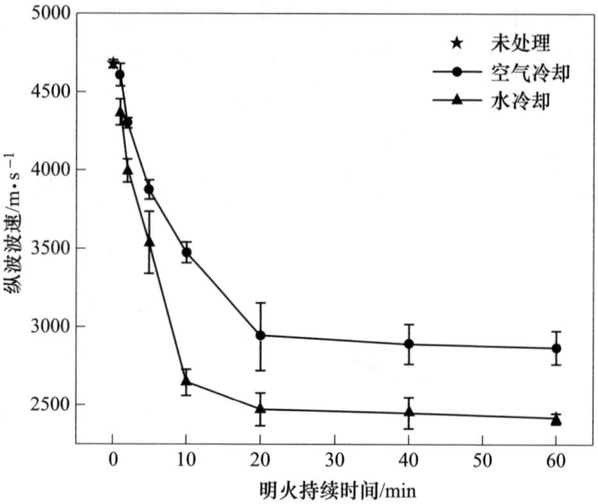

图 9-16　不同明火持续时间与不同冷却方式下的纵波波速变化

9.2.3　明火处理时间对动态应力-应变关系的影响

众所周知，在岩石力学实验中，强度、应变、杨氏模量和脆性/延性可以通过应力-应变曲线得到。图 9-17 给出了在不同明火处理时间后试样在不同应变率下的应力-应变曲线。从图中可以看出，未处理和明火处理后花岗岩试样的动态压缩应力-应变曲线可分为三个阶段：弹性阶段、屈服阶段和破坏阶段。动态压缩与静态压缩实验相比，缺少了压密阶段，直接进入弹性阶段，应力-应变曲线呈直线，这主要是因为在高速冲击载荷下岩石内部裂隙来不及闭合并且内部晶体出现较大惯性力。在屈服阶段时，应力-应变曲线偏离直线，岩石内部强度较低的物质首先发生破坏，导致岩石内部出现较大的裂隙，同时内部裂隙受到高应力而不断的扩展。最后内部裂纹贯通导致试样出现宏观破坏并失去承载能力。

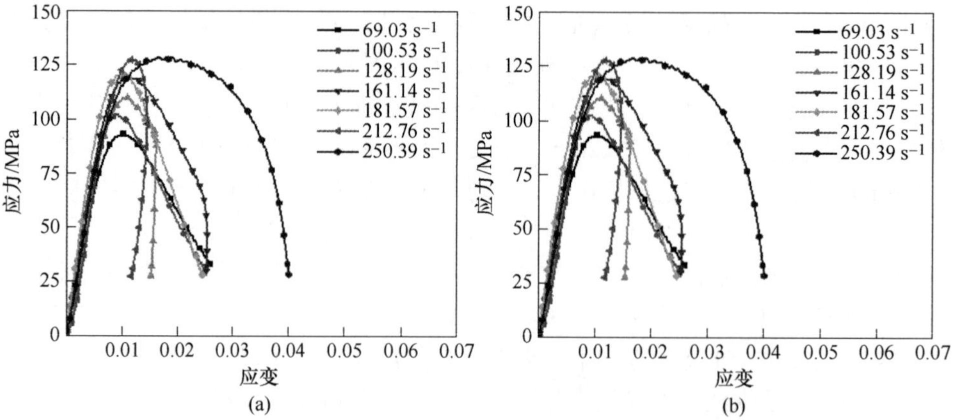

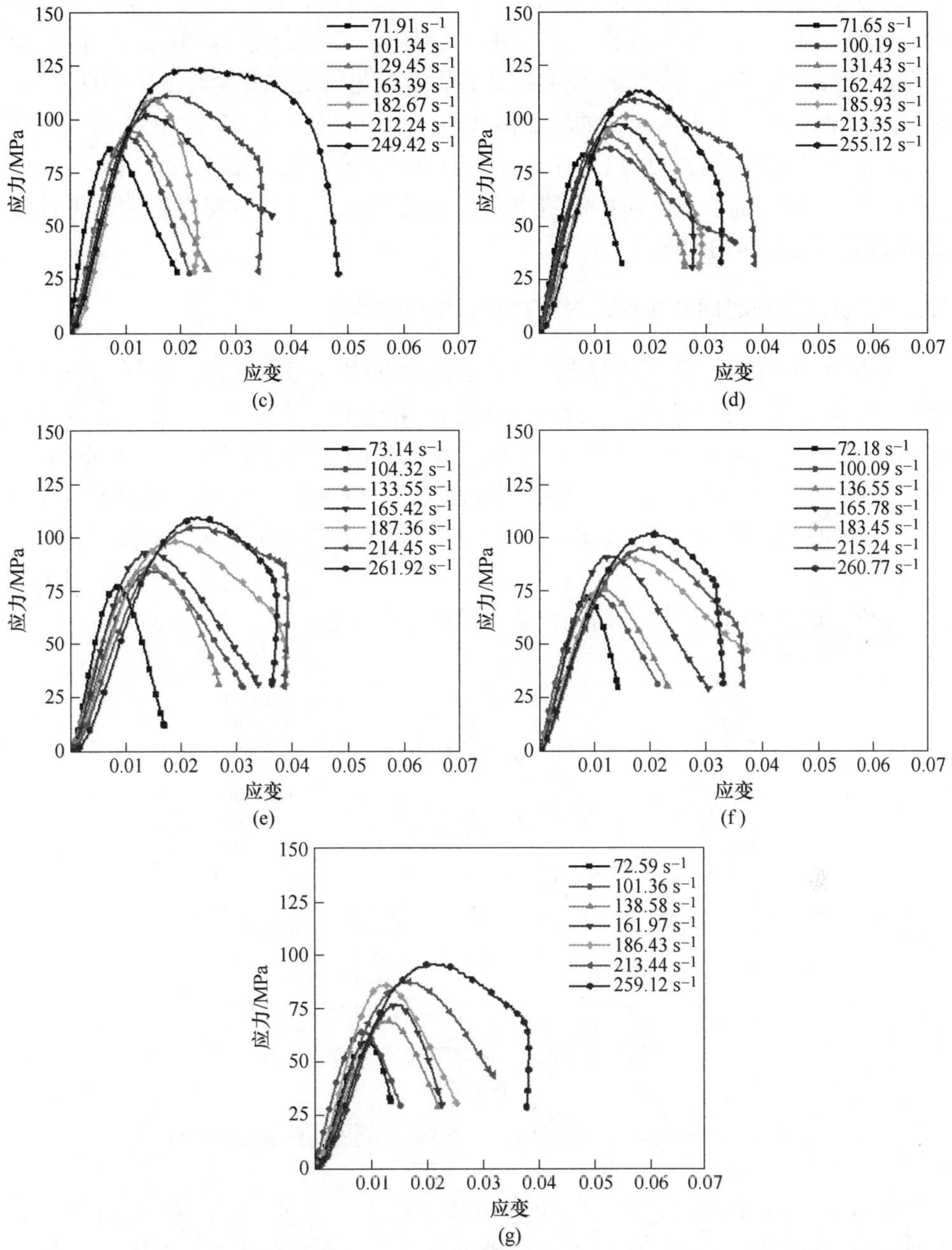

图 9-17 不同明火处理时间后试样在不同应变速率条件下的应力-应变曲线

(a) 未处理；(b) 2 min；(c) 5 min；(d) 10 min；(e) 20 min；(f) 40 min；(g) 60 min

从图 9-17 可见，应变速率和明火持续时间对花岗岩试件的应力-应变曲线有显著影响。值得注意的是，在不同应变速率和不同明火时间条件下，应力-应变曲线上升部分的形状基本相同。从图 9-17 中可以看出，在每个应力-应变曲线的初始阶段，应力与应变呈线性关系，花岗岩在这一阶段表现为弹性。在应力-应变曲线上升的后半段，应力-应变关系呈非线性，花岗岩在此阶段发生塑性变形。最后是峰后阶段，应力随应变的增加而减小，试样断裂。在相同的火灾持续时间下，峰值应力随应变速率的增大而增大。但值得注意的是，随着明火持续时间的增加，应力-应变曲线线性阶段的斜率发生显著变化，这说明花岗岩的动弹性模量受到了明火加热的影响。

9. 2. 4　明火处理时间和应变率对动态抗压强度的影响

由图 9-18 可知，明火损伤花岗岩的动态抗压强度随应变速率的增加呈线性增加，岩石受明火损伤后的动态抗压强度仍存在应变速率效应。例如，在明火损伤 60 min 后，当应变速率为 72. 59 s^{-1}时，花岗岩的动态抗压强度为 59. 58 MPa，当应变速率为 259. 12 s^{-1}时，动态抗压强度为 95. 64 MPa。根据实验数据，花岗岩在不同明火持续时间下的动态抗压强度可以表示为应变速率 $\dot{\varepsilon}$ 的函数：

$$\sigma = m\dot{\varepsilon} + n \tag{9-2}$$

式中，m、n 为不同火灾持续时间拟合曲线的相关参数。

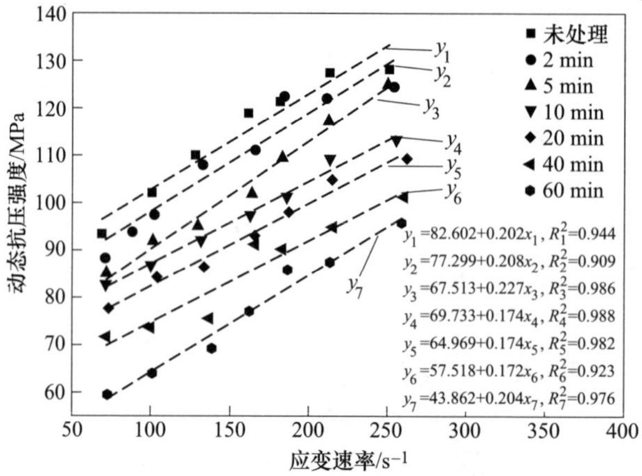

图 9-18　不同明火处理时间下应变速率与动态抗压强度的关系

图 9-19 给出了明火处理后与未处理情况相比，动态抗压强度增加的比例。从图 9-19 可以看出，动态抗压强度的增加率分布在离散的点上，但总体增加率为负值，说明温度对动态抗压强度有退化作用。当明火持续时间为 60 min 时，随着应变速率的增大，增加率增大，说明应变速率对花岗岩明火损伤后的动态抗压强度有增强效果。

图 9-20 给出了不同应变速率下明火持续时间对动态抗压强度的影响。从图 9-

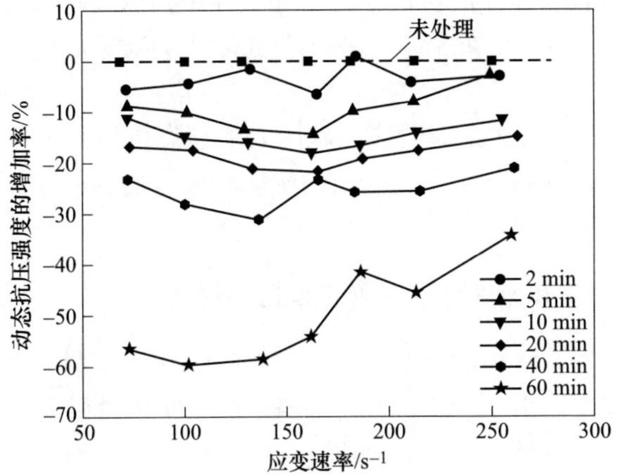

图 9-19　对比未处理试样的动抗压强度增加率

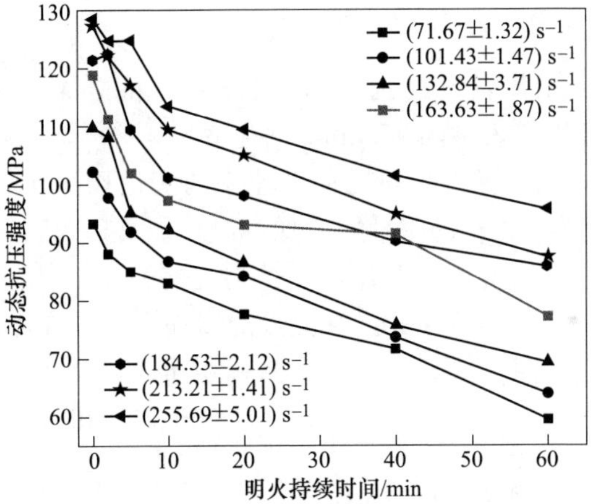

图 9-20　动抗压强度随明火持续时间的变化规律

20 可以看出，在相同应变率条件下，随着明火持续时间的增加，动态抗压强度有显著的下降趋势。例如，在应变率为（255.69±5.01）s^{-1}的条件下，明火损伤岩石0 min和 60 min 的动态抗压强度分别为 128.38 MPa 和 95.64 MPa。值得注意的是，在不同应变率条件下，动态抗压强度随明火持续时间的变化趋势相似。根据动态抗压强度随明火持续时间的增加而降低的速率，明火对花岗岩动态抗压强度的影响可分为两个阶段：

（1）0~10 min，快速下降阶段，花岗岩的动态抗压强度显著降低，在不同应变率下，动态抗压强度分别降低 11.02%、15.10%、16.06%、18.18%、16.68%、14.15%和 11.66%。岩石的动态抗压强度由于快速加热而急剧下降，这主要是因为花岗岩内部温度快速变化引起热冲击，以及花岗岩内部自由水和束缚水损失造成的。同时，矿物颗粒不均匀热膨胀也会对原始微裂纹的产生和扩展产生很大影响。

（2）10~60 min，缓慢下降阶段，花岗岩的动态抗压强度呈较缓慢的下降趋势，该阶段的温度达到超高水平，岩石内部矿物成分的分解和石英的相变都会导致动态抗压强度降低[5]。

9.2.5　明火处理时间和应变速率对弹性模量的影响

弹性模量作为岩石材料的重要力学特征参数，代表了材料的刚度，可以反映结构内部的损伤程度。由于岩石的单轴压缩应力-应变关系不是线性的，因此杨氏模量有切线模量、割线模量、平均模量等。本节中的弹性模量是指应力-应变曲线上升阶段在峰值应力 40% 和 60% 处的点的连线所对应的斜率。弹性模量 E_s 计算公式见式（9-3）。

$$E_s = \frac{\sigma_2 - \sigma_1}{\varepsilon_2 - \varepsilon_1} \tag{9-3}$$

式中，下标 1 和 2 分别代表应力-应变曲线上升阶段的 $0.4\sigma_0$ 和 $0.6\sigma_0$ 两点，σ_0 为峰值应力；σ 和 ε 分别代表轴向应力和轴向应变。

不同明火持续时间下弹性模量随应变速率的变化如图 9-21 所示。图 9-22 给出了明火后弹性模量对比未处理时的增加率。从图 9-21 可以看出，随着应变速率的增加，弹性模量的变化是不规则的。这与之前关于花岗岩弹性模量的研究结果比较相似[6-7]。如图 9-22 所示，弹性模量的增加率分布在散乱的点上，但基本为负。当明火持续时间为 60 min 时，弹性模量的增加率分别为 -60.09%、-56.81%、-69.21%、-73.79%、-49.46%、-40.21% 和 -60.81%，表明明火损

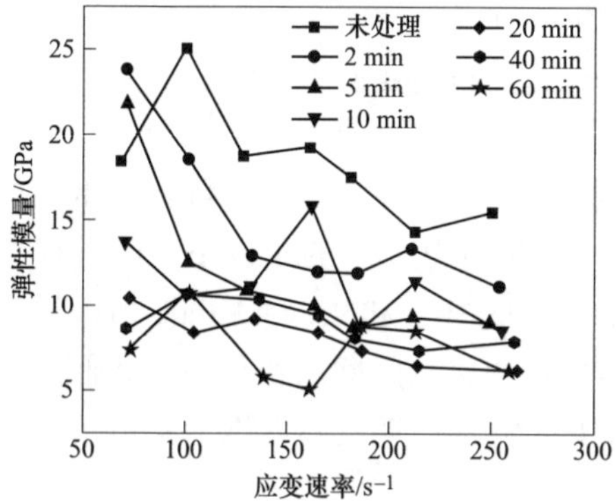

图 9-21　不同明火处理时间下应变速率与弹性模量的关系

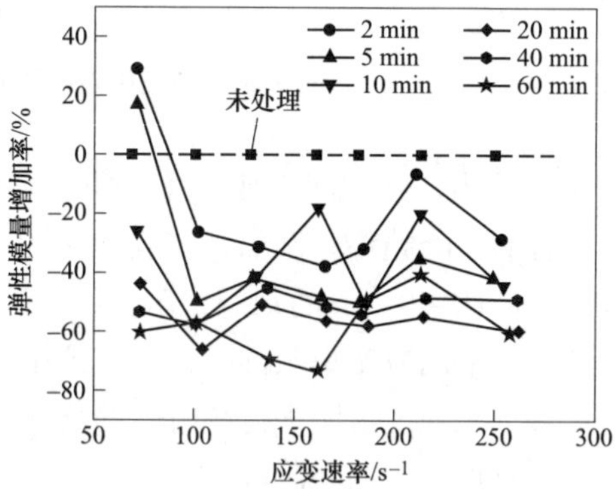

图 9-22　对比未处理试样的弹性模量增加率

伤显著削弱了花岗岩抵抗变形的能力。不同应变速率下的弹性模量与明火持续时间的关系如图 9-23 所示，总体上来看，弹性模量随明火持续时间的增加而减小。弹性模量在 0~10 min 范围内衰减速率明显较快，而在 10~60 min 范围内衰减速率明显较慢，这与纵波速度和动态抗压强度的变化趋势相似。

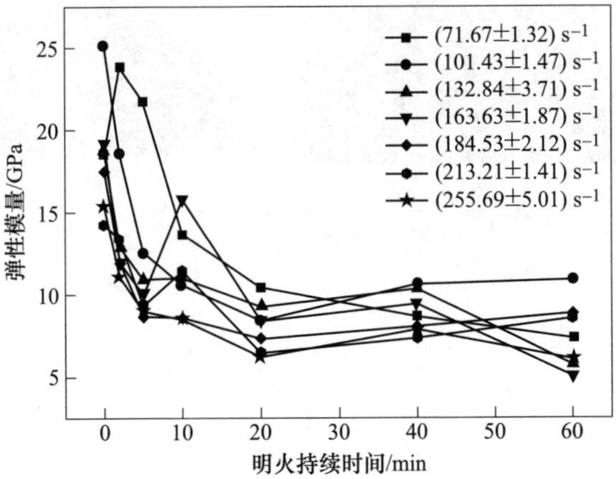

图 9-23 弹性模量随明火持续时间的变化规律

9.3 微波升温作用下岩石动态拉伸力学实验

微波辅助破岩方法因操作方便、环境友好、破岩效率高等优点，近年来受到广泛关注。一般来说，岩石由多种矿物组成，其内部的温度梯度是由于不同矿物对微波能的吸收程度不同所致，导致岩石内部产生热应力。当热应力足够大且超过晶粒间的抗拉强度时，岩石内部产生微裂纹。因此，微波引起的矿物高温效应是岩石弱化的重要因素。材料吸收微波的能力取决于其介电特性。岩石作为一种高度复杂的非均质物质，其介电特性很难测量。因此，岩石对微波的响应可以通过测量单个矿物的微波吸收能力来预测。微波损伤引起的岩石强度退化有利于岩石破碎，这是微波辅助破岩技术的一个重要原理。

9.3.1 实验设备与实验方法

为了研究微波加热和快速冷却对玄武岩力学性能的影响，采用 SHPB 设备进行巴西动态劈裂实验。在进行动态劈裂实验之前，首先对玄武岩试样进行微波辐射及水冷却。微波处理过程如图 9-24 所示。

实验分为 17 组，共 51 个试样，其中 1 组未处理，其余各组分别以 1 kW、2 kW、3 kW、4 kW 功率辐照 10~40 s，时间梯度为 10 s。测试岩石对微波响应的典型系统框图如图 9-25 所示。

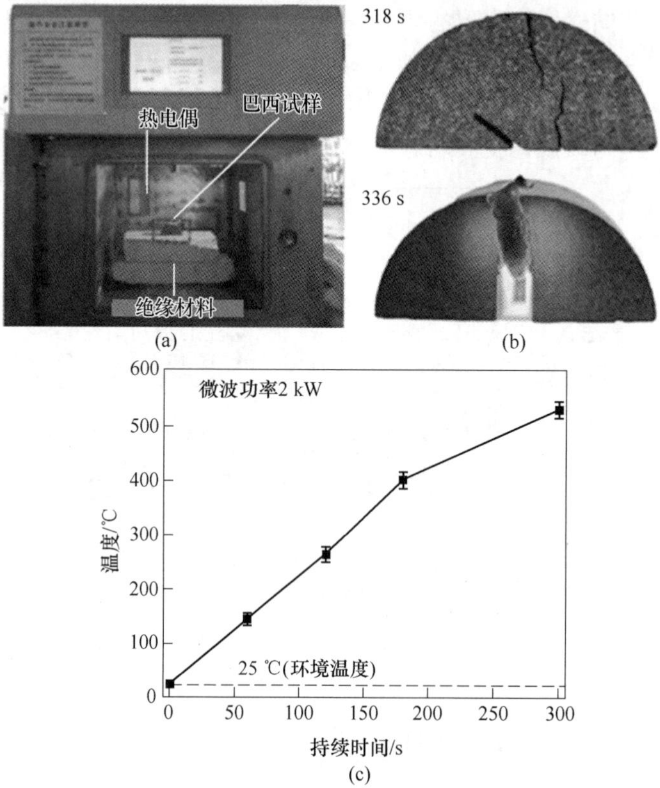

图 9-24　微波热处理

（a）HY-MF1516 型实验微波马弗炉；（b）玄武岩试样的微波致裂效应；（c）不同照射时间对温度的影响

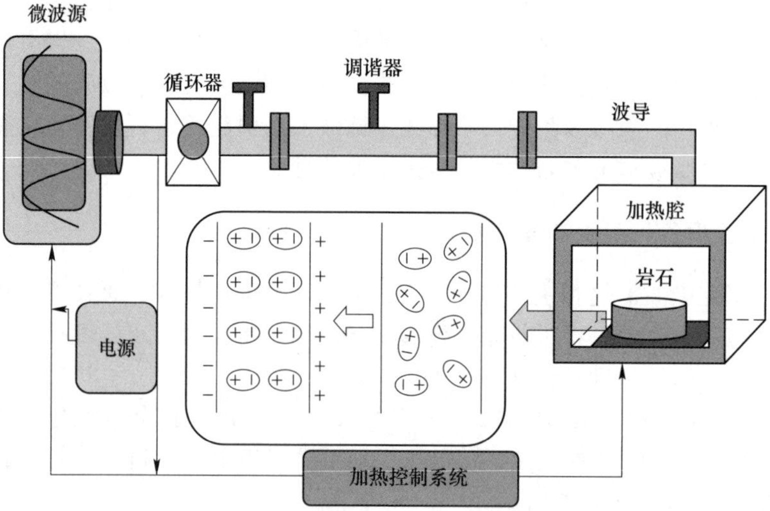

图 9-25　微波加热系统与岩石中分子的极化效应

9.3.2 温度和 P 波速度

不同玄武岩样品在辐照条件下表面温度和 P 波速的变化如图 9-26 所示。表面温度随微波功率和曝光时间的增加而升高，而 P 波速度则减小。平均温度的变化趋势随时间的增加而近似呈线性关系。P 波速度的下降可分为两个阶段，第 I 阶段的下降率明显高于第 II 阶段。在相同的微波功率下，波速随辐照时间的变化而明显减慢。在 2 kW 处理 20 s 时，P 波速度降幅可高达 40%。相比之下，在 4 kW下持续 10 s 的 P 波速度降幅可高达 37%，在这两个测试中消耗的微波能量是相同的。初始阶段加热速率和波速减幅最大，与 Zheng 等人[8]的研究结果相似。他们在 0.5 kW、1 kW、1.5 kW 和 2 kW 的辐射下处理辉长岩标本 30~120 s，以 30 s 为时间梯度。随着曝光时间的增加，P 波速度在加热开始阶段迅速下降，然后下降的速度变慢。短时间的微波辐照会增加岩石的内部热应力，从而引起更大的热损伤。岩石在连续受到辐照时，会出现热传导现象。热梯度随着加热时间逐渐下降，因此在加热后期岩石波速下降缓慢。

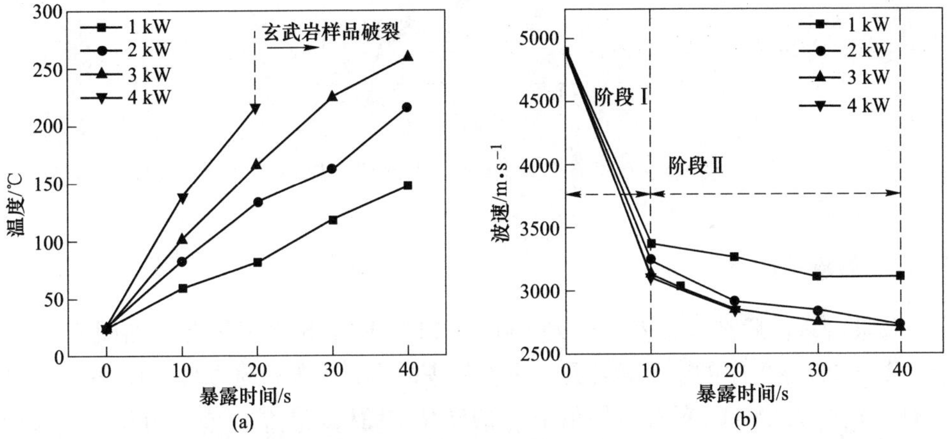

图 9-26 不同微波加热条件对温度和 P 波速度的影响

9.3.3 动态拉伸强度

玄武岩巴西圆盘拉伸强度（BTS）在不同辐照条件下的对比如图 9-27 所示。随着暴露时间的增加，其强度呈下降趋势，但在 1 kW 和 2 kW 加热时，其下降趋势不明显。在 1 kW 的条件下，10~40 s，试样的动态抗拉强度比未处理试样降低了 3%~13%。功率为 2 kW 时，动态抗拉强度下降幅度较小，随着曝光时间从 10 s 增加到 40 s，增加了 11%~17%。功率为 3 kW 时，10~40 s，动态抗拉强度下降了 20%~31%。功率为 4 kW 时，动态抗拉强度较未处理试样降低了 26%~

38%。当试样在 4 kW 的温度下加热 28 s 以上时，试样破裂，完全失去承载能力，因此图 9-27 中 20 s 后没有后续的动态抗拉强度。

综上，随着功率和辐照时间的增加，BTS 都呈下降趋势，但下降幅度不同。在低功率辐射下，微波对岩石动态抗拉强度的影响有限。随着微波功率的增大，波速衰减速率有明显的增加。显然，强度损伤变量在初始辐照阶段也是最大的，这与 P 波速度下降的特征相似。当微波功率一定时，强度损伤变量随时间呈缓慢增加趋势。

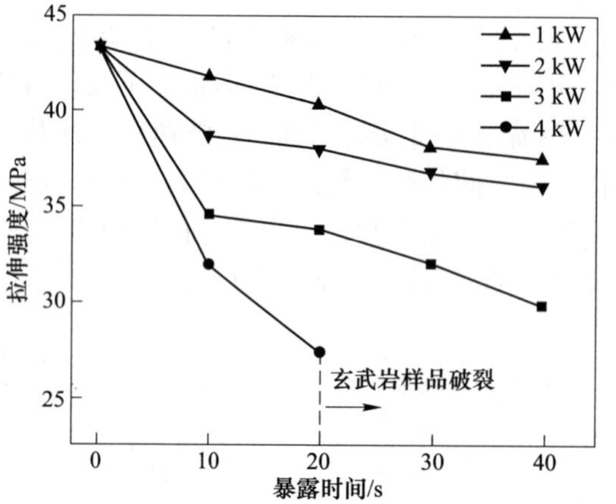

图 9-27 玄武岩在不同辐照条件下的巴西圆盘抗拉强度（BTS）比较

9.3.4 微观特征

微波处理前后玄武岩表面放大 1000 倍和 5000 倍显微图像对比如图 9-28 所示。图 9-28（a）中的三个薄片是从未经处理的岩石中随机选取的，图 9-28（b）中的三个薄片是从 4 kW 微波照射 10 s 的样品中随机选取的。由图可见，未经处理玄武岩的 SEM 图像中微裂缝较少，仅存在一些微观的层理。而微波处理后玄武岩的 SEM 图像中，微裂纹与裂纹相互叠加。微观特征的变化表明，微波对岩石内部结构有显著影响。

9.3.5 最佳加热条件

最佳加热条件是利用一定的能量最大限度地削弱岩石，从而达到微波辅助机械破碎岩石的最佳效果。本节从抗拉强度来确定最佳操作条件。假设在 TBM 上安装微波辐射器，通过微波预处理降低圆盘工具之间岩石的抗拉强度，从而提高破岩效率，延长工具寿命。图 9-29 显示了不同输入能条件下归一化动态抗拉强度的演化规律。值得强调的是，这种能量是微波输入的能量，而不是岩石吸收的

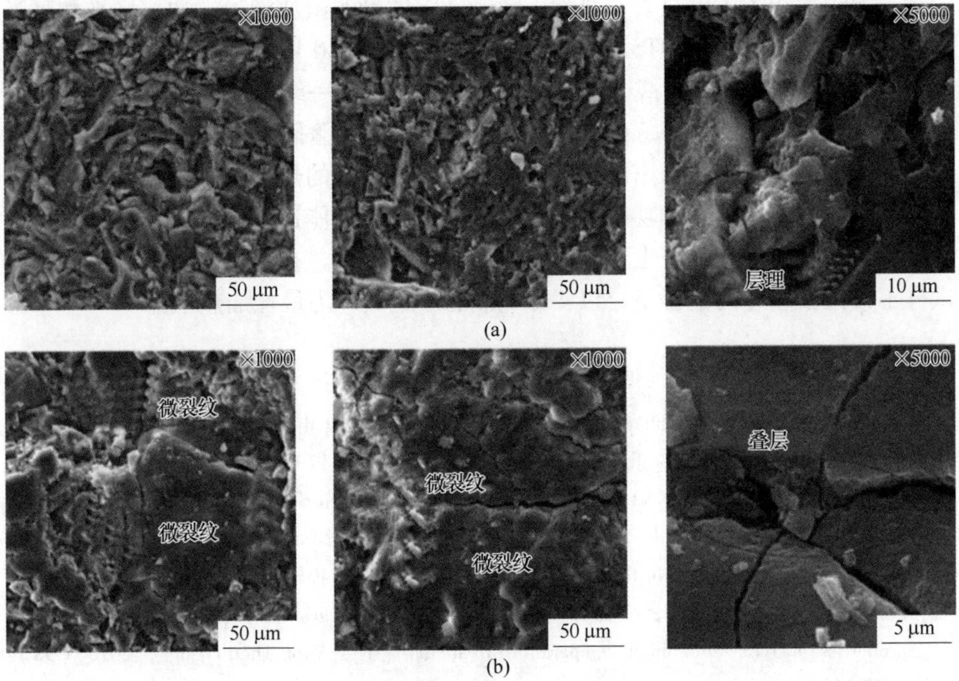

图 9-28 玄武岩微波辐照前后代表性的 SEM 图像
(a) 原始样品；(b) 微波照射后

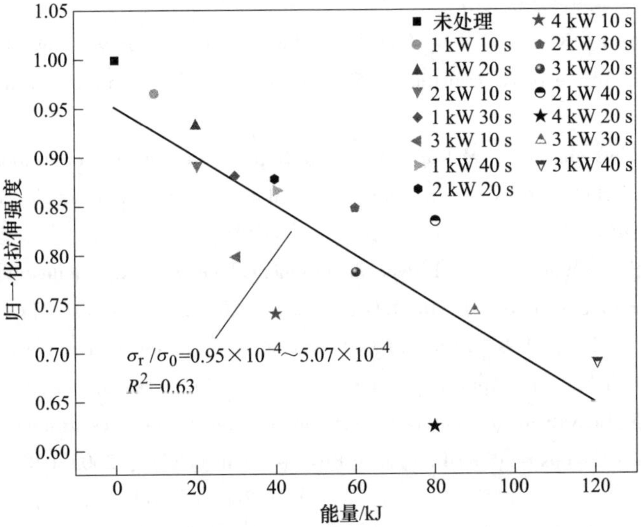

图 9-29 在高能量水平下归一化动态抗拉强度的相关性

能量。系数 $R^2=0.63$，表示线性相关，说明岩石的抗拉强度与能量输入存在相关关系，但线性相关不够显著。显然，对于一定数量的微波能量，功率水平和曝光时间的最佳组合可以使 BTS 值最小化。例如，对于 40 kJ 的能量，以 4 kW 加热 10 s 比以 1 kW 加热 40 s 或 2 kW 加热 20 s 要好。这一结果与其他研究人员的结论一致[9-10]。高强度电磁场和较短的暴露时间可以显著降低岩石强度。然而，在低功率水平下，延长的暴露时间似乎不足以产生显著的热应力以对岩石造成较大的损伤。此外，在较低的功率水平下长时间照射并不能达到预期的效果，这减少了能源利用，使其在经济上不可取。考虑到这些因素，在研究中，在保证玄武岩试样不被微波破坏的前提下，以 4 kW 加热岩石 20 s 为最佳加热条件。

参 考 文 献

[1] Sirdesai N N, Singh A, Sharma L K, et al. Determination of thermal damage in rock specimen using intelligent techniques [J]. Eng. Geol., 2018 (239): 179-194.

[2] Kong B, Wang E, Li Z, et al, Fracture mechanical behavior of sandstone subjected to high-temperature treatment and its acoustic emission characteristics under uniaxial compression conditions [J]. Rock Mech. Rock Eng., 2016 (49): 4911-4918.

[3] Zhang W, Sun Q, Hao S, et al. Experimental study on the variation of physical and mechanical properties of rock after high temperature treatment [J]. Appl. Therm. Eng., 2016 (98): 1297-1304.

[4] Zuo J, Li Y, Zhang X, et al, The effects of thermal treatments on the subcritical crack growth of Pingdingshan sandstone at elevated high temperatures [J]. Rock Mech. Rock Eng., 2018 (51): 3439-3454.

[5] Shcherbakov I P, Kuksenko V S, Chmel A E. Role of water impurity in impact fracture of quartz in the vicinity of the phase transition at 573A degrees C [J]. Technical Physics, 2015 (60): 1405-1409.

[6] Mishra S, Chakraborty T, Matsagar V, et al. High strain-rate characterization of deccan trap rocks using shpb device [J]. Journal of Materials in Civil Engineering, 2018, 30 (5): 04018059.

[7] Xu J, Kang Y, Wang Z, et al. Dynamic mechanical behavior of granite under the effects of strain rate and temperature [J]. Int. J. Geomech., 2020, 20 (2): 4019177.

[8] Zheng Y L, Zhang Q B, Zhao J. Effect of microwave treatment on thermal and ultrasonic properties of gabbro [J]. Appl. Therm. Eng., 2017 (127): 359-369.

[9] Ali A Y, Bradshaw S M. Quantifying damage around grain boundaries in microwave treated ores [J]. Chemical Engineering and Processing-Process Intensification, 2009 (48): 1566-1573.

[10] Kingman S W, Jackson K, Cumbane A, et al. Recent developments in microwave-assisted comminution [J]. International Journal of Mineral Processing, 2004 (74): 71-83.

10 高温岩石动力学应用与展望

随着国际能源环境的变革和国民经济建设的持续发展，新的技术和方法正在改变人们对岩石动力学的传统认知。在过去，岩石动力学的研究主要集中在爆破工程、防护工程和地震工程等领域，这些传统的岩石工程对社会的基础设施建设和资源开发都有至关重要的作用。但在当今的国际背景下，新的科技和经济趋势正在推动高温岩石动力学领域的研究转向更加广泛和深入的方向。

一方面，随着各国对深部资源的不断探索和开发，高、大、深、复杂结构项目的建设不断增加。这些项目通常涉及深地空间的利用、深部矿产的开采、地下储存和废物处置等，它们对岩石的动力学性质和行为都有严格和特殊的要求。例如，深部资源开采需要考虑岩石在高温、高压和复杂应力状态下的稳定性和安全性；地下核废料处置库的建设和运营需要确保岩石的长期稳定性和隔离性，防止放射性物质的泄漏和扩散。另一方面，随着新能源技术的发展，高温岩石动力学的研究对象也在不断扩展。例如，煤炭地下气化是一种新型的清洁能源技术，它需要在深地进行煤炭的气化反应，这对岩石的动力学性质和行为都提出了新的挑战。同样，岩石工程的火灾和新型热能的地下开采与储存也是近年来高温岩石动力学领域的研究热点，这些问题都涉及岩石在高温条件下的热膨胀、化学反应和破裂等热耦合动力学行为。

采矿活动，尤其是深部矿业开发，早已超越了地表接触的范畴，进入了地下深处的岩石层。这些深处的岩石，由于长期处于高温、高压的环境中，其动态力学性质与地表的岩石存在显著差异。随着矿业开发活动逐渐深入地下，高温岩石动态力学逐渐成为矿业工程师和岩土工程师关注的焦点。在采矿活动中，尤其是深部矿业开发，岩石不仅受到持续、稳定的静态载荷，如地应力，而且还会受到突然的、短暂的动态载荷，如爆破、岩爆或地震。这些动态载荷可能会导致岩石的瞬时损伤，甚至崩塌。因此，深入了解岩石在动态载荷下的行为，对确保矿井的稳定性和矿工的安全至关重要。随着采矿深度的增加，岩石所处的温度也逐渐上升。高温会显著改变岩石的物理和化学性质，从而影响其动态力学性质。例如，地温梯度、高硫矿床自燃、地下火灾、瓦斯爆炸等高温事件可能会导致某些岩石矿物的热分解，产生微裂纹或其他微观缺陷，从而降低岩石的强度。此外，高温还可能增加岩石的蠕变，使岩石在持续的动态载荷下逐渐变形。在深部矿井中，岩石可能会遭受多次的动态载荷，如反复的爆破活动。这种重复的动态载荷可能会导致岩石的疲劳损伤，从而增加崩塌的风险。因此，了解岩石在高温下的动态疲劳性质，对于预测和防止矿井崩塌至关重要。另外，随着矿业技术的进步，人们开始探索新的采矿方法，如地下煤炭气化。这种方法将煤层在地下高温下转化为合成气，而不是传统的开挖。高温反应可能会对周围的岩石产生显著的热应力，从而导致岩石的热裂纹产生和扩展。因此，了解岩石在这种特殊环境下的动态响应，对于确保地下煤炭气化的安全和效率至关重要。

地下煤炭气化是一种将地下煤层直接转化为合成气的技术，它避免了传统矿业开采的风险和成本，也减少了地表的环境破坏。高温岩石动态力学的深入研究，可以使人们更好地理解地下煤炭气化过程中复杂的相互作用，从而为煤炭气化技术的持续优化和发展提供科学支持。在煤炭气化过程中，通过注入氧气和蒸汽，煤层被点燃并进行部分燃烧，从而形成高温和高压的环境。这种环境对周围的岩石施加了显著的热载荷。首先，高温会导致岩石的热膨胀和可能的化学反应。这些反应可能会改变岩石的物理和机械性质，如强度、韧性和孔隙率。对于煤炭气化技术来说，理解这些变化对于预测和控制地下煤炭气化过程中可能出现的裂纹扩展和岩层移位至关重要。其次，高温和动态载荷也可能会导致岩石与其他材料，如注浆材料和井筒材料之间的界面问题。这些界面问题可能会影响井筒的完整性和气化效率。因此，开发和应用能够在高温和动态载荷条件下与岩石良好黏结的新型材料，对于提高煤炭气化技术的可靠性和经济性具有重要意义。随着煤炭气化技术的广泛应用，开发更为先进的实验和数值模拟方法，可以更准确地揭示岩石在高温和动态载荷条件下的行为。这些方法可以更好地预测和控制煤炭气化过程中可能出现的问题，如岩石破裂和井筒失效。

深部地热能，作为一种可再生、清洁和可持续的能源，近年来受到了越来越多的关注。随着能源需求的不断增长和对环境保护意识的加强，深部地热能源的开发与应用越发重要。在这一背景下，高温岩石动态力学的研究在深部地热能工程中的应用日益凸显。深部地热资源的开发涉及大深度的钻探和开采，这意味着岩石将会面临高温和高压的复杂环境。在这样的条件下，岩石的动态性质，如弹性、塑性、流变性等，都可能会发生显著的变化。为了确保地热井的稳定和安全，对这些变化的深入了解和研究是必不可少的。例如，岩石在高温下可能会发生热膨胀，这种膨胀可能会导致井壁应力的重新分布，从而影响井的稳定性。地下水和高温的岩石可能会发生相互作用，导致岩石的化学性质和力学性质发生变化。这种变化可能会影响地热能的开采效率和井的安全性。因此，对岩石在高温、高压和化学环境下的动态响应进行研究，对于预测和控制这些变化，确保地热井的长期稳定运行至关重要。地热能的开采涉及大量的地下水的循环和注入。这可能会导致地下的应力场和温度场发生变化，甚至诱发地震产生动态扰动。为了确保地热开采的持续性和可持续性，对这些变化的深入了解和研究是必不可少的。再例如，地下水的注入可能会导致岩石的裂隙发展和扩展，这种裂隙的发展可能会影响地热能的开采效率和井的稳定性。随着深部地热能的开采技术不断进步，高温岩石动态力学的研究将会面临更多的挑战和机遇。但随着新材料和新技术的应用，如高温传感器、高效率的热交换器等，高温岩石动态力学的研究将为深部地热能的开发提供更为坚实的基础。

高温岩石动态力学在地下核废料存储工程中的应用与展望是一个日益受到关注的话题。地下核废料存储工程是一种长期、高风险的工程，涉及人类和环境的安全。随着核能的广泛应用，核废料的安全、长期存储成为了当务之急。在这种背景下，岩石在高温和动态载荷下的性质和行为研究成为了关键。核废料在储存过程中会产生大量的热量，这会导致存储环境的温度显著升高。这种高温环境下，岩石的动态力学性质可能会发生显著的变化。例如，高温可能会导致岩石的热膨胀，增加岩石的内部应力，从而影响其动态载荷下的破裂和破坏行为。此外，高温还可能加速岩石中微裂纹的扩展，降低其强度和刚度，这对核废料储存库的长期稳定性和安全性构成了严重的威胁。除了温度因素，核废料储存过程中可能还会受到各种动态载荷的作用。这些动态载荷可能来自于地震、岩体的自然变形、地下水流动、库内气体的压力变化等。这些动态载荷对岩石的作用可能会导致岩石的瞬时或长期的变形和破坏。因此，研究岩石在高温和动态载荷下的响应机制，以及如何预测和控制这种响应，对于核废料储存工程的成功和安全至关重要。随着科技的进步和研究的深入，可以利用新型材料和技术来提高岩石在高温和动态载荷下的稳定性和耐久性；可以开发新的监测、预警和控制系统，实时监控岩石的动态响应，及时预测和防止可能的破坏；还可以研究新的储存方式和策略，以减少核废料对岩石的热和动态载荷影响，从而提高储存库的安全性和经济性。基于这些研究成果，人们可以为核废料储存库的设计、施工和运营提供科学依据和技术支持。

实验技术与实验设备是研究高温岩石动力学的基础或先决条件，近年来除Hopkinson压杆实验装置与平面波发生器有新的改进外（温压耦合装置），我国大部分动载机仍停留在20世纪80年代的水平，实验设备有待提高与升级，驱动力的稳定性问题、三向应力以及高温环境下的局限性等问题也都亟待解决。例如，当实验温度超过一定值时，SHPB的压杆材料可能发生变形或热损伤，影响实验结果的准确性。当前的研究重点包括改进分离式霍普金森压杆技术以适应更高温度环境，开发多尺度和多物理场耦合模拟以更全面地理解岩石行为，应用高分辨率成像技术（如CT和SEM等）观察岩石的微观结构变化，实施实时监测和数据分析以捕捉岩石的即时响应，以及开发新的材料性能模型和微观力学模型来准确预测岩石在极端条件下的行为。其中，SHPB多场耦合装置是装置研发和改进的一个重要新方向。综合温度、压力和应变率三个主要参数，可以模拟复杂的真实环境条件。通过精确控制高温加热系统、高压加载系统以及 SHPB 加载系统可以实现对试样在不同温度、压力和应变率下的加载。这些技术的发展对于深入理解岩石在高温和高应变速率条件下的行为至关重要，有助于提高岩石工程的设计和施工质量，以及地质灾害的预防和管理。

为了确保 SHPB 在高温高压环境下的稳定性和可靠性，可以选择高温强度和热稳定性较好的材料作为压杆材料，如高温合金等材料。传统的 SHPB 实验通常采用电热丝或电热板进行加热，但这种方式可能导致试样加热不均匀，可以考虑采用辐射加热或感应加热的方法，确保试样在实验过程中温度分布均匀。在高温 SHPB 实验中，准确的测温是非常关键的，可以采用热电偶、红外热像仪或其他高精度测温设备，确保实验数据的准确性。为了获得更高的应变率以及更稳定的入射能需要引入稳定动力控制系统。电磁驱动技术利用电磁场产生的洛伦兹力来驱动并能产生极大的冲击力，迅速施加于试样或其他物体上，因此可以实现更高和更稳定的应变率加载。此外，与其他驱动方式相比，电磁驱动可以实现更精确的控制，可以按需求定量精确调整冲击力的大小和速度。

最后，在高温岩石动力学参数的测试技术上目前尚没有权威的实验方法与统一标准，实验结果的可比性一直是困扰人们的难题。随着实验设备的改进，需要对实验方法进行相应的调整和完善。在高温岩石动力学实验中，需要考虑的因素更加复杂，如试样的预处理、实验条件的控制、数据处理方法等。考虑高温可能导致的岩石物理化学性质的变化，需要对试样进行相应的处理，确保其在实验过程中的稳定性。此外，由于高温条件下的热膨胀和热传导特性与常温条件有所不同，因此需要对试样的尺寸和形状进行适当的调整。实验条件的控制也是关键。除了要确保试样温度分布均匀外，还需要考虑加载速率、应力环境、应变速率、保温时间等参数的影响。这些参数可能会对岩石的动力学行为产生显著的影响，数据处理方法也需要进行相应的调整并进行细致的处理和分析，提取出真实的岩石动力学参数。